Algebraisch Rechnen – Geometrisch Konstruieren

Heinz Gründemann

Algebraisch Rechnen – Geometrisch Konstruieren

Auf den Spuren Galois' die Algebra entdecken

Heinz Gründemann
FB Mathematik/Naturwissenschaft/Inf
FH Mittweida
Mittweida, Deutschland

ISBN 978-3-662-73074-4   ISBN 978-3-662-73075-1   (eBook)
https://doi.org/10.1007/978-3-662-73075-1

Die Deutsche Nationalbibliothek verzeichnet diese Publikation in der Deutschen Nationalbibliografie; detaillierte bibliografische Daten sind im Internet über https://portal.dnb.de abrufbar.

Planung/Lektorat: Veronika Erdmann
Springer Spektrum ist ein Imprint der eingetragenen Gesellschaft Springer-Verlag GmbH, DE und ist ein Teil von Springer Nature.
Die Anschrift der Gesellschaft ist: Heidelberger Platz 3, 14197 Berlin, Germany

Wenn Sie dieses Produkt entsorgen, geben Sie das Papier bitte zum Recycling.

Für
Toni, Nina, Nico
Luisa und Moritz

Vorwort

Wer hat nicht schon in alltäglichen Unterhaltungen, in den Medien oder in kritischen Berichten Aussagen wie die folgenden wahrgenommen: "Da wird wohl die Quadratur des Kreises versucht." oder "Das führt sicher auf eine Quadratur des Kreises hinaus.". In der Regel meint man damit Vorhaben, Unternehmungen, Projekte, bei denen von vornherein klar scheint, dass sie zum Scheitern verurteilt sind. Im übertragenen Sinne wird hier auf ein jahrhundertealtes Problem aus der Geometrie angespielt. Wie man möglicherweise in einem früheren Mathematikunterricht erfuhr, gelingt es nicht, zu einem vorgegebenen Kreis allein mit Zirkel und Lineal ein flächengleiches Quadrat zu konstruieren.

Um die Unmöglichkeit dieser Konstruktion zu zeigen und darüber hinaus herauszufinden, was überhaupt mit den elementaren Zeichenwerkzeugen Zirkel und Lineal konstruierbar ist, erfordert eine gehörige Portion an Mathematik. Aus historischer Sicht ist damit die Etablierung der Algebra verbunden, der Lehre von den Gleichungen im ursprünglichen Sinne. Die Thematik dieser Schrift ist deshalb wesentlich weitergefasst und behandelt das Problem der Kreisquadratur nur am Rande.

Erinnerungen an quadratische Gleichungen, mit denen man während der Schulzeit konfrontiert wurde, sind sicher noch wach. Diese bilden die einfachste Form des Gleichungstyps, um den es in diesem Text gehen soll und den wir mit dem Begriff "polynomiale Gleichungen" umschreiben. Für quadratische Gleichungen, die polynomiale Gleichungen zweiten Grades sind, gibt es eine Lösungsformel zur Berechnung von zwei Zahlen, die anstelle der Unbestimmten in die Gleichung eingesetzt, diese zu einer Identität werden lässt. Solche Formeln gibt es auch noch für polynomiale Gleichungen dritten und vierten Grades. Für Gleichungen vom Grade fünf und noch höher gilt das im Allgemeinen jedoch nicht. Es gibt zwar genauso viele Lösungen wie der Grad des Polynoms, aber diese sind nicht immer in einer Formel darstellbar. Warum das so ist und unter welchen Bedingungen Lösungsformeln doch existieren, darüber wird in diesem Buch berichtet. Ganz nebenbei ergeben sich aus den Analysen über Gleichungen auch genaue Kenntnisse darüber, welche geometrischen Figuren allein mit Zirkel und Lineal konstruierbar sind. Fragt man weiter nach dem Nutzen dieser Einsichten, so ist mancher Leser vielleicht enttäuscht, denn dieser wird erst bei viel tieferem Eindringen in mathematische Zusammenhänge, insbesondere der strukturellen Algebra, sichtbar. Das sollte aber keinen abschrecken, denn ohne dieses sichere Fundament bleiben dem auch über die Mathematik hinaus naturwissenschaftlich Interessierten umfassendere Erkenntnisse zu Prinzipien physikalisch/technischer Vorgänge verschlossen.

Am Anfang dieser Schrift steht der Aufbau des Zahlensystems. Die Beschreibung dieses hierarchisch gegliederten Systems ist mit den Begriffen natürliche Zahlen, Brüche, rationale Zahlen, reelle und komplexe Zahlen verknüpft. Begonnen wird auf einem sehr niedrigen Niveau, dem Abzählen von Dingen, der Handhabung von Brüchen und deren Zusammenfassung zu rationalen Zahlen. Weiter geht es mit der Beschreibung irrationaler Zahlen und schließlich dem Umgang komplexwertiger Zahlen, die jene Zahlenobjekte sind, die in der Folge am häufigsten eine Rolle spielen. Anhand der Zahlen werden schon Strukturen sichtbar, in die sich auch wesentlich komplexere Objekte einordnen lassen und die mit den Begriffen Gruppe, Ring und Körper verbunden sind. Über das eigentliche Thema hinausgehend, aber doch nützlich für alternative Erklärungen, sind Abschnitte über Vektoren und die Lösung linearer Gleichungssysteme beigefügt.

Im Kapitel 3 kommen mit Polynomen und polynomialen Gleichungen die Hauptakteure ins Spiel. Neben den wesentlichen Eigenschaften und dem rechnerischen Umgang mit diesen Objekten wird herausgearbeitet, dass Polynome ähnlich wie die Primzahlzerlegung natürlicher Zahlen in elementare Bestandteile (irreduzible Polynome) zerlegbar (faktorisierbar) sind. Jedem Polynom steht eine sogenannte Körpererweiterung zur Seite, die eine Beziehung zwischen Polynomkoeffizienten und den möglichen Lösungsmengen herstellt.

Der erreichte Erkenntnisstand befähigt dazu, die im Kapitel 4 zusammengefassten Aussagen über Konstruktionen mit Zirkel und Lineal zu formulieren. Es erweist sich, dass eine geometrische Figur in der Ebene schrittweise genau dann konstruierbar ist, wenn jeder elementare Konstruktionsschritt über eine lineare oder quadratische Gleichung beschrieben werden kann. Algebraisch lässt sich dieser Sachverhalt durch einen Körperturm ausdrücken, dessen Grad eine Potenz von Zwei ist. An dieser Stelle kann nun auch gezeigt werden, warum die drei klassischen Konstruktionsprobleme Quadratur des Kreises, Würfelverdoppelung und Dreiteilung eines Winkels allein mit Zirkel und Lineal nicht lösbar sind.

Die Hauptergebnisse finden mit den Grundzügen der Galois-Korrespondenz, der Galois-Theorie und den Aussagen über radikale Körpererweiterungen in den Kapiteln 5 und 6 ihren Niederschlag. Mit der Galois-Korrespondenz, die eine wechselseitig eindeutige Beziehung zwischen Körpererweiterungen und Untergruppen der Gruppe aller strukturerhaltenden eineindeutigen Abbildungen auf der Nullstellenmenge eines Polynoms (der Galois-Gruppe) herstellt, hat man den Schlüssel zur Beantwortung sämtlicher Fragen zur Struktur polynomialer Gleichungen. Auf dieser Basis gelingt es, Bedingungen zu formulieren, unter denen alle Nullstellen eines Polynoms in Form von Formeln darstellbar sind - man spricht von der Nullstellendarstellung in Form von Radikalen. Ausgehend von schon bekannten Einsichten, wurden diese Zusammenhänge im Wesentlichen vom französischen Mathematiker Evariste Galois erkannt. Ihm zu Ehren hat man eine Reihe von Begriffen mit seinem Namen verbunden.

Im Kap. 7 geht es um die zeichnerische Darstellung regelmäßiger Vielecke (regelmäßiger Polygone). In diesem Zusammenhang erhält man sehr schöne Ergebnisse für sogenannte Kreisteilungspolynome, die auch die Grundlage zur Ableitung notwendiger und hinreichender Bedingungen für die Konstruierbarkeit dieser Objekte mit Zirkel und Lineal liefern.

In einem Ausblick findet Erwähnung, dass die Kunst des Papierfaltens (Origami) mit den gleichen algebraischen Methoden hinsichtlich der Faltungsvielfalt studiert werden kann wie Konstruktionen mit Zirkel und Lineal.

Um anfangs die mathematische Strenge etwas abzumildern, wird in einem erzählerischen Stil begonnen. Nach und nach ändern sich die Darstellungen und passen sich dem üblichen Leitbild an, d.h., der Text wird in der gewohnten Abfolge von Definition, Satz, Beweis, Bemerkung mit vielen eingestreuten Beispielen gegliedert. Die Begriffsbildungen und das Gerüst der fundamentalen Aussagen sind auf das Nötigste begrenzt, d.h., der Text geht nicht über das hinaus, was dem Erreichen der gesteckten Ziele dient. Um die Zusammenhänge klar herauszustellen, mussten insbesondere in den Kapiteln 5 und 6 zahlreiche Einsichten in die Struktur spezieller Abbildungen (Automorphismen) und Gruppenkomplexe (auflösbare, zyklische und einfache Gruppen) in den Entwicklungsprozess eingebunden werden, was dem Lernenden eine erhöhte Konzentration abverlangt. Nicht alles wird tiefgehend und mit voller Ausführlichkeit bewiesen, jedoch viel Wert auf die Herausarbeitung der Kernthesen gelegt. Bei einer ersten Durchsicht kann darauf verzichtet werden, die Beweise in aller Gründlichkeit nachzuvollziehen. Die jedem Kapitel beigefügten Aufgaben sollten nach dem Studium der Texte ohne übermäßige Mühe lösbar sein.

Mancher Leser, der erstmalig mit dem Sammelsurium an algebraischen Begriffen und abstrakten Objekten in Berührung kommt, stellt sich vielleicht die Frage: Wie kann man nur auf solche verrückten, aber letztlich doch zielführenden Ideen kommen? Es grenzt an ein Wunder, dass ein einst affenartiges Wesen im Verlaufe seiner evolutionären Entwicklung zu derartigen großartigen geistigen Leistungen fähig wurde. Der Autor dankt den Generationen von Mathematikern, ihm das Vergnügen beschert zu haben, an ihren Gedankengängen Anteil nehmen zu können. Dank auch an die vielen Autoren, die mit ihren Texten die Ideen Galois und anderer Geistesgrößen aufgearbeitet, ergänzt und einem breiten Leserkreis zugänglich gemacht haben. Die oft eingängigen und unterhaltsamen Schreibweisen inspirieren zu einem tiefergehenden Studium der sich um das Thema Galois-Theorie rankenden mathematischen Erkenntnisse. Der Autor möchte mit seinen Darstellungen etwas von den vielen Anregungen und brillanten Beweisideen, die er empfangen konnte, an Leser weitergeben, die Interesse haben an einer elementar beginnenden, aber mit dem Fortschreiten der Texte anspruchsvoller werdenden Einführung in einen algebraisch/geometrischen Themenkreis.

Mein Dank gilt Herrn Andreas Rüdinger vom Springer Verlag für seine sehr wohlwollende Aufnahme dieses Buches in den Lehrbuchbestand des Verlages. Frau Veronika Erdmann und Frau Verena Nörthen danke ich herzlich für die sehr freundliche und kreative Zusammenarbeit bei der Aufarbeitung des Manuskriptes.

Frankenberg, Dezember 2025 Heinz Gründemann

Inhaltsverzeichnis

1 Zahlen

-100 -99 -11 -10 -2 -1 0 1 2 10 11 99 100
Im
bi
i
$z = r\exp(i\varphi)$
r
φ
Re
0 1
a
$-\varphi$
r
$\bar{z} = r\exp(-i\varphi)$
8
7
6
5
4
π
3
$\sqrt{2}$
2
1
0
$z_1 \cdot z_2$
z_2
$\varphi_1 + \varphi_2$
$r_1 \cdot r_2$
φ_2
r_1
z_1
r_2
φ_1
$\dfrac{r_1}{r_2}$
$\varphi_1 - \varphi_2$
$\dfrac{z_1}{z_2}$
9/3
1/3
2/6
3/9
4/12
5/15
1/3

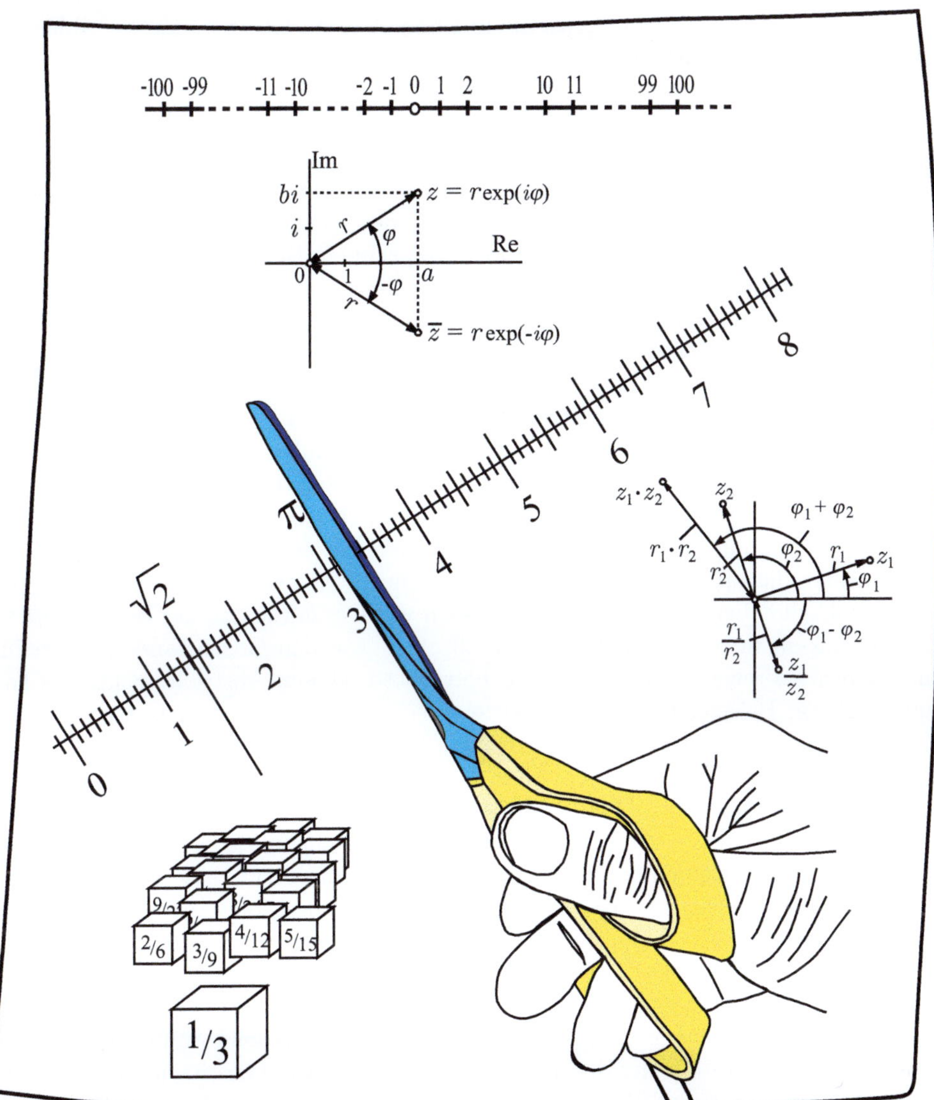

1.1 Wie wir Zählen lernten

Im Kindesalter kommt man erstmals mit einer Form von Mathematik, mit dem Rechnen in Berührung, wenn es darum geht, die uns umgebenden Gegenstände zu zählen. Das geschieht in der Regel spielend, ein Kind begreift schnell, wieviel Bauklötzer notwendig sind, um damit bestimmte Gebilde zusammenzustellen. Mit den Dingen werden aber noch keine Zahlen verbunden, sondern Mengen betrachtet. Kinder sind sofort in der Lage, zwischen nur drei Klötzer und einer Kiste mit vielen Bausteinen zu unterscheiden. Von den Erwachsenen dringen an die Ohren eines Kinder aber bald Aufforderungen der Art: "Schau mal, dort fliegen drei Luftballons" oder "ein Auto hat vier Räder", "bring mir bitte deine zwei Schuhe", ... So erfolgt langsam ein Herantasten an Zahlen. Diese werden aber immer noch mit Gegenständen verbunden: drei Bauklötzer, fünf Bonbons, zwei Katzen, ... Oftmals fällt es Kindern schwer, Zahlen von den Gegenständen zu trennen, denn Zahlen sind Abstraktionen. Eine Zahl ist kein Ding, das man anfassen, riechen, schmecken, hören oder sehen kann. Zahlen sind durch unsere Sinnesorgane nicht wahrnehmbar, sie haben keine Dinglichkeit. Zahlen gibt es nur in unserer Gedankenwelt, existieren nur in unseren Vorstellungen. Zahlen dienen als Hilfsmittel zur genauen Quantisierung der uns umgebenden Welt. Eine Zahl ist gegenstandslos. Wenn es nur um eine Anzahl geht, ist es belanglos, ob es sich z.B. um drei Äpfel, drei Schiffe, drei Häuser ... handelt. Die Zahl drei steht für jede Gesamtheit von drei Dingen.

Verfolgt man die Entwicklung der Menschheit zurück, so gehört es sicher zu den größten gedanklichen Leistungen, sich beim Zählen von Gesamtheiten, der Beurteilung von Größen, allgemein beim Abzählen die Maßzahlen von den Gegenständen zu trennen und Zahlen als reine Geistesobjekte zu betrachten. Diesen Abstraktionsprozess kann man sich, am Beispiel betrachtet, wie folgt vorstellen. Die vor tausenden von Jahren lebenden Viehzüchter haben sicher auch den Umfang ihrer Herden untereinander ausgetauscht oder wollten sich ein Bild darüber machen, wie umfangreich ihre Tierbestände sind. Dabei muss man auf die Idee gekommen sein, die Tiere durch eine schmale Öffnung im Gatter zu treiben und beim Durchgang jedes Tieres einen Stein von einem großen Haufen zur Seite zu legen. Mit den so zur Seite gelegten Steinen hatte man eine überschaubare Vorstellung vom Umfang seiner Herde. Aus heutiger Sicht ist damit schon eine sehr moderne Sicht auf mathematische Zusammenhänge verbunden, nämlich der Begriff der eineindeutigen Abbildung: Jedem zur Seite gelegten Stein, entspricht ein Tier und umgekehrt, jedem Tier kann genau ein Stein zugeordnet werden. Vielleicht hatte ein kluger Kopf die Idee, diesen Abbildungsprozess etwas zu vereinfachen und anstelle der Steine Striche in eine Felswand zu ritzen oder Kerben in einen Stock zu schnitzen: Jeder Strich oder jede Kerbe entsprach dann genau einem Tier und umgekehrt. Sicher fand diese Vorgehensweise nicht nur bei der Tierzählung, sondern bei der Zählung von Gegenständen im täglichen Umgang Anwendung. Um die Übersichtlichkeit der Strichanordnung zu verbessern, hat man möglicherweise die Striche in Kolonnen von jeweils 10 (entsprechend der Fingeranzahl) zusammengefasst. Im Miteinander signalisierte man z. B. eine Anzahl von 32 Dingen, indem man dreimal beide Hände mit gespreizten Fingern und anschließend noch zwei Finger dem Gegenüber ausstreckte.

Es kam aber noch eine weitere, aus unserer heutigen aufgeklärten Sicht als naheliegend empfundene, in der Wissenschaftsentwicklung aber als überaus bedeutsam einzustufende gedankliche Leistung hinzu. Gelehrte aus asiatischen Gebieten, aus China, Indien, dem Babylon wandelten das Zählen mit den Fingern in ein von konkreten Objekten unabhängiges Zählen mit Symbolen um. So entstanden möglicherweise im Verlaufe der Zeit die uns vertrauten Zahlensymbole $1, 2, 3, 4, 5, 6, 7, 8, 9, (10)$, indem man mit einem Strich die 1, mit zwei Strichen die $2, ...$, mit zehn Strichen die 10 symbolisierte. Damit war die Trennung von Zahlen zu bestimmten Gegenständen vollzogen.

Abb. 1.1: Zählen und Zahlensymbole

Eine weitere großartige Leistung besteht darin, diese Symbole, zur Zählung größerer Gesamtheiten geeignet, in Kolonnen zu positionieren, wobei keine weiteren Symbole hinzukamen. Als Vorbild diente möglicherweise die Kolonnenbildung in Strichanordnungen, z.B.:

$$\underbrace{||||||||||}_{10} \quad \underbrace{||||||||||}_{10} \quad \underbrace{||||||||||}_{10} \quad \underbrace{||}_{2}$$

$$= \quad 3 \ \text{mal} \ 10 \ \text{und} \ 2 = 32$$

Gelehrte Kreise an den Herrschaftshäusern haben diese Ideen weiter verfolgt, verbessert und vervollkommnet. Mit der geschickten Zusammenfassung der 10 zu dem, was wir heute Potenzen nennen, also

$$10 \ \text{mal} \ 10 \equiv 100 \equiv 10^2, \quad 10 \ \text{mal} \ 10 \ \text{mal} \ 10 \equiv 1000 \equiv 10^3, \quad ...$$

entdeckte man, dass auch große Zahlen ohne die Einführung weiterer Symbole durch 1 bis 9 in eindeutiger Weise darstellbar sind. Zum Beispiel:

$$4 \ \text{mal} \ 10 \ \text{mal} \ 10 \ \text{mal} \ 10 \quad \text{und} \quad 5 \ \text{mal} \ 10 \ \text{mal} \ 10 \quad \text{und} \quad 6 \ \text{mal} \ 10 \ \text{und} \ 8$$
$$= \quad 4 \ \text{mal} \ 1000 \quad \text{und} \quad 5 \ \text{mal} \ 100 \quad \text{und} \quad 6 \ \text{mal} \ 10 \quad \text{und} \quad 8$$
$$= \quad 4000 \ \text{und} \ 500 \ \text{und} \ 60 \ \text{und} \ 8 = 4568.$$

In diesen Zahlenanordnungen spricht man jetzt von den Ziffern $1, 2, ..., 9$. Es entsteht also eine geordnete Zahlenkolonne, in der an jeder Stelle sich eine dieser Ziffern befindet. Trotzdem sind nicht alle Zahlen nur mit $1, 2, ..., 9$ darstellbar, was z.B. an

$$5 \ \text{mal} \ 100 \ \text{und} \ 3 = 500 \ \text{und} \ 3$$

sichtbar wird. Hier wäre noch ein "Platzhalter" für die zweite Position in der Ziffernfolge notwendig. Deshalb sah man sich genötigt, als Platzhalter das Symbol 0, die

Null, einzuführen. Später benutzte man die Null auch als Symbol dafür, etwas nicht
Vorhandenes auszudrücken. Die obige Ziffernfolge liest man z.B. wie folgt:

$$5 \text{ mal } 100 \text{ und } 0 \text{ mal } 10 \text{ und } 3 = 5 \text{ mal } 10^2 \text{ und } 0 \text{ mal } 10 \text{ und } 3 = 503.$$

Darüber hinaus hat die Null aber noch ganz andere Bedeutungen. Sie dient auch als
Anfang, als Beginn einer Zählung, als Ursprung oder zur Kennzeichnung eines Nive-
aus. Beispielsweise spricht man von Null Grad Celsius ($0°$ C), der Gefriertemperatur
von Wasser, und nimmt diesen Wert als "Ursprung" für Temperaturangaben. Aus dem
Symbol Null für "Nichts" entwickelte sich über Jahrhunderte hinweg die Zahl Null (0),
die je nach dem Zusammenhang verschiedene Bedeutung haben kann, als Platzhalter,
als neutrales Element, als Anfang von Zählungen und insbesondere bei den noch zu
besprechenden Rechenoperationen. Der Umgang mit der Zahl 0 verlangt deshalb auch
eine gewisse Vorsicht (Gewarnt sei vor einer Division durch Null !). Erwähnt sei noch,
dass der Zahl 0 wegen ihrer besonderen Stellung unter den Zahlen (Ziffern) eine gewisse
Abneigung anhaftet. Früher verband man mit der Null "Teufelswerk", alles Unergründ-
liche, nicht Beschreibbare und alle dunklen Mächte.
Die Darstellung von Zahlen beliebiger Größe als Ziffernfolgen von $0, 1, 2, ..., 9$ ist für
das Rechnen mit Zahlen hervorragend geeignet und wird heute als **Positionszahlen-
system** bezüglich der 10 (man sagt zur Basis 10) bezeichnet. Die Position, an der sich
in der Zahlenkolonne eine der Ziffern $0, 1, 2, ...9$ befindet, sagt aus, mit welcher Potenz von 10 diese Zahl "mal genommen" werden muss. Führen wir anstelle der Worte
"und" sowie "mal" die Symbole "+" und "·" für das "dazu zählen" und "mal nehmen"
ein, wir sprechen natürlich besser vom "addieren" und "multiplizieren" von Zahlen, so
verbindet man beispielsweise mit der Ziffernfolge 96836200215 die folgende Zahl:

$$96836200215 = 9 \cdot 10^{10} + 6 \cdot 10^9 + 8 \cdot 10^8 + 3 \cdot 10^7 + 6 \cdot 10^6$$
$$+ 2 \cdot 10^5 + 0 \cdot 10^4 + 0 \cdot 10^3 + 2 \cdot 10^2 + 1 \cdot 10 + 5.$$

Alle Zahlen, die in dieser Weise darstellbar sind, bezeichnen wir als **natürliche Zahlen**.
Aufsteigend notiert erhält man die Zahlenfolge

$$1, 2, , , , , 9, 10, 11, ..., 20, 21, ..., 49, 50, ..., 99, 100, 101, ..., 900, 901, ..., 1000, ..., 10000, ...$$

Manchmal wird diese Folge noch durch die Zahl 0 ergänzt. Je nach Zweckmäßigkeit
werden wir die 0 an den Anfang der Zahlenfolge stellen oder darauf verzichten. Mit der
Auflistung der Zahlen in dieser Reihenfolge sprechen wir von einer geordneten Zahlen-
folge. Zwei aufeinander folgende Zahlen unterscheiden sich um 1, bei Addition von 1 zu
einer Zahl in dieser Folge entsteht die unmittelbar folgende Zahl. Ausgehend von der
Zahl 1 lässt sich durch wiederholte Addition von 1 jede Zahl in dieser Folge berechnen.
Diese Prozedur ist beliebig oft wiederholbar, so dass jede noch so große Zahl durch
ständiges Aufaddieren von 1 konstruierbar ist. Mithin ist die Folge der natürlichen
Zahlen unbegrenzt
Dem Leser wird schon aufgefallen sein, dass wir nur Beispiele präsentiert haben. In
der Mathematik strebt man aber allgemeine Aussagen nicht nur über Zahlen, sondern
über viele andere abstrakte Objekte an. Die Verabschiedung von konkreten Zahlen
(konkreten Objekten) und damit der Übergang zu abstrakten Ausdrücken und For-
mulierungen erfordert wieder die Einführung von Symbolen, die jetzt als Platzhalter

dienen. D.h., ein Platzhalter steht für eine Menge konkreter Zahlen (oder Objekten). Mit Platzhalter können mathematische Zusammenhänge in abstrakter Form, z.B. in Formeln, ausgedrückt werden. Um diese (abstrakten) Ausdrücke zum "Leben zu erwecken", d.h. konkrete Rechnungen ausführen zu können, müssen die Platzhalter durch konkrete Zahlen (Objekte) aus dem Gültigkeitsbereich der Platzhalter ersetzt werden. Beispielsweise ist es üblich, natürliche Zahlen mit den Buchstaben n, m oder $k, \ldots$ als Platzhalter allgemein zu kennzeichnen, d.h., in einem Zusammenhang, in dem eine natürliche Zahl beliebiger Größe auftreten kann, wird man diese Zahl mit n, m oder $k, ..$ ausdrücken. Folgt m in der Zahlenfolge unmittelbar auf n, so kommt dies durch

$$m = n + 1$$

zum Ausdruck. n und m stehen dabei symbolisch für ein Paar aufeinander folgende natürliche Zahlen. Die Gesamtheit natürlicher Zahlen wird üblicherweise mit $\mathbb{N}$ bezeichnet und lässt sich symbolisch in Form einer Menge wie folgt ausdrücken:

$$\mathbb{N} = \{1, 2, 3, ..., n, ...\} \quad \text{oder} \quad \mathbb{N}_0 = \{0, 1, 2, 3, ..., n, ...\}.$$

Die in geschweiften Klammern zusammengefassten Zahlen heißen die Elemente von $\mathbb{N}$. Da es davon unendlich viele gibt, wird nur der Anfang der Zahlenreihe und eine beliebige nachfolgende mit n bezeichnete Zahl notiert. Dazwischen liegende und auf n folgende Zahlen deutet man mit Punkten an. Derartigen Gesamtheiten begegnet man häufig in der Mathematik und stellt diese in der hier angegeben Weise (oder in dazu ähnlichen Fassungen) als Menge dar. Mengen sind aus unserer lediglich dem Verständnis dienenden, auf das Nötigste eingeschränkten Sicht, Mittel, um Gesamtheiten von Objekten in kompakter Form zusammenzufassen. Um eine bestimmte natürliche Zahl (nennen wir diese wieder n) anzusprechen, benutzt man das Elementzeichen $\in$ und schreibt $n \in \mathbb{N}$.

Um zum Ausdruck zu bringen, dass eine Zahl m kleiner als eine Zahl n ist, schreibt man $m < n$ (m kleiner n) oder $n > m$ (n größer m). Wird auch die Gleichheit beider Zahlen zugelassen, so wird das durch $m \leqq n$ (m kleiner gleich n) oder $n \geqq m$ (n größer gleich m) ausgedrückt.

Bezeichnen wir die Ziffern $0, 1, ..., 9$ allgemein mit dem Symbol p, so kann die Ziffernfolge einer $(k+1)-$stelligen natürlichen Zahl n als Zeichenkette (die Zeichenkette besteht aus $k+1$ Ziffern!) wie folgt aufgeschrieben werden:

$$n = p_k p_{k-1} ... p_i ... p_1 p_0 \equiv p_k 10^k + p_{k-1} 10^{k-1} + ... + p_i 10^i + ... + p_1 10 + p_0. \qquad (1.1)$$

Die jedem p beigefügte unten stehende Zahl dient zur Unterscheidung der Ziffern und heißt (unterer) Index. Jeder Index ist Element einer sogenannten Indexmenge $\{0, 1, 2, ... i, ..., (k-1), k\}$, die in diesem Falle aus den ersten $k+1$ Zahlen der mit 0 beginnenden, geordneten natürlichen Zahlenfolge besteht.

Beispielsweise ist die $k+1 = 4-$stellige Zahl $n = 5709$ in die Symbolik $n = p_3 p_2 p_1 p_0$ mit $p_3 = 5, p_2 = 7, p_1 = 0, p_0 = 9$ einzuordnen.

Kommen wir zum Rechnen, d.h. dem **Addieren** und **Multiplizieren** natürlichen Zahlen, und geben uns dazu die $(k+1)-$stellige Zahl n und $(l+1)-$stellige Zahl m vor:

$$\begin{aligned} n &= p_k p_{k-1} ... p_i ... p_1 p_0 & p_i, q_j &\in \{0, 1, 2, ..., 9\}; & l &\leqq k \\ m &= q_l q_{l-1} ... q_j ... q_1 q_0 & i &\in \{0, 1, 2, ..., k\}; & j &\in \{0, 1, 2, ..., l\} \end{aligned}$$

Die **Summe** $s = m + n = s_r s_{r-1}...s_i...s_1 s_0$, der als **Summanden** bezeichneten Zahlen n und m, wird gebildet, indem man die Ziffern mit gleichen Indizes addiert, d.h. $p_i + q_i$ für alle $i = 0, 1, ...l \leq k$ berechnet. Im Falle $(p_i + q_i) < 10$ setzt man $s_i = p_i + q_i$ und bei $(p_i + q_i) \geq 10$ ist $s_i = p_i + q_i - 10$ zu setzen und im nachfolgenden Rechenschritt s_{i+1} um 1 zu erhöhen. Für die noch verbleibenden Ziffern gilt $s_r = p_s$ $(r = l + 1, ..., k)$, wobei möglicherweise wieder Überträge von 1 auf nachfolgende Ziffern sich ergeben und die Ziffernfolge sich um ein Glied $s_{r+1} = 1$ erhöhen kann.

Das **Produkt** $m \cdot n = b_r b_{r-1}...b_{i+j}...b_1 b_0$ der als **Faktoren** bezeichneten Zahlen n und m wird gebildet, indem man zunächst alle Produkte
$p_i \cdot q_j$ $(i = 0, 1, ..., k;\ j = 0, 1, ..., l)$
berechnet und darauf folgend jene Produkte zu einer Zahl z aufaddiert, die die gleiche Indexsumme $i + j$ aufweisen. Im Falle $z < 10$ setzt man $b_{i+j} = z$, anderenfalls sind wieder Überträge auf noch folgende Ziffern erforderlich. In diesem allgemeinen Zusammenhang gehen wir nicht näher darauf ein, sondern geben zwei Beispiele an, die in Erinnerung rufen sollen, wie man sich in Zeiten, in denen es noch keine Taschenrechner gab, schriftlich, also mit Papier und Bleistift abmühte (Die kleinen Indizes deuten die Überträge an.).

$$
\begin{array}{rcccccccccc}
n & = & 5 & 9 & 3 & 7 & 2 & 5 & 4 & 9 & \\
m & = &   & 6 & 4 & 0 & 2 & 9 & 5 & 7 & \\
\hline
n+m & = & 6 & {}_15 & 7 & 7 & 5 & {}_15 & {}_10 & {}_16 & \\
\end{array}
$$

$$
\begin{array}{rcccccccccc}
n \cdot m & 9 & 3 & 6 & 2 & 1 & 5 & 4 & \cdot & 6 & 2 & 1 \\
\hline
 & & 5 & 6 & {}_21 & {}_37 & {}_12 & 9 & {}_32 & {}_24 & & \\
 & & & 1 & 8 & 7 & {}_12 & 4 & 3 & {}_10 & 8 & \\
 & & & & 9 & 3 & 6 & 2 & 1 & 5 & 4 & \\
\hline
= & & 5 & 8 & {}_11 & {}_23 & 8 & {}_19 & 7 & 6 & {}_13 & 4 \\
\end{array}
$$

Bei der Summen- und Produktbildung, insbesondere bei mehrfach aufeinander folgender Ausführung, sind gewisse Regeln zu beachten. Diese Regeln (man spricht auch von Gesetzen) gelten nicht nur für Zahlen, sondern für viel allgemeinere Objekte, denen man ständig in der Mathematik begegnet. Um es vorweg zu nehmen, diese Regeln bilden das Gerüst zur Beschreibung von Strukturen, in denen allgemeine Eigenschaften zum Ausdruck kommen, die viele spezielle Gesamtheiten aufweisen. Dabei denke man nicht nur an Zahlensysteme, sondern auch an Bewegungsformen geometrischer Figuren oder an Rechenvorschriften für funktionelle Zusammenhänge und Abbildungen. An dieser Stelle beziehen wir uns aber zunächst nur auf die natürlichen Zahlen.

a) In welcher Reihenfolge die natürlichen Zahlen a und b zu einer Summe und einem Produkt verbunden werden, ist belanglos, d.h.

$$a + b = b + a \quad \text{und} \quad a \cdot b = b \cdot a.$$

Diese Eigenschaft bezeichnet man als **Gesetz der Kommutativität** (Vertauschungsgesetz) und spricht davon, dass die Summen- und Produktbildung natürlicher Zahlen **kommutativ** ist.

b) Für natürliche Zahlen a, b, c gilt das **Assoziativität-Gesetz** (Gesetz über die Vereinigung bzw. Verknüpfung von Objekten), d.h.

$$(a + b) + c = a + (b + c) \quad \text{und} \quad (a \cdot b) \cdot c = a \cdot (b \cdot c).$$

Dieses Gesetz sagt aus, dass es vom Ergebnis her keine Rolle spielt, ob zur Summe $a+b$ nachfolgend c summiert oder zur Summe $b+c$ anschließend a addiert wird. Bezogen auf die Multiplikation gilt anlog: Das Produkt $a \cdot b$, nachfolgend mit dem Faktor c multipliziert, liefert das gleiche Ergebnis wie im Falle der vorausgehenden Produktbildung $b \cdot c$ und anschließender Multiplikation mit a.

c) Für natürliche Zahlen a, b, c gilt das **Distributiv-Gesetz** (Verteilungsgesetz):

$$(a + b) \cdot c = a \cdot c + b \cdot c \qquad \text{und} \qquad a \cdot (b + c) = a \cdot b + a \cdot c.$$

Die Summe $a+b$ mit c multipliziert, liefert als Ergebnis das Gleiche wie die Summe der Produkte $a \cdot c$ und $b \cdot c$. Analog dazu ist die rechts stehende Formel zu interpretieren. Dieses Gesetz regelt, wie Klammern aufzulösen sind (man spricht auch vom Ausklammern arithmetischer Ausdrücke).

Im Zusammenwirken mehrgliedriger Summen- und Produktbildungen gilt die Regel: "Punktrechnung geht vor Strichrechnung". Hat man es also mit einem Ausdruck zu tun, in dem mehrere Summanden und Faktoren auftreten, die nicht in Klammern zusammengefasst sind, so werden zunächst alle Produkte gebildet und nachfolgend diese durch Addition zusammengefasst.

Es mag müßig erscheinen zu erwähnen, dass im Ergebnis einer Summation oder Produktbildung, in die beliebige natürliche Zahlen eingehen, stets wieder eine natürliche Zahl entsteht. Dass das nicht für jede Rechenoperation gilt, ist sofort erkennbar bei der Bildung von Differenzen natürlicher Zahlen. Beispielsweise ist $3 - 5$ keine natürliche Zahl und allgemeiner führt die Berechnung der Differenz $m - n$ für $m, n \in \mathbb{N}$ und $m < n$ aus dem Bereich der natürlichen Zahlen heraus. Dass derartige Aufgaben im Alltagsgeschehen häufig auftreten, merkt man schon, wenn das Bankkonto in den Minusbereich rutscht oder die Lufttemperaturen unter den Gefrierpunkt sinken. Damit kommen neben den Abzählvorgängen mittels natürlicher Zahlen zusätzlich Zahlen ins Spiel, die aus Messvorgängen oder im Ergebnis anderer Kalkulationen entstehen, was letztlich dazu zwingt, den Zahlenbereich zu erweitern. Je nach den mit einer zahlenmäßigen Erfassung von Zusammenhängen verbundenen Aufgabenstellungen ist dieser Erweiterungsvorgang so zu gestalten, dass der Umgang mit den schon vorhandenen Zahlen keine Änderung erfährt. D.h., die Regeln für das Rechnen dürfen sich nicht ändern, sondern müssen sich in ein erweitertes Regelwerk unverändert einfügen. Diesen Erweiterungsprozess werden wir über mehrere Stationen bis zu einem sehr komplexen Zahlensystem vollziehen, mit dem wir in der Lage sind, für ein vielfältiges Spektrum an Problemstellungen Lösungen in Zahlenform auszudrücken.

Zunächst geht es darum, die natürlichen Zahlen so zu ergänzen, dass die Subtraktion im Bereich dieser Erweiterung uneingeschränkt durchführbar ist. Dazu stellen wir uns eine Gerade vor, auf der, beginnend mit der Null, nach rechts hin in gleichem Abstand die geordnete Folge der natürlichen Zahlen sich ausbreitet:

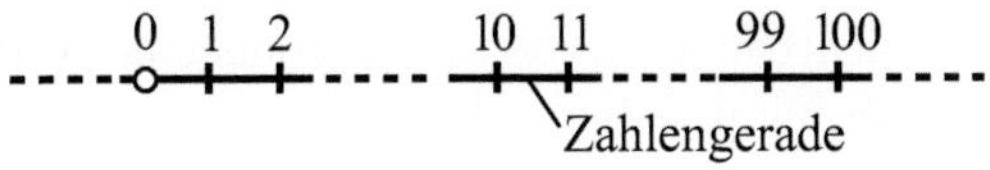

0 1 2   10 11   99 100

Zahlengerade

Abb. 1.2: Natürliche Zahlen auf der Zahlengeraden

In dieser bildlichen Darstellung spiegeln wir die natürlichen Zahlen $1, 2, ...$ horizontal an der durch die Position der Null gegebenen Achse und fügen jeder gespiegelten Zahl ein Minuszeichen bei:

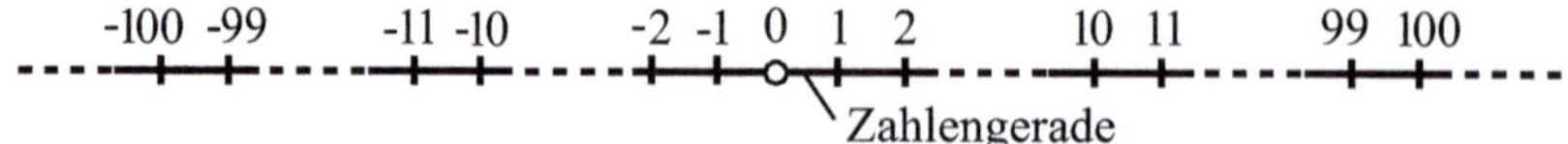

Abb. 1.3: Ganze Zahlen auf der Zahlengeraden

Ausgehend von dieser bildlichen Vorstellung, wird der natürliche Zahlenbereich so erweitert, dass zu jeder natürlichen Zahl n die zu dieser gespiegelte Zahl $-n$ hinzukommt. n und $-n$ besitzen damit die gleiche Ziffernfolge und unterscheiden sich lediglich durch das der hinzugekommenen Zahl beigefügte Minuszeichen $(-)$. Das Zeichen "$-$" gehört zur symbolischen Darstellung der Zahl $-n$ und heißt **Vorzeichen** von $-n$. In diesem Zusammenhang steht das Zeichen "$-$" nicht für eine Rechenoperation, die auf eine Subtraktion hindeutet, sondern ist fester Bestandteil der Zahldarstellung. Die hinzugekommenen Zahlen nennt man **ganze negative Zahlen** und fasst diese mit den natürlichen Zahlen in folgender Menge zusammen:

$$\mathbb{Z} = \{..., -n, ..., -2, -1, 0, 1, 2...n, ...\}.$$

$\mathbb{Z}$ trägt die Bezeichnung **Menge der ganzen Zahlen**.

Ausdrücklich weisen wir an dieser Stelle darauf hin, dass die bildliche Darstellung von Zahlen als Punkte auf einer Geraden lediglich der Unterstützung gewisser Vorstellungen dient. Die Zuordnung von Zahlen zu Punkten ist als Abbildung zu verstehen, d.h., Punkte sind Bilder der Zahlen, aber Zahlen selbst keine Punkte.

Zu beachten ist, dass in der aufsteigend geordneten Folge ganzer negativer Zahlen stets $-(n+1) < -n$ ist (z.B. $-100 < -99$). Damit setzt sich die Ordnungsstruktur der natürlichen Zahlen bei den ganzen Zahlen fort:

$$... - (n+1) < -n < ... < -2 < -1 < 0 < 1 < 2 < ... < n < n+1 <, ... \, .$$

Die **Subtraktion** ganzer Zahlen m, n, d.h. die Bildung der **Differenz** $d = m - n$ (in Worten: **Minuend** m minus **Subtrahend** n) ist in $\mathbb{Z}$ uneingeschränkt durchführbar. Das in diesem Zusammenhang auftretende Minuszeichen trägt den Charakter einer Rechenoperation und ist nicht Vorzeichen der ganzen Zahl n.

Treten mehrfach unmittelbar aufeinander folgende Minuszeichen (unabhängig davon, ob als Vorzeichen oder Rechenoperation) auf, so kann es gelegentlich zu Irritationen kommen, wie am Beispiel der Differenz $-5 - (-12) = -5 + 12 = 7$ der negativen ganzen Zahlen -5 und -12 sichtbar wird, die als Ergebnis eine (positive) natürliche Zahl liefert. Als Regel gilt: Zwei unmittelbar aufeinander folgende Minuszeichen führen zu einem Plus ("Minus mal Minus gleich Plus" - eine doppelte Verneinung führt zu einer Zustimmung).

Das Ergebnis einer Addition kann mit einer darauf folgenden Subtraktion wieder rückgängig gemacht werden. Die Addition von b zur Zahl a führt zu $s = a + b$, und mit der

Subtraktion $a = s - b$ erhält man wieder die Zahl a. In diesem Sinne heben sich die Rechenoperationen Addition und Subtraktion gegenseitig auf, man sagt sie sind invers zueinander.

Um, bildlich ausgedrückt, den Abstand, die Entfernung einer Zahl von der Null, dem Ursprung der Zählung zu messen, führt man den **Betrag** ein. Allgemein gibt man für eine Zahl a deren Betrag mit $|a|$ an. Ist a eine natürliche Zahl (eine nicht negative ganze Zahl), so entspricht deren Betrag gleich ihrem Wert, d.h. $|a| = a$. Im Falle einer negativen ganzen Zahl a ist $|a| = -a$.

In gewissen Zusammenhängen ist es angebracht, zwischen geraden und ungeraden Zahlen zu unterscheiden, womit eine Aufteilung der ganzen Zahlen in zueinander sich ausschließende Zahlenklassen verbunden ist. Eine **gerade Zahl** ist ohne Rest durch 2 teilbar. Demzufolge endet die Ziffernfolge einer geraden Zahl mit 0, 2, 4, 6 oder 8. Die verbleibenden ganzen Zahlen, deren Ziffernfolge mit $1, 3, 5, 7$ oder 9 endet, heißen **ungerade Zahlen**.

1.2 Ohne Rest geht es nicht

Im täglichen Miteinander gibt es ab und an etwas zu verteilen. Denken wir beispielsweise an eine Schar von 12 spielenden Kindern, an die Bauklötzchen aus einer großen Kiste gleichmäßig verteilt werden sollen. Wie viele Klötzchen in der Kiste enthalten sind, weiß man nicht. Um eine gerechte Verteilung zu garantieren, kann wie folgt vorgegangen werden. Man entnimmt der Kiste jeweils 12 Klötzchen und gibt diese einzeln an die Kinder weiter. Dieser Vorgang kann so lange fortgeführt werden, bis in der Kiste weniger als 12 Klötzchen sich befinden, die den nicht mehr zu verteilenden Rest darstellen. Aus rechnerischer Sicht ist damit eine Divisionsaufgabe verbunden, bei der ein Rest entstehen kann. Nehmen wir an, in der gefüllten Kiste befanden sich 3789 Klötzchen, so verbirgt sich hinter der Verteilungsprozedur folgendes Rechenschema (in dem 100 bzw. 10 Entnahmen jeweils zusammengefasst sind):

$$
\begin{array}{r}
3\ \ 7\ \ 8\ \ 9\ :\ 12\ =\ 3 \cdot 100 + 1 \cdot 10 + 5\ =315 \quad \text{mit Rest 9}\\
-\ 3\ \ 6\ \ 0\ \ 0 \qquad\qquad (3600 = 300 \cdot 12)\\
\hline
1\ \ 8\ \ 9\\
-\ 1\ \ 2\ \ 0 \qquad\qquad (120 = 10 \cdot 12)\\
\hline
6\ \ 9\\
-\ 6\ \ 0 \qquad\qquad (60 = 5 \cdot 12)\\
\hline
9 \qquad\qquad \longrightarrow \text{Rest}
\end{array}
$$

Jedes Kind erhält folglich 315 Klötzchen, und in der Kiste verbleibt ein Rest von 9 Bausteinen. Das Ergebnis kann auch in der Form

$$3789 = 315 \cdot 12 + 9$$

dargestellt werden. Es handelt sich hier um eine Divisionsaufgabe im Bereich der natürlichen Zahlen, die nicht wieder zu einer natürlichen Zahl führt. Man spricht deshalb von einer **Division mit Rest**. Aufgaben dieser Art treten nicht nur im Zusammenhang mit Zahlen auf, sondern werden uns im Weiteren in wesentlich anspruchsvolleren "Strukturen" auf dem Marsch in die Algebra begegnen, so dass man bei der Division mit Rest von einem Schlüsselalgorithmus sprechen kann. Was uns dazu veranlasst, diese Rechenprozedur abstrakter zu formulieren.

Zu vorgegebenen positiven natürlichen Zahlen $m, n \in \mathbb{N}$ ($n > 0$, $m > 0$) sind natürliche Zahlen p und r so zu finden, dass gilt:

$$n = p \cdot m + r \quad \text{bzw.} \ n : m = p \ \text{ mit Rest } r, \text{ wobei } 0 \leqq r < m.$$

Diese Aufgabe kann schrittweise, d.h. durch eine endliche Folge immer gleichartiger Rechnungen wie folgt gelöst werden:

Begonnen wird mit $p = 0$ und $r = n$ und wie folgt fortgesetzt:

a)   Ersetze r durch $r - m$ $(r \to r - m)$

b)   wenn $r \geqq m$ ersetze p durch $p + 1$ $(p \to p + 1)$ und gehe zu a)

wenn $r < m$ $\to$ Ende der Rechnung

Mit der fortgesetzten Verringerung von anfangs $r = n$ um die Zahl m und der gleichzeitigen Erhöhung von p um jeweils 1 nähert man sich schrittweise dem Ergebnis an, das erreicht ist, wenn $r < m$. Die Zahl p nennt man **ganzzahliger Quotient** von n und m und r bezeichnet den **Rest** der Division. Das Bemerkenswerte an der Division mit Rest ist, dass hier Multiplikation ($\cdot$), Addition ($+$) und Ordnungsrelation ($\leqq$) auf den natürlichen Zahlen in Beziehung stehen.

Die Darstellung natürlicher Zahlen durch die Ziffern $0, 1, ..., 9$ bezieht sich auf die Basis 10. D.h., jede natürliche Zahl lässt sich als Summe von 10er-Potenzen, denen als Faktor eine Ziffer beigefügt ist, ausdrücken (siehe (1.1)). Die Zahl 10 ist uns im Umgang mit Zahlendarstellungen so vertraut, dass im Alltagsgeschehen niemand auf die Idee kommt, Zählungen auf einer anderen Zahlenbasis vorzunehmen. Und doch werden in digitalen Bereichen, auf dem Computer, Zahlendarstellungen zur Basis 2, 8 oder 16 bevorzugt, da diese besser den Rechnerarchitekturen angepasst sind. Bei der Konvertierung, also der Übertragung von Zahlen in eine andere Basis, spielt die Division mit Rest eine zentrale Rolle.

Wir wollen das demonstrieren anhand der Konvertierung einer Zahl in das Dualsystem (zur Basis 2), die im dekadischen Zahlensystem (zur Basis 10) gegeben ist. Konkret wählen wir $n = 1 \cdot 100 + 7 \cdot 10 + 5 = 175$. Im Dualsystem ist diese Zahl als Summe von Potenzen der Zahl 2 darzustellen, wobei als Vorfaktoren nur die Ziffern 0 und 1 auftreten:

$$n = d_l \cdot 2^l + d_{l-1} \cdot 2^{l-1} + ... + d_1 \cdot 2^1 + d_0 \quad \text{mit} \ d_0, ..., d_l \in \{0, 1\}.$$

Zur Berechnung der Faktoren bei den 2er-Potenzen wird aufeinander folgend $n_{(10)} = 175$ durch 2 dividiert. Dabei kann als Rest nur 0 oder 1 auftreten und wir erhalten in aufsteigender Reihenfolge die Ziffernfolge $d_0, ..., d_l$:

$$
\begin{aligned}
175 &= 87 \cdot 2 \;+1 \;(d_0) \\
87 &= 43 \cdot 2 \;+1 \;(d_1) \\
43 &= 21 \cdot 2 \;+1 \;(d_2) \\
21 &= 10 \cdot 2 \;+1 \;(d_3) \\
10 &= 5 \cdot 2 \;+0 \;(d_4) \\
5 &= 2 \cdot 2 \;+1 \;(d_5) \\
2 &= 1 \cdot 2 \;+0 \;(d_6) \\
1 &= 0 \cdot 2 \;+1 \;(d_7)
\end{aligned}
$$

Folglich ist $l = 7$ und

$$n_{(10)} = 175 =$$
$$1 \cdot 2^7 + 0 \cdot 2^6 + 1 \cdot 2^5 + 0 \cdot 2^4 + 1 \cdot 2^3 + 1 \cdot 2^2 + 1 \cdot 2^1 + 1 \cdot 2^0,$$

womit im Dualsystem die Ziffernfolge

$$175_{(2)} = 10101111$$

entsteht.

Zur Formulierung des Konvertierungsprozesses in allgemeiner Form gehen wir von einer in dekadischer Form vorliegenden natürlichen Zahl $n_{(10)} = p_k p_{k-1} ... p_1 p_0$ aus und wählen als Basis die Zahl $b \geq 2..$ Für die Darstellung von n in der Basis b setzen wir an:

$$
\begin{aligned}
n &= d_l \cdot b^l + d_{l-1} \cdot b^{l-1} + ... + d_1 \cdot b^1 + d_0 \quad \text{mit} \quad d_0, ..., d_l \in \{s_0, s_1, ... s_{b-1}\} \\
n_{(b)} &= d_l d_{l-1} ... d_1 d_0 .
\end{aligned}
$$

Die Ziffern $d_0, ..., d_l$ sind Elemente einer Ziffernmenge, wobei man im Falle $b > 10$ dazu gezwungen wird, neben $0, 1, 2, ..., 9$ zusätzliche Symbole einzuführen. Einige Beispiele dazu:

Dualsystem	$b = 2$	$\{s_0, s_1\} = \{0, 1\},$
Oktalsystem	$b = 8$	$\{s_0, ..., s_7\} = \{0, 1, ..., 7\},$
Hexadezimalsystem	$b = 16$	$\{s_0, ..., s_{15}\} = \{0, 1, ..., 9, A, B, C, D, E, F\}.$

Zur Unterscheidung der Ziffern spricht man von Dualziffern, Oktalziffern und Hexadezimalziffern.

Die Ziffern $d_0, d_1, ..., d_l$ berechnet man in dieser Reihenfolge durch fortgesetzte Division mit Rest nach folgender Vorschrift:

a) Begonnen wird mit $i = 0$

b) Solange $n > 0$, berechne $n = m \cdot b + r$ (Division mir Rest)

mit ganzzahligem Quotienten m von n und b;   Rest $r < b$

Setze $d_i = r$ und $n = m$,   erhöhe $i \rightarrow i + 1$.

Dieses Verfahren kommt mit der Berechnung der Ziffern $d_0, ..., d_i, ..., d_l$ nach $l + 1$ Schritten zu einem Ende.

Wir geben als Beispiel das Berechnungsschema für die Darstellung der Zahl $n_{(10)} = 175$ im Hexadezimalsystem an:

$$
\begin{aligned}
175 &= 10 \cdot 16 \;+15 \equiv F \;(d_0) \\
10 &= 0 \cdot 16 \;+10 \equiv A \;(d_1)
\end{aligned}
$$

Folglich ist $l = 1$ und

$$n_{(10)} = 175 = A \cdot 16^1 + F \cdot 16^0,$$
$$175_{(16)} = AF.$$

1.3 Teilen und Zerlegen

Zu den bedeutendsten Grundkonzepten im Umgang mit Zahlen gehört die **Teilbarkeit**.

Definition 1.1 *(Teiler natürlicher Zahlen)*
*Eine natürliche Zahl n ist teilbar durch eine andere natürliche Zahl m, wenn es eine weitere natürliche Zahl q gibt, so dass gilt $n = q \cdot m$. Man nennt m **Teiler** von n und spricht davon, dass n durch m teilbar ist, was kurz mit der Bezeichnung $m \mid n$ ausgedrückt wird.*

Beispielsweise hat $n = 2860$ den Teiler $m = 5$, denn mit $q = 572$ ist $2860 = 5 \cdot 572$. Neben m ist auch die als Faktor im Produkt $q \cdot m$ auftretende Zahl q ein Teiler von n. Möglicherweise besitzen m und q ebenfalls Teiler, die dann zwangsläufig auch Teiler von n sind. Führt man diesen Teilbarkeitsprozess weiter fort, so entsteht letztlich eine Folge natürlicher Zahlen $p_1, p_2, ..., p_k$, die höchstens noch durch 1 und durch sich selbst teilbar sind und deren gemeinsames Produkt die Zahl n ergibt: $n = p_1 \cdot p_2 \cdot ... \cdot p_k$.

Eine nur durch 1 und sich selbst teilbare Zahl heißt **Primzahl**. Die Darstellung von n als Produkt dieser Zahlen wird als Primzahlzerlegung oder **Primzahlfaktorisierung** der Zahl n bezeichnet. Dabei können Primzahlen auch mehrfach als Faktoren auftreten. Jede natürliche Zahl $n \geq 2$ kann auf diese Weise mit Primzahlen faktorisiert werden, wobei dies bis auf die Reihenfolge im Produkt der Primzahlen sogar eindeutig ist, d.h., es existieren keine anderen Primzahlen, deren Produkt ebenfalls n ergibt.

Die obige Zahl 2860 hat die Primzahlfaktorisierung $2860 = 2 \cdot 2 \cdot 5 \cdot 11 \cdot 13$ mit den Primzahlen 2, 5, 11, 13, wobei 2 in zweiter Potenz auftritt.
Faktorisierungen spielen in der Mathematik eine große Rolle, weil damit oft komplizierte Zusammenhänge in einfacher handhabbare Teile zerlegbar sind. Die Techniken zur Zerlegung von Zahlen sind, wie wir später noch sehen werden, teilweise nur mit geringen Variationen auf die Faktorisierung ganz anderer mathematischer Objekte, wie Polynome oder algebraische Gleichungen, übertragbar.
Die Zerlegung sehr großer Zahlen in Primfaktoren ist sehr aufwendig und erfordert extrem hohe Rechenzeiten, was andererseits für die Codierung geheimer Dokumente sich als Vorteil erweist. Primzahlfaktorisierungen sind deshalb wichtige Bestandteile von Verschlüsselungstechniken für Nachrichten (Kryptologie). Unter den ersten 100 natürlichen Zahlen befinden sich folgende Primzahlen:

$$2, 3, 5, 7, 11, 13, 17, 19, 23, 29, 31, 37, 41, 43, 47, 53, 59, 61, 67, 71, 73, 79, 83, 89, 97.$$

Eine in der Zahlenarithmetik häufig gebrauchte Größe, die man zwei natürlichen Zahlen n und m zuordnet, trägt die Bezeichnung größter gemeinsamer Teiler.

Definition 1.2 *(größter gemeinsamer Teiler - abgekürzt: ggT)*
Unter dem größten gemeinsamen Teiler ist die größte natürliche Zahl zu verstehen, durch die sowohl n als auch m ohne Rest teilbar sind. In der Zuordnung zu n und m drückt man diese Zahl durch $ggT(n, m)$ aus. Sowohl m als auch n sind durch

Berechenbar ist der ggT aus den Primzahlfaktorisierungen von n und m und ergibt sich als Produkt der Primzahlen, die sowohl in n als auch in m auftreten. Für die Zahlen $462 = 2 \cdot 3 \cdot 7 \cdot 11$ und $357 = 3 \cdot 7 \cdot 17$ liest man aus deren Primzahlzerlegungen sofort den größten gemeinsamen Teiler $ggT(n,m) = 3 \cdot 7 = 21$ ab. Für sehr große Zahlen ist dieses Vorgehen jedoch sehr aufwendig. Besser geeignet ist ein auf der Division mit Rest beruhendes Verfahren, das unter dem Namen **Euklidischer Algorithmus** bekannt ist (Euklid - griechischer Mathematiker im 3. Jahrhundert vor Chr.).

Bezeichnen wir die kleinere der Zahlen n, m als Rest, so wird mit der Division der Größeren der beiden Zahlen durch diesen Rest begonnen. Der dabei möglicherweise wieder entstehende Rest dient als Teiler bei der Division des vorhergehenden Restes. In dieser Weise wird fortgefahren: Man teilt den vorhergehenden durch den zuletzt erhaltenen Rest. Das Ende der Rechnung ist erreicht, wenn die Division aufgeht, d.h. kein Rest entsteht. Der letzte von Null verschiedene Rest ist dann der ggT der Zahlen n und m. Im obigen Beispiel ist der ggT nach diesem Schema wie folgt berechenbar:

$$
\begin{array}{llllll}
462 & : & 357 & = & 1 & \text{mit Rest} & 105 \\
357 & : & 105 & = & 3 & \text{mit Rest} & 42 \\
105 & : & 42 & = & 2 & \text{mit Rest} & 21 \\
42 & : & 21 & = & 2 & \text{mit Rest} & 0
\end{array}
$$

Der letzte, von Null verschiedene Rest ist gleich dem ggT:
$$ggT(462, 357) = 21.$$

Euklischer Algorithmus in allgemeiner Form:

Im Falle $n \geq m$ setzt man $r_0 = m$ und führt folgende Divisionen aus:

$$
\begin{array}{llllll}
n & : & r_0 & = & d_1 & \text{mit Rest } r_1, & \text{d.h.,} \quad n = d_1 \cdot r_0 + r_1 \\
r_0 & : & r_1 & = & d_2 & \text{mit Rest } r_2, & \text{d.h.,} \quad r_0 = d_2 \cdot r_1 + r_2 \\
r_1 & : & r_2 & = & d_3 & \text{mit Rest } r_3, & \text{d.h.,} \quad r_1 = d_3 \cdot r_2 + r_3 \\
\ldots & \ldots & \ldots & \ldots & \ldots & \ldots & \quad \ldots \\
r_{k-2} & : & r_{k-1} & = & d_k & \text{mit Rest } r_k, & \text{d.h.,} \quad r_{k-2} = d_k \cdot r_{k-1} + r_k \\
r_{k-1} & : & r_k & = & d_{k+1} & \text{mit Rest } r_{k+1} = 0, & \text{d.h.,} \quad r_{k-1} = d_{k+1} \cdot r_k
\end{array}
$$

Ergebnis: $\quad r_k = ggT(n,m)$

Ein weiterer Begriff, der im Zusammenhang mit der Teilbarkeit von Zahlen steht, ist der des kleinsten gemeinsamen Vielfachen (abgekürzt: kgV).

Liegen die Primzahlfaktorisierungen für n und m vor, so ist das Produkt der Primzahlen, die in mindestens einer dieser Zerlegungen auftreten, gleich $kgV(n,m)$, wobei im Falle von Potenzen der Primzahlen die jeweils höchste Potenz in das Produkt eingeht. Aus dieser Berechnungsvorschrift wird über die Primzahlzerlegung die Verbindung von ggT und kgV der beiden Zahlen deutlich, denn es gilt:

$$kgV(n,m) \cdot ggT(n,m) = n \cdot m.$$

Das kann an folgendem Beispiel überprüft werden:

$$
\begin{array}{rl|rl}
n = & 102\,375 = 3^2 \cdot 5^3 \cdot 7 \cdot 13 & ggT(n,m) = & 3^2 \cdot 7 = 63 \\
m = & 12\,474 = 2 \cdot 3^4 \cdot 7 \cdot 11 & kgV(n,m) = & 2 \cdot 3^4 \cdot 5^3 \cdot 7 \cdot 11 \cdot 13 \\
n \cdot m = & 102\,375 \cdot 12\,474 & = & 20\,270\,250 \\
= & 1\,277\,025\,750 & & \\
= & 20\,270\,250 \cdot 63 & &
\end{array}
$$

Wir fügen hier eine weitere interessante Beziehung zum ggT zweier Zahlen bei, die später in allgemeinerem Zusammenhang noch eine Rolle spielen wird.

Die Berechnung der Zahlen a und b wollen wir zunächst am Beispiel der vorgegebenen natürlichen Zahlen $n = 462$ und $m = 357$ demonstrieren. Für diese wurde in einem vorstehenden Beispiel bereits der ggT mit $ggT(462, 357) = 21$ bestimmt. Wir gehen von den dort durchgeführten Divisionen mit Rest aus und stellen die jeweiligen Gleichungen nach den Resten um:

$$
\begin{array}{llrlll}
462 = 1 \cdot 357 + 105 & \text{folglich} & 105 = & & & 1 \cdot 462 - 1 \cdot 357 \\
357 = 3 \cdot 105 + 42 & \text{folglich} & 42 = & 1 \cdot 357 - 3 \cdot 105 & = & -3 \cdot 462 + 4 \cdot 357 \\
105 = 2 \cdot 42 + 21 & \text{folglich} & \underline{21 =} & \underline{1 \cdot 105 - 2 \cdot 42} & \underline{=} & \underline{7 \cdot 462 - 9 \cdot 357}
\end{array}
$$

Dabei wurde in der ganz rechts stehenden Gleichung auf der zweiten Zeile der Ausdruck für den in der ersten Zeile stehenden Rest 105 substituiert. Ebenso ersetzt man in der letzten Zeile die davor berechneten Ausdrücke für die Reste 105 und 42:

$$
\begin{array}{rl}
1 \cdot 357 - 3 \cdot 105 = & 1 \cdot 357 - 3 \cdot (1 \cdot 462 - 1 \cdot 357) = -3 \cdot 462 + 4 \cdot 357 \\
1 \cdot 105 - 2 \cdot 42 = & 1 \cdot (1 \cdot 462 - 1 \cdot 357) - 2 \cdot (-3 \cdot 462 + 4 \cdot 357) = 7 \cdot 462 - 9 \cdot 357.
\end{array}
$$

Aus der unterstrichenen Gleichung liest man die Werte für a und b ab: $a = 7$, $b = -9$. Hinter dem Berechnungsverfahren verbirgt sich also im Wesentlichen der Euklidische Algorithmus, ergänzt durch Substitutionen von Ausdrücken für die erhaltenen Reste.

Diese Weiterentwicklung heißt **Erweiterter Euklidischer Algorithmus**.
Zur allgemeinen Fassung der Berechnung werden zunächst mit den vorgegebenen
Zahlen n und m folgende Anfangswerte gesetzt:

$$r_0 = n, \; r_1 = m, \qquad a_0 = 1, \; a_1 = 0, \qquad b_0 = 0, \; b_1 = 1.$$

Beginnend mit diesen Werten berechnet man in aufeinander folgenden Schritten:

$$\begin{aligned}
r_{k+1} &= r_{k-1} - q_k \cdot r_k, \\
a_{k+1} &= a_{k-1} - q_k \cdot a_k, \qquad\qquad k = 1, 2, \ldots \\
b_{k+1} &= b_{k-1} - q_k \cdot b_k,
\end{aligned}$$

wobei q_k als Quotient aus der Division $r_{k-1} : r_k$ mit dem Rest r_{k+1} hervorgeht, d.h.
$r_{k-1} : r_k = q_k$ mit Rest r_{k+1}.
Diese Iteration kommt zum Stillstand, wenn $r_{k+1} = 0$. Aus den zuletzt errechneten
Werten ergibt sich:

$$ggT(n, m) = r_k, \qquad a = a_k, \qquad b = b_k.$$

Indem man die Gleichung (1.2) mit einer ganzen Zahl p multipliziert, entsteht
$$p \cdot a \cdot n + p \cdot b \cdot m = p \cdot ggT(n, m).$$
Die so erhaltene Gleichung legt folgende allgemeinere Aussage über den Zusammenhang
von ganzen Zahlen und ihrem größten gemeinsamen Teiler nahe:

Satz 1.5 *(erweiterte ganzzahlige lineare Gleichungen)*
*Sind u, v und w von Null verschiedene ganze Zahlen , dann gibt es genau dann
ganze Zahlen a und b mit $a \cdot u + b \cdot v = w$, wenn der $ggT(u, v)$ ein Teiler von w
ist, d.h., wenn eine ganze Zahl p existiert, so dass $w = p \cdot ggT(u, v)$.*

1.4 Brüchig, aber rational

Erfahrungsgemäß ist der Gebrauch ganzer Zahlen zum Zwecke des Abzählens bei weitem nicht ausreichend, um unsere Welt mengenmäßig (quantitativ) zu beschreiben.
Von den Dingen, Vorgängen und Prozessen interessiert man sich häufig nur für Teile
oder Bruchstücke. D.h., man möchte oft nur Teile eines Ganzen ins Auge fassen. Um
diese Teile mit den zur Verfügung stehenden ganzen Zahlen auszudrücken bietet es sich
an, Paare dieser Zahlen zu bilden. Umgangssprachliche Aussagenfragmente der Form
"die Hälfte von ...", "zwei Stück vom dritten Teil ..." oder "nach fünf der zwölf Runden
..." sind dann durch die Paare $(1, 2)$, $(2, 3)$ bzw. $(5, 12)$ darstellbar. Dabei kommt es
natürlich auf die Reihenfolge der beiden Zahlen an. Die erste Zahl des Paares zählt,
um wie viele Teile es sich vom mit der zweiten Zahl benannten Umfang einer Bezugsmenge handelt. Die erste Zahl bezeichnet man deshalb als Zähler und die zweite als
Nenner. Um diese Überlegungen allgemeiner und abstrakter zu fassen, führen wir die

Gesamtheit (nennen wir diese Menge B) aller Paare (m, n) ganzer Zahlen m und n mit der Forderung ein, dass n nicht verschwindet (nicht Null ist, $n \neq 0$):

$B = \{(m, n) \text{ mit } m, n \in \mathbb{Z} \text{ und } n \neq 0\}$.

Diese Paare nennen wir **Zahlenbrüche** (kurz Brüche), und mit B wird die Menge aller Brüche ausgewiesen. In B sind auch alle Paare $(m, 1)$ mit $m \in \mathbb{Z}$ enthalten, so dass es naheliegend ist, diese Paare mit den ganzen Zahlen zu identifizieren: $m \simeq (m, 1)$. Die Menge der ganzen Zahlen ist damit in B enthalten. Die Handhabung und das Rechnen mit Brüchen soll in Einklang mit dem bekannten Umgang für die ganzen Zahlen gebracht werden.

Zunächst führen wir in B eine Ordnungsrelation ein. Begonnen wird mit der Gleichheit von Brüchen. Die Paare (m_1, n_1) und (m_2, n_2) heißen gleich, wenn $m_1 \cdot n_2 = m_2 \cdot n_1$, oder kürzer:

$$(m_1, n_1) = (m_2, n_2) \quad \text{genau dann, wenn} \quad m_1 \cdot n_2 = m_2 \cdot n_1.$$

Man überprüft die Gleichheit also mit einer Multiplikation "überkreuz". Die Gleichheit ganzer Zahlen m_1, m_2 ordnet sich hier sofort ein, denn $(m_1, 1) = (m_2, 1)$ ist gleichbedeutend mit $m_1 = m_2$. Eine andere Problematik tritt aber unangenehm zutage, denn für einen Bruch (m, n) und jede von Null verschiedene ganze Zahl c gilt:

$(m, n) = (c \cdot m, c \cdot n) \quad$ (wegen $c \cdot m \cdot n = c \cdot m \cdot n$).

D.h., es gibt unendliche viele Brüche, die den gleichen Wert repräsentieren. Beispielsweise sind sämtliche Brüche der Form

$(1, 3)$, $(2, 6)$, $(3, 9)$, $(12, 36)$, $(52, 156)$, $(3678, 11034)$, ...

untereinander wertgleich. Erkennbar ist aber, dass durch sogenanntes Kürzen diese Mehrdeutigkeit in den Griff zu bekommen ist. Zähler und Nenner können gekürzt werden, wenn beide einen gemeinsamen (ganzzahligen) Teiler besitzen. Dividiert man Zähler und Nenner durch diesen Teiler, so kürzt man damit den Bruch. Ist dieser gemeinsame Teiler der ggT von Zähler und Nenner, so kann der nach kürzen mit dem ggT entstehende Bruch nicht weiter vereinfacht werden. Im Zahlenbeispiel lässt sich $(1, 3)$ nicht weiter vereinfachen. In den nachfolgenden Zahlenpaaren sind Zähler und Nenner mit 2, 3, 12, 52, 3678 kürzbar, was stets zum Bruch $(1, 3)$ führt.

Wie kann Eindeutigkeit in der Menge der Brüche erzwungen werden? Zunächst stellt man fest, dass unter allen wertgleichen Brüchen genau ein Bruch existiert, für den Zähler und Nenner teilerfremd sind und der Nenner eine natürliche Zahl ist, folglich kann dieser Bruch nicht weiter gekürzt werden. Diese Brüche fassen wir in folgender Menge zusammen:

$$\mathbb{Q} = \{(m, n) \mid m \in \mathbb{Z}, \ n \in \mathbb{N} \text{ und } |ggT(m, n)| = 1\}$$

Ein Paar (m, n) aus dieser Menge nennen wir jetzt **rationale Zahl** und bezeichnen $\mathbb{Q}$ als **Menge aller rationaler Zahlen**. Diese Festlegung auf Brüche mit teilerfremdem Nenner und Zähler bedeutet natürlich nicht, dass alle anderen Brüche ausgeblendet werden, sondern dient lediglich zur eindeutigen Fixierung rationaler Zahlen. In einer mathematisch schärferen Vorgehensweise definiert man eine rationale Zahl als Klasse

$$[(m, n)] = \{\text{alle Zahlenpaare } (k, l) \text{ mit } m \cdot l = n \cdot k, \text{ wobei } k, l \in \mathbb{Z}, l \neq 0\}$$

aller untereinander gleichwertigen Paare (Brüche) und rechnet mit den Klassen, also mit Mengen weiter. Mit der Auszeichnung teilerfremder Brüche benennen wir genau

einen Repräsentanten aus den besagten Klassen als rationale Zahl. Deshalb ist die
hier gegebene Einführung rationaler Zahlen äquivalent zur Definition über Klassen
gleichwertiger Brüche.

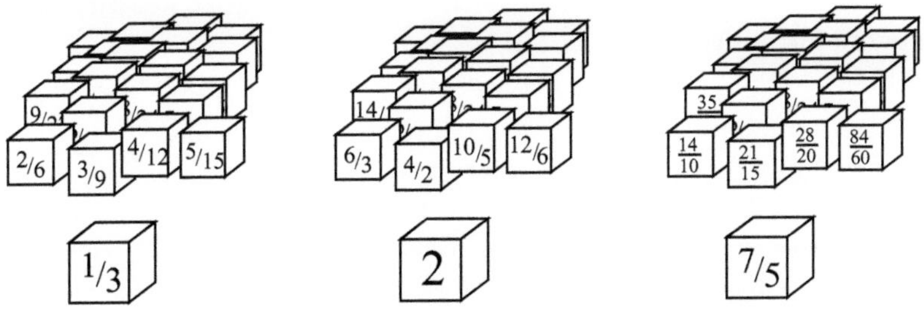

Abb. 1.4: Rationale Zahlen als Mengen gleichwertiger Brüche

Jede ganze Zahl n kann über die Zuordnung $n \simeq (n, 1)$ mit der rationalen Zahl $(n, 1)$
identifiziert werden, insbesondere entspricht wegen $0 \simeq (0, 1)$ der Null eine rationale
Zahl.

Erkennbar ist, dass für rationale Zahlen (m_1, n_1), $(m_2, n_2) \in \mathbb{Q}$ mit der Relation

$$(m_1, n_1) < (m_2, n_2) \quad \text{genau dann, wenn} \quad m_1 \cdot n_2 < m_2 \cdot n_1,$$

die auf den ganzen Zahlen bestehende Ordnungsrelation sich auf $\mathbb{Q}$ fortsetzt.

Anstelle der Paare (m, n) führen wir die übliche Schreibweise $\dfrac{m}{n}$ oder m/n für rationale
Zahlen ein, in der es sich besser (weil gewohnter) mit Brüchen umgehen lässt. Über
einem (Bruch-)Strich steht in dieser Anordnung der Zähler m und darunter der Nenner n. Mit dem Bruchstrich wird gewissermaßen eine Teilung, eine Division angedeutet.
Was dazu verleitet, diese Division auszuführen, um damit zu einer anderen Darstellung
rationaler Zahlen zu gelangen. Das läuft auf eine Division ganzer Zahlen hinaus, die im
Ergebnis aber keine ganze Zahl mit Rest, sondern eine rationale Zahl in Dezimaldarstellung, d.h. eine Ziffernfolge ergeben soll. Bei einer Division $q = m/n = m : n$ nennt
man die zu teilende Zahl m **Dividend**, den Teiler n **Divisor** und das Ergebnis q heißt
Quotient.

Als Zahlenbeispiele für einen Divisionsprozess wählen wir die Brüche $\dfrac{9}{11}$ und $\dfrac{217}{50}$:

$$
\begin{array}{rl}
9,\;0\;\;0\;\;0\;\;0\;\;0\; : 11 = 0,8181... \\
\underline{-8,\;8} \\
2\;\;0 \\
\underline{-\;\;1\;\;1} \\
9\;\;0 \\
\underline{-\;\;8\;\;8} \\
2\;\;0 \\
\underline{-\;\;1\;\;1} \\
9\;\;0
\end{array}
\qquad \equiv 0,\overline{81}
$$

$$
\begin{array}{rl}
2\;\;1\;\;7,\;0\;\;0\; : 50 = 4,340... \\
\underline{-2\;\;0\;\;0} \\
1\;\;7,\;0 \\
\underline{-\;\;1\;\;5,\;0} \\
2,\;0\;\;0 \\
\underline{-\;\;2,\;0\;\;0} \\
0
\end{array}
\qquad \equiv 4,34
$$

Beim Bruch $\frac{9}{11}$ handelt es sich um einen **echten Bruch**. Davon spricht man, wenn der
Betrag des Zählers kleiner als der Betrag des Nenners ist. Das Ergebnis der Division ist

keine ganze Zahl mehr. Dem Bruch kann in der bildlichen Vorstellung ein Punkt zwischen -1 und 1 auf der Zahlengeraden zugeordnet werden. In der Dezimaldarstellung drückt man das mit einer führenden 0 aus und trennt die Ziffern des nachfolgenden gebrochenen Restes durch ein (Dezimal-) Komma oder Punkt ab. Die Ziffern geben nach rechts hin fortlaufend

die Zehntel $\left(0,1 = \frac{1}{10} = 10^{-1}\right)$, die Hundertstel $\left(0,01 = \frac{1}{100} = 10^{-2}\right)$,

die Tausendstel $\left(0,001 = \frac{1}{1000} = 10^{-3}\right)$, ... Anteile des Restes an.

Im Beispiel liest man diesen Rest wie folgt:

$$0,8181... = 8 \cdot 10^{-1} + 1 \cdot 10^{-2} + 8 \cdot 10^{-3} + 1 \cdot 10^{-4} + ...$$

Der Berechnungsprozess kommt in diesem Beispiel zu keinem Ende, denn die Ziffernfolge 81 setzt sich periodisch unendlich oft fort. Zur Abkürzung erhält die erste Periode einen darüber stehenden Querstrich, und man bricht die Ziffernfolge danach ab.

Im Bruch $\frac{217}{50}$ ist ein ganzzahliger Anteil enthalten, den man vom Rest, der durch einen echten Bruch darstellbar ist, abtrennen kann: $\frac{217}{50} = 4 + \frac{17}{50}$. Dieser Rest ist durch die Ziffernfolge

$$0,3400... = 3 \cdot 10^{-1} + 4 \cdot 10^{-2}$$

gegeben. In diesem Fall kommt die Rechnung zu einem Stillstand. In der Dezimaldarstellung von $\frac{217}{50}$ trennt man den ganzzahligen Anteil wieder durch ein Komma vom Rest ab und verzichtet meist auf die sich links fortsetzenden Nullen: $4,34$.

Allgemein hat eine rationale Zahl $a \in \mathbb{Q}$ im Dekadischen Zahlensystem ("Zehnersystem") die Dezimaldarstellung (Darstellung durch Ziffern):

$$\begin{aligned} a \quad &= \quad a_k \cdot 10^k + a_{k-1} \cdot 10^{k-1} + ... + a_1 \cdot 10^1 + a_0 \\ &\quad + a_{-1} \cdot 10^{-1} + a_{-2} \cdot 10^{-2} + ... + a_{-l} \cdot 10^{-l} + ... \\ &\simeq \quad a_k a_{k-1}...a_1 a_0, a_{-1} a_{-2}...a_{-l}... \ . \end{aligned}$$

Jede der Ziffern ist eine Zahl aus der Menge $\{0, 1, 2, ..., 9\}$. Mit dem Zeichen "$\simeq$" wird die Zuordnung der Ziffernfolge zu a ausgedrückt. Die vor dem Komma stehende Ziffernfolge gibt den ganzzahligen Anteil von a an, und die nach dem Komma folgenden Ziffern beschreiben den Rest. Dieser Rest kann nach endlich vielen Ziffern enden (d.h., ab einer gewissen Stelle folgen nur noch Nullen) oder sich ab einer bestimmten Stelle mit einer endlichen Ziffernfolge periodisch fortsetzen.

Im ersten Fall spricht man von einer endlichen Dezimalbruchdarstellung und gibt höchstens ein paar der sich in einer Folge unendlich fortsetzenden Nullen an. Im letzten Fall bricht man die Darstellung nach der ersten auftretenden Periode ab und versieht die Ziffernfolge der Periode mit einem darüber platzierten Querstrich, womit die unendliche Fortsetzung dieser Periode angedeutet wird. Dem Ganzen fügt man bei negativen Zahlen links noch das Vorzeichen "$-$" bei.

Wie man an folgenden Beispielen sieht, sind endliche Dezimalbrüche auf zwei verschiedene Arten darstellbar:

$$5,000... = 4,999... = 4,\overline{9}$$
$$0,4293000... = 0,4292999... = 0,4292\overline{9}$$
$$1,000... = 1,\overline{0} = 0,999... = 0,\overline{9}$$

Beide Darstellungen sind jedoch völlig gleichwertig. Wie die Beispiele zeigen, sind Ziffernfolgen mit unendlichen 9−er Perioden in eine endliche Ziffernfolge umformbar, indem die letzte Ziffer vor dem Beginn der 9−er Periode um 1 vergrößert wird. Um Eindeutigkeit herzustellen, wandelt man deshalb rationale Zahlen mit unendlicher 9−er

Periode in dieser Weise um.

Das Rechnen mit rationalen Zahlen folgt Regeln, die die Regeln für ganze Zahlen mit einschließen. Folglich sind die ganzen Zahlen konsistent in die rationalen Zahlen eingebettet. Mit Bezug auf die vier Grundrechenarten ist im Umgang mit Brüchen einiges zu beachten.

Vorgegeben werden die Brüche $a = \dfrac{m}{n}$, $b = \dfrac{p}{q} \in \mathbb{Q}$.

a) Brüche können nur addiert und subtrahiert werden, wenn sie den gleichen Nenner besitzen. Ist das nicht der Fall, so sind Zähler und Nenner beider Brüche mit geeigneten Zahlen zu multiplizieren. Man spricht vom "gleichnamig machen der Brüche", dahinter verbirgt sich die Bildung eines Hauptnenners. Im vorliegenden allgemeinen Fall erweitert man a mit dem Nenner von b und b mit dem Nenner von a. Nach dieser Vorbereitung ergibt sich für Summe und Differenz von a und b:

$$a + b = \frac{q \cdot m}{q \cdot n} + \frac{p \cdot n}{q \cdot n} = \frac{q \cdot m + p \cdot n}{q \cdot n},$$

$$a - b = \frac{q \cdot m}{q \cdot n} - \frac{p \cdot n}{q \cdot n} = \frac{q \cdot m - p \cdot n}{q \cdot n}.$$

Bei Rechnungen mit konkreten Zahlen wird man als Hauptnenner das kleinste gemeinsame Vielfache ($kgV(n,q)$) der Nenner wählen und die Zähler jeweils mit einem Faktor multiplizieren, der Teiler des kgV ist.

b) a und b werden multipliziert indem man jeweils die Zähler und Nenner miteinander multipliziert:

$$a \cdot b = \frac{m}{n} \cdot \frac{p}{q} = \frac{m \cdot p}{n \cdot q}.$$

c) a und b werden dividiert, indem man a mit dem Kehrwert von b multipliziert:

$$a : b = \frac{m}{n} : \frac{p}{q} = \frac{m \cdot q}{n \cdot p}.$$

Jeder rationalen Zahl kann ein Punkt auf der Zahlengeraden zuordnet werden. Der Zahlenwert gibt die Position auf der skalierten Geraden an. Zu den beiden verschiedenen rationalen Zahlen a und b mit $a < b$ ist das **arithmetische Mittel**

$$c = \tfrac{1}{2} \cdot (a + b)$$

ebenfalls eine rationale Zahl, die wegen $a < c < b$ auf der Zahlengeraden sich zwischen den Positionen von a und b befindet. Der "Abstand" von a und b kann noch so klein sein, stets kann noch eine rationale Zahl angegeben werden, die sich zwischen ihnen befindet. Wenn man diesen Gedanken weiter verfolgt, so kommt man zu dem Schluss, dass es zwischen jedem Paar verschiedener rationaler Zahlen beliebig viele - unendlich viele - weitere rationale Zahlen gibt. Diese Feststellung veranlasst zu der Aussage, dass die Punkte auf der Zahlengeraden, die Bilder rationaler Zahlen sind, auf dieser Geraden überall dicht liegen. Auf einem noch so kleinen Intervall der Zahlengeraden befinden sich unendlich viele dieser Punkte.

1.5 Irrational, aber reell

Die Feststellung, dass die rationalen Zahlen, als Punkte auf einer Geraden betrachtet, dicht liegen, bedeutet nicht, dass auch jeder Punkt der Geraden durch eine rationale Zahl repräsentiert wird. Anhand eines Beispiel wollen wir das zeigen.

Beispiel 1.6 *(eine nicht rationale Zahl)*
Bezug wird genommen auf ein Quadrat mit der Seitenlänge 1 (die Maßeinheit spielt keine Rolle). Die Länge der Diagonale dieses Einheitsquadrates, wir bezeichnen diese mit L, ist über den Lehrsatz des Pythagoras aus der Gleichung $L^2 = 1^2 + 1^2 = 2$ berechenbar. Zu ermitteln ist damit eine Zahl, die mit sich selbst multipliziert die natürliche Zahl 2 ergibt. Wir nehmen an, diese Zahl L sei rational, d.h. als Bruch in der Form $\frac{m}{n}$ mit natürlichen Zahlen m und n darstellbar: $L = \frac{m}{n}$. Nach quadrieren beider Seiten und umstellen entsteht

$$m^2 = L^2 \cdot n^2 = 2 \cdot n^2.$$

Das Quadrat von m muss also doppelt so groß wie das Quadrat von n sein. Wir stellen m und n formal in ihren Primzahlzerlegungen dar, die ja bis auf die Reihenfolge der Anordnungen eindeutig sind: $m = p_1 \cdot \ldots \cdot p_k$, $n = q_1 \cdot \ldots \cdot q_l$. Nach quadrieren dieser Zerlegungen und einsetzen in obige Gleichung erhält man:

$$(p_1)^2 \cdot \ldots \cdot (p_k)^2 = 2 \cdot (q_1)^2 \cdot \ldots \cdot (q_l)^2 .$$

Bemerkenswert an dieser Beziehung ist, dass infolge der Quadrierung jede der Primzahlen zumindest in zweiter oder einer noch höheren geraden Potenz auftritt. Auf der linken Seite gehen alle Primzahlen in einer geraden Potenz ein (also nur $2-$te, $4-$te,... Potenzen). Auf der rechten Seite dagegen kann wegen der Multiplikation mit 2 die Primzahl 2 nur in einer ungeraden Potenz auftreten, selbst wenn eine der Zahlen $(q_1)^2$,...,$(q_l)^2$ eine gerade Potenz von 2 ist. Damit haben wir einen Widerspruch erzeugt: Auf der linken Seite befinden sich nur gerade Potenzen, auf der rechten erscheint aber die 2 in ungerader Potenz. Die Ursache für diese Ungereimtheit kann nur darin liegen, dass die Annahme für die Darstellung der Länge L als Quotient natürlicher Zahlen falsch ist. Wir haben es also mit einer irrationalen, also nicht rationalen Zahl zu tun.
Dieses Ergebnis lässt sich noch allgemeiner fassen: Ist a eine positive rationale Zahl, so ist die Zahl b, für die gilt $b^2 = a$, genau dann auch rational, wenn a eine Quadratzahl ist. Z.B. $a = 4, 9, 16$ oder $25,...$ und allgemein, wenn in der Primzahlfaktorisierung zu $a = (p_1)^{n_1} \cdot \ldots \cdot (p_k)^{n_k}$ sämtliche Potenzen gerade ganze Zahlen sind. Der Nachweis ist nicht schwer und folgt den Gedankengängen unseres Beispiels. Alle anderen natürlichen Zahlen, z..B. $3, 5, 6, 7,..., 31,...$ sind nicht als Quadrate rationaler Zahlen darstellbar. Damit haben wir den Beleg, dass es unendlich viele irrationale Zahlen gibt. Zahlen also, die nicht rational sind, deren Bilder sich aber doch auf der Zahlengeraden verorten lassen.

Wie schon festgestellt, ist eine Zahl genau dann rational, wenn ihre Dezimaldarstellung endlich oder periodisch ist. D.h., es gibt nur endlich viele von Null verschiedene Nachkommastellen oder ab einer gewissen Stelle tritt eine endliche Ziffernfolge auf, die sich periodisch beliebig oft fortsetzt. Aus dieser Tatsache kann man nun schlussfolgern, dass die Dezimaldarstellung irrationaler Zahlen weder nach endlich vielen Ziffern abbricht noch sich periodisch fortsetzt. Die Nachkommastellen einer irrationalen Zahl setzen sich unendlich fort, und in der Ziffernfolge sind keine Regelmäßigkeiten feststellbar.

Damit ist es unmöglich, den genauen Zahlenwert einer irrationalen Zahl, d.h. alle diese Zahl beschreibenden Ziffern anzugeben.

Um irrationale Zahlen dennoch allgemein zu beschreiben und damit ihnen generell eine Existenzberechtigung zuzusprechen, gehen wir wie folgt vor. Die Menge $\mathbb{Q}$ der rationalen Zahlen teilen wir in nicht leere Teilmengen U und V so auf, dass gilt:

a) Jede rationale Zahl befindet sich in genau einer dieser Teilmengen.

b) Jede rationale Zahl in U ist kleiner als jede rationale Zahl in V.

Derartige Aufteilungen der Menge $\mathbb{Q}$ nennen wir einen **Schnitt** im Bereich der rationalen Zahlen. Zu Ehren des deutschen Mathematikers Richard Dedekind (1831-1916), auf den diese Idee im Wesentlichen zurückgeht, bezeichnet man das Mengenpaar (U, V) auch als **Dedekindschen Schnitt** in $\mathbb{Q}$. Derartige Schnitte können in folgenden Formen auftreten:

1. In V existiert eine kleinste rationale Zahl a.

2. Es gibt in U keine größte und in V keine kleinste rationale Zahl.

Der Fall, dass in U eine größte und gleichzeitig in V eine kleinste rationale Zahl vorhanden ist, kann nicht eintreten. Denn diese Zahlen müssten zwangsläufig verschieden sein, und man könnte, wie schon gezeigt, beliebig viele dazwischen liegende rationale Zahlen angeben, die folglich keiner der beiden Teilmengen angehören. D.h., wir hätten es mit keinem Schnitt in $\mathbb{Q}$ zu tun. Auch der Fall, dass in U eine größte rationale Zahl und in V keine kleinste rationale Zahl existiert, kann hier ausgeblendet werden, da dieser auf den **1.** Fall zurückführbar ist und zu keinen neuen Erkenntnissen beiträgt. Zur Erklärung der weiteren Konsequenzen führen wir die Begriffe Zahlenfolge und Grenzwert ein.

Bemerkung 1.7 *(Zahlenfolge, Grenzwert)*

Eine Auflistung von Zahlen, die aufeinander folgend durch Kommas voneinander abgetrennt sind, nennt man **Zahlenfolge:** $a_1, a_2, ..., a_i, ..., a_n, ...$. *Dabei bezeichnet die Zahl a_i das in der Folge an der Stelle i auftretende Folgenglied. Endet die Folge mit dem Glied a_n, so spricht man von einer endlichen Folge. Uns interessieren hier Zahlenfolgen, die sich unendlich fortsetzen und deren Glieder sich mit anwachsendem n immer näher kommen. Von dieser Art ist z.B. die Folge*

$$a_1 = 1, a_2 = \tfrac{1}{2}, a_3 = \tfrac{1}{3}, ..., a_{100} = \tfrac{1}{100}, ..., a_n = \tfrac{1}{n}, ... \quad \text{(kürzer:} \ (a_n) = \left(\tfrac{1}{n}\right)_{n \in \mathbb{N}}).$$

Zu einer beliebig kleinen Zahl $\varepsilon > 0$ und hinreichend großen Zahlen $m, n \in \mathbb{N}$ kann erreicht werden, dass die Differenz $|a_n - a_m| = \left|\tfrac{1}{n} - \tfrac{1}{m}\right|$ kleiner als ε ist. Folgen mit dieser Eigenschaft nennt man **in sich konvergent.** *Äquivalent dazu zeichnen sich derartige Folgen dadurch aus, dass für beliebig kleines $\varepsilon > 0$ alle Folgenglieder a_n ab einem hinreichend großen n sich im Intervall $(a_n - \varepsilon, a_n + \varepsilon)$ befinden. Es sind nun folgende zwei Fälle möglich:*

a) *Im zugrunde liegenden Zahlenbereich existiert im Intervall $(a_n - \varepsilon, a_n + \varepsilon)$ eine Zahl a, so dass für beliebig kleines $\varepsilon > 0$ und alle n größer einer gewissen natürlichen Zahl n_0 die Differenz $|a_n - a| < \varepsilon$ ist, d.h., alle Folgenglieder a_n mit $n > n_0$ befinden sich im Intervall $(a - \varepsilon, a + \varepsilon)$ bzw. $a - \varepsilon < a_n < a + \varepsilon$. Man sagt dann, die Folge $(a_n)_{n \in \mathbb{N}}$ konvergiert gegen a und nennt a* **Grenzwert** *dieser Folge.*

Beispiel: Die Folge $a_1 = 2, a_2 = \tfrac{3}{2}, a_3 = \tfrac{4}{3}, ..., a_n = \tfrac{n+1}{n}, ...$ ist im Bereich der ratio-

nalen Zahlen konvergent und hat den Grenzwert $a = 1$, denn $|a_n - a| < \frac{1}{n_0} = \varepsilon$ für alle $n > n_0$.

***b)** Die Folge (a_n) ist zwar in sich konvergent, es gibt jedoch im betrachteten Zahlenkörper keine Zahl, die im Sinne von Fall **a)** Grenzwert dieser Folge ist.*

Beispiel: Die Glieder der Folge

$$a_1 = \left(1 + \tfrac{1}{1}\right)^1 = 2, a_2 = \left(1 + \tfrac{1}{2}\right)^2 = \tfrac{9}{4}, ..., a_n = \left(1 + \tfrac{1}{n}\right)^n = \frac{(n+1)^n}{n^n}, ...$$

sind für jedes $n \in \mathbb{N}$ rationale Zahlen. Man kann zeigen, dass $a_n < a_{n+1}$ und $a_n < 3$ für alle n, d.h., die Folge (a_n) ist monoton wachsend und nach oben beschränkt. Mit diesen Eigenschaften ist (a_n) in sich konvergent, aber es gibt keine rationale Zahl, die Grenzwert dieser Folge ist. Es existiert jedoch ein Grenzobjekt (eine irrationale Zahl) e, so dass $e - \varepsilon < a_n < e + \varepsilon$ für jedes $\varepsilon > 0$ bei hinreichend großem n. Man kann deshalb von e als Grenzwert zu (a_n) in einem $\mathbb{Q}$ übergeordneten (vervollständigten) Zahlenkörper sprechen. e tritt in vielen mathematischen Zusammenhängen auf und trägt die Bezeichnung Euler'sche Zahl.

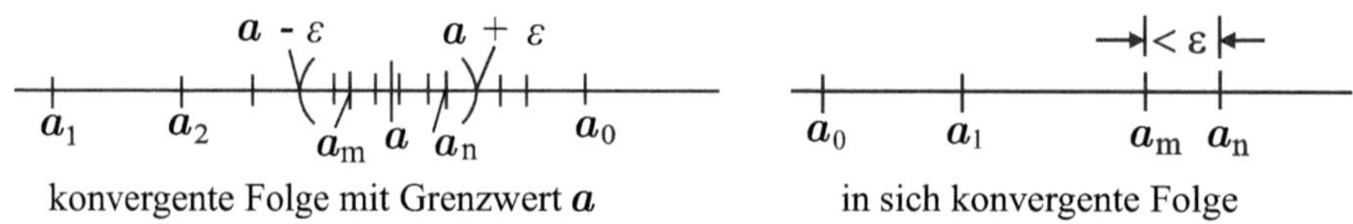

konvergente Folge mit Grenzwert a in sich konvergente Folge

Abb. 1.5: Konvergente und in sich konvergente Zahlenfolgen

Bei Schnitten unter **1.** gibt es zwar in der Obermenge V eine kleinste rationale Zahl a, aber in der zu V komplementären Teilmenge U kann keine größte rationale Zahl existieren. Rationale Zahlen aus U können zwar $a \in V$ beliebig nahe kommen, aber keine kommt a am nächsten. $a \in V$ ist jedoch als Grenzwert einer konvergenten Folge rationaler Zahlen aus U darstellbar. Dieser Umstand legt es nahe, den unter **1.** klassifizierten Schnitt mit der in V vorhandenen kleinsten rationalen Zahl a zu identifizieren. Diese Zuordnung zwischen Schnitten der Form **1** und den rationalen Zahlen ist umkehrbar eindeutig.

Im **2.** Fall können sich rationale Zahlen aus beiden Teilmengen beliebig nahe kommen, aber man findet unter ihnen keine größte in U und keine kleinste in V. Es gibt zwar in sich konvergente Folgen rationaler Zahlen in U, die sich den Zahlen aus V beliebig nähern, ebenso in sich konvergente Folgen aus V, die den Zahlen aus U beliebig nahe kommen. Es existiert jedoch keine rationale Zahl, die Grenzwert dieser Folgen ist. Schnitte der **2.** Form markieren deshalb keine rationale Zahl, sondern definieren ein Objekt, das wir als irrationale Zahl bezeichnen.

Die irrationale Zahl L, deren Quadrat gleich 2 ist, kann durch den Schnitt (U, V) mit

$U = \{b \in \mathbb{Q},$ wobei $b^2 < 2$ oder $b < 0\}$

$V = \{b \in \mathbb{Q},$ wobei $b^2 > 2$ und $b > 0\}$

beschrieben werden. Es gibt keine rationale Zahl, deren Quadrat 2 ist. Man kann in sich konvergente Folgen rationaler Zahlen in U und V bilden, die der Grenze L zwischen U und V beliebig nahe kommen. Diese Grenze ist aber keine rationale Zahl, sondern ein

Objekt, welches wir einen irrationalen Schnitt oder kurz irrational nennen. Verdeutlichen wir uns die Konstruktion irrationaler Zahlen über Schnitte anhand der Zahlengeraden. Die folgende Skizze soll eine bildhafte Vorstellung vermitteln.

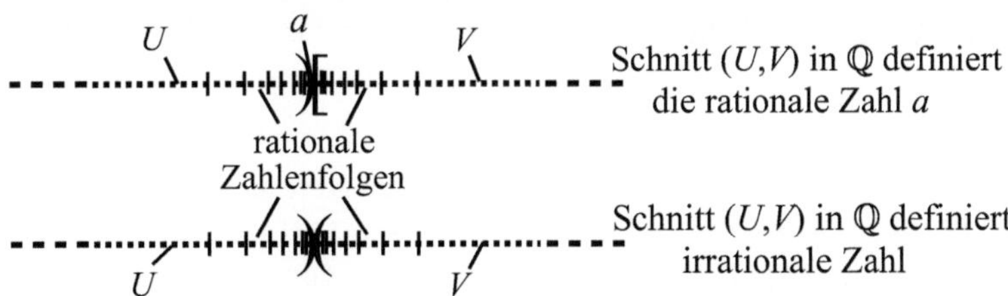

Abb. 1.6: Schnitte in der Menge der rationalen Zahlen

Um deutlich zu machen, dass es bei Schnitten nur um Aufteilungen von $\mathbb{Q}$ geht, sind die Zahlengeraden als gepunktete Linien dargestellt. Es gibt unendlich viele Möglichkeiten, die Punkte auf der Zahlengeraden, die den Bildern rationaler Zahlen entsprechen, in Mengen U und V so aufzuteilen, dass (U, V) einem Schnitt entspricht. Der Punkt, der beide Mengen trennt, wird im Allgemeinen kein Punkt sein, dem eine rationale Zahl entspricht. Tritt dieser Fall ein, so definiert der Schnitt (U, V) eine irrationale Zahl, und die Trennstelle beider Mengen ist in Bezug auf $\mathbb{Q}$ eine Leerstelle, d.h., der Stelle ist keine rationale Zahl zugeordnet. Diese bezüglich $\mathbb{Q}$ nicht besetzten Stellen der Zahlengeraden werden mit irrationalen Zahlen identifiziert. Im Ergebnis dieser Zuordnungen ist jedem Punkt der Zahlengeraden eine rationale oder irrationale Zahl zugeordnet - es gibt keine Leerstellen mehr.

In der Menge aller Schnitte kann eine Ordnungsrelation eingeführt werden. Sind (U_1, V_1) und (U_2, V_2) Schnitte und ist die Menge U_1 in der Menge U_2 enthalten, d.h. ist jede rationale Zahl aus U_1 auch in U_2 enthalten, so sagen wir, dass (U_1, V_1) kleiner (und höchstens gleich) (U_2, V_2) ist und drücken dies durch $(U_1, V_1) \leq (U_2, V_2)$ aus. Entsprechen diesen Schnitten die rationalen Zahlen a_1 und a_2, so besteht zwischen diesen ebenfalls die Relation $a_1 \leq a_2$. Wir schließen daraus, dass diese für Schnitte eingeführte Ordnung die Ordnung der rationalen Zahlen umfasst.

Man kann für Schnitte eine Arithmetik einführen, d.h., Schnitte addieren und multiplizieren. Ebenso lassen sich die dazu inversen Operationen Subtraktion und Division definieren. Dazu muss man zeigen, dass die entstehenden Summen, Differenzen, Produkte und Quotienten selbst wieder Schnitte bilden und außerdem das Kommutativ-, Assoziativ- und Distributivgesetz befolgen. Das ist auf natürliche Weise so möglich, dass sich die für rationale Zahlen bekannten Rechenoperationen sinngemäß in die Schnittoperationen einordnen. Die Menge $\mathbb{Q}$ der rationalen Zahlen (als Schnitte betrachtet) bettet sich konsistent in die Menge aller Schnitte ein. Diesen, in der Ausführung langweiligen Prozess, übergehen wir hier.

Mit rationalen Zahlen werden wir weiter, wie im vorangegangenen Abschnitt beschrieben, umgehen. Was die irrationalen Zahlen betrifft, so sind wir nicht in der Lage, diese durch Ziffernfolgen genau zu beschreiben. Aber wie bei den Schnitten schon hervortrat, sind irrationale Zahlen nach "unten" und "oben" durch rationale Zahlen beliebig genau abschätzbar, d.h. in immer kleiner werdende Intervalle mit rationalen Grenzen einschließbar. Zur Demonstration nehmen wir Bezug auf das Beispiel 1.6, in dem die Länge L der Diagonale im Einheitsquadrat, für die $L^2 = 2$ gilt, als irrationale Zahl identifiziert wurde. Es ergeben sich folgende untere und obere Schranken für L :

$$
\begin{array}{rcllrcl}
1,4 & < L < & 1,5 & \text{denn:} & 1,96 & < L^2 < & 2,25 \\
1,41 & < L < & 1,42 & \text{denn:} & 1,9881 & < L^2 < & 2,0164 \\
1,414 & < L < & 1,415 & \text{denn:} & 1,999396 & < L^2 < & 2,002225 \\
1,4142 & < L < & 1,4143 & \text{denn:} & 1,99996164 & < L^2 < & 2,00024449
\end{array}
$$

Was wir nun über die Zahl L aussagen können, ist, dass sie sich zwischen den rationalen Zahlen $1,4142$ und $1,4143$, also im offenen Intervall $(1,4142, 1,4143)$ befindet.

Derartige Einschachtelungen sind für jede irrationale (und auch rationale) Zahl möglich. Durch Hinzunahme neuer Dezimalstellen ist die Genauigkeit vom Prinzip her beliebig regelbar.

Die rationalen und irrationalen Zahlen fasst man zu einer Menge, die mit $\mathbb{R}$ bezeichnet wird, zusammen und nennt diese **Menge der reellen Zahlen**. Die Elemente von $\mathbb{R}$ heißen reelle Zahlen und sind entweder rationale oder irrationale Zahlen.

Die Konstruktion der reellen Zahlen über Schnitte kann man als ein Modell für die reellen Zahlen ansehen. Schnitte sind keinesfalls identisch mit reellen Zahlen, sondern stellen allenfalls eine Möglichkeit dar, diese mit einem vorstellbaren Objekt zu verbinden und ihnen einen Namen bzw. ein Symbol (U, V) zu verpassen. Das für Schnitte schon Gesagte kann aber auf die reellen Zahlen übertragen werden: Jedem Punkt auf der Zahlengeraden kann eindeutig eine reelle Zahl zugeordnet werden. Jeder reellen Zahl entspricht ein Geradenpunkt und umgekehrt jedem Punkt eine Zahl. Die Bilder reeller Zahlen füllen die Gerade lückenlos. d.h. kontinuierlich aus. Man bezeichnet deshalb die Menge der reellen Zahlen auch als Kontinuum und drückt das wie folgt aus:

> Die irrationalen Zahlen vervollständigen die rationalen Zahlen zu einem Kontinuum.

Für besonders häufig vorkommende irrationale Zahlen führt man zur eindeutigen Identifizierung Symbole ein. Beispielsweise für das Verhältnis von Umfang zum Durchmesser eines Kreises die Zahl π, deren Irrationalität man zeigen kann. Oder die ebenfalls irrationale Euler'sche Zahl e, die im Zusammenhang mit Wachstumsprozessen steht. Es ist aber nicht möglich, die unendlich vielen irrationalen (und selbstverständlich auch rationalen) Zahlen mit speziellen Symbolen oder Zeichenketten zu versehen. Nur eine geringe endliche Menge dieser Zahlen werden wir jemals in Augenschein nehmen, eine überabzählbar unendliche Menge dieser Objekte bleibt unentdeckt, verborgen und namenlos.

Wenden wir uns kurz der Mannigfaltigkeit bisheriger Zahlenkonstruktionen zu. Beginnend mit der 1 lässt sich durch wiederholtes Aufaddieren der 1 jede noch so große natürliche Zahl erzeugen. Dieser nicht endende Prozess des Weiterzählens liefert eine unendliche Gesamtheit. Gesamtheiten, deren Elemente anhand der natürlichen Zahlen durchnummeriert werden können, d.h. in denen jedes Element eindeutig einer natürlichen Zahl entspricht und dabei alle natürlichen Zahlen aufgebraucht werden, bezeichnet man als **abzählbar unendliche Menge**. Selbstredend ist damit die Menge der natürlichen Zahlen $\mathbb{N}$ abzählbar unendlich. Mit der abzählbaren Unendlichkeit ist die "mildeste Form" einer Unendlichkeit gegeben. Auch unendliche Teilmengen der natürlichen Zahlen sind abzählbar unendlich, so beispielsweise die Menge aller geraden natürlichen Zahlen oder die Menge der Primzahlen. Unser Vorstellungsvermögen wird jedoch auf eine harte Probe gestellt zu akzeptieren, dass auch Mengen, die als echte Teilmengen die natürlichen Zahlen enthalten, abzählbar unendlich sein können. Mit einer geschickten Anordnung der Reihenfolge, in der die Zahlen auftreten, gelingt aber der Nachweis, dass sowohl die ganzen Zahlen als auch die rationalen Zahlen mit natürlichen Zahlen durchnummeriert werden können, also die Zahlenmengen $\mathbb{Z}$ und $\mathbb{Q}$ abzählbar unendlich sind. Alle Versuche aber, die reellen Zahlen mit den natürlichen Zahlen in eine wechselseitig eindeutige Beziehung zu bringen, misslingen. Man führt deshalb den Begriff der **überabzählbar unendlichen Menge** ein und bezeichnet die Menge der reellen Zahlen $\mathbb{R}$ als überabzählbar unendlich, bzw. spricht von der Überabzählbarkeit des Kontinuums. Da die rationalen Zahlen in den reellen Zahlen dicht liegen, wird $\mathbb{R}$ nur durch die irrationalen Zahlen vervollständigt, die, wie wir wissen, innerhalb $\mathbb{R}$ Grenzwerte rationaler Zahlenfolgen sind. Daraus leitet man ab, dass die Menge der irrationalen Zahlen für sich eine überabzählbare Menge bilden, also wesentlich mächtiger sind als die Gesamtheit rationaler Zahlen. Selbst für ein noch so kleines Intervall reeller Zahlen (in der bildlichen Übertragung einer kleinen Strecke auf der Zahlengeraden) kann eine wechselseitig eindeutige Beziehung zu allen reellen Zahlen (zur gesamten Zahlengeraden) hergestellt werden. Woraus man schließt, dass auch ein noch so kleines Intervall reeller Zahlen (die Punktmenge einer noch so kurzen Strecke der Zahlengeraden) eine überabzählbar unendliche Menge ist. Das menschliche Vorstellungsvermögen ist völlig überfordert, wenn man sich klar macht, dass die irrationalen Zahlen eigentlich nur die Lückenfüller zu den überall dicht liegenden rationalen Zahlen auf der Zahlengeraden sind, aber trotzdem hinsichtlich ihrer "Anzahl" (Mächtigkeit) diese weit übertreffen. Denkt man länger über diese Zahlenkomplexe nach, so erscheinen selbst die gigantischen kosmischen Dimensionen, die nach dem derzeitigen Erkenntnisstand endlich sind, im Vergleich zu den Unendlichkeiten der Zahlen geradezu lächerlich.

Schon im Altertum bewegte die Unendlichkeit der Zahlen die Gemüter der Gelehrten. Archimedes $(287 - 212$ v. Chr.) formulierte ein heute nach ihm benanntes Axiom, das sinngemäß wie folgt lautet: Unter den positiven reellen Zahlen gibt es keine kleinste und keine größte Zahl. In einer anderen Formulierung sagt das Archimedische Axiom aus, dass es zu beliebigen positiven reellen Zahlen a und b stets eine natürliche Zahl n gibt, so dass $a \leq nb$ ist. Die moderne Mathematik sieht in dieser Aussage kein Axiom (keine nicht beweisbare Tatsache), sondern ein aus anderen Axiomen folgendes Theorem.

Neben den vier Grundrechenarten, die innerhalb der reellen Zahlen stets ein Ergebnis zeitigen (nimmt man die 0 bei der Division heraus), ist noch das **Potenzieren** und die dazu inverse Operation des **Radizierens** (Wurzelziehens) bekannt.

Wie wir es schon praktiziert haben, stellt das Potenzieren in seiner einfachsten Form eine abgekürzte Schreibweise von aufeinander folgenden Multiplikationen mit stets gleichem Faktor dar. Ist a eine reelle Zahl $(a \in \mathbb{R})$ und n eine nicht negative ganze Zahl

($n \in \mathbb{Z}$, $n \geq 0$), so schreibt man für die $n-$malige Multiplikation von a mit sich selbst

$$a^n = 1 \cdot \underbrace{a \cdot a \cdot \ldots \cdot a}_{n-\text{mal}} \, ,$$

dabei heißt a die **Basis** und n der **Exponent** der $n-$ten **Potenz** a^n von a. Der Vorfaktor 1 hat nur eine formale Bedeutung und soll den Fall a^0 mit einbeziehen. Tritt a Null mal als Faktor auf, so erhält man als Ergebnis $a^0 = 1$. Auch negative Exponenten sind erlaubt, wobei unter $a^{-1} = 1 : a = \frac{1}{a}$ die Division von 1 durch a zu verstehen ist und allgemein für die $n-$malige Division von $a \neq 0$ gilt:

$$a^{-n} = 1 : \underbrace{a : a : \ldots : a}_{n-\text{mal}} \equiv \frac{1}{a^n} \, .$$

Unmittelbar aus diesen Festlegungen ergeben sich folgende Rechenregeln:

$$
\begin{aligned}
a^{n+m} &= a^n \cdot a^m, & a^{n-m} = a^n \cdot a^{-m} = \frac{a^n}{a^m}, && (n, m \in \mathbb{N}; \; a, b \in \mathbb{R}) \\
(a \cdot b)^n &= a^n \cdot b^n, & \left(\frac{a}{b}\right)^n = \frac{a^n}{b^n} \; (b \neq 0), && (a^n)^m = a^{n \cdot m}.
\end{aligned}
$$

Häufig treten Potenzen einer Summe reeller Zahlen auf: $(a + b)^n$. Das "Ausmultiplizieren" der Summe führt zu den bekannten Binomischen Formeln. Wir geben diese hier nur für $n = 2$ und 3 an (allgemein sei auf [Bron] S. 31 verwiesen):

$$(a + b)^2 = a^2 + 2ab + b^2; \qquad\qquad (a + b)^3 = a^3 + 3a^2b + 3ab^2 + b^3.$$

Wie allgemein üblich, wurde auf das Multiplikationszeichen "$\cdot$" zwischen den Faktoren der Produkte verzichtet. Wenn keine Widersprüche auftreten, ignorieren wir auch künftig dieses Zeichen.

Unter der $n-$**ten Wurzel** ($n \in \mathbb{N}$) aus einer nicht negativen reellen Zahl a ($a \in \mathbb{R}$, $a \geq 0$) versteht man diejenige reelle Zahl x, deren $n-$te Potenz gleich a ist: $a = x^n$. Mit dem **Wurzelexponenten** n und dem **Wurzelzeichen** $\sqrt{}$ schreibt man das wie folgt:

$$x = \sqrt[n]{a} \equiv a^{\frac{1}{n}} = a^{1/n}.$$

Äquivalent dazu sind die rechts stehenden Schreibweisen der $n-$ten Wurzel als Potenzen. Das wird deutlich, wenn man bedenkt, dass sich Potenzieren und Radizieren gegenseitig aufheben, d.h. $\left(\sqrt[n]{a}\right)^n = a$. Weiter nach den Regeln für das Potenzieren ist:
$$\left(a^{\frac{1}{n}}\right)^n = a^{n \cdot \frac{1}{n}} = a^1 = a.$$
Die Potenzschreibweise ist in der Rechenpraxis of besser geeignet als der Umgang mit dem Wurzelzeichen. Für gebrochene Exponenten $\frac{1}{n}$ bevorzugt man in der Darstellung mit $1/n$ auch gerne die Anordnung der Zeichen in einer Zeile.

Im häufig auftretenden Fall $n = 2$ spricht man von der **Quadratwurzel** und verzichtet gewöhnlich auf die Angabe des Wurzelexponenten, d.h.: $\sqrt{a} \equiv \sqrt[2]{a}$. Bei $n = 3$ hat sich für $\sqrt[3]{a}$ die Bezeichnung **Kubikwurzel** eingebürgert.

Im Beispiel 1.6 zum Nachweis der Irrationalität der Länge L für die Diagonale im Einheitsquadrat sind wir von $L^2 = 2$ ausgegangen. Jetzt können wir schreiben: $L = \sqrt{2}$. Womit auch feststeht, dass $\sqrt{2}$ eine irrationale Zahl ist. Das bedeutet natürlich nicht, dass wir jetzt den genauen Wert von $\sqrt{2}$ kennen, denn für diese Zahl wurde nur ein besonderes Symbol eingeführt.

Zusammen mit den Regeln für das Potenzieren ergeben sich folgende Rechengesetze für den Umgang mit Wurzeln (dabei sind a und b positive reelle Zahlen und n, m natürliche Zahlen):

$$\sqrt[n]{a} \cdot \sqrt[n]{b} = \sqrt[n]{a \cdot b}, \qquad \frac{\sqrt[n]{a}}{\sqrt[n]{b}} = \sqrt[n]{\frac{a}{b}}, \qquad a^{n/m} = \sqrt[m]{a^n} = \left(\sqrt[m]{a}\right)^n, \qquad a^{-n/m} = \frac{1}{a^{n/m}},$$

$$\sqrt[m]{\sqrt[n]{a}} = \sqrt[m]{a^{1/n}} = \left(a^{1/n}\right)^{1/m} = a^{1/(n \cdot m)} = \sqrt[n \cdot m]{a},$$

$$\sqrt[m]{a} \cdot \sqrt[n]{a} = a^{1/m} \cdot a^{1/n} = a^{1/m + 1/n} = a^{(m+n)/m \cdot n} = \sqrt[m \cdot n]{a^{m+n}}.$$

Wie aus $a^{n/m} = \sqrt[m]{a^n} = \left(\sqrt[m]{a}\right)^n$ ersichtlich lassen sich Potenzen mit (gebrochen) rationalen Exponenten n/m bilden. Da jede irrationale Zahl als Grenzwert einer Folge rationaler Zahlen darstellbar ist, kommt man zu dem Schluss, dass auch Potenzen mit allgemein reellen Exponenten als Grenzwerte von Folgen existieren, deren Glieder Potenzen mit rationalen Exponenten sind. Der folgende Ausdruck ergibt beispielsweise einen Sinn: $\left(\sqrt{2^{\sqrt{2}}}\right)^{\sqrt{2}} = \sqrt{2^{\sqrt{2} \cdot \sqrt{2}}} = \sqrt{2^2} = 2$. Außerdem zeigt dieser Zusammenhang, dass Ausdrücke in denen irrationale Zahlen auftreten, nicht zwangsläufig auch irrational sein müssen.

Normalerweise ist mehr als die näherungsweise Berechnung von Wurzelwerten nicht möglich. Dazu steht aber mit dem Newton-Verfahren ein effektiver, in Schritten abzuarbeitender Algorithmus zur Verfügung (Isaac Newton, engl. Universalgelehrter, 1643-1727). Ohne tiefer darauf einzugehen, fügen wir hier ein Beispiel mit kurzen Erklärungen bei (Einblicke in dieses Verfahren erhält der Leser in [Stoer] Kap. 5).

Beispiel 1.8 *(numerische Wurzelberechnung)*
Zur Berechnung der $m-$ten Wurzel w aus einer positiven reellen Zahl $a > 0$, ist die Gleichung $w^m - a = 0$ zu lösen. Näherungswerte für w sind über folgende Formel berechenbar:

$$w_{k+1} = \frac{1}{m}\left(\frac{a}{(w_k)^{m-1}} + (m-1)\, w_k\right) \quad \text{für} \ \ k = 0, 1, 2, \dots$$

Beginnend mit einem groben Schätzwert $w_0 > 0$ für w ermittelt man, iterativ fortfahrend, Näherungswerte $w_1, w_2, \dots$, bis in einer vorgegebenen endlichen Anzahl von Ziffern keine Änderungen mehr auftreten. Dass dieser Fall eintritt, ist gesichert, da in der Grenze $(k \to \infty)$ die Werte w_k gegen den exakten Wurzelwert w streben. Beispielsweise die Berechnung der 3. Wurzel für die Zahl 5 läuft nach diesem Verfahren wie folgt ab:

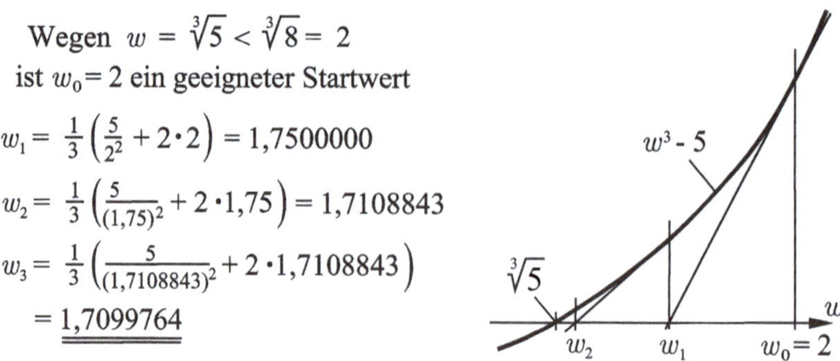

Abb. 1.7: Numerische Berechnung von $\sqrt[3]{5}$

Der auf 15 Nachkommastellen genaue Wert ist $\sqrt[3]{5} = 1.709975946676697\ldots$ Schon nach 3 Iterationsschritten erhält man diesen Wert bis auf die 5. Stelle nach dem Komma genau. Mit dieser Schnelligkeit und wegen der Zurückführung der Wurzelberechnung auf die Grundrechenarten findet dieser Algorithmus auch auf jedem Taschenrechner seinen Platz. Die in Abb. 1.7 eingezeichneten Tangenten an die Kurve zur Funktion $w^3 - 5$ sollen andeuten, dass die berechneten Näherungswerte Schnittpunkte dieser Tangenten mit der waagerecht verlaufenden w-Achse sind.

1.6 Jetzt wird es komplex

Im täglichen Miteinander ist man sich der Zahlenvielfalt meist nicht bewusst, es dominieren die ganzen Zahlen, und gelegentlich lässt sich der Umgang mit Brüchen nicht vermeiden. Da erscheint es schon abwegig, Gedanken darüber anzustellen, wie das Ergebnis einer Gleichung der Form $x^2 + 1 = 0$, die in ihrer formalen Auflösung zu $x = \sqrt{-1}$ führt, zu interpretieren ist. Bekanntlich wissen wir, dass es keine reelle Zahl gibt, die quadriert eine negative Zahl ergibt. Unabhängig davon, ob die gestellte Gleichung von praktischer Relevanz ist oder von rein akademischem Interesse, die Mathematik hat Antworten darauf gefunden, die zu einer brillanten und äußerst nützlichen Erweiterung des Bereiches der reellen Zahlen führten. Diesen erweiterten Zahlenkörper bezeichnt man als komplex und seine Elemente als komplexe Zahlen. Trotz der Skepsis, mit der man diesen Objekten zunächst gegenüberstand, sind komplexe Zahlen zwar weniger im Alltagsdasein, aber doch in wissenschaftlich/technischen Bereichen nicht mehr wegzudenkende Rechenhilfsmittel geworden. Zu nennen wären die Elektrotechnik, die Schwingungslehre, Optik, Strömungsmechanik sowie die Hochenergie- und Teilchenphysik. Insbesondere aber, wenn es um die kleinsten Bestandteile der Materie, die Quanten, geht, sind die komplexen Zahlen allgegenwärtig.
Derlei Fachdisziplinen sind aber nicht Gegenstand dieses Buches, sondern unser Hauptinteresse richtet sich auf die Algebra, die Geometrie und auf Fragen nach den Voraussetzungen, unter denen sich geometrische Figuren konstruieren lassen. Soviel sei an dieser Stelle schon verraten, bei der Beantwortung dieser Fragen treten unter den "Hauptakteuren" die komplexen Zahlen in Erscheinung. Für die Einführung in die komplexen Zahlen wählen wir einen geometrisch-anschaulichen Weg und verbinden die neuen

Zahlen gleich mit den Punkten geometrischer Bausteine, wie Gerade und Ebene. Wohl wissend, dass diese Punkte nur die Bilder zu den Zahlen als eigenständige Objekte sind.

Den Ausgangspunkt bildet die schon erwähnte Wurzel aus -1, der man kurzerhand das Symbol $i = \sqrt{-1}$ verpasst und dieses als **imaginäre Einheit** bezeichnet. Formales quadrieren führt zu $i^2 = -1$. Die imaginäre Einheit i wird mit allen reellen Zahlen verbunden, was symbolisch durch

$$\mathbb{R}i = \{bi \equiv b \cdot i \;\; \text{für alle reelle Zahlen } b\}$$

seinen Ausdruck findet. Die Objekte bi, die man **imaginäre Zahlen** nennt, können auf wechselseitig eindeutige Weise den Punkten einer Geraden zugeordnet werden, die jetzt den Namen **imaginäre Zahlengerade** trägt. Ordnet man reelle und imaginäre Zahlengerade zueinander senkrecht stehend in einer Ebene so an, dass sie sich im jeweiligen Nullpunkt ($0 \in \mathbb{R}$ und $0i \in \mathbb{R}i$) schneiden, so ist diese Konstruktion als Koordinatensystem zur Beschreibung der Punkte in der Ebene geeignet. Die waagerecht angeordnete reelle Zahlengerade und die dazu senkrecht stehende imaginäre Zahlengerade tragen dabei den Charakter von Koordinatenachsen. Jedem Punkt in diesem rechtwinkligen System ordnet man die Summe z aus einer reellen Zahl a und imaginären Zahl bi zu, wobei die Bildorte dieser Zahlen mit den jeweiligen orthogonalen Projektionen des Punktes auf die Koordinatenachsen festgelegt sind (siehe Abb. 1.8):

$$z = a + bi. \tag{1.3}$$

Eine Summe z dieser Form nennt man **komplexe Zahl**, deren Gesamtheit wird mit dem Symbol $\mathbb{C}$ versehen und trägt die Bezeichnung **Menge der komplexen Zahlen**:

$$\mathbb{C} = \{z = a + bi, \;\; \text{wobei } a \text{ und } b \text{ reelle Zahlen}\}.$$

Die in (1.3) angegebene Darstellungsform wollen wir künftig als die **Normalform** komplexer Zahlen bezeichnen. Die in Verbindung mit den komplexen Zahlen stehende Ebene heißt **Gauss'sche Zahlenebene** (Carl Friedrich Gauss, dt. Mathematiker, 1777-1855). Jedem Punkt dieser Ebene lässt sich auf eindeutige Weise eine komplexe Zahl zuordnen. a nennt man den **Realteil** und b den **Imaginärteil** der komplexen Zahl z (abgekürzt durch $a = \mathrm{Re}\,(z)$ und $b = \mathrm{Im}\,(z)$). Im speziellen Fall, wenn der Imaginärteil verschwindet ($b = 0$), ist z eine reelle Zahl. Die reellen Zahlen sind damit in die komplexen Zahlen eingebettet, was in der geometrischen Deutung mit der Einbettung der reellen Zahlengeraden in die Gauss'sche Zahlenebene zutage tritt.

Neben der in (1.3) angegebenen Darstellung komplexer Zahlen z gibt es eine weitere Ausdrucksform auf der Basis sogenannter **Polarkoordinaten**. Das bedeutet durch den radialen Abstand r vom Ursprungspunkt O und den von der reellen Zahlenachse gegen den Uhrzeigersinn bis zum Aufpunkt P der Zahl z gemessenen Zentriwinkel φ. Mit anderen Worten: Man bildet die Verbindungsstrecken zwischen Koordinatenursprung O und Aufpunkt P, dem die komplexe Zahl $z = a + ib$ zugeordnet ist. Diese Strecke schließt mit der "positiven reellen" Halbgeraden den gegen den Uhrzeigersinn gezählten Winkel φ ein und hat die Länge (Satz des Pythagoras!):
$$r = \sqrt{a^2 + b^2}.$$
Für den Winkel φ gibt es die Sinus- und Kosinus-Funktion $\sin(\varphi)$ und $\cos(\varphi)$, auf deren Beschreibung wir hier nicht näher eingehen (siehe z.B. [Bron] S. 56). Geben aber

den Zusammenhang zwischen den Koordinaten a, b und r, φ an:
$$a = r \cos(\varphi) \ , \qquad b = r \sin(\varphi) \, .$$
Nach diesen Vorbereitungen kann die Zahl z in den Koordinaten r und φ wie folgt beschrieben werden:
$$z = a + ib = r\left(\cos(\varphi) + i \sin(\varphi)\right) = r \exp(i\varphi) \, .$$

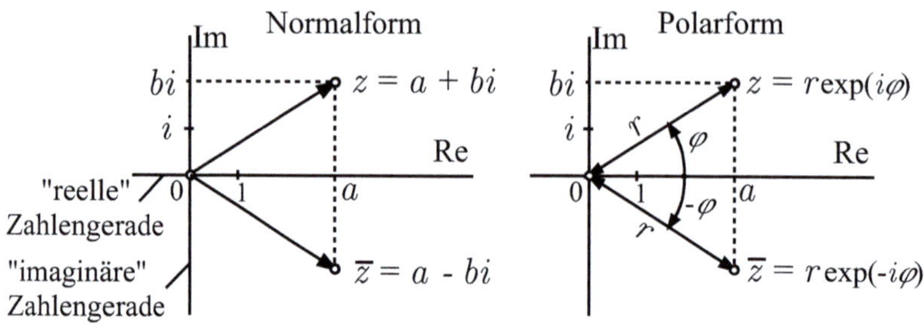

Abb. 1.8: Darstellungsformen komplexer Zahlen

Die Beschreibung einer komplexen Zahl z in den Koordinaten r und φ bezeichnet man als **Polarform** von z. Die Bezeichnung $\exp(i\varphi)$ nehmen wir hier als Kurzschreibweise für die Summe $\cos(\varphi) + i \sin(\varphi)$. Dahinter verbirgt sich die Euler'sche $e-$Funktion (Leonhard Euler, schweizer Mathematiker, 1701-1783). Wir erwähnen, dass der Zusammenhang mit den Winkelfunktionen $\cos(\varphi)$, $\sin(\varphi)$ über Reihenentwicklungen herstellbar ist (siehe z.B. [Bron] S. 56). Alle Zahlenwerte von $\exp(i\varphi)$ befinden sich in der Gauss'schen Zahlenebene auf einem Kreis mit dem Mittelpunkt im Ursprung O und dem Radius 1. Diesen Kreis nennt man **Einheitskreis** in der Gauss'schen Zahlenebene.

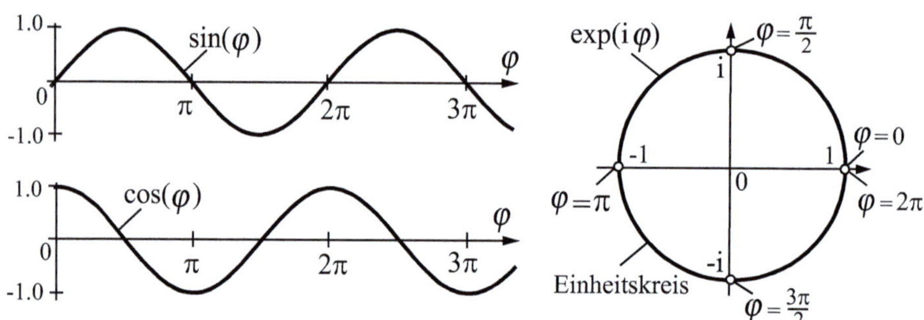

Abb. 1.9: Einheitskreis in der Gauss'schen Zahlenebene

Bemerkung 1.9 *(Gradmaß - Bogenmaß)*
Ein paar Bemerkungen zum Umgang mit Winkelmaßen.
Im Alltagsgeschäft wird zur Beschreibung einer Winkelgröße das **Gradmaß** *bevorzugt. Nach den üblichen Konventionen wird einem Vollkreis der Winkel 360 Grad (360°) zugeordnet. Setzt man auf der Peripherie eines Kreises Punkte, die diese in*

360 gleiche Abschnitte aufteilen, so schließen vom Kreismittelpunkt ausgehende und durch zwei benachbarte Punkte verlaufende Strahlen einen Winkel von einem Grad ein. Allgemein gibt die Anzahl der von derartigen Strahlen abgeteilten Abschnitte den eingeschlossenen Winkel an. 90 eingeschlossene Abschnitte, also 90°, definieren einen rechten Winkel. Jeder Winkel ist in Bogenminuten und diese weiter in Bogensekunden unterteilbar.

*In der Mathematik hat das in rad (Radiant) anzugebende, bei Rechnungen besser handhabbare **Bogenmaß** Eingang gefunden. Einem Vollkreis wird 2π rad als Winkelmaß zugeordnet, was der Länge des Randes (der Peripherie) eines Kreises vom Radius 1 entspricht. Zwei Strahlen, die vom Mittelpunkt dieses Einheitskreises ausgehen und den Kreisrand schneiden, schließen dann einen Winkel ein, dessen Bogenmaß in rad gleich der Länge des von den Strahlen eingeschlossenen Kreisbogens entspricht. Bei gegen den Uhrzeigersinn gerichtetem Durchlauf des eingeschlossenen Kreisbogens ist das Winkelmaß positiv zu nehmen. Beim Durchlauf im Uhrzeigersinn ist dem Winkel das entsprechende negative Maß zuzuordnen. Ein rechter Winkel hat das Maß $\pi/2$ rad, spitze Winkel sind kleiner als $\pi/2$ rad, stumpfe Winkel größer als $\pi/2$ rad. Winkel vom Maße größer als π rad ($> 180°$) heißen überstumpf. Winkel werden als Platzhalter meist mit kleinen griechischen Buchstaben bezeichnet.*

Zum Umrechnen beider Winkelmaße benutzt man den Dreisatz (siehe Bsp. 3.17): 2π entspricht 360°, im gleichen Verhältnis stehen φ im Bogenmaß zu φ im Gradmaß:

$$\frac{2\pi}{360} = \frac{\varphi \text{ im Bogenmaß}}{\varphi \text{ im Gradmaß}}.$$

Der Abstand r des z zugeordneten Punktes vom Ursprung O gibt den **Betrag** $|z|$ von z an, und der stets im Bogenmaß angegebene Winkel φ heißt **Argument** von z ($\arg(z) = \varphi$). Physiker sprechen auch vom Phasenwinkel von z.

Jeder komplexen Zahl $z = a + ib$ steht die an der reellen Zahlenachse gespiegelte Zahl $\bar{z} = a - ib$ zur Seite. $\bar{z}$ heißt die zu $z = r\exp(i\varphi)$ **konjugiert komplexe Zahl**. Unter Einbeziehung von Eigenschaften der Winkelfunktionen nimmt die zu z konjugiert komplexe Zahl $\bar{z}$ die Form

$$\bar{z} = r\left(\cos(-\varphi) + i\sin(-\varphi)\right) = r\left(\cos(\varphi) - i\sin(\varphi)\right) = r\exp(-i\varphi)$$

an (siehe Abb. 1.8).

Zur Einführung von Rechenoperationen in der Menge $\mathbb{C}$ geben wir folgende komplexe Zahlen vor, wobei je nach Zweckmäßigkeit von der einen oder anderen Darstellungsform Gebrauch gemacht wird:

$$z_1 = a_1 + ib_1 = r_1\exp(i\varphi_1); \quad z_2 = a_2 + ib_2 = r_2\exp(i\varphi_2).$$

Addition und Subtraktion: Die Summe s (die Differenz d) der Zahlen z_1 und z_2 ergibt sich, indem jeweils die Summe (die Differenz) der Realteile und Imaginärteile von z_1 und z_2 gebildet werden:

$$s = z_1 + z_2 = (a_1 + a_2) + i(b_1 + b_2), \qquad d = z_1 - z_2 = (a_1 - a_2) + i(b_1 - b_2). \tag{1.4}$$

Multiplikation und Division: Das Produkt p (der Quotienten q) von z_1 und $z_2 \neq 0$ ($= 0 + i0$) ergibt sich, indem das Produkt (der Quotient) der Beträge und die Summe (die Differenz) der Argumente von z_1 und z_2 gebildet werden:

$$p = z_1 \cdot z_2 = r_1 \cdot r_2 \cdot \exp\left(i\left(\varphi_1 + \varphi_2\right)\right) , \qquad q = \frac{z_1}{z_2} = \frac{r_1}{r_2} \cdot \exp\left(i\left(\varphi_1 - \varphi_2\right)\right). \quad (1.5)$$

Man überprüft, dass im Falle verschwindender Imaginärteile (d.h. $z_1 = a_1$ und $z_2 = a_2$ sind reelle Zahlen) sich die Rechenregeln für reelle Zahlen ergeben. D.h., die reellen Zahlen sind nicht nur als Objekte, sondern auch hinsichtlich des rechnerischen Umgangs mit ihnen in die komplexen Zahlen eingebettet.

Der Nachweis, dass auch die Gesetze der Kommutativität, Assoziativität und Distributivität für Addition und Multiplikation komplexer Zahlen ihre Gültigkeit behalten, ist nicht anspruchsvoll, aber mit etwas Schreibaufwand verbunden.

Direkt aus Formel (1.5) ergeben sich die folgenden Rechenregeln für den Betrag komplexer Zahlen:

$$|z_1 \cdot z_2| = |z_1| \cdot |z_2|, \qquad \left|\frac{z_1}{z_2}\right| = \frac{|z_1|}{|z_2|} \quad (z_2 \neq 0). \quad (1.6)$$

Die Bildung der Punktoperationen (" $\cdot$ " und " : ") sind in Normaldarstellung etwas aufwendiger, folgen aber unter Beachtung von $i^2 = -1$ den üblichen Regeln für reelle Zahlen. D.h., multiplikativ verbundene Klammerausdrücke löst man auf, indem jedes Glied der einen Klammer mit jedem Glied der anderen Klammer multipliziert wird. Beispielsweise:

$$z_1 \cdot z_2 = (a_1 + ib_1) \cdot (a_2 + ib_2) = (a_1 a_2 - b_1 b_2) + i\left(b_1 a_2 + a_1 b_2\right). \quad (1.7)$$

Insbesondere liefert das Produkt von z mit der dazu konjugiert komplexen Zahl $\bar{z}$ das Quadrat des Betrages von z: $z \cdot \bar{z} = a^2 + b^2 = |z|^2 = r^2$. Damit besteht die Möglichkeit, eine Division nach Erweiterung des Quotienten mit dem konjugiert komplexen Wert $\overline{z_2}$ des Divisors auf eine Multiplikation zurückzuführen:

$$\frac{z_1}{z_2} = \frac{z_1 \cdot \overline{z_2}}{z_2 \cdot \overline{z_2}} = \frac{1}{(r_2)^2} z_1 \cdot \overline{z_2} = \frac{1}{(a_2)^2 + (b_2)^2}\left((a_1 a_2 + b_1 b_2) + i\left(b_1 a_2 - a_1 b_2\right)\right).$$

Zu jeder komplexen Zahl $z = r \exp\left(i\varphi\right) = a + ib \neq 0$ gibt es eine "inverse" Zahl z^{-1}, so dass $z \cdot z^{-1} = 1$. z^{-1} ist leicht berechenbar und hat die Darstellungen:

$$z^{-1} = r^{-1} \exp\left(-i\varphi\right) = \frac{\bar{z}}{z \cdot \bar{z}} = \frac{\bar{z}}{r^2} = \frac{a - ib}{a^2 + b^2}.$$

Die Berechnungen von Summe, Differenz, Produkt und Quotient lassen sich in der Gauss'schen Zahlenebene konstruktiv anschaulich darstellen. Dazu zeichnet man zunächst Pfeile, die vom Ursprung zu den Positionen von z_1 und z_2 weisen. Mit diesen Pfeilen kann ein Parallelogramm gebildet werden, in dem die Diagonalen, als Pfeile betrachtet und parallel zum Ursprung verschoben, jeweils die Position von Summe und Differenz der beiden Zahlen markieren. Ein Pfeil der Länge $r_1 \cdot r_2$ (bzw. $\frac{r_1}{r_2}$), der mit der positiven reellen Zahlengeraden den Winkel $\varphi_1 + \varphi_2$ (bzw. $\varphi_1 - \varphi_2$) bildet, gibt auf der Zahlenebene die Position des Produktes $z_1 \cdot z_2$ (bzw. des Quotienten $\frac{z_1}{z_2}$) an. Die folgenden Skizzen verdeutlicht diese Konstruktionen:

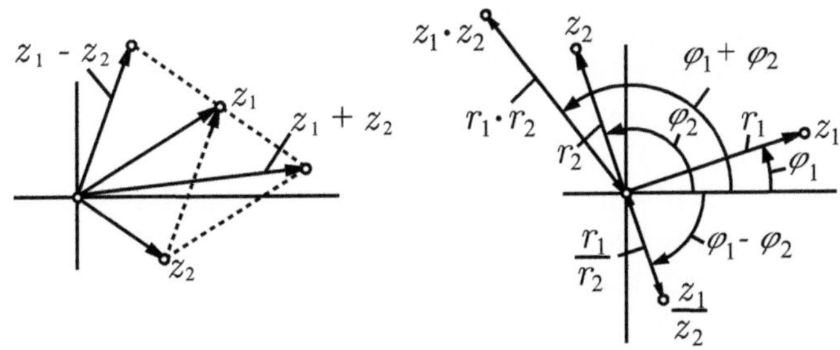

Abb. 1.10: Berechnung von Summe, Differenz, Produkt und Quotient komplexer
Zahlen

Einige Zahlenbeispiele sollen die Durchführung dieser Rechenoperationen untermauern
und zum eigenständigen Nachrechnen anregen. Wir wählen die komplexen Zahlen:

$$z_1 = 1 + i \, , \quad z_2 = 4\exp\left(\frac{5}{6}\pi i\right) = 4\left(\cos\left(\frac{5}{6}\pi\right) + i\sin\left(\frac{5}{6}\pi\right)\right) \quad \left(\frac{5}{6}\pi \text{ entspricht } 150^o\right).$$

Zunächst werden diese Zahlen in die jeweils andere Darstellungsform transformiert:

$$\text{Mit } r_1 = \sqrt{1^2 + 1^2} = \sqrt{2} \text{ und } \cos\left(\varphi_1\right) = \frac{1}{r_1} = \frac{1}{2}\sqrt{2} \text{ ist } \varphi_1 = \frac{\pi}{4} \text{ (entspricht } 45^o),$$

$$\text{folglich: } z_1 = \sqrt{2}\exp\left(\frac{\pi}{4}i\right) = \sqrt{2}\left(\cos\left(\frac{\pi}{4}\right) + i\sin\left(\frac{\pi}{4}\right)\right).$$

$$a_2 = r_2\cos\left(\frac{5}{6}\pi\right) = 4\cdot\left(-\frac{1}{2}\sqrt{3}\right) = -2\sqrt{3} \text{ und } b_2 = r_2\sin\left(\frac{5}{6}\pi\right) = 4\cdot\frac{1}{2} = 2$$

zusammengefasst: $z_2 = -2\sqrt{3} + 2i$.

Mit diesen Vorbereitungen erhalten wir:

$$z_1 + z_2 = \left(1 - 2\sqrt{3}\right) + 3i, \quad z_1 - z_2 = \left(1 + 2\sqrt{3}\right) - i \, ,$$

$$z_1 \cdot z_2 = 4\sqrt{2}\exp\left(\varphi i\right) \quad \text{mit } \varphi = \left(\frac{5}{6} + \frac{1}{4}\right)\pi = \frac{13}{12}\pi \quad \text{(entspricht } 195^o),$$

$$\frac{z_1}{z_2} = \frac{\sqrt{2}}{4}\exp\left(\varphi i\right) \quad \text{mit } \varphi = \left(\frac{1}{4} - \frac{5}{6}\right)\pi = -\frac{7}{12}\pi \quad \left(\stackrel{\triangle}{=} \frac{17}{12}\pi \text{ entspricht } 255^o\right).$$

Die Bildung von Potenzen komplexer Zahlen führt zu keinen neuen Überraschungen.
Die komplexe Zahl z in der Darstellung $z = r\exp\left(\varphi i\right)$ erhebt man zur n−ten Potenz
(n eine natürliche Zahl), indem diese n−mal mit sich selbst multipliziert wird:

$$z^n = r^n\left(\exp\left(\varphi i\right)\right)^n = r^n\exp\left(n\varphi i\right) = r^n\left(\cos\left(n\varphi\right) + i\sin\left(n\varphi\right)\right).$$

Der Betrag von z^n ist damit gleich der n−ten Potenz des Betrages von z ($|z^n| = |z|^n$)
und das Argument von z^n gleich dem n−fachen des Argumentes zu z ($\arg\left(z^n\right) = n\arg\left(z\right)$).
Insbesondere für Zahlen $z = \exp\left(\varphi i\right)$ auf dem Einheitskreis der Gauss'schen Zahlenebene berechnet man:

$$z^n = \left(\exp\left(\varphi i\right)\right)^n = \left(\cos\left(\varphi\right) + i\sin\left(\varphi\right)\right)^n = \cos\left(n\varphi\right) + i\sin\left(n\varphi\right) = \exp\left(n\varphi i\right). \quad (1.8)$$

Dieser Zusammenhang ist mit dem Namen des französischen Mathematikers de Moivre (1667 − 1754) verbunden und führt, wie wir gesehen haben, zu bedeutenden Vereinfachungen bei der Multiplikation komplexer Zahlen.

Für jede komplexe Zahl sind auch ihre n−ten Wurzeln ($n \in \mathbb{N}$, $n \geq 2$) berechenbar. Bewusst verwenden wir hier die Mehrzahl, denn die Aufgabe, eine komplexe Zahl ζ zu bestimmen, deren n−te Potenz eine vorgegebene Zahl z ist ($\zeta^n = z$), liefert keinen eindeutigen Zahlenwert ζ. Entgegen dem Radizieren im reellen Zahlenbereich $\mathbb{R}$, in dem für jede positive Zahl ein eindeutiger (positiver) Wurzelwert existiert, führt die Wurzelberechnung in $\mathbb{C}$ zu Mehrdeutigkeiten.

Zunächst weisen wir darauf hin, dass die Darstellung komplexer Zahlen in den polaren Koordinaten r, φ wegen der 2π Periodizität der Winkelfunktionen cos und sin und damit auch der e−Funktion nicht eindeutig ist, denn

$$\exp\left(i\varphi\right) = \exp\left(i\left(\varphi + 2\pi\right)\right) = \exp\left(i\left(\varphi + 4\pi\right)\right) = ... = \exp\left(i\left(\varphi + 2n\pi\right)\right) = ... \; .$$

Als Einführung in die Problematik des Wurzelziehens nehmen wir diese Tatsache als Anlass, von der Zahl 1 als komplexe Zahl nicht in der Darstellung

$$1 = 1 + 0i, \quad \text{sondern von} \quad 1 = \exp\left(0i\right) = \exp\left(2\pi i\right) = \cos\left(2\pi\right) + i\sin\left(2\pi\right)$$

auszugehen. Jede Wurzel, zur 1 als reelle Zahl betrachtet, liefert den eindeutigen (positiven) Wert 1. Dem ist im Komplexen nicht so. Für $n = 2$ erhält man mit

$$\zeta_0 = \exp\left(0i\right) = 1 \quad \text{und} \quad \zeta_1 = \exp\left(\pi i\right) = -1$$

zwei Werte, die die Bedingung $\left(\zeta_0\right)^2 = \left(\zeta_1\right)^2 = 1$ erfüllen. Im Fall $n = 3$ ergeben sich für $z = 1$ folgende Wurzeln 3. Grades:

$$\zeta_0 = \exp\left(0i\right) = 1 \; , \; \zeta_1 = \exp\left(\frac{2}{3}\pi i\right) = \frac{1}{2}\left(-1 + \sqrt{3}i\right) \quad \text{und}$$

$$\zeta_2 = \exp\left(\frac{4}{3}\pi i\right) = \frac{1}{2}\left(-1 - \sqrt{3}i\right) .$$

Man bestätigt, dass $\left(\zeta_0\right)^3 = \exp\left(0i\right)$, $\left(\zeta_1\right)^3 = \exp\left(2\pi i\right)$, $\left(\zeta_2\right)^3 = \exp\left(4\pi i\right)$, womit alle 3−ten Potenzen dieser Wurzeln die komplexe Zahl 1 (zwar auf verschiedenen "Blättern" der Gauss'schen Zahlenebene) beschreiben. Zu erkennen ist auch, wie allgemein die n−ten Wurzeln zu 1 sich ergeben. Dazu prägen wir den Begriff der n−**ten Einheitswurzel**, worunter jede n−te Wurzel ζ zu $z = 1$ zu verstehen ist, welche die sogenannte **Kreisteilungsgleichung** $\zeta^n = 1$ erfüllt. Diese Wurzeln entsprechen n Punkten, die gleichmäßig auf der Peripherie des Einheitskreises (Kreis vom Radius 1 mit Mittelpunkt im Ursprung) in der Gauss'schen Zahlenebene verteilt sind, wobei der erste gesetzte Punkt die komplexe Zahl $\zeta_0 = 1 + 0i = \exp\left(0i\right)$ markiert.

Die Kreisteilungsgleichung $\zeta^n = 1$ hat damit genau n Lösungen, d.h., zu $z = 1$ existieren für jedes $n \in \mathbb{N}$ folgende n−ten Einheitswurzeln

$$
\begin{aligned}
\zeta_0 &= \exp\left(0i\right) = 1, \quad \zeta_1 = \exp\left(\frac{1 \cdot 2\pi}{n}i\right), \quad \zeta_2 = \exp\left(\frac{2 \cdot 2\pi}{n}i\right), \\
...,\zeta_k &= \exp\left(\frac{k \cdot 2\pi}{n}i\right), \; ... \; ,\zeta_{n-1} = \exp\left(\frac{(n-1) \cdot 2\pi}{n}i\right) .
\end{aligned}
\tag{1.9}
$$

k bezeichnet einen allgemeinen "Laufindex", der die Werte von 0 bis $n - 1$ annimmt. Zusammengefasst drückt man die n−ten Einheitswurzeln wie folgt aus:

$$\zeta_k = \exp\left(\frac{k \cdot 2\pi}{n}i\right) = \left(\exp\left(\frac{2\pi}{n}i\right)\right)^k = \cos\left(\frac{2k\pi}{n}\right) + i\sin\left(\frac{2k\pi}{n}\right)$$

$$\text{für} \quad k = 0, 1, 2, ..., n-1. \tag{1.10}$$

Der in der ersten Zeile rechts stehende Ausdruck ergibt sich über Formel (1.8).
Die Kreisteilungsgleichung und deren Lösungen werden bei der Konstruktion regelmäßiger Vielecke noch eine bedeutende Rolle spielen (siehe Abschn. 7.1).

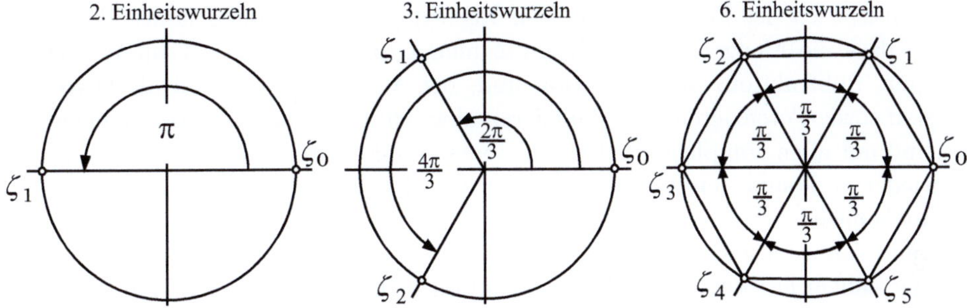

Abb. 1.11: Platzierung der 2., 3. und 6. Einheitswurzeln auf dem Einheitskreis

Zur Bestimmung der n–ten Wurzeln für eine beliebige komplexe Zahl gehen wir von
$z = r\exp(\varphi i)$ aus. Mit $w_0 = \sqrt[n]{r}\,(\exp(\varphi i))^{1/n} = \sqrt[n]{r}\exp\left(\frac{\varphi}{n}i\right)$ ist zunächst eine n–te
Wurzel zu z gegeben, denn

$$(w_0)^n = \left(\sqrt[n]{r}\exp\left(\frac{\varphi}{n}i\right)\right)^n = r\exp\left(\frac{\varphi}{n}ni\right) = r\exp(\varphi i) = z.$$

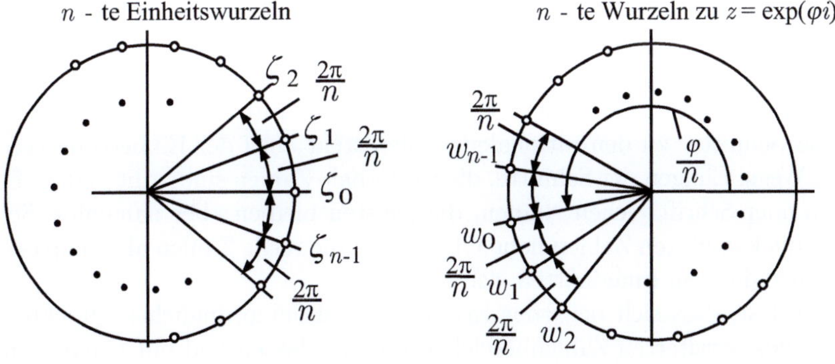

Abb. 1.12: Lage der n–ten Wurzeln in der komplexen Zahlenebene

Ausgehend von der Vorstellung, dass z auch als $z = 1 \cdot r\exp(\varphi i)$ geschrieben werden kann, lassen sich alle $n-$ten Wurzeln $w_0, w_1, ..., w_k, ..., w_{n-1}$ zu z durch multiplikative Verknüpfung von w_0 mit den $n-$ten Einheitswurzeln ζ_k $(k = 0, 1, ..., n - 1)$ erzeugen:

$$
\begin{aligned}
w_k &= w_0 \cdot \zeta_k = \sqrt[n]{r}\exp\left(\frac{\varphi}{n}i\right)\exp\left(\frac{k \cdot 2\pi}{n}i\right) = \sqrt[n]{r}\exp\left(\left(\frac{\varphi}{n} + \frac{k \cdot 2\pi}{n}\right)i\right), \\
&= \sqrt[n]{r}\left(\cos\left(\frac{\varphi + 2k\pi}{n}\right) + i\sin\left(\frac{\varphi + 2k\pi}{n}\right)\right) \qquad\qquad k = 0, 1, ..., n - 1.
\end{aligned}
$$

Mit den komplexen Zahlen haben wir einen Zahlenkörper konstruiert, der keine Wünsche hinsichtlich der Durchführung von Rechenoperationen offen lässt. Man spricht davon, dass die Menge der komplexen Zahlen bezüglich der vier Grundrechenarten Addition, Subtraktion, Multiplikation und, bei Ausschluss der Null als Divisor, die Division sowie Potenzieren und Radizieren abgeschlossen ist. D.h., Rechnungen dieser Art sind mit allen komplexen Zahlen uneingeschränkt durchführbar, führen im Ergebnis wieder zu komplexen Zahlen. Zeichnen wir den Weg zum Erreichen dieses Zieles nochmals nach.

Während Addition und Multiplikation in der Menge $\mathbb{N}$ natürlicher Zahlen wieder natürliche Zahlen ergeben, führt die Subtraktion nicht immer zu einer Zahl aus dieser Menge. Mit Hinzunahme negativer ganzer Zahlen entsteht die Menge $\mathbb{Z}$ aller ganzen Zahlen, in der nun auch Differenzen dieser Zahlen uneingeschränkt gebildet werden können. Hierbei handelt es sich um eine echte Ergänzung der natürlichen Zahlen durch Zahlen vom gleichen Typ, wenn vom beigefügten Vorzeichen "$-$" abgesehen wird. In der Menge $\mathbb{Q}$ rationaler Zahlen führen schließlich die vier Grundrechenarten stets zu einem "rationalen" Ergebnis. Mit den rationalen Zahlen tritt jedoch ein anderer Zahlentyp auf, man hat es jetzt mit Zahlenpaaren bzw. mit Repräsentanten von Mengen wertgleicher Brüche zu tun. Die ganze Zahl n erscheint als rationale Zahl in der Form $(n, 1)$ oder $\frac{n}{1}$ bzw. als Menge der Paare $\{(n, 1), (2n, 2), ...\}$. Es bietet sich aber sofort an, die rationale Zahl $(n, 1)$ mit der ganzen Zahl n zu identifizieren und damit die Einbettung von $\mathbb{Z}$ in $\mathbb{Q}$. Auch bei der Erweiterung von $\mathbb{Q}$ zur Menge $\mathbb{R}$ der reellen Zahlen, die wir als Schnitte im Bereich der rationalen Zahlen definiert haben, treten völlig neue Objekte auf. Zur rationalen Zahl a existiert ein "rationaler Schnitt" (U, V), für den a die kleinste Zahl in der Obermenge V ist. Mit der eindeutigen Zuordnung "rationaler Schnitte" zu den rationalen Zahlen steht auch der Einbettung von $\mathbb{Q}$ in $\mathbb{R}$ nichts im Wege. Einigen der Schnitte, die irrationale Zahlen sind, gibt man in Form von Symbolen oder Schriftzeichen Namen, die meisten bleiben aber namenlos. Schließlich sind auch die komplexen Zahlen neue Objekte, in die reelle Zahlen als komplexe Zahlen mit verschwindendem Imaginärteil sich einfügen.

Wir stellen fest, dass sich bei jeder Erweiterung die ursprünglichen Objekte auf eine Teilmenge des erweiterten Zahlenbereiches abbilden lassen und mit neuartigen Objekten identifizierbar sind. Die damit verbundenen, aufeinander folgenden Einbettungen in die jeweils erweiterten Zahlenmengen beziehen sich nicht nur auf die Zahlenobjekte, sondern auch auf die konsequente Weiterführung der schon definierten Rechenoperationen. Im Sinne dieser Einbettungen kann man davon sprechen, dass in aufsteigender

Reihenfolge die natürlichen und ganzen Zahlen in die rationalen Zahlen, diese in die reellen Zahlen und schließlich alle in die komplexen Zahlen Eingang finden. In dieser Hierarchie enthält eine nachfolgende "Zahlengeneration" als spezielle Zahlentypen jene der vorhergehenden. Mit dem in der Mengenlehre gebräuchlichen Zeichen $\subset$ für das Enthaltensein, drückt man das wie folgt aus:

$$\mathbb{N} \subset \mathbb{Z} \subset \mathbb{Q} \subset \mathbb{R} \subset \mathbb{C}.$$

Gegenüber dem gewohnten Umgang mit Zahlen, in Form von Aneinanderreihungen mehrerer der Ziffern $0, 1, ..., 9$, erscheint die hier demonstrierte Entwicklung des Zahlenbegriffes fremdartig und übertrieben abstrakt. Zahlen als Ziffernpaare oder Mengen dieser Paare, als Schnitte in Zahlenmengen beziehungsweise als etwas Zweidimensionales in eine Ebene Abbildbares zu betrachten, erscheint schon sehr gewöhnungsbedürftig. Wozu also dieser Aufwand. Man will den Dingen auf den Grund gehen, ihren wahren Charakter, ihre Eigenschaften erforschen, ihr wahres Wesen erkunden, um aus einer aufgeklärten widerspruchsfreien Sicht einen sicheren Umgang mit (in diesem Falle) den Zahlen zu garantieren. Mancher wird sich fragen: Geht das nicht auf einfacherem Wege? Man kann es versuchen, wird aber im Ergebnis tiefen Nachdenkens und Beachtung aller Ungereimtheiten zu dem Schluss kommen, eigentlich liefert die etablierte mathematische Erklärung doch die einfachste und klarste Lösung. Mathematiker früherer Generationen wie Richard Dedekind und Georg Cantor (dt. Mathematiker, 1845-1918) haben lange um diese Lösungen gerungen. Glücklicherweise können die exotischen Zahlengebilde stets auf Ziffernfolgen abgebildet werden, womit man dann in gewohnter Weise wieder rechnen kann. Letztlich tritt, wenn es nur um das Rechnen mit Zahlen geht, ihr gesamter Entwicklungsprozess in den Hintergrund, wird meistens auch in Vergessenheit geraten. Andererseits sind die benutzten und dazu ähnlichen Gedankengänge und Strukturbildungsprozesse überall in der Mathematik präsent. Wer also diese Herangehensweise verinnerlicht hat, von der Abstraktheit sich nicht abstoßen lässt, ja Gefallen daran findet, der wird mit Erfolg und großem Gewinn in viele mathematische Disziplinen eindringen können.

1.7 Aufgaben

1.1 Stelle $1622\,985$ als Produkt von Primfaktoren dar.

1.2 Berechne den größten gemeinsamen Teiler $ggT(n, m)$ von $n = 455$ und $m = 399$ und ermittle Zahlen $a, b \in \mathbb{Z}$ so, dass $a \cdot n + b \cdot m = ggT(n, m)$.

1.3 Entscheide, ob $\sqrt{12}$ eine rationale oder irrationale Zahl ist.

1.4 Stelle die im dekadischen Zahlensystem gegebene Zahl $n = 529813$ im Dualsystem dar.

1.5 Stelle den Ausdruck $z = \dfrac{1}{1+i} + \dfrac{1}{1+3i} - \dfrac{3+2i}{2+i}$ in der Form $z = a + bi$ mit $a, b \in \mathbb{R}$ dar.

1.6 Stelle die komplexe Zahl $z = 8\left(1 + \sqrt{3}i\right)$ in Polarform dar und berechne die zweiten Wurzeln dieser Zahl.

1.7 Ermittle alle dritten Wurzeln zu $z = -125i$ und stelle diese in Normalform und Polarform dar.

1.8 Ermittle alle 12. Wurzeln aus $z = -4096$ und stelle diese grafisch als Punkte in der Gauss'schen Zahlenebene dar.

2 Strukturen

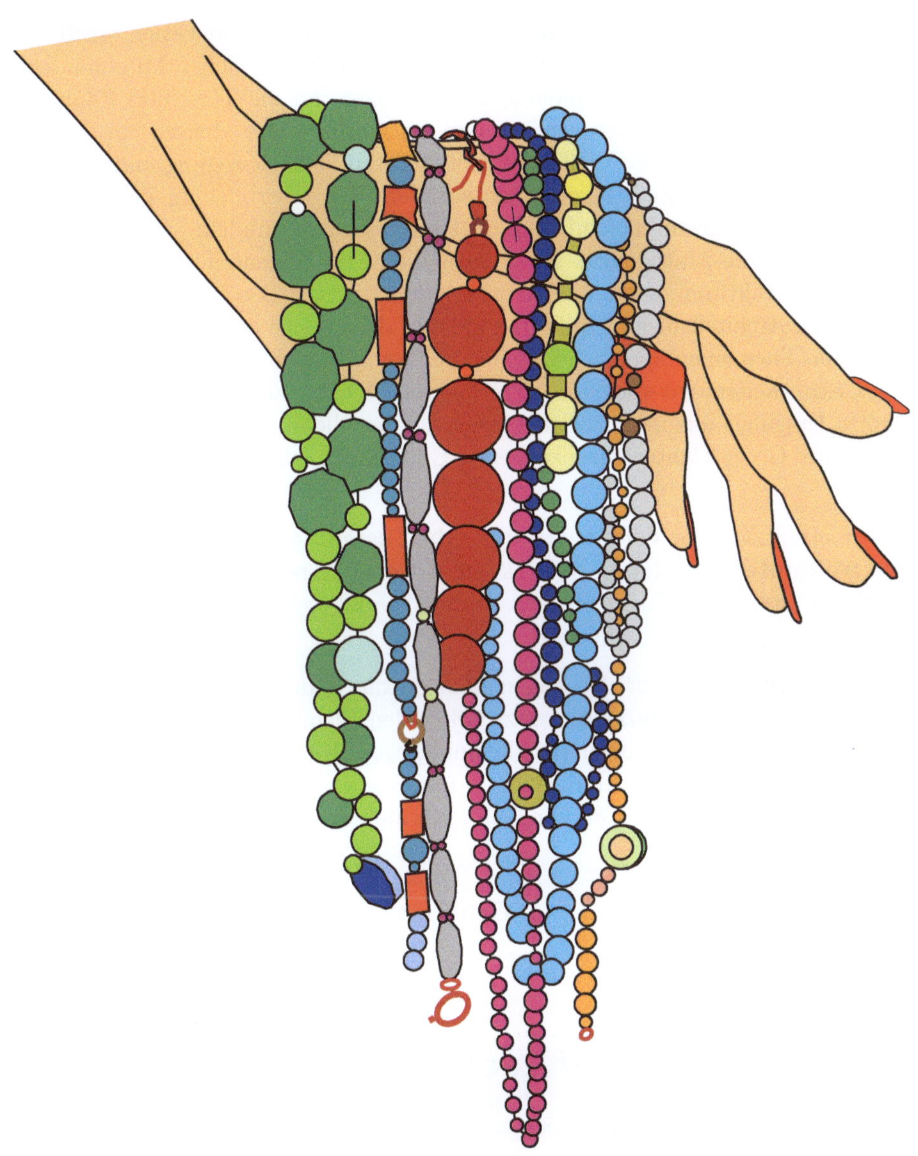

2.1 Gruppen, Ringe, Körper

Der Mensch ist seinem innersten Streben nach ein strukturiert handelndes, ordnungs-
liebendes Wesen. Er formiert sich in Gesellschaften, Verbänden, Vereinen, verfolgt gemeinsame politische Ziele in Parteien. Das gesamte öffentliche Leben spielt sich in
geordneten Strukturen ab, ohne dem würde Chaos im menschlichen Miteinander herr-
schen. Nicht nur das Zusammenleben, auch bezogen auf die Tier- und Pflanzenwelt,
alles was uns umgibt, wird strukturiert und eingeordnet. Der Mensch hat das Verlan-
gen, jede ihn interessierende Vielfalt zu klassifizieren, jede Bewegung und Aktivität zu
organisieren. Mit dem Ziel, Klarheit zu schaffen, den Überblick zu behalten, Eigenschaften der Dinge zusammenzufassen oder Interessen zu bündeln.

Da bildet auch die Mathematik keine Ausnahme. Im Gegenteil, sie liefert sogar die
Modelle für Strukturen, stellt die wesentlichsten strukturellen Bestandteile bereit, er-
forscht deren Architektur und Aufbau und leitet daraus sich ergebende Besonderheiten
ab. Unseren Themen entsprechend, stehen mathematische Strukturen im Vordergrund,
denen Gesamtheiten, wir sprechen weiterhin von Mengen, zugrunde liegen. Trotz unseres freien Umgangs mit dem Begriff Menge, sei hier die auf den Begründer der naiven
Mengenlehre Georg Cantor zurückgehende Erklärung genannt:

> **Unter einer Menge verstehen wir jede Zusammenfassung von bestimm-
> ten wohlunterschiedenen Objekten unserer Anschauung oder unseres
> Denkens** (welche die Elemente der Menge genannt werden) **zu einem Ganzen.**

Wenn von Strukturen über derartigen Mengen die Rede ist, so ist darunter zu verstehen, dass bestimmte Beziehungen zwischen den Elementen der zugrunde liegenden
Mengen bestehen, die gewissen Regeln unterliegen. Elemente werden in einer Weise
miteinander verknüpft, die Ähnlichkeiten mit Rechenoperationen der uns bekannten
Zahlen aufweisen und diesen im Umgang auch ähneln.

Gruppen

Definition 2.1 (*Gruppe*)
*Von einer **Gruppe**, die wir allgemein mit $\mathcal{G}$ bezeichnen, spricht man, wenn jedem
Elementpaar a, b einer Menge $\mathcal{G}$ ($a, b \in \mathcal{G}$) in eindeutiger Weise wieder ein Element
s aus $\mathcal{G}$ ($s \in \mathcal{G}$) zugeordnet ist. Diese Verknüpfung zweier Elemente drückt man
allgemein mit einem Zeichen "$\circ$" aus und schreibt $s = a \circ b$. Im konkreten Fall ist
unter "$\circ$" häufig das Plus- oder Multiplikationszeichen zu verstehen, was aber einer
genauen Erklärung bedarf. Diese Verknüpfung unterliegt dem Gesetz der **Assoziativität**, d.h., bei einer aufeinander folgenden Verknüpfung der Elemente $a, b, c \in \mathcal{G}$
können beliebig Klammern gesetzt werden:*

$$(a \circ b) \circ c = a \circ (b \circ c) = a \circ b \circ c.$$

*Die Reihenfolge der Elemente muss zwar unverändert bleiben, aber das Ergebnis ist
unabhängig davon ob zunächst $a \circ b$ gebildet und dann mit c verknüpft wird oder ob*

man a mit $b \circ c$ verbindet.

*Außerdem wird in $\mathcal{G}$ die Existenz eines **neutralen Elementes** vorausgesetzt, das wir allgemein mit e ($e \in \mathcal{G}$) bezeichnen. e zeigt in dem Sinne ein neutrales Verhalten, dass eine Verknüpfung $e \circ a$ mit einem beliebigen Element a wieder zu a führt, d.h.:*

$$e \circ a = a \quad \text{für alle } a \in \mathcal{G}.$$

*Schließlich fordert man zu jedem $a \in \mathcal{G}$ die Existenz eines **inversen Elementes** a^{-1}, dessen Verknüpfung mit a das neutrale Element e ergibt:*

$$a \circ a^{-1} = e \,.$$

Genauer bezeichnet man eine Gruppe, indem neben $\mathcal{G}$ noch das Verknüpfungssymbol beigefügt wird: $(\mathcal{G}, \circ)$.

*Man spricht darüber hinaus von einer **kommutativen (oder abelschen) Gruppe**, wenn bei der Verknüpfung die Reihenfolge der Elemente keine Rolle spielt, d.h. wenn*

$$a \circ b = b \circ a.$$

Als erstes Beispiel für eine Menge mit der Struktur einer Gruppe sticht sofort die Menge der ganzen Zahlen ins Auge, die wir jetzt mit $(\mathbb{Z}, +)$ bezeichnen und damit auf die bekannte Zahlenaddition als Verknüpfung hinweisen. Mit $m, n \in \mathbb{Z}$ ist auch $m + n = n + m$ eine eindeutig bestimmte ganze Zahl, womit auch die Kommutativität von $(\mathbb{Z}, +)$ zum Ausdruck kommt. Als neutrales Element tritt die 0 in Erscheinung, und zu jedem $n \in \mathbb{Z}$ gibt es mit $-n \in \mathbb{Z}$ ein inverses Element:

$$0 + n = n \quad \text{und} \quad n + (-n) = 0 \quad \text{für alle ganzen Zahlen.}$$

Auf gleiche Weise zeigt man, dass auch die Mengen der rationalen, reellen und komplexen Zahlen mit der Addition als Verknüpfung kommutative Gruppen bilden. Mit Hinweis auf diese Verknüpfung sprechen wir von den "additiven" Gruppen $(\mathbb{Q}, +)$, $(\mathbb{R}, +)$, $(\mathbb{C}, +)$.

Entfernt man jeweils die 0 aus $\mathbb{Q}$, $\mathbb{R}$ und $\mathbb{C}$ und bezeichnet lediglich zur Unterscheidung die Restmengen mit $\mathbb{Q}^*$, $\mathbb{R}^*$ und $\mathbb{C}^*$, so sind mit der gewöhnlichen Multiplikation als Verknüpfung $(\mathbb{Q}^*, \cdot)$, $(\mathbb{R}^*, \cdot)$ und $(\mathbb{C}^*, \cdot)$ ebenfalls kommutative Gruppen, denen man jetzt das Prädikat "multiplikativ" zuschreibt. Das neutrale Element ist die Zahl 1, und zu jeder von Null verschiedenen Zahl a existiert mit $1/a = a^{-1}$ ein inverses Element:

$$a \cdot 1 = a \quad \text{und} \quad a \cdot a^{-1} = 1.$$

Demgegenüber bildet die Menge der natürlichen Zahlen (mit oder ohne die 0) keine Gruppe bezüglich der eingeprägten Rechenoperationen. Mit der 0 würde zwar ein neutrales Element existieren, aber da die Subtraktion in $\mathbb{N}$ nicht uneingeschränkt möglich ist, fehlen inverse Elemente.

Bei endlicher Elementanzahl spricht man von einer endlichen Gruppe. Die Menge $\{1, -1\}$ bildet mit der gewöhnlichen Zahlenmultiplikation als Verknüpfung eine (multiplikative) kommutative Gruppe. Beliebige Produkte der Zahlen 1 und -1 ergeben wieder 1 oder -1. Das neutrale Element ist die 1, und 1 bzw. -1 sind zu sich selbst invers. Diese Gruppe bezeichnet man auch als Spiegelungsgruppe $\{e, s\}$. Neben dem neutralen Element e, das dem Grundzustand eines betreffenden Objektes entspricht, beschreibt s dessen Spiegelung. Bei zweimaliger Spiegelung ergibt sich wieder der ursprüngliche neutrale Zustand: $s \circ s = e$. Damit ist die Spiegelung zu sich selbst invers.

Eine Gruppe kann auch nur aus einem Element e bestehen. In diesem Sonderfall ist e zwangsläufig das neutrale Element, und es gibt nur eine Verknüpfung $e \circ e = e$. Diese sogenannte triviale Gruppe hat keine praktische Bedeutung und dient aus technischer Sicht nur zur einheitlichen Beschreibung mathematischer Sachverhalte.

Definition 2.2 (*Untergruppe*)

*Eine Teilmenge U in einer Gruppe $(\mathcal{G}, \circ)$ heißt **Untergruppe** von $\mathcal{G}$, wenn U zusammen mit der in $\mathcal{G}$ gegebenen Verknüpfung $\circ$ selbst eine Gruppe bildet. U ist als Untergruppe von $\mathcal{G}$ schon eindeutig bestimmt, wenn folgende Bedingungen erfüllt sind:*

1. *U ist nicht die leere Menge $(U \neq \varnothing)$.*
2. *Zu jedem $a \in U$ ist auch das inverse Element $a^{-1} \in U$.*
3. *Mit $a, b \in U$ ist auch deren Verknüpfung $a \circ b \in U$.*

Das Assoziativgesetz muss in U nicht nachgewiesen werden, da dieses ohnehin in $\mathcal{G}$ seine Gültigkeit besitzt. Mit dem Vorhandensein inverser Elemente a^{-1} zu a in U ist nach 3. auch $a^{-1} \circ a = e \in U$, d.h., die Existenz des neutralen Elementes in U ist gesichert.

In jeder Gruppe $\mathcal{G}$ bilden $\mathcal{G}$ selbst und die nur aus dem neutralen Element e bestehende Gruppe Untergruppen. Man spricht dann von den trivialen Untergruppen einer Gruppe $\mathcal{G}$. Beispiele für nicht triviale Untergruppen sind:

1. In $(\mathbb{Z}, +)$ bilden für jedes $m \in \mathbb{N}$ die Teilmengen $m\mathbb{Z} = \{m \cdot k \text{ mit } k \in \mathbb{Z}\}$ Untergruppen (mit $m \cdot k_1, m \cdot k_2 \in m\mathbb{Z}$ folgt $m \cdot k_1 + m \cdot k_2 = m \cdot (k_1 + k_2) \in m\mathbb{Z}$).

2. In $(\mathbb{R}^*, \cdot)$ bildet $U = \{1, -1\}$ eine Untergruppe.

3. Mit der Addition als Gruppenoperation bildet $(\mathbb{Z}, +)$ in $(\mathbb{Q}, +)$ eine Untergruppe.

4. Die Menge der $n-$ten Einheitswurzeln $\left\{ \zeta_k = \exp\left(\dfrac{k \cdot 2\pi}{n} i\right) \; ; \; k = 0, 1, ..., n-1 \right\}$ (siehe Formel (1.10)) bildet in $(\mathbb{C}^*, \cdot)$ ebenfalls eine Untergruppe.

Permutationsgruppen

Drei Personen, nennen wir sie A, B und C, lassen sich nebeneinander stehend fotografieren, wobei auf die Reihenfolge geachtet wird. Dabei tritt die Frage auf, wie viele Möglichkeiten der Aufreihung es überhaupt gibt. Wenn man, von links nach rechts betrachtet, die Personen zunächst in der Reihenfolge A, B, C anordnet und, davon ausgehend alle Varianten ins Auge fasst, die zur Vertauschung der Positionen führen, so ergeben sich folgende Zuordnungen:

$$
\mathbf{a} = \begin{pmatrix} A\ B\ C \\ A\ B\ C \end{pmatrix} \quad
\mathbf{b} = \begin{pmatrix} A\ B\ C \\ A\ C\ B \end{pmatrix} \quad
\mathbf{c} = \begin{pmatrix} A\ B\ C \\ B\ A\ C \end{pmatrix} \quad
\mathbf{d} = \begin{pmatrix} A\ B\ C \\ B\ C\ A \end{pmatrix} \quad
\mathbf{e} = \begin{pmatrix} A\ B\ C \\ C\ A\ B \end{pmatrix} \quad
\mathbf{f} = \begin{pmatrix} A\ B\ C \\ C\ B\ A \end{pmatrix}
$$

Die durch Klammern eingefassten rechteckigen, aus zwei Zeilen bestehenden Zuordnungsschemata, sind wie folgt zu deuten: In der ersten Zeile stehen stets die Buchstaben (die Personen) in der Reihenfolge $A\ B\ C$. In der zweiten Zeile steht direkt unter dem jeweiligen Buchstaben in der ersten Zeile der Buchstabe der Person, die auf diese

Position wechselt.

Zuordnung **a** ist die Identität, die Personen verbleiben an der gleichen Stelle. Bei den anderen Zuordnungen kommt es zu folgenden Positionswechseln:

$$\mathbf{b}: \quad B \leftrightarrow C \qquad \mathbf{d}: \quad A \leftrightarrow B \ \text{ und } \ A \leftrightarrow C$$
$$\mathbf{c}: \quad A \leftrightarrow B \qquad \mathbf{e}: \quad C \leftrightarrow B \ \text{ und } \ A \leftrightarrow C$$
$$\mathbf{f}: \quad A \leftrightarrow C.$$

Wir fassen diese 6 Zuordnungen zu einer Menge zusammen und führen zwischen den Zuordnungen eine Verknüpfung ein. Bezeichnen $\boldsymbol{\alpha}$ und $\boldsymbol{\beta}$ allgemein zwei der Zuordnungen $\mathbf{a}, ..., \mathbf{f}$, so geben $\boldsymbol{\alpha}(A)$, $\boldsymbol{\alpha}(B)$, $\boldsymbol{\alpha}(C)$ die Positionen an, auf die gewechselt wird. Wendet man darauf nachfolgend die Verknüpfung $\boldsymbol{\beta}$ an, so entstehen die Positionswechsel $\boldsymbol{\beta}(\boldsymbol{\alpha}(A))$, $\boldsymbol{\beta}(\boldsymbol{\alpha}(B))$, $\boldsymbol{\beta}(\boldsymbol{\alpha}(C))$, womit sich wieder eindeutig eine der Zuordnungen $\mathbf{a}, ..., \mathbf{f}$, ergibt. Diese Verknüpfung der Zuordnungen $\boldsymbol{\alpha}$ und $\boldsymbol{\beta}$ drücken wir durch $\boldsymbol{\beta} \circ \boldsymbol{\alpha}(\cdot) = \boldsymbol{\beta}(\boldsymbol{\alpha}(\cdot))$ aus, wobei der in Klammern stehende Punkt "$\cdot$" für eine der Positionen A, B, C steht. In der folgenden Tabelle sind alle Verknüpfungen dieser Art zusammengefasst.

$\beta \circ \alpha$	a	b	c	d	e	f
a	a	b	c	d	e	f
b	b	a	e	f	c	d
c	c	d	a	b	f	e
d	d	c	f	e	a	b
e	e	f	b	a	d	c
f	f	e	d	c	b	a

In der oberen, abgetrennten Zeile steht der Name der ersten Zuordnung (z.B. **d**) und in der linken Spalte der Name der nachfolgenden Zuordnung (z.B. **c**). Den Namen der Zuordnung, die sich aus der Verknüpfung beider ergibt, findet man im Kreuzungspunkt der entsprechenden Zeile und Spalte in denen die zu verknüpfenden Zuordnungen sich befinden (z.B. $\mathbf{c} \circ \mathbf{d} = \mathbf{b}$).

Für die Zuordnung **e** erhält man beispielsweise: $\mathbf{e}(A) = C$, $\mathbf{e}(B) = A$, $\mathbf{e}(C) = B$. Wird darauf folgend die Zuordnung **f** vorgenommen, so entsteht

$$\mathbf{f}(\mathbf{e}(A)) = \mathbf{f}(C) = A, \quad \mathbf{f}(\mathbf{e}(B)) = \mathbf{f}(A) = C, \quad \mathbf{f}(\mathbf{e}(C)) = \mathbf{f}(B) = B,$$

was der Zuordnung $\mathbf{b} = \mathbf{f} \circ \mathbf{e}$ entspricht (wie auch aus der Tabelle zu entnehmen ist). Man weist leicht, aber mit etwas Schreibarbeit nach, dass diese Form der Verknüpfung das Assoziativgesetz erfüllt. Wie aus der Tabelle folgt, ist z.B. $\mathbf{c} \circ \mathbf{d} = \mathbf{b}$, aber $\mathbf{d} \circ \mathbf{c} = \mathbf{f}$ und folglich $\mathbf{c} \circ \mathbf{d} \neq \mathbf{d} \circ \mathbf{c}$. D.h., bei Vertauschung der Operanden ergeben sich verschiedene Zuordnungen, die Verknüpfung ist damit nicht kommutativ. Neben dem neutralen Element, der Identität **a**, existiert auch zu jeder Zuordnung eine inverse Zuordnung. Wieder aus der Tabelle liest man ab, dass die Zuordnungen $\mathbf{a}, \mathbf{b}, \mathbf{c}, \mathbf{f}$ wegen $\mathbf{a} \circ \mathbf{a} = \mathbf{a}$, $\mathbf{b} \circ \mathbf{b} = \mathbf{a}$, $\mathbf{c} \circ \mathbf{c} = \mathbf{a}$ und $\mathbf{f} \circ \mathbf{f} = \mathbf{a}$ zu sich selbst invers sind. Daneben sind auch **d** und **e** invers zueinander. Die Menge der Zuordnungen bildet mit den eingeführten Verknüpfungen folglich eine nicht kommutative Gruppe.

In der Mathematik spricht man anstelle von Zuordnungen besser von **Permutationen** (Umordnungen) der beteiligten Personen (Objekte) und nennt die entstandene Gruppe eine **Permutationsgruppe**. In unserem speziellen Fall bezeichnen wir diese mit $\mathbb{S}_3$, als Hinweis darauf, dass es sich um die $1 \cdot 2 \cdot 3 = 6$ Permutationen von 3 Objekten handelt. Würde man noch eine vierte Person hinzuziehen, so kann diese in allen Permutationen der drei Personen (von links betrachtet) entweder an der ersten, zweiten, dritten und vierten (d.h. letzten) Stelle platziert werden. Die Anzahl der Permutationen würde sich in diesem Falle vervierfachen: $1 \cdot 2 \cdot 3 \cdot 4 = 24$.

Diese Überlegungen lassen sich weiter fortführen, und man kann sich von konkreten Objekten lösen, d.h. von Symbolen oder gleich von Zahlen $1, 2, 3, ..., n$ ausgehen. So kommt man zur allgemeinen Gruppe $\mathbb{S}_n$, die alle möglichen Permutationen (Umordnungen der Reihenfolge) der n Zahlen enthält. Deren Anzahl ist das Produkt der ersten n natürlichen Zahlen. Dieses Produkt stellt man abgekürzt durch

$$1 \cdot 2 \cdot 3 \cdot ... \cdot n \equiv n!$$

dar und spricht bei $n!$ von $n-$**Fakultät**.

Das Zustandekommen dieser Anzahl an Permutationen ist wie folgt erklärbar: Besteht die Zahlenreihe nur aus der Zahl 1, so gibt es trivialerweise nur eine Anordnung und damit $1 = 1!$ "Umordnungen". Im Falle der Zahlenfolge $1, 2$ ergeben sich die beiden Anordnungen 1 2 und 2 1, also $1 \cdot 2 = 2!$ Möglichkeiten. Jetzt werden wir mutig und stellen die Hypothese auf, dass es im Fall der Zahlenreihe $1, 2, ..., k$ genau $1 \cdot 2 \cdot ... \cdot k \equiv k!$ verschiedene Möglichkeiten der Anordnung der ersten k natürlichen Zahlen gibt. Wenn wir nun zeigen können, dass bei Hinzunahme der Zahl $k+1$ sich die Anzahl an Umordnungen auf $1 \cdot 2 \cdot ... \cdot k \cdot (k+1) \equiv (k+1)!$ erhöht, dann haben wir allgemein bewiesen, dass sich n Zahlen (oder Gegenstände) auf genau $n!$ Weisen in ihrer Reihenfolge umordnen lassen. Wie können wir diesen Schluss von k auf $k+1$ vollziehen? In jeder der $k!$ Umordnungen (Permutationen) der Zahlenfolge $1, 2, ..., k$ kann die Zahl $k+1$ an jeder Position zwischen den Zahlen $1, 2, ..., k$ vor der 1 und nach k platziert werden. Zu jeder Permutation von $1, 2, ..., k$ gibt es damit $(k+1)$ Stellen, an denen sich die Zahl $k+1$ in der Folge $1, 2, ..., k$ unterbringen lässt. Damit ergibt sich als Gesamtzahl der Anordnungen: $(k!) \cdot (k+1) = (k+1)!$ und unsere Hypothese ist bestätigt.

Bemerkung 2.3 (*Vollständige Induktion*)

Hinter der Methode zur Berechnung der Anzahl an Permutationen verbirgt sich ein Beweisverfahren, das unter dem Namen vollständige Induktion (kurz Induktion) bekannt ist. Allgemein geht es dabei um Aussagen, nennen wir diese $A(n)$, die von einer natürlichen Zahl n abhängig sind und für die gezeigt werden soll, dass sie der Wahrheit entsprechen. Im obigen Beispiel lautet die Aussage $A(n)$: "Die Anzahl der Permutationen für n Objekte ist $n!$." Das Beweisverfahren der vollständigen Induktion kann in folgende Schritte gegliedert werden:

1. Es ist zu zeigen, dass die Aussage $A(n)$ für einen Anfangswert n_0 wahr ist (Im Fall der Permutationen war dieser Anfangswert $n_0 = 1$).

2. Es wird die Hypothese gestellt, dass $A(n)$ für alle natürlichen Zahlen von n_0 bis zu einem endlichen Wert k gültig ist.

3. Unter den Bedingungen 1. und 2. ist zu zeigen, dass dann die Aussage auch für $n = k+1$ ihre Gültigkeit besitzt. Man nennt diesen Beweisschritt auch den Schluss von k auf $k+1$.

Gelingt es, den letzten Schritt erfolgreich durchzuführen, so ist die Aussage $A(n)$ für alle natürlichen Zahlen wahr. Zur hier in drei Schritten und mit Bezug auf eine variable natürliche Zahl n dargestellten Form der vollständigen Induktion gibt es verschiedene leicht abgewandelte Varianten. Allen gemeinsam ist: Begonnen wird mit einer beliebigen wahren Anfangsaussage, und zu einer Hypothese über endliche *viele Aussagen ist der Schluss von k auf $k+1$ zu vollziehen. In einigen Sätzen über algebraische Sachverhalte, in denen es um die Anzahl an Objekten geht, werden wir auf die Beweismethodik der vollständigen Induktion zurückgreifen.*

Dargestellt wird eine Permutation der Zahlen $1, 2, ..., n$ durch in Klammern eingeschlossene Zeilen, wobei in der oberen Zeile die Zahlen in der natürlichen Reihenfolge 1 2 ... n stehen und in der unteren Zeile die der Permutation entsprechende Umordnung der Zahlen. In jeder Spalte ist der oben stehenden Zahl i die darunter stehende Zahl j zugeordnet. Dazu ein Beispiel:

$$\begin{pmatrix} 1 & 2 & 3 & 4 & 5 & 6 & 7 & 8 & 9 & 10 & 11 \\ 2 & 3 & 7 & 5 & 11 & 8 & 1 & 4 & 10 & 6 & 9 \end{pmatrix}$$

Im allgemeinen Kontext wird die Verknüpfung von Permutationen, man spricht von der **Komposition** der Permutationen, wie im speziellen Fall beschrieben, auf Positionswechsel von Objektpaaren zurückgeführt.

$$\beta \circ \alpha = \begin{pmatrix} 1\,2\,3\,4 \\ 4\,3\,2\,1 \end{pmatrix} \circ \begin{pmatrix} 1\,2\,3\,4 \\ 3\,4\,1\,2 \end{pmatrix} = \begin{pmatrix} 1\,2\,3\,4 \\ 2\,1\,4\,3 \end{pmatrix}$$

Die Zuordnungen erfolgen von Rechts nach Links:
Erste Spalte von α mit dritter Spalte von β verknüpft: $1 \mapsto 3 \mapsto 2 \Rightarrow 1 \mapsto 2$;
Zweite Spalte von α mit vierter Spalte von β verknüpft: $2 \mapsto 4 \mapsto 1 \Rightarrow 2 \mapsto 1$;
Dritte Spalte von α mit erster Spalte von β verknüpft: $3 \mapsto 1 \mapsto 4 \Rightarrow 3 \mapsto 4$;
Vierte Spalte von α mit zweiter Spalte von β verknüpft: $4 \mapsto 2 \mapsto 3 \Rightarrow 4 \mapsto 3$.

Die Beschreibung von Permutationen in Form von zwei Zeilen ist aufwendig und ziemlich unhandlich. Es erweist sich aber, dass jede Permutation als Produkt von zyklischen Zahlenfolgen wesentlich effektiver darstellbar ist. Eine Folge

$$(k_0\ k_1\ k_2\ ...\ k_j\ k_{j+1}\ k_{j+2}\ ...\ k_m)$$

von m untereinander verschiedenen Zahlen aus der Menge $\{1, 2, ..., n\}$ heißt zyklisch von m−ter Ordnung, kurz m−Zyklus, wenn damit folgende Zahlenzuordnung verbunden ist:

$$k_0 \to k_1 \to k_2 \to ... \to k_j \to k_{j+1} \to k_{j+2} \to ... \to k_m \to k_0.$$

D.h., beginnend mit k_0 wird der Zahl k_j die auf ihr folgende Zahl k_{j+1} zugeordnet, bis k_m erreicht ist. Der Zuordnungszyklus schließt sich mit der Zuweisung von k_m zum Anfangsglied k_0 der Folge. Bei welchem Folgenglied die Zuordnungen beginnen, ist belanglos, z.B.:

$$(k_0\ k_1\ k_2\ ...\ k_j\ k_{j+1}\ k_{j+2}\ ...\ k_m)\ =\ (k_{j+1}\ k_{j+2}\ ...\ k_m\ k_0\ k_1\ k_2\ ...\ k_j).$$

Es dürfen jedoch keine Umordnungen vorgenommen werden. Jede Permutation der Zahlen $1, 2, ..., n$ ist durch eine endliche Anzahl derartiger zyklischer Zahlenfolgen eindeutig darstellbar. Überschneidungen der Zahlenfolgen sind nicht erlaubt, d.h., jede Zahl darf nur in einer Folge erscheinen. Die Reihenfolge, in der die Zyklen angeordnet sind, spielt jedoch keine Rolle. Wird einer Zahl k diese wieder zugeordnet $(k \to k)$, so drückt man das durch den 1−er Zyklus (k) aus. Da keine Veränderungen damit verbunden sind, wird auch auf diese Angabe verzichtet. Dem schließen wir uns hier an. Beispiele sollen diese kompakte Schreibweise verdeutlichen:

$$\gamma = \begin{pmatrix} 1 & 2 & 3 & 4 & 5 & 6 & 7 & 8 & 9 & 10 & 11 \\ 2 & 3 & 7 & 5 & 11 & 8 & 1 & 4 & 10 & 6 & 9 \end{pmatrix}$$

$$= (1\,2\,3\,7)(4\,5\,11\,9\,10\,6\,8) = (4\,5\,11\,9\,10\,6\,8)(1\,2\,3\,7)$$

1. Zyklus: $1 \to 2 \to 3 \to 7 \to 1$

2. Zyklus: $4 \to 5 \to 11 \to 9 \to 10 \to 6 \to 8 \to 4$.

$$\beta \circ \alpha = \begin{pmatrix} 1 & 2 & 3 & 4 & 5 & 6 \\ 3 & 6 & 1 & 5 & 4 & 2 \end{pmatrix} \circ \begin{pmatrix} 1 & 2 & 3 & 4 & 5 & 6 \\ 1 & 5 & 3 & 4 & 2 & 6 \end{pmatrix} = \begin{pmatrix} 1 & 2 & 3 & 4 & 5 & 6 \\ 3 & 4 & 1 & 5 & 6 & 2 \end{pmatrix}$$

$$= ((1\,3)(2\,6)(4\,5)) \circ (2\,5) = (2\,4\,5\,6)(1\,3).$$

Eine Permutation, bei der nur zwei Elementeinträge vertauscht werden, heißt **Transposition**. Beispielsweise ist folgende Zuordnung

$$\begin{pmatrix} 1 & 2 & 3 & 4 \\ 4 & 3 & 2 & 1 \end{pmatrix} \mapsto \begin{pmatrix} 1 & 2 & 3 & 4 \\ 4 & 1 & 2 & 3 \end{pmatrix} \quad \text{bzw.} \quad (1\,4)(2\,3) \mapsto (1\,4\,3\,2),$$

bei der die Einträge der zweiten und vierten Spalte in der zweiten Zeile vertauscht werden, eine Transposition. Jede Permutation ist als Produkt (Verknüpfung) endlich vieler Transpositionen darstellbar. Man kann zeigen, dass sich ein $m-$Zyklus als Produkt von Transpositionen darstellen lässt und dass folgender Zusammenhang besteht:

$$(k_0\, k_1\, k_2 ... \, k_{m-1}\, k_m) = (k_0\, k_m) \circ (k_0\, k_{m-1}) ... (k_0\, k_2) \circ (k_0\, k_1).$$

Es gibt jedoch viele Möglichkeiten, eine Permutation als Produkt von Transpositionen zu schreiben. Unabhängig von der Art und Weise, auf die eine bestimmte Permutation als Produkt von Transpositionen dargestellt ist, wird die Anzahl an Transpositionen stets entweder gerade oder ungerade sein. Eine Permutation, die das Produkt einer geraden (bzw. ungeraden) Anzahl von Transpositionen ist, nennt man gerade (bzw. ungerade). Jede Permutation geht als Produkt mit einer einfachen Transposition von einer geraden in eine ungerade bzw. von einer ungeraden in eine gerade Permutation über. Schematisch dargestellt, ergeben sich bei der Komposition von geraden und ungeraden Permutationen folgende Zusammenhänge:

gerade P. ∘ gerade P. = gerade P.; ungerade P. ∘ ungerade P. = gerade P.

gerade P. ∘ ungerade P. = ungerade P. ∘ gerade P. = ungerade P.

Im folgenden Beispiel wechselt eine ungerade Permutation, verknüpft mit einer Transposition, in eine gerade Permutation:

$$\begin{pmatrix} 1 & 2 & 3 & 4 & 5 & 6 \\ 3 & 6 & 1 & 5 & 4 & 2 \end{pmatrix} \circ \begin{pmatrix} 1 & 2 & 3 & 4 & 5 & 6 \\ 1 & 5 & 3 & 4 & 2 & 6 \end{pmatrix} = \begin{pmatrix} 1 & 2 & 3 & 4 & 5 & 6 \\ 3 & 4 & 1 & 5 & 6 & 2 \end{pmatrix}$$

bzw. $(1\,3)(2\,6)(4\,5)$ ∘ $(2\,5)$ = $(1\,3)(2\,4\,5\,6)$

          ungerade   Transposition   gerade

        Permutation $2 \leftrightarrow 5$ Permutation

In der Gruppe $\mathbb{S}_n$ ist die Anzahl der geraden und ungeraden Permutationen gleich. Deshalb ist $\mathbb{S}_n$ als durchschnittsfremde Vereinigung der Menge gerader und der Menge ungerader Permutationen darstellbar. Wie man sieht, führt die Verknüpfung von geraden Permutationen wieder zu geraden Permutationen, d.h., bei Verbindungen zwischen geraden Permutationen verbleibt man in der Menge der geraden Permutationen. Die Identität, bei der keine Transpositionen vorgenommen werden, ist gerade. Indem man alle Transpositionen einer Permutation wieder rückgängig macht, entsteht die Identität. Folglich ist zu einer geraden Permutation auch deren inverse Permutation gerade. Aus diesen Feststellungen ergibt sich, dass die Teilmenge aller geraden Permutationen in $\mathbb{S}_n$ eine Untergruppe bildet, die **alternierende Gruppe** genannt wird und die Bezeichnung $\mathbb{A}_n$ trägt. Diese Gruppe enthält $n!/2$ Elemente. Die Menge der ungeraden Permutationen bildet hingegen keine Gruppe (Das Produkt zweier ungerader Permutationen ist gerade!).

Die Gruppe $\mathbb{S}_n$ bezeichnet man als **symmetrische Gruppe**. Mittels Permutationen lassen sich gewisse Eigenschaften von Objekten verschiedenster Art beschreiben, die unter ausgewählten Aktionen unverändert bleiben. Man spricht dann von Invarianten oder in bestimmten Zusammenhängen von Symmetrien. Beispielsweise ist die Symmetrie eines geometrischen Objektes, dessen Lage durch Punkte fixiert ist, über Permutationen beschreibbar. Betrachten wir dazu ein in die Ebene eingebettetes gleichseitiges Dreieck, dessen Lage durch die Eckpunkte A, B und C festgelegt ist. Zur Beschreibung der folgenden Dreiecksbewegungen benennen wir noch die Mittelsenkrechten s_1, s_2 und s_3 sowie deren Schnittpunkt M. Bei Drehungen des Dreiecks um M von 0^0, 120^0 und 240^0 werden Eckpunkte wieder in Eckpunkte überführt. Es handelt sich hierbei um Kongruenzabbildungen, d.h. Abbildungen, unter denen Form, Größe und Punktabstände des Dreiecks nicht verändert werden. In diesem Sinne kann davon gesprochen werden, dass die Symmetrie des Dreiecks unter den genannten Bewegungen erhalten bleibt. Lediglich die Namen der Punkte ändern sich. Diese Änderungen entsprechen den bereits eingeführten Permutationen **a**, **e** und **d** (siehe Abb. 2.1; die Eckpunkte werden, von links unten beginnend, entgegen dem Uhrzeigersinn notiert).

Außer den Drehungen kann das Dreieck an den Mittelsenkrechten gespiegelt werden, womit das Dreieck ebenfalls auf sich selbst abgebildet wird. Diese Spiegelungen werden mit den Permutationen **b**, **c** und **f** beschrieben. Damit sind jedoch Orientierungswechsel verbunden, die im Rahmen der Euklidischen Geometrie nicht als symmetrieerhaltende Bewegungen gelten. Die Symmetriegruppe des gleichseitigen Dreiecks besteht deshalb nur aus den Permutationen, die die alternierende Gruppe $\mathbb{A}_3 = \{\mathbf{a}, \mathbf{e}, \mathbf{d}\}$ und damit eine Untergruppe der symmetrischen Gruppe $\mathbb{S}_3$ bilden.

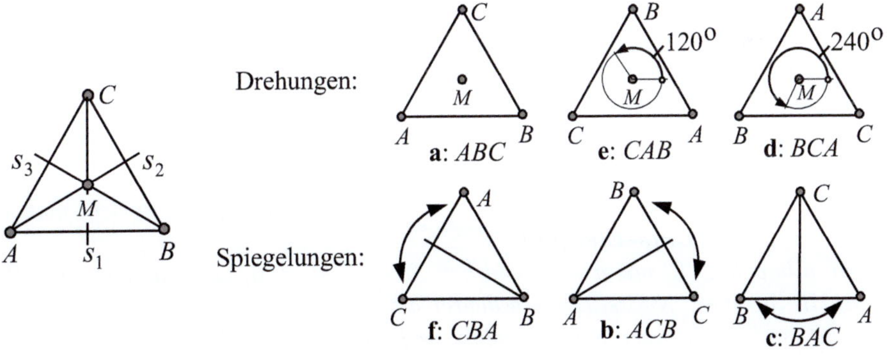

Abb. 2.1: Drehungen und Spiegelungen eines gleichseitigen Dreiecks

Aus historischer Sicht waren Permutationsgruppen die ersten Objekte, die bei der Einführung des Begriffs Gruppe in Erscheinung traten. Mit dem Namen Galois verbunden, kommt Permutationsgruppen über den Nullstellen von Polynomen bei der Beantwortung von Fragen nach der Lösbarkeit polynomialer Gleichungen eine bedeutende Rolle zu (siehe Kap. 5).

Ringe und Körper

Mit den Gruppen haben wir Strukturen, in denen Elemente nur auf eine Weise zu anderen Elementen verbunden werden. In den vertrauten Zahlenmengen $\mathbb{Z}$, $\mathbb{Q}$, $\mathbb{R}$ und $\mathbb{C}$ sind mit der Addition und Multiplikation zwei Formen der Verknüpfung verfügbar, die natürlich die Möglichkeiten für arithmetische Manipulationen bedeutend erweitern. Solche Strukturen wollen wir auch in Mengen einführen, deren Elemente allgemeinerer Natur sind. Dazu geht man von den Eigenschaften einer Gruppe aus und ergänzt bzw. verbindet die vorhandene Verknüpfung in sinnvoller Weise mit einer weiteren. Gewissermaßen als Vorbild dienen dabei wieder die genannten Zahlenmengen. In der Regel tragen die allgemeineren Verknüpfungen auch die Merkmale der gewöhnlichen Zahlenaddition und -multiplikation. In Anlehnung daran wollen wir, wenn es sich um Verknüpfungen handelt, künftig in unserer Ausdrucksweise von der Addition "+" bzw. Multiplikation "·" sprechen.

Definition 2.4 (*Ring*)

Eine Menge $\mathcal{R}$, in der die Elemente additiv und multiplikativ miteinander verknüpft werden können, d. h., in der es folgende Rechenvorschriften gibt:

    " + " ordnet jedem Paar $a, b \in \mathcal{R}$ eindeutig ein Element $a + b \in \mathcal{R}$ zu und

    " · " ordnet jedem Paar $a, b \in \mathcal{R}$ eindeutig ein Element $a \cdot b \in \mathcal{R}$ zu,

*heißt **Ring** (in Zeichen: $(\mathcal{R}, +, \cdot)$), wenn folgende Bedingungen erfüllt sind:*

1. *$\mathcal{R}$ allein mit der Verknüpfung " + " bildet eine kommutative additive Gruppe $(\mathcal{R}, +)$.*

    D.h., in $\mathcal{R}$ gibt es ein neutrales Element 0, und zu jedem $a \in \mathcal{R}$ existiert ein $-a$, so dass: $a + 0 = a$ und $a + (-a) = 0$ für alle a aus $\mathcal{R}$.

2. *Die in $\mathcal{R}$ eingeführte multiplikative Verknüpfung ist **assoziativ**, d.h., für alle $a, b, c \in \mathcal{R}$ gilt: $a \cdot (b \cdot c) = (a \cdot b) \cdot c = a \cdot b \cdot c$.*

    Wir schreiben künftig kürzer: $a\,(bc) = (ab)\,c = abc$.

3. *Multiplikation und Addition befolgen die **Distributivgesetze** (Gesetze zur Auflösung von Klammerausdrücken):*

    $a\,(b + c) = ab + ac$ und $(a + b)\,c = ac + bc$ für alle $a, b, c \in \mathcal{R}$.

*Gibt es in $\mathcal{R}$ ein Element 1 mit $a \cdot 1 = 1 \cdot a = a$ für alle $a \in \mathcal{R}$, so spricht man von einem **Ring mit Eins-Element**.*

*Ist für alle $a, b \in \mathcal{R}$ mit $a \neq 0$ und $b \neq 0$ stets $ab \neq 0$, so sagt man, der Ring ist **nullteilerfrei**. Nullteilerfrei bedeutet also: Wenn a und b nicht das neutrale Element sind, so ist auch deren Produkt nicht das neutrale Element.*

*Ist die Multiplikation kommutativ, d.h., gilt $ab = ba$ für alle $a, b \in \mathcal{R}$, so heißt der Ring **kommutativ**.*

Wenn künftig von Ringen die Rede ist, so gehen wir stets von einem nullteilerfreien Ring mit Eins-Element aus.

Mit der gewöhnlichen Addition $+$ und Multiplikation $\cdot$ bildet die Menge der ganzen Zahlen den Ring $(\mathbb{Z}, +, \cdot)$. Neben der Addition ist hier auch die Multiplikation kommutativ. Mit der $1 \in \mathbb{Z}$ haben wir ein Eins-Element, und für alle $a, b \in \mathbb{Z}$ mit $a \neq 0$ und $b \neq 0$ ist immer $ab \neq 0$. $\mathbb{Z}$ ist also ein nullteilerfreier kommutativer Ring mit Eins-Element.

Die gleichen Eigenschaften weist man auch für die Mengen der rationalen, reellen und komplexen Zahlen nach. D.h., mit den bekannten Rechenoperationen "+" und "$\cdot$" bilden die Zahlenstrukturen $(\mathbb{Q}, +, \cdot)$, $(\mathbb{R}, +, \cdot)$ und $(\mathbb{C}, +, \cdot)$ kommutative nullteilerfreie Ringe mit Eins-Element.

In einem Ring kann man uneingeschränkt Elemente addieren und miteinander multiplizieren. Da $(\mathcal{R}, +, \cdot)$ bezüglich der Addition eine Gruppe bildet, existiert zu jedem $a \in \mathcal{R}$ auch das inverse Element $-a$, womit für beliebige Elemente $a, b \in \mathcal{R}$ gemäß $b + (-a) = b - a$ auch die "Subtraktion" uneingeschränkt durchführbar ist. Jedoch fordert man in einem Ring nicht das Vorhandensein inverser Elemente bezüglich der Multiplikation. Deshalb ist eine Umkehroperation zur Multiplikation, also eine "Division", nicht uneingeschränkt gegeben. Indem wir von einem Ring fordern, auch bezüglich der Multiplikation eine kommutative Gruppe zu sein, beheben wir diesen Mangel. Die damit entstehende Struktur nennt man Körper.

Definition 2.5 (**Körper**)
*Eine Menge $\mathcal{K}$, die die Struktur eines Ringes $(\mathcal{K}, +, \cdot)$ besitzt, nennt man **Körper**, wenn die multiplikative Gruppe $(\mathcal{K}^*, \cdot)$ kommutativ ist. Dabei bezeichnet $\mathcal{K}^*$ die Menge $\mathcal{K}$, aus der das neutrale Element 0 bezüglich der Addition entfernt ist. In einem Körper existiert zu jedem Element a, welches nicht das neutrale Element 0 ist, ein eindeutig bestimmtes inverses Element a^{-1}, so dass gilt: $a \cdot a^{-1} = 1$ ($=$ Eins-Element in $\mathcal{K}$). Zum neutralen Element 0 kann einerseits wegen $a \cdot 0 = 0$ und andererseits der Forderung $0 \cdot a = 1$ kein inverses Element a existieren.*

Die bekanntesten Beispiele für Körper sind $(\mathbb{Q}, +, \cdot)$, $(\mathbb{R}, +, \cdot)$ und $(\mathbb{C}, +, \cdot)$, die wir weiterhin einfach mit $\mathbb{Q}$, $\mathbb{R}$ und $\mathbb{C}$ bezeichnen.

Restklassenring modulo m

Der Umgang mit sehr großen Zahlen ist oft unangenehm, aufwendig und führt häufig zu Fehlern. Deshalb neigen wir dazu, die Zahlen klein zu halten. Beispielsweise beginnen wir jeden Tag neu die Stunden von 1 bis 24 zu zählen, anstatt diese über Wochen oder Monate aufzusummieren. Selbst bei Jahresangaben wird manchmal auf die Nennung des Jahrhunderts verzichtet. Es ließen sich noch weitere derartige Beispiele anführen. Bei genauer Betrachtung verbirgt sich dahinter eine Rechnung mit Resten, so wie diese bei der Division von Zahlen entstehen. Mit diesen Resten kann erstaunlicherweise fast genau so gerechnet werden wie mit gewöhnlichen Zahlen. Aus Sicht der Mathematik ist damit eine sogenannte "modulo-Rechnung" verbunden.

Bei einer Division der ganzen Zahlen $a \in \mathbb{Z}$ durch eine natürliche Zahl $m \in \mathbb{N}$ ($m \geq 2$), liegen die entstehenden Reste r zwischen 0 und $m - 1$ ($0 \leq r \leq m - 1$). Wir bezeichnen die Menge dieser Reste mit

$$\mathbb{Z}_m = \{0, 1, 2, ..., (m-1)\}\,.$$

Hat die ganze Zahl a, geteilt durch m, den Rest r, so schreibt man:

$\quad a \bmod m = r$.

Bilden die ganzen Zahlen a und b bei der Teilung durch m den gleichen Rest, so heißen a, b **kongruent modulo** m, was man in Zeichen mit $a \equiv_m b$ ausdrückt.

Daneben kann die Gesamtheit der ganzen Zahlen $\mathbb{Z}$ so in m durchschnittsfremde Klassen aufgeteilt werden, dass jede Klasse nur die ganzen Zahlen enthält, die bei Teilung durch m den gleichen Rest besitzen. D.h., jede Klasse enthält dann alle ganzen Zahlen, die untereinander kongruent modulo m sind. Wir nennen diese **Restklassen modulo** m. Dahinter verbergen sich folgende Zahlenmengen (Klassen):

$$[0]_m = \{.... - 2m, -m, 0, m, 2m, ...\}$$
$$[1]_m = \{.... (-2m+1), (-m+1), 1, (m+1), (2m+1), ...\}$$
$$.................$$
$$[m-1]_m = \{.... (-m-1), -1, (m-1), (2m-1), (3m-1), ...\}\,.$$

Der Gesamtheit dieser Klassen geben wir den Namen

$$\mathbb{Z}/m\mathbb{Z} = \{[0]_m, [1]_m, ..., [m-1]_m\}$$

und sprechen von der **Menge der Restklassen modulo** m.

Die Menge $\mathbb{Z}_m$ enthält aus jeder Restklasse $[k]_m$ $(k = 0, 1, ..., (m-1))$ als Repräsentanten dieser Klasse genau die Zahl k. Deshalb ist $\mathbb{Z}_m$ als Repräsentant (Vertreter) der Restklassenmenge $\mathbb{Z}/m\mathbb{Z}$ anzusehen.

Gehen wir beispielsweise von $m = 5$ aus, so ergeben sich die Restklassen

$$[0]_5 = \{.... - 10, -5, 0, 5, 10, ...\} \quad \text{(alle durch 5 teilbare Zahlen)}$$
$$[1]_5 = \{.... - 9, -4, 1, 6, 11, ...\} \quad \text{(alle Zahlen mit Rest 1 bei Teilung durch 5)}$$
$$[2]_5 = \{.... - 8, -3, 2, 7, 12, ...\} \quad \text{(alle Zahlen mit Rest 2 bei Teilung durch 5)}$$
$$[3]_5 = \{.... - 7, -2, 3, 8, 13, ...\} \quad \text{(alle Zahlen mit Rest 3 bei Teilung durch 5)}$$
$$[4]_5 = \{.... - 6, -1, 4, 9, 14, ...\} \quad \text{(alle Zahlen mit Rest 4 bei Teilung durch 5)}$$

mit der Repräsentantenmenge $\mathbb{Z}_5 = \{0, 1, 2, 3, 4\}$, die ein Vertreter der Restklassenmenge $\mathbb{Z}/5\mathbb{Z} = \{[0]_5, [1]_5, [2]_5, [3]_5, [4]_5\}$ ist.

Um rechnen zu können, geben wir der Restklassenmenge $\mathbb{Z}/m\mathbb{Z}$ beziehungsweise deren Repräsentantenmenge $\mathbb{Z}_m$ mit Verknüpfungen eine arithmetische Struktur:

Jedem Paar $k, l \in \mathbb{Z}_m$ bzw. $[k]_m, [l]_m \in \mathbb{Z}/m\mathbb{Z}$ wird nach folgender Vorschrift ein Element aus $\mathbb{Z}_m$ bzw. $\mathbb{Z}/m\mathbb{Z}$ zugeordnet:

a) Addition $\oplus$ in $\mathbb{Z}_m$ bzw. in $\mathbb{Z}/m\mathbb{Z}$

$\quad k \oplus l = (k+l) \bmod m \qquad\qquad [k]_m \oplus [l]_m = [(k+l) \bmod m]_m$

b) Multiplikation $\odot$ in $\mathbb{Z}_m$ bzw. in $\mathbb{Z}/m\mathbb{Z}$

$\quad k \odot l = (k \cdot l) \bmod m \qquad\qquad [k]_m \odot [l]_m = [(k \cdot l) \bmod m]_m$.

Die Summe der Reste k, l ist der Rest s der gewöhnlichen Summe $k+l$, d.h., $s = (k+l) \bmod m$ und das Produkt von k, l ist gleich dem Rest p des gewöhnlichen Produktes $k \cdot l$, d.h. $p = (k \cdot l) \bmod m$. Bezieht man sich auf die Restklassenmenge $\mathbb{Z}/m\mathbb{Z}$, so ist die Summe der Klassen $[k]_m, [l]_m$ gleich der Klasse $[s]_m = [(k \cdot l) \bmod m]_m$ und deren Produkt gleich der Klasse $[p]_m = [(k \cdot l) \bmod m]_m$. Diese Rechenoperationen erfüllen das Assoziativgesetz, das Distributigesetz und sind kommutativ. Da diese Eigenschaften auch die ganzen Zahlen aufweisen, ist der Nachweis für die Restklassen zwar mit etwas Schreibaufwand, aber auf direktem Wege durchführbar. $0 \in \mathbb{Z}_m$ und $[0]_m \in \mathbb{Z}/m\mathbb{Z}$ sind neutrale Elemente bezüglich der Addition, und mit 1 sowie $[1]_m$ existieren auch Eins-Elemente. Zu jedem $k \in \mathbb{Z}_m$ gibt es das hinsichtlich der Addition inverse Element

$(m - k) \in \mathbb{Z}_m$, denn: $k \oplus (m - k) = 0$ bzw.

zu $[k]_m$ ist $[m - k]_m$ invers, denn: $[k]_m \oplus [m - k]_m = [0]_m$.

Zusammenfassend stellen wir fest, dass sowohl $\mathbb{Z}_m$ als auch $\mathbb{Z}/m\mathbb{Z}$ einen **kommutativen Ring mit Einselement** bilden, den man **Restklassenring modulo** m nennt. Für das überschaubare Beispiel der Repräsentantenmenge $\mathbb{Z}_5$ kann die Bildung der Verknüpfungen $\oplus$ und $\odot$ anhand folgender Tabellen nachvollzogen werden (In den Schnittpunkten der Zeilen mit den Spalten sind die Ergebnisse der jeweiligen Operationen für die am oberen und linken Rand eingetragenen Operanden enthalten.).

$k \oplus l$	0	1	2	3	4
0	0	1	2	3	4
1	1	2	3	4	0
2	2	3	4	0	1
3	3	4	0	1	2
4	4	0	1	2	3

$k \odot l$	0	1	2	3	4
0	0	0	0	0	0
1	0	1	2	3	4
2	0	2	4	1	3
3	0	3	1	4	2
4	0	4	3	2	1

Ist m eine Primzahl, so besitzen beide Restklassenringe die Struktur eines Körpers. In diesem Fall gibt es zu jedem vom 0 bzw. [0] verschiedenen Element aus $\mathbb{Z}_m$ bzw. $\mathbb{Z}/m\mathbb{Z}$ ein eindeutig bestimmtes inverses Element. Diese Feststellung wollen wir beweisen:

Lemma 2.6 *(**Restklassenkörper modulo** p)*
Der Restklassenring $\mathbb{Z}/m\mathbb{Z}$ (bzw. $\mathbb{Z}_m$) ist genau dann ein Körper, wenn $m = p$ eine Primzahl ist.

Beweis. 1. Es sei p eine Primzahl. Zu zeigen ist, dass zu jeder Restklasse $[k]_p \in \mathbb{Z}/p\mathbb{Z}$ *(bzw.$k \in \mathbb{Z}_p$)* mit $0 < k < p$ ein inverses Element existiert. Da p eine Primzahl ist, sind k und p teilerfremd, d.h., der größte gemeinsame Teiler von k und p ist 1: $ggT(k, p) = 1$. Nach Satz 1.4 gibt es dann ganze Zahlen a und b, so dass
$a \cdot k + b \cdot p = ggT(k, p) = 1$ (siehe Formel (1.2)).
Diese Gleichung gilt auch im Restklassenring $\mathbb{Z}/p\mathbb{Z}$. Unter Beachtung, dass $[p]_p = [0]_p$, erhält man:
$[1]_p = [a \cdot k + b \cdot p]_p = [a]_p \odot [k]_p \oplus [b]_p \odot [p]_p = [a]_p \cdot [k]_p$.
Daraus folgt, dass die Restklasse $[a]_p$ invers zu $[k]_p$ ist. Zu jeder Restklasse gibt es also eine inverse Klasse, d.h., $\mathbb{Z}/p\mathbb{Z}$ und damit auch $\mathbb{Z}_p$ sind Körper.
2. $\mathbb{Z}/p\mathbb{Z}$ (bzw. $\mathbb{Z}_p$) sei ein Körper. Wir nehmen an, p sei keine Primzahl. Dann gibt es natürliche Zahlen k und l $(1 < k, l < p - 1)$, so dass $k \cdot l = p$. Übertragen auf die Restklassen folgt:
$[k]_p \odot [l]_p = [k \cdot l]_p = [p]_p = [0]_p$.
Das Produkt der von $[0]_p$ verschiedenen Restklassen ist das Nullelement in $\mathbb{Z}/p\mathbb{Z}$. D.h., $\mathbb{Z}/p\mathbb{Z}$ ist nicht nullteilerfrei, das kann für einen Körper nicht sein. Unsere Annahme ist deshalb falsch, und p muss eine Primzahl sein. ■
Mit der Primzahl 5 sind der Restklassenring $\mathbb{Z}/5\mathbb{Z}$ und dessen Repräsentant $\mathbb{Z}_5$ Körper. In der obigen Tabelle erkennt man die zueinander inversen "Restpaare", wenn im Kreuzungspunkt der entsprechenden Zeile und Spalte der Rest 1 (das Eins-Element) auftritt. Abzulesen ist, dass die Reste 1 und 4 zu sich selbst invers und 2 zu 3 invers

sind, was sich auch aus folgenden Formeln ergibt:

$1 \odot 1 = 1 \bmod 5 = 1, \quad 4 \odot 4 = 16 \bmod 5 = 1, \quad 2 \odot 3 = 6 \bmod 5 = 1.$

Bei diesen einfachen und leicht durchschaubaren Beispielen wollen wir es zunächst belassen, denn Ringe und Körper werden uns künftig auf Schritt und Tritt begegnen.

Die Struktur eines Körpers ist relativ komplex, eröffnet aber viele Möglichkeiten, algebraische Zusammenhänge einer Lösung zuzuführen. Deshalb richtet sich unser Bestreben zukünftig darauf, geeignete Körperstrukturen zu konstruieren und bestehende einfachere Strukturen zu Körpern zu erweitern.

2.2 Strukturerhaltende Abbildungen

Von Zuordnungen und allgemeiner von Abbildungen war schon mehrfach die Rede. Beim Wort Abbildung denkt man bei unbedarfter Einstellung zunächst an Bilder, also an Gegenstände, Ereignisse, allgemeine Dinge, die auf einem Blatt Papier oder auf dem Fernsehschirm dargestellt sind. Es sind mehr oder weniger realistische Widerspiegelungen unserer Wirklichkeit. Mathematisch sehen wir das aber ganz anders, als wir es real, anschaulich, praktisch auffassen, denn wir haben gelernt, die uns umgebende Vielfalt zu abstrahieren, sie in Form von Mengen zu kategorisieren. Damit entfernt man sich von den konkreten Vorgängen und taucht in eine abstraktere Welt ein. Aus dieser Sicht wollen wir den Begriff Abbildung schärfer fassen, denn Abbildungen gehören zu den zentralen Werkzeugen in allen mathematischen Disziplinen. Sie bilden das grundlegende Gerüst zur Beschreibung und Analyse von Beziehungen zwischen verschiedenen mathematischen Strukturen. Man verfolgt damit häufig das Ziel, einfacher handhabbare Darstellungen zu erhalten oder besser durchschaubare Strukturen offen zu legen. Wir werden noch sehen, dass algebraische Strukturen wesentlich besser zur Analyse geometrischer Problemstellungen geeignet sind oder die Entwicklung von Lösungsalgorithmen und daraus abgeleiteten Konstruktionsvorschriften erleichtert wird, als bei einem direkten Zugang über Polynome oder die Geometrie.

Beim weiteren Fortschreiten im Text haben wir es mit Zuordnungen zu tun, die Elementen einer Menge in eindeutiger Weise Elemente einer anderen oder auch der gleichen Menge zuweisen, auf diese abbilden.

Definition 2.7 *(Abbildung - Funktion)*

*Es seien M und N Mengen, wobei N auch Teil von M, gleich M oder M in N enthalten sein kann. Eine Vorschrift $\mathbf{f}$, die jedem Element x aus der Menge M ($x \in M$) genau ein Element y der Menge N ($y \in N$) zuweist, heißt **Abbildung $\mathbf{f}$** zwischen M und N. Man drückt diese Verbindung symbolisch wie folgt aus:*

$$\mathbf{f} : M \longrightarrow N \quad \left(oder \ M \xrightarrow{\ \mathbf{f}\ } N\right) \quad gem\ddot{a}\beta \quad x \in M \longmapsto y = \mathbf{f}(x) \in N \quad f\ddot{u}r \ alle \ x \in M.$$

In Worten: $\mathbf{f}$ bildet die Menge M in die Menge N ab, wobei jedem $x \in M$ gemäß der Vorschrift $\mathbf{f}$ eindeutig ein $y = \mathbf{f}(x)$ zugeordnet wird.

*Anstelle von Abbildungen spricht man auch von **Funktionen** und meint damit häufig Abbildungen in einen Zahlenkörper. Bei algebraischem Hintergrund werden* *wir aber den Begriff Abbildung bevorzugen. Die Menge M heißt **Urbildmenge** oder Definitionsgebiet der Abbildung* $\mathbf{f}$, *und mit* $\mathrm{Im}\,(\mathbf{f})$ *bezeichnet man die Bilder von* $\mathbf{f}$, *d.h. die Menge der Elemente* y *aus* N, *zu denen ein* x *aus* M *existiert, so dass* $y = \mathbf{f}\,(x)$. *In Symbolen ausgedrückt:*

$$\mathrm{Im}\,(\mathbf{f}) = \mathbf{f}\,(M) = \{alle\ y \in N,\ \text{für die es ein } x \in M\ \text{gibt, so dass } y = \mathbf{f}\,(x)\}\,.$$

$\mathrm{Im}\,(\mathbf{f})$ *heißt* **Bildmenge**, *Wertebereich oder einfach Bild der Abbildung* $\mathbf{f}$.

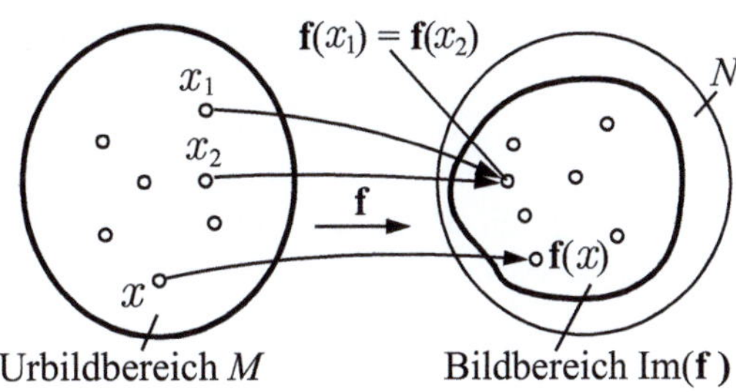

Abb. 2.2: Definition einer Abbildung

Abbildungen sind in dem Sinne stets eindeutig, dass jedes Urbild x nur ein Bild $y = \mathbf{f}\,(x)$ hat. Andererseits kann es mehrere Urbilder x_1, x_2,... geben, denen ein und dasselbe Bild $\mathbf{f}\,(x_1) = \mathbf{f}\,(x_2) = ...$ zugeordnet ist.

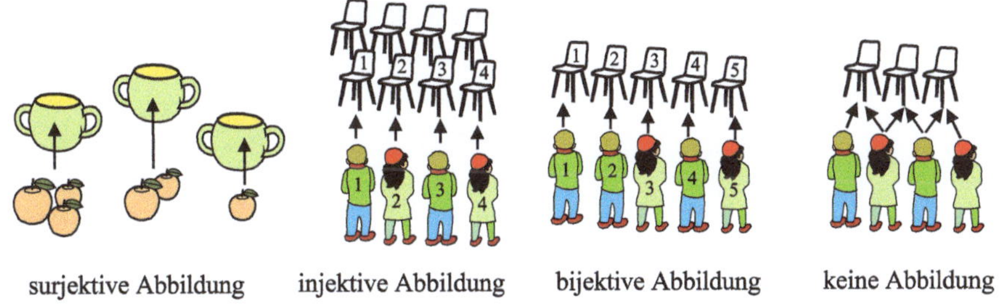

Abb. 2.3: Surjektive, injektive und bijektive Abbildungen

Die skizzenhaften Darstellungen in Abb. 2.3 zeigen Beispiele zu einfachen Abbildungen: Man spricht von einer **surjektiven Abbildung**, wenn jedem Element aus N wenigstens ein Urbild zugeordnet ist (In jedem der drei die Menge N bildenden Körbe können mehrere Äpfel Platz finden). Gehört zu jedem Element aus N höchstens ein Urbild, so handelt es sich um eine **injektive Abbildung** (Besteht die Urbildmenge M aus vier Personen und die Menge N aus acht Stühlen, so ist diese Zuordnung injektiv, wenn auf jedem von vier Stühlen genau eine Person Platz nimmt, die restlichen Stühle bleiben unbesetzt.). Bei einer injektiven Abbildung muss die Bildmenge $\mathrm{Im}\,(\mathbf{f})$ nicht die gesamte Menge N ausschöpfen. Eine eineindeutige Zuordnung zwischen M und N nennt man **bijektiv** (Jedem von fünf Stühlen der Bildmenge ist genau eine Person zugeordnet, und jeder der fünf Personen entspricht genau ein Stuhl). Zuordnungen, bei denen ein Urbild mehr als ein Bild besitzt, sind im Sinne von Def. 2.7 keine Abbildungen. Abbildungen, die jedem $x \in M$ genau ein $y \in N$ zuordnen und umgekehrt zu jedem $y \in N$ genau ein $x \in M$ gehört, heißen **bijektive, eineindeutige oder umkehrbar eindeutige Abbildungen auf** N. Bei einem 100 m-Lauf wird z.B. jedem von 8 Läufern genau eine von 8 Bahnen zugeteilt bzw. umgekehrt, jede der Bahnen ist für genau einen Läufer reserviert. Bijektive Abbildungen $\mathbf{f} : M \longrightarrow N$ erlauben die Einführung einer Umkehrabbildung, man spricht von einer zu $\mathbf{f}$ **inversen Abbildung** $\mathbf{f}^{-1} : N \longrightarrow M$, die jedem $y = \mathbf{f}(x) \in N$ wieder das eindeutig bestimmte $x = \mathbf{f}^{-1}(y) = \mathbf{f}^{-1}(\mathbf{f}(x)) \in M$ zuordnet. Die aufeinander folgenden Abbildungen $\mathbf{f} : M \longrightarrow N$ und $\mathbf{f}^{-1} : N \longrightarrow M$ führen damit zur identischen Abbildung $\mathbf{id}_M = \mathbf{f}^{-1} \circ \mathbf{f} : M \longrightarrow M$ auf der Menge M, die jedem $x \in M$ genau dieses $x = \mathbf{f}^{-1}(\mathbf{f}(x))$ wieder zurückweist. Andererseits entsteht mit der vertauschten Komposition $\mathbf{f} \circ \mathbf{f}^{-1} : N \longrightarrow N$ die identische Abbildung $\mathbf{id}_N = \mathbf{f} \circ \mathbf{f}^{-1}$ auf der Menge N. Über der Gesamtheit aller bijektiven Abbildungen $\mathbf{f}$, die eine Menge M auf M abbilden ($\mathbf{f} : M \longrightarrow M$), kann die algebraische Struktur einer Gruppe eingeführt werden. Diese Gesamtheit wird allgemein mit $\mathbb{S}(M)$ bezeichnet:

$$\mathbb{S}(M) = \{\text{alle bijektiven Abbildungen } \mathbf{f} : M \longrightarrow M \}.$$

Sind $\mathbf{f}$ und $\mathbf{g}$ bijektive Abbildungen aus $\mathbb{S}(M)$, so werden diese mit der hintereinander Ausführung der Abbildungen verknüpft: $\mathbf{g} \circ \mathbf{f}$. Diese Verknüpfung (**Komposition**) ist wie folgt zu verstehen: Zunächst bildet $\mathbf{f}$ jedes $x \in M$ auf ein $y = \mathbf{f}(x) \in M$ ab, und nachfolgend ordnet $\mathbf{g}$ diesem y wieder ein $z = \mathbf{g}(y) = \mathbf{g}(\mathbf{f}(x)) \in M$ zu. Die Verknüpfung $\mathbf{g} \circ \mathbf{f}$ ist also von rechts nach links zu lesen, d.h., erst bildet $\mathbf{f}$ ab und danach wirkt $\mathbf{g}$ auf das Abbildungsergebnis von $\mathbf{f}$: $M \xrightarrow{\mathbf{f}} M \xrightarrow{\mathbf{g}} M$. In der entstehenden Struktur ist die identische Abbildung $\mathbf{id}_M$ das Eins-Element, und zu jedem $\mathbf{f} \in \mathbb{S}(M)$ existiert die inverse Abbildung $\mathbf{f}^{-1} \in \mathbb{S}(M)$, so dass $\mathbf{f}^{-1} \circ \mathbf{f} = \mathbf{f} \circ \mathbf{f}^{-1} = \mathbf{id}_M$. Man überzeugt sich auch von der Gültigkeit des Assoziativgesetzes: Für Abbildungen $\mathbf{f}, \mathbf{g}, \mathbf{h} \in \mathbb{S}(M)$ gilt:

$\quad \mathbf{f} \circ (\mathbf{g} \circ \mathbf{h}) = (\mathbf{f} \circ \mathbf{g}) \circ \mathbf{h}.$

Abbildungen sind jedoch hinsichtlich der Reihenfolge ihrer Ausführung nicht vertauschbar, d.h., $\mathbf{g} \circ \mathbf{f}$ beschreibt in der Regel eine andere Abbildung als $\mathbf{f} \circ \mathbf{g}$ ($\mathbf{g} \circ \mathbf{f} \neq \mathbf{f} \circ \mathbf{g}$). Folglich bildet $\mathbb{S}(M)$ mit der Komposition von Abbildungen eine **nicht kommutative Gruppe**. Mit den bijektiven Abbildungen einer Menge auf sich selbst verbindet man eine gewisse Symmetrie und bezeichnet deshalb $\mathbb{S}(M)$ als allgemeine **symmetrische Gruppe** über der Menge M.

Einige Beispiele sollen den Begriff Abbildung verdeutlichen:

(1) Die im Abschnitt 1.6 erwähnte $\sin$ −Funktion

$\quad \mathbf{f} = \sin : \mathbb{R} \to \mathbb{R} \quad \text{gemäß } x \in \mathbb{R} \mapsto y = \sin(x)$

ist eine 2π−periodische Funktion, d.h., für alle $x \in \mathbb{R}$ und jede ganze Zahl k gilt: $\sin(x) = \sin(x + 2k\pi)$. Die Funktionswerte liegen im Intervall zwischen minus und plus Eins: $-1 \leqq \sin(x) \leqq 1$ für alle $x \in \mathbb{R}$, d.h. $\text{Im}(\mathbf{f}) = \{y \in \mathbb{R} \text{ mit } -1 \leqq y \leqq 1\}$.

(2) Das kubische Polynom $\mathbf{p}(x) = x^3 - x + 1$ kann als Funktion $\mathbf{p} : \mathbb{R} \to \mathbb{R}$ angesehen werden. Die Bildmenge umfasst zwar alle reellen Zahlen ($\text{Im}(\mathbf{p}) = \mathbb{R}$), aber $\mathbf{p}$ ist nicht bijektiv.

(3) Die lineare Abbildung (lineare Funktion),

   $\mathbf{f} : \mathbb{R} \to \mathbb{R}$ gemäß $x \in \mathbb{R} \mapsto y = \mathbf{f}(x) = ax + b \in \mathbb{R}$ $(a, b \in \mathbb{R},\, a \neq 0)$

ist bijektiv und hat die ebenfalls lineare inverse Abbildung

   $\mathbf{f}^{-1} : \mathbb{R} \to \mathbb{R}$ gemäß $y \in \mathbb{R} \mapsto z = \mathbf{f}^{-1}(y) = \frac{1}{a}(y - b) \in \mathbb{R}.$

Die Komposition $\mathbf{f}^{-1} \circ \mathbf{f}$ liefert die identische Abbildung:

$$x \xmapsto{\ \mathbf{f}\ } y = ax + b \xmapsto{\ \mathbf{f}^{-1}\ } z = \tfrac{1}{a}(y - b) = \tfrac{1}{a}((ax + b) - b) = x.$$

Die Gesamtheit der linearen Funktionen $\mathbf{f} : \mathbb{R} \to \mathbb{R}$ bildet eine Teilmenge aller bijektiven Funktionen über den reellen Zahlen und eine Untergruppe der symmetrischen Gruppe $\mathbb{S}(\mathbb{R})$.

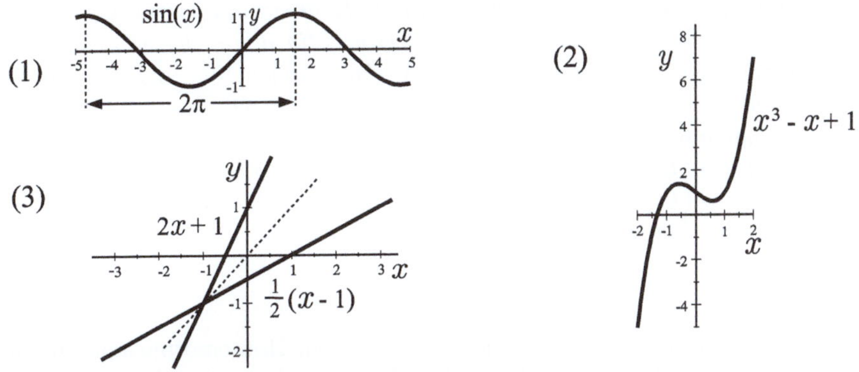

Abb. 2.4: Graphische Darstellung von Funktionen

In Zukunft werden wir es vorwiegend mit Abbildungen zwischen Strukturen über Zahlenmengen zu tun haben. Bei diesen Übertragungen sollen die strukturellen Verbindungen erhalten bleiben. Objekte, die im Urbildbereich verknüpft sind, sollen nach ihrer Abbildung ebenfalls in einer adäquaten Verbindung stehen, die der strukturellen Gegebenheit im Bildbereich entspricht.

Wir beziehen uns auf die Ringstrukturen $(\mathcal{R}, +, \cdot)$ und $(\mathcal{S}, +, \cdot)$ mit den Eins-Elementen $1_{\mathcal{R}}$ und $1_{\mathcal{S}}$. Im Allgemeinen ist die Art der Verknüpfung in unterschiedlichen Ringen nicht dieselbe, so dass verschiedene Symbole für die Rechenoperationen "+" und "$\cdot$" in den Ringen einzuführen wären. Da wir es aber fast ausschließlich mit Strukturen über Zahlenmengen zu tun haben, steht von vornherein fest, was unter "+" und "$\cdot$" zu verstehen ist.

Definition 2.8 (*Homomorphismen*)
Eine Abbildung $\varphi : \mathcal{R} \longrightarrow \mathcal{S}$, *wobei*

$$a, b \in \mathcal{R} \longmapsto \begin{array}{ll} \varphi(a + b) &= \varphi(a) + \varphi(b) \in \mathcal{S} \\ \varphi(a \cdot b) &= \varphi(a) \cdot \varphi(b) \in \mathcal{S} \end{array} \tag{2.1}$$

und die entsprechenden Eins-Elemente $1_{\mathcal{R}},\ 1_{\mathcal{S}}$ *zugeordnet werden* $(\varphi(1_{\mathcal{R}}) = 1_{\mathcal{S}})$, *heißt* **Ring-Homomorphismus** *von* $\mathcal{R}$ *nach* $\mathcal{S}$ *(homomorph = ähnlich geformt).*

Da Körper als spezielle Ringe anzusehen sind, ist diese Definition eines Homomorphismus nach Austausch von "Ring" durch "Körper" fast wortwörtlich auf Körper übertragbar.

Sind $(\mathcal{K}, +, \cdot)$ und $(\mathcal{L}, +, \cdot)$ Körper, dann ist eine Abbildung $\varphi : \mathcal{K} \longrightarrow \mathcal{L}$, die neben den entsprechenden Zuordnungen (2.1) (man substituiere $\mathcal{R} \to \mathcal{K}$, $\mathcal{S} \to \mathcal{L}$) noch die neutralen Elemente $0_{\mathcal{K}}$, $0_{\mathcal{L}}$ und Eins-Elemente $1_{\mathcal{K}}$, $1_{\mathcal{L}}$ aufeinander abbildet, d.h.
*$\varphi(0_{\mathcal{K}}) = 0_{\mathcal{L}}$, $\varphi(1_{\mathcal{K}}) = 1_{\mathcal{L}}$, ein **Körper-Homomorphismus**.*

*Da sowohl Ringe als auch Körper den Begriff der Gruppe mit einschließen, erfährt bei homomorphen Abbildungen auch die entsprechende Gruppe keine strukturelle Änderung. Unabhängig davon nennt man allgemein strukturtreue Abbildungen ψ zwischen Gruppen $(\mathcal{G}, \circ)$ und $(\mathcal{H}, \diamond)$ **Gruppen-Homomorphismen:***
$$\psi : \mathcal{G} \to \mathcal{H}, \quad \text{wobei} \quad \psi(a \circ b) = \psi(a) \diamond \psi(b) \quad \text{für alle} \quad a, b \in \mathcal{G}.$$
Da ein Körper bezüglich jeder der beiden Verknüpfungen "+" und "·" eine Gruppe bildet, induziert jeder Körper-Homomorphismus $\varphi : (\mathcal{K}, +, \cdot) \longrightarrow (\mathcal{L}, +, \cdot)$ die Gruppen-Homomorphismen:
$$\varphi : (\mathcal{K}, +) \longrightarrow (\mathcal{L}, +), \quad \text{wobei} \quad \varphi(a + b) = \varphi(a) + \varphi(b) \quad \text{für alle} \quad a, b \in \mathcal{K},$$
$$\varphi : (\mathcal{K}^*, \cdot) \longrightarrow (\mathcal{L}^*, \cdot), \quad \text{wobei} \quad \varphi(a \cdot b) = \varphi(a) \cdot \varphi(b) \quad \text{für alle} \quad a, b \in \mathcal{K}^*.$$
Mit $\mathcal{K}^*$ und $\mathcal{L}^*$ sind wieder die Mengen $\mathcal{K}, \mathcal{L}$ gemeint, aus denen die neutralen Elemente entfernt sind.

Aus den Zuordnungen geht hervor, dass es bei einem Homomorphismus unerheblich ist, Summe $a + b$ und Produkt $a \cdot b$ im Ring $\mathcal{R}$ zu berechnen und dann die Ergebnisse in den Ring $\mathcal{S}$ abzubilden, oder ob man zunächst die Objekte nach $\mathcal{S}$ abbildet und nachfolgend im Ring $\mathcal{S}$ die Verknüpfungen $\varphi(a) + \varphi(b)$ und $\varphi(a) \cdot \varphi(b)$ ausführt. **Aus diesem Grund werden Homomorphismen als strukturerhaltende oder strukturtreue Abbildungen bezeichnet.**

Definition 2.9 (*Isomorphismus, Automorphismus*)
Ein Homomorphismus, $\varphi : \mathcal{R} \longrightarrow \mathcal{S}$, der bijektiv ist, zu dem es also eine inverse Abbildung (einen Homomorphismus) $\varphi^{-1} : \mathcal{S} \longrightarrow \mathcal{R}$ gibt, für den gilt
$$\varphi^{-1} \circ \varphi = \mathrm{id}_{\mathcal{R}} \quad \text{und} \quad \varphi \circ \varphi^{-1} = \mathrm{id}_{\mathcal{S}},$$
*heißt **Isomorphismus**. Je nachdem, ob es sich bei den Strukturen $\mathcal{R}$ und $\mathcal{S}$ um Ringe, Körper oder Gruppen handelt, spricht man von Ring-, Körper oder Gruppenisomorphismus. Strukturen, die über einen Isomorphismus verbunden sind, heißen zueinander **isomorph**, was bedeutet, dass sie aus algebraischer Sicht strukturell gleich, nicht unterscheidbar sind. Die Elemente isomorpher Strukturen sind hinsichtlich ihrer Verbindungen untereinander gleich und unterscheiden sich nur durch die Namen, die man ihnen zugeordnet hat.*

*Einen Isomorphismus $\varphi : \mathcal{R} \longrightarrow \mathcal{R}$ der Struktur $\mathcal{R}$ auf sich selbst nennt man **Automorphismus** (Selbstabbildung). Die Menge aller Automorphismen über einer Struktur $\mathcal{R}$ bildet mit der Komposition von Abbildungen eine Gruppe, die **Automorphismengruppe** $\mathrm{Aut}(\mathcal{R})$. In dieser Gruppe ist die identische Abbildung $\mathrm{Id}_{\mathcal{S}} : \mathcal{R} \longrightarrow \mathcal{R}$ gemäß $a \in \mathcal{R} \mapsto a \in \mathcal{R}$ das Eins-Element, und der zu jedem Automorphismus φ inverse Automorphismus φ^{-1} bildet das zu φ inverse Element.*

Automorphismen spielen im Zusammenhang mit Fragen nach der Lösbarkeit von Polynomgleichungen eine bedeutende Rolle und werden uns noch an vielen Stellen in diesem Text begegnen.

Definition 2.10 (*Kern und Bild eines Homomorphismus*)
Zu einem Ring- oder Körper-Homomorphismus $\varphi : \mathcal{R} \longrightarrow \mathcal{S}$ bezeichnet man die Menge der Elemente $u \in \mathcal{R}$, die auf das Null-Element $0_{\mathcal{S}}$ in $\mathcal{S}$ abgebildet werden, als **Kern des Homomorphismus** *und beschreibt den Kern mit* ker (φ). *Die Menge aller Bilder bezeichnet man mit* Im (φ). *Symbolisch:*

$\qquad$ ker $(\varphi) = \{$ *alle* $u \in \mathcal{R}$ *mit* $\varphi(u) = 0_{\mathcal{S}}\}$.

$\qquad$ Im $(\varphi) = \{$ *alle* $c \in \mathcal{S}$, *wobei ein* $a \in \mathcal{R}$ *mit* $\varphi(a) = c$ *existiert*$\}$.

Ist die Abbildung $\psi : \mathcal{G} \to \mathcal{H}$ ein Gruppen-Homomorphismus, so definiert man als Kern die Menge aller der $g \in \mathcal{G}$, die durch ψ auf das neutrale Element e_H in $\mathcal{H}$ abgebildet werden:

$\qquad$ ker $(\psi) = \{$ *alle* $g \in \mathcal{G}$ *mit* $\psi(g) = e_{\mathcal{H}}\}$.

Bemerkung 2.11 (*Kern eines Körper-Homomorphismus*)
Im Falle eines Körper-Homomorphismus $\varphi : \mathcal{K} \longrightarrow \mathcal{L}$ besteht der Kern nur aus dem Null-Element in $\mathcal{L}$.
Das erkennt man wie folgt: Bei einem Homomorphismus wird das Null-Element $0_{\mathcal{K}}$ in $\mathcal{K}$ auf das Null-Element $0_{\mathcal{L}} = \varphi(0_{\mathcal{K}})$ in $\mathcal{L}$ abgebildet. Nehmen wir an, es gäbe ein $a \in \mathcal{K}$ mit $a \neq 0_{\mathcal{K}}$ und $\varphi(a) = 0_{\mathcal{L}}$. Da $\mathcal{K}$ ein Körper ist, existiert zu a ein inverses Element a^{-1} und $a \cdot a^{-1} = 1_{\mathcal{K}}$. Wir erhalten dann einen Widerspruch, denn einerseits ist

$\qquad \varphi(a \cdot a^{-1}) = \varphi(1_{\mathcal{K}}) = 1_{\mathcal{L}} \quad$ *und andererseits*

$\qquad \varphi(a \cdot a^{-1}) = \varphi(a) \cdot \varphi(a^{-1}) = 0_{\mathcal{L}} \cdot \varphi(a^{-1}) = 0_{\mathcal{L}}.$

Unsere Annahme muss also falsch sein. Folglich kann der Kern eines Körper-Homomorphismus nur aus dem Null-Element $0_{\mathcal{K}}$ bestehen.

Definition 2.12 (*Injektion*)
Gehört zu jedem Paar verschiedener Urbilder $a, b \in \mathcal{R}$ $(a \neq b)$ eines Homomorphismus $\varphi : \mathcal{R} \longrightarrow \mathcal{S}$ auch stets ein Paar unterschiedlicher Bildelemente $\varphi(a), \varphi(b) \in \mathcal{S}$ $(\varphi(a) \neq \varphi(b))$, so bezeichnet man diese Abbildung als **injektiv** *(linkseindeutig) und spricht von einer* **Injektion.**

Ein Homomorphismus $\varphi : \mathcal{R} \longrightarrow \mathcal{S}$ ist genau dann injektiv, wenn der Kern nur aus dem Nrullelement besteht.
Das sieht man wie folgt: Wir gehen zunächst davon aus, dass ker $(\varphi) = \{0_{\mathcal{R}}\}$, nehmen aber an, dass es ein Paar verschiedener Urbilder $a, b \in \mathcal{R}$ $(a \neq b)$ gibt, die gleiche Bilder $\varphi(a), \varphi(b) \in \mathcal{S}$ $(\varphi(a) = \varphi(b))$ besitzen. Zu b gibt es das inverse Element $-b$ der Addition, so dass $b + (-b) = 0_{\mathcal{R}}$. Folglich ist $0_{\mathcal{S}} = \varphi(b + (-b)) = \varphi(b) + \varphi(-b)$, also $\varphi(-b) = -\varphi(b)$. Dann ist $\varphi(a + (-b)) = \varphi(a) + \varphi(-b) = \varphi(a) - \varphi(b) = 0_{\mathcal{S}}$, d.h.,

mit $a + (-b) = a - b \neq 0_{\mathcal{R}}$ existiert in $\mathcal{R}$ ein von $0_{\mathcal{R}}$ verschiedenes Element, welches dem Kern von φ angehört, was im Widerspruch zu $\ker(\varphi) = \{0_{\mathcal{R}}\}$ steht. Folglich muss φ injektiv sein.

Ausgehend davon, dass φ injektiv ist, kann umgekehrt $\ker(\varphi)$ neben dem Nullelement $0_{\mathcal{R}}$ keine weiteren Elemente enthalten. Anderenfalls würde φ untereinander verschiedene Elemente aus $\mathcal{R}$ auf $0_{\mathcal{S}}$ abbilden, was im Widerspruch zur Injektivität von φ steht. Wir fassen diese Aussagen in einem Satz zusammen:

Satz 2.13 (*Körper-Homomorphismen sind Injektionen*)
*Jeder Körper-Homomorphismus ist eine injektive Abbildung, d.h. eine Injektion. Injektive Homomorphismen $\varphi : \mathcal{R} \longrightarrow \mathcal{S}$ tragen auch den Namen **Monomorphismus**, was Anlass dazu gibt, bei einem Körper-Homomorphismus gegebenenfalls von einem Monomorphismus zwischen Körpern zu sprechen. Bei Einschränkung des Bildbereiches auf $\varphi(\mathcal{R}) \subseteq \mathcal{S}$ wird der Monomorphismus φ zum Isomorphismus $\mathcal{R} \longrightarrow \varphi(\mathcal{R})$.*

Beispiel 2.14 (*Homomorphismen über Zahlenbereichserweiterungen*)
Bei der Entwicklung des Zahlensystems von den natürlichen zu den komplexen Zahlen haben wir bereits konstruierte Zahlenstrukturen stets in eine darüber liegende erweiterte Zahlenmenge eingebettet und von Abbildung in den übergeordneten Zahlenkörper gesprochen. Dabei achteten wir darauf, dass sich am rechnerischen Umgang in der erweiterten Struktur nichts ändert, die schon bestehenden arithmetischen Regeln hatten weiter Bestand. Addition und Multiplikation von Zahlen erfuhren in der Art ihrer Ausführung keine Änderung. Ebenso behielten Assoziativ-, Kommutativ- und Distributivgesetz ihre Gültigkeit. Mit der Einführung von Homomorphismen sind diese strukturerhaltenden Einbettungen mathematisch präziser erfassbar:

Ring-Homomorphismus $\quad \varphi_{\mathbb{Z}} : \mathbb{Z} \to \mathbb{Q} \quad$ gemäß $\quad a \in \mathbb{Z} \mapsto \varphi_{\mathbb{Z}}(a) = a \in \mathbb{Q}$.
*Es handelt sich hier um eine Abbildung zwischen dem Ring $\mathbb{Z}$ der ganzen Zahlen und dem Körper $\mathbb{Q}$ der rationalen Zahlen, wobei $\varphi_{\mathbb{Z}}$ entsprechend den Rechengesetzen in $\mathbb{Z}$, die keine uneingeschränkte Division ganzer Zahlen in $\mathbb{Z}$ zulassen, nur ein Ring-Homomorphismus ist. Bei dieser Abbildung wird jeder ganzen Zahl diese wieder, aber jetzt als rationale Zahl, zugewiesen. Man spricht deshalb auch von einer **Inklusion** oder Inklusionsabbildung (von natürlicher oder kanonischer Einbettung). Urbild $a \in \mathbb{Z}$ und Bild $\varphi_{\mathbb{Z}}(a) = a \in \mathbb{Q}$ sind dabei aber nicht dieselben Zahlenobjekte, denn rationale Zahlen haben wir als Paare (m,n) zueinander teilerfremder ganzer Zahlen bzw. als Klassen $[(m,n)]$ wertgleicher Brüche eingeführt (siehe Abschn. 1.4). Beispielsweise wird der ganzen Zahl 5 das Paar $(5,1)$ bzw. die Klasse $[(5,1)] = \{(5,1), (10,2), ..., (10n,2n), ...\}$ zugeordnet. Im praktischen Umgang kommt dieser Unterschied jedoch nicht zum Tragen, da man angesichts der gleichen Rechengesetze in $\mathbb{Z}$ und $\mathbb{Q}$ bei arithmetischen Handlungen im eingebetteten Zahlenkörper wie gewohnt umgehen kann. Hinter der Beschreibung rationaler Zahlen als Klassen $[(m,n)]$ bzw. gleichwertig als teilerfremder Zahlenpaare (m,n) verbirgt sich ein Automorphismus des Körpers $\mathbb{Q}$ auf sich selbst:*

$\quad \varphi_{\mathbb{Q}} : \mathbb{Q} \to \mathbb{Q} \quad$ gemäß $\quad [(m,n)] \in \mathbb{Q} \mapsto (m,n) = \varphi_{\mathbb{Q}}(\,[(m,n)]) \in \mathbb{Q}$.
Es handelt sich hier ebenfalls um eine Inklusion, die jeder rationalen Zahl, dargestellt

als Klasse $[(m, n)]$, diese rationale Zahl wieder zuordnet, jedoch dargestellt als Paar (m, n) zueinander teilerfremder ganzer Zahlen und ohne Änderung der Arithmetik.

Körper-Homomorphismus $\varphi_{\mathbb{R}} : \mathbb{Q} \to \mathbb{R}$ gemäß $a \in \mathbb{Q} \mapsto \varphi_{\mathbb{R}}(a) = a \in \mathbb{R}$.
Der Homomorphismus $\varphi_{\mathbb{R}}$ ist ebenfalls eine Inklusion, die jeder rationalen Zahl $a \in \mathbb{Q}$ als Klasse wertgleicher Brüche dieser wieder a als reelle Zahl, d.h. als Schnitt in der Menge aller rationalen Zahlen, zuordnet (siehe Abschn. 1.5).

Körper-Homomorphismus $\varphi_{\mathbb{C}} : \mathbb{R} \to \mathbb{C}$ gemäß $a \in \mathbb{R} \mapsto \varphi_{\mathbb{C}}(a) = a + 0 \cdot i \in \mathbb{C}$.
Bei dieser Abbildung wird jeder reellen Zahl $a \in \mathbb{R}$ diese wieder als spezielle komplexe Zahl mit verschwindendem imaginären Anteil $0 \cdot i$ zugeordnet, womit $\mathbb{R}$ kanonisch in die komplexen Zahlen eingebettet wird.
In jedem dieser Zahlenkörper ist die 1, betrachtet als ganze Zahl, als rationale Zahl $(1, 1)$, als Schnitt an der Stelle 1 oder als komplexe Zahl $1 + 0 \cdot i$, das neutrale Element und die 0 gleichfalls in ihren entsprechenden Darstellungen das Null-Element. Die Homomorphismen zwischen den Zahlenstrukturen ordnen die jeweiligen Ausprägungen dieser Elemente auf sich ab.

Beispiel 2.15 (*Automorphismus* $\mathbb{C} \to \mathbb{C}$)
Jeder komplexen Zahl $z = a + ib$ $(a, b \in \mathbb{R})$ ist eindeutig die konjugiert komplexe Zahl $\overline{z} = a - ib$ zugeordnet. Dieses gegenseitige Verhältnis findet in einem Automorphismus $\varphi : \mathbb{C} \to \mathbb{C}$ mit der natürlichen Zuweisung $z \mapsto \overline{z}$ seinen Ausdruck. Sind den komplexen Zahlen $z_1 = a_1 + ib_1$ und $z_2 = a_2 + ib_2$ die konjugiert komplexen Zahlen $\overline{z}_1 = a_1 - ib_1$ und $\overline{z}_2 = a_2 - ib_2$ zugeordnet, dann rechnet man nach, dass für die vier Grundrechenarten gilt:

$$
\begin{aligned}
\overline{z_1 + z_2} &= \overline{z}_1 + \overline{z}_2 = (a_1 + a_2) - i(b_1 + b_2) \\
\overline{z_1 - z_2} &= \overline{z}_1 - \overline{z}_2 = (a_1 - a_2) - i(b_1 - b_2) \\
\overline{z_1 \cdot z_2} &= \overline{z}_1 \cdot \overline{z}_2 = (a_1 a_2 - b_1 b_2) - i(a_1 b_2 + a_2 b_1) \\
\overline{z_1 : z_2} &= \overline{z}_1 : \overline{z}_2 = \frac{\overline{z}_1 \cdot z_2}{\overline{z}_2 \cdot z_2} = \frac{\overline{z}_1 \cdot z_2}{|z_2|^2} = \frac{1}{a_2^2 + b_2^2}\left((a_1 a_2 + b_1 b_2) + i(a_1 b_2 - a_2 b_1)\right).
\end{aligned}
\tag{2.2}
$$

Die Strukturerhaltung, d.h., dass Summen- und Produktbildungen vor und nach der Abbildung zum gleichen Ergebnis führen, ergibt sich unmittelbar aus diesen Formeln:

$$
\begin{aligned}
\varphi(z_1 + z_2) &= \overline{z_1 + z_2} = \overline{z}_1 + \overline{z}_2 = \varphi(z_1) + \varphi(z_2) \\
\varphi(z_1 \cdot z_2) &= \overline{z_1 \cdot z_2} = \overline{z}_1 \cdot \overline{z}_2 = \varphi(z_1) \cdot \varphi(z_2).
\end{aligned}
$$

Außerdem ist $\varphi(1) = \varphi(1 + 0i) = 1 - 0i = 1$ und ebenso $\varphi(0) = 0$.

2.3 Vektoren und Räume

Wenn im täglichen Umgang vom Rechnen die Rede ist, so verbindet man damit überwiegend Zahlenmanipulationen, die vier Grundrechenarten, die einfache Arithmetik. Es gibt aber auch andere, sich von Zahlen deutlich unterscheidende mathematische Objekte, die untereinander nach gewissen Regeln verknüpft werden können. Was dazu veranlasst, auch in allgemeineren Zusammenhängen, wie sie in Gruppen, Ringen oder Körpern vorhanden sind, vom Rechnen mit diesen Gegenständen zu sprechen. Zur Beschreibung geometrischer Objekte im Raum, deren Beziehungen untereinander oder zur Darstellung technischer Vorgänge, die in Verbindung zu gerichteten Größen wie Kräften und Geschwindigkeiten stehen, haben sich Objekte als äußerst praktikabel erweisen, die wir Vektoren nennen. Obwohl Vektoren mit völlig anderen Dingen verbunden sind, erinnert doch das Rechnen mit ihnen an die Zahlenarithmetik, so dass man allgemein von der Vektorrechnung spricht. Vektoren und deren Zusammenfassung in sogenannten Vektorräumen bilden das Gerüst der linearen Algebra, haben darüber hinaus in vielen Disziplinen der Mathematik Eingang gefunden und tragen zur effizienten Lösung sehr praktischer Problemstellungen bei. Auf der Grundlage von Vektoren und den damit zu bildenden mathematischen Formationen gelingt es, in übersichtlicher Form beispielsweise lineare Gleichungssysteme und Optimierungsaufgaben zu lösen oder die Bewegungen von Mechanismen im Raum zu beschreiben. Zur Einführung wollen wir uns den Begriffen Vektor und Vektorraum anhand von Beispielen behutsam nähern.

Als Ausgangsobjekt wählen wir eine Ebene, in der sich Pfeile befinden (siehe Abb. 2.5). Jeder Pfeile weist in eine bestimmte Richtung und hat eine gewisse Länge. Diesen Pfeilen geben wir die Freiheit, nicht fest mit einem Angriffspunkt verbunden zu sein, sondern erlauben, dass man sie beliebig parallel verschieben kann. D.h., jeder Pfeil kann ohne Änderung seiner Richtung und Länge an jeden anderen Punkt in der Ebene angeheftet werden. Pfeile lassen sich deshalb miteinander verbinden, indem am Endpunkt eines Pfeils (den wir hier mit $\mathbf{v}$ bezeichnen wollen) ein weiterer Pfeil (dem wir den Namen $\mathbf{u}$ geben) angeheftet wird. Dazu gibt es einen dritten, eindeutig durch $\mathbf{v}$ und $\mathbf{u}$ bestimmten Pfeil (den wir jetzt $\mathbf{w}$ nennen), der den Anfangspunkt von Pfeil $\mathbf{v}$ mit dem Endpunkt von Pfeil $\mathbf{u}$ verbindet (siehe Abb. 2.5).

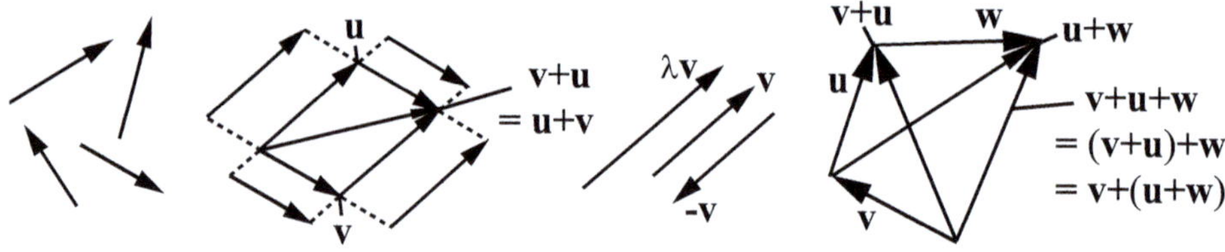

Abb. 2.5: Rechnen mit Pfeilen (Vektoren)

Diese Verbindung beider Pfeile, die zu einem weiteren Pfeil führt, fassen wir in der Menge aller Pfeile als Addition auf und schreiben:

$\mathbf{w} = \mathbf{u} + \mathbf{v}$.

Mit dem "+"-Zeichen bringt man das Aneinanderheften zweier Vektoren zum Ausdruck, was im Ergebnis zu einem weiteren, eindeutig bestimmten Pfeil führt. Diese Operation "+" geht offensichtlich nicht über den Bereich der Ebene hinaus, d.h., das Ergebnis ist stets ein in der Ebene angeordneter Pfeil.

Daneben kann jeder Pfeil $\mathbf{v}$ mit einer reellen Zahl λ "multipliziert" werden, was zum Pfeil $\lambda \cdot \mathbf{v}$ oder kürzer $\lambda\mathbf{v}$ führt. Damit bewirkt man eine Streckung, Kürzung oder Richtungsumkehr von $\mathbf{v}$, je nachdem ob $\lambda > 1$, $0 < \lambda < 1$ oder $\lambda < 0$ ist. Aus Gründen der Zweckmäßigkeit führen wir noch den "Null-Pfeil" $\mathbf{0}$ ein, der nur aus einem Punkt besteht (dessen Länge verschwindet), so dass jeder Pfeil $\mathbf{v}$ verbunden mit $\mathbf{0}$ dieser keine Änderung erfährt: $\mathbf{v} + \mathbf{0} = \mathbf{v}$. Schließlich existiert zu jedem Pfeil $\mathbf{v}$ ein "inverser

Pfeil" $-\mathbf{v}$, von der gleichen Länge wie $\mathbf{v}$, dessen Richtung aber umgekehrt ist und der, verbunden mit $\mathbf{v}$, den "Null-Pfeil" ergibt: $\mathbf{v} + (-\mathbf{v}) = \mathbf{0}$.

Für die in der Menge aller Pfeile der Ebene eingeführten Rechenoperationen "+" und "·" gelten folgende Regeln (deren Nachweise sich aus den Skizzen in Abb. 2.5 ergeben und dem Leser überlassen werden):

$a)$ Die Operation " + " ist kommutativ: $\mathbf{u} + \mathbf{v} = \mathbf{v} + \mathbf{u}$.
   Die Reihenfolge, in der Pfeile verbunden werden, ändert das Ergebnis nicht!
$b)$ Die Operation " + " ist assoziativ: $(\mathbf{u} + \mathbf{v}) + \mathbf{w} = \mathbf{u} + (\mathbf{v} + \mathbf{w})$.
   Pfeile sind bei ihrer Verbindung beliebig in Gruppen zusammenfassbar!
$c)$ Für beliebige Pfeile $\mathbf{u}$ und $\mathbf{v}$ und jede Zahl $\lambda \in \mathbb{R}$ gilt: $\lambda (\mathbf{u} + \mathbf{v}) = \lambda\mathbf{u} + \lambda\mathbf{v}$.
$d)$ Für $\lambda, \mu \in \mathbb{R}$ und jeden Pfeil $\mathbf{v}$ gilt: $\lambda (\mu\mathbf{v}) = (\lambda\mu) \mathbf{v}$.
$e)$ $1 \in \mathbb{R}$ ist die multiplikative Identität, d.h., für jeden Pfeil $\mathbf{v}$ gilt: $1 \cdot \mathbf{v} = \mathbf{v}$.

Die Menge aller Pfeile in der Ebene, die wir jetzt mit $\mathbf{V}$ bezeichnen, bildet mit den Operationen "+" und "·" die Struktur eines **Vektorraumes**. Die Pfeile nennen wir jetzt **Vektoren** und die reellen Zahlen in diesem Zusammenhang **Skalare**. Speziell auf dieses Beispiel bezogen, spricht man vom Vektorraum der Pfeile in der Ebene über dem Körper der reellen Zahlen. Wir erwähnen noch, dass der Vektorraum $\mathbf{V}$ mit den Eigenschaften $a)$ und $b)$, dem "Null-Pfeil" und dem zu jedem Pfeil inversen Pfeil eine bezüglich der Addition kommutative Gruppe bildet.

Während man im alltäglichen Umgang mit dem Raum, als unserer Daseinsform, eine in drei unabhängige Richtungen ausgedehnte Gesamtheit verbindet, der die Euklidische Geometrie eingeprägt ist, kommt dem Begriff "Raum" in der Mathematik eine wesentlich allgemeinere Bedeutung zu. Unter einem Raum versteht man eine Menge, der über gewisse grundlegende Regeln, sogenannten Axiomen, eine Struktur zugeordnet ist. Im Falle eines Vektorraumes sind die Raumelemente Vektoren (speziell in dieser Einführung Pfeile) und die Regeln $a)$ - $e)$ die Axiome im Umgang mit diesen.

Um mit Pfeilen (Vektoren) rechnen zu können, muss ein Koordinatensystem eingeführt werden. Dazu wählen wir zwei senkrecht aufeinander stehende, sich im Nullpunkt schneidende Zahlengeraden. Man spricht bei dieser Konstellation von einem kartesischen System und der $x-$Achse als Abszisse (Rechtsachse) und der $y-$Achse als Ordinate (Hochachse). Ein Pfeil $\mathbf{v}$ in der Ebene ist in diesem System durch ein geordnetes Zahlenpaar (v_1, v_2) eindeutig festgelegt. Wir schreiben $\mathbf{v} = (v_1, v_2)$ und bezeichnen v_1, v_2 als Koordinaten von $\mathbf{v}$. Diese Koordinaten sind die "gerichteten" Längen der (senkrechten) Projektionen des Pfeils auf die beiden Koordinatenachsen (siehe Abb. 2.6). Mit v_1 und v_2 sind Länge und Richtung eines Pfeils berechenbar, während sein Angriffspunkt beliebig in der Ebene variiert werden kann. Die Summe der Pfeile $\mathbf{v}$ und $\mathbf{u} = (u_1, u_2)$ wird gebildet, indem man die Koordinaten addiert. Die Länge von $\mathbf{v}$ und den Richtungssinn verändert man durch Multiplikation jeder Koordinate mit einem Skalar λ:

$$\mathbf{v} + \mathbf{u} = (v_1 + u_1, v_2 + u_2), \quad \lambda\mathbf{v} = (\lambda v_1, \lambda v_2).$$

Jeder Pfeil (Vektor) $\mathbf{v}$ in der Ebene ist durch eine sogenannte **Linearkombination**

$$\mathbf{v} = \lambda_1 \mathbf{g}_1 + \lambda_2 \mathbf{g}_2 \qquad (\lambda_1, \lambda_2 \in \mathbb{R})$$

zweier linear unabhängiger Pfeile (Vektoren) $\mathbf{g}_1$ und $\mathbf{g}_2$ eindeutig darstellbar. Linear unabhängig bedeutet in diesem Fall, dass die Summe $\lambda_1\mathbf{g}_1 + \lambda_2\mathbf{g}_2$ genau dann den "Null-Pfeil" $\mathbf{0}$ ergibt, wenn $\lambda_1 = \lambda_2 = 0$ ist. Gleichbedeutend dazu ist, dass beide Pfeile nicht über eine Skalierung $\mathbf{g}_1 = \lambda\mathbf{g}_2$ $(\lambda \in \mathbb{R})$ in Verbindung stehen, also in verschiedene Richtungen weisen und nicht über eine Richtungsumkehr ineinander übergehen. Das Paar $\{\mathbf{g}_1, \mathbf{g}_2\}$ bildet dann eine **Basis** im Vektorraum $\mathbf{V}$. Im Fall der Pfeile in der Ebene besteht die Basis aus zwei Pfeilen, weshalb man $\mathbf{V}$ die Dimension 2 gibt: $\dim(\mathbf{V}) = 2$. Jedes andere Paar linear unabhängiger Pfeile (Vektoren) bildet auch eine Basis zu $\mathbf{V}$. Als Standardbasis bezeichnet man das Paar $\{\mathbf{e}_1, \mathbf{e}_2\}$ mit $\mathbf{e}_1 = (1, 0)$, $\mathbf{e}_2 = (0, 1)$, in der jeder Vektor nach den kartesischen Koordinaten entwickelt ist: $\mathbf{v} = (v_1, v_2) = v_1\mathbf{e}_1 + v_2\mathbf{e}_2$.

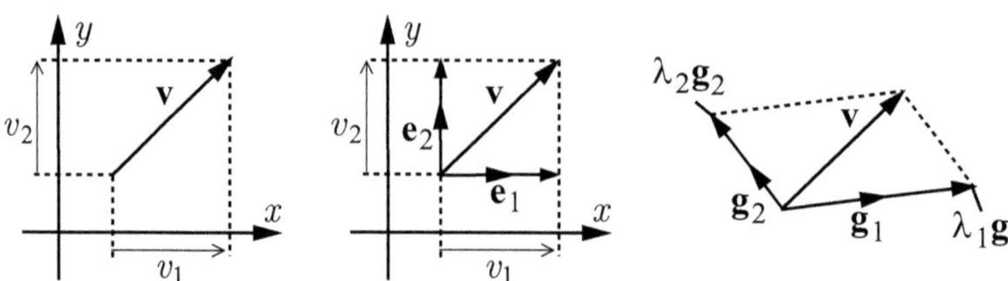

Abb. 2.6: Basisdarstellung von Vektoren

Die Darstellung von Pfeilen in einer Ebene durch ein geordnetes Zahlenpaar regt zur Verallgemeinerung an, geordnete Folgen von n Zahlen $\mathbf{v} = (v_1, v_2, ..., v_n)$ als Vektoren einzuführen. Die Menge aller dieser, im legeren Sprachgebrauch als $n-$Tupel bezeichneten Objekte, bildet mit der komponentenweisen

Addition $\quad \mathbf{v} + \mathbf{u} = (v_1, ..., v_n) + (u_1, ..., u_n) = (v_1 + u_1, ..., v_n + u_n),$

der Multiplikation $\quad \lambda\mathbf{v} = \lambda(v_1, ..., v_n) = (\lambda v_1, ..., \lambda v_n)$

und den Regeln $a)$ - $e)$ ebenfalls einen Vektorraum, den man im Fall reeller Zahlen v_i mit $\mathbb{R}^n$ bezeichnet und Raum der reellwertigen "$n-$Tupel" nennt. Unter den Komponenten v_i und skalaren Multiplikatoren λ sind auch allgemeinere Elemente aus einem Körper oder bestimmte Klassen von Abbildungen vorstellbar. Jede Menge von Objekten, in der eine Addition und Multiplikation mit skalaren Werten definiert ist und in der die Rechenregeln $a)$ - $e)$ gültig sind, kann als Vektorraum betrachtet werden.

Der für Pfeile eingeführte Begriff der linearen Unabhängigkeit von Vektoren erfährt folgende Erweiterung: Die Vektoren $\mathbf{v}_1, \mathbf{v}_2, ..., \mathbf{v}_m$ heißen im Vektorraum $\mathbf{V}$ linear unabhängig, wenn eine Darstellung des Nullvektors $\mathbf{0}$ in Form einer Linearkombination

$\lambda_1\mathbf{v}_1 + \lambda_2\mathbf{v}_2 + ... + \lambda_m\mathbf{v}_m = \mathbf{0} \quad (\lambda_1, \lambda_2, ..., \lambda_m$ - Skalare$)$

nur dann möglich ist, wenn $\lambda_1 = \lambda_2 = ... = \lambda_m = 0$. Gleichbedeutend dazu: Die Vektoren $\mathbf{v}_1, \mathbf{v}_2, ..., \mathbf{v}_m$ sind linear unabhängig, wenn jeder Vektor $\mathbf{v}_k$ $(k = 1, ..., m)$ sich nicht in Form einer Linearkombination der restlichen Vektoren darstellen lässt. Eine Menge linear unabhängiger Vektoren $\mathbf{v}_1, \mathbf{v}_2, ..., \mathbf{v}_n$ heißt **Basis des Vektorraumes V**, wenn jeder Vektor $\mathbf{v}$ eindeutig als Linearkombination von $\mathbf{v}_1, \mathbf{v}_2, ..., \mathbf{v}_n$ darstellbar ist:

$\mathbf{v} = a_1\mathbf{v}_1 + a_2\mathbf{v}_2 + ... + a_n\mathbf{v}_n \quad$ mit a_i - Skalare.

Im Raum $\mathbb{R}^n$ der "$n-$Tupel" bilden die Vektoren

$\mathbf{e}_1 = (1, 0, ..., 0, 0), \quad \mathbf{e}_2 = (0, 1, ..., 0, 0), ..., \mathbf{e}_n = (0, 0, ..., 0, 1)$

eine Basis, denn jedes $\mathbf{v} \in \mathbb{R}^n$ kann auf eindeutige Weise als Linearkombination

$$\mathbf{v} = (v_1, v_2, ..., v_n) = v_1\mathbf{e}_1 + v_2\mathbf{e}_2 + ... + v_n\mathbf{e}_n$$

ausgedrückt werden.

Die Anzahl der Basiselemente bezeichnet man als **Dimension des Vektorraumes**. Dem $\mathbb{R}^n$ spricht man damit die Dimension n zu. In der Ebene besteht jede Basis aus zwei Vektoren. Im Raum des menschlichen Wirkens gibt es drei unabhängige Richtungen, weshalb wir ihm die Dimension drei zusprechen. Der mathematische Begriff Dimension hat jedoch nichts mit unseren anschaulichen Vorstellungen oder physikalischen Denkmustern zu tun, sondern fußt allein auf dem abstrakten Begriff der linearen Unabhängigkeit.

Bemerkung 2.16 *(Basis und Dimension)*
Bezogen auf einen allgemeinen Vektorraum, ist die folgende Feststellung von Bedeutung: Jede Basis eines Vektorraumes $\mathbf{V}$ hat die gleiche Elementanzahl, die gleich der Anzahl maximal linear unabhängiger Elemente in $\mathbf{V}$ entspricht. Die Anzahl der Basiselemente ist deshalb eine Invariante von $\mathbf{V}$ und damit die Festlegung der Dimension eines Vektorraumes als die Anzahl der Basiselemente korrekt.

2.4 Lineare Gleichungssysteme

Das Lösen von Gleichungen gehört zu den grundlegenden Techniken, die in den allgemeinbildenden Schulen im Mathematikunterricht gelehrt werden. Zu den am häufigsten auftretenden Gleichungstypen, die auch relativ einfach lösbar sind, gehören lineare Gleichungen. In diesen sind bekannte und unbekannte, zueinander in linearen Verhältnissen stehende Größen verbunden. Im Blick hat man dabei nicht nur eine, sondern stets mehrere Gleichungen, die untereinander in Beziehung stehen, deshalb spricht man von **linearen Gleichungssystemen**. Anhand einer einfachen geometrischen Problemstellung wollen wir uns diesem Thema nähern.

Es soll der Schnittpunkt zweier, in einer Ebene verlaufenden und sich schneidenden Geraden ermittelt werden. Zunächst ist eine Gerade analytisch darzustellen, was mit unseren Kenntnissen über Vektoren wie folgt gelingt.

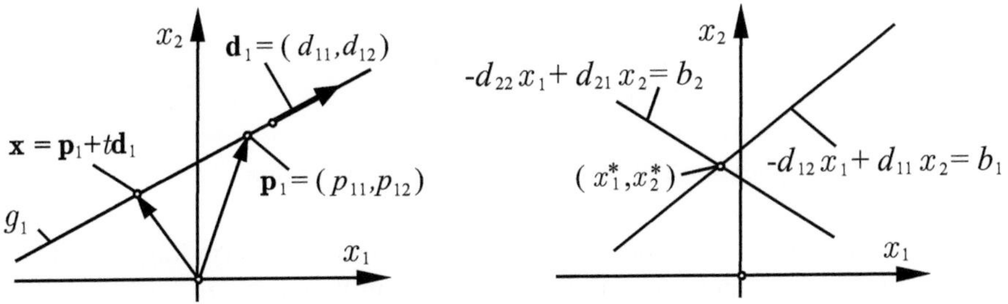

Abb. 2.7: Beschreibung von Geraden in der Ebene

Mit jeder Geraden (nennen wir diese g_1) ist eine Richtung verbunden, in die diese verläuft. Diese Richtung wird durch einen Pfeil (wir sprechen weiterhin besser von einem Vektor) $\mathbf{d}_1 = (d_{11}, d_{12})$ vorgegeben. Außerdem ist die Lage der Gleichung durch einen Punkt $\mathbf{p}_1 = (p_{11}, p_{12})$ auf dieser zu kennzeichnen. Mit $\mathbf{p}_1$ ist ein Vektor bekannt, der den Koordinatenursprung mit dem Geradenpunkt verbindet. Man bezeichnet $\mathbf{d}_1$ als den Richtungsvektor und $\mathbf{p}_1$ als Stützvektor der Geraden.

Mit diesen Vektoren kann jeder Geradenpunkt $\mathbf{x} = (x_1, x_2)$ durch die Vektorgleichung $\mathbf{x} = (x_1, x_2) = \mathbf{p}_1 + t\mathbf{d}_1$ ausgedrückt werden. Jeder reelle Parameterwert t ($t \in \mathbb{R}$) beschreibt einen Geradenpunkt, und zu jedem Punkt $\mathbf{x}$ auf der Geraden gibt es ein $t \in \mathbb{R}$, das diesen markiert. In Koordinaten niedergeschrieben, lautet die Vektorgleichung

$$x_1 = p_{11} + td_{11}$$
$$x_2 = p_{12} + td_{12} \, .$$

Aus der ersten Gleichung folgt $t = \dfrac{1}{d_{11}} (x_1 - p_{11})$. Diesen Wert für t in die zweite Gleichung eingesetzt, ergibt nach einigen Umformungen folgende Gleichung:

$$-d_{12}x_1 + d_{11}x_2 = b_1 \quad \text{mit} \quad b_1 = d_{11}p_{12} - d_{12}p_{11}.$$

Jedes Zahlenpaar (x_1, x_2), welches diese eine Gleichung erfüllt, entspricht den Koordinaten eines auf der Geraden g_1 liegenden Punktes.

Auf gleiche Weise können die Punkte einer weiteren Geraden g_2 durch die Gleichung

$$-d_{22}x_1 + d_{21}x_2 = b_2$$

beschrieben werden. Um die gestellte Aufgabe, den Schnittpunkt (x_1^*, x_2^*) beider Geraden (wenn er denn existiert !) zu berechnen, sind die Koordinaten jenes Punktes zu finden, die beide Geradengleichungen gleichzeitig erfüllen. D.h., es ist folgendes Gleichungssystem zu lösen:

$$
\begin{aligned}
-d_{12}x_1 + d_{11}x_2 &= b_1 \quad (1)\\
-d_{22}x_1 + d_{21}x_2 &= b_2 \quad (2)
\end{aligned}
\qquad (2.3)
$$

Anhand eines Zahlenbeispiels soll zunächst der Lösungsprozess verdeutlicht werden. Wir wählen die in der folgenden Skizze eingezeichneten Geraden.

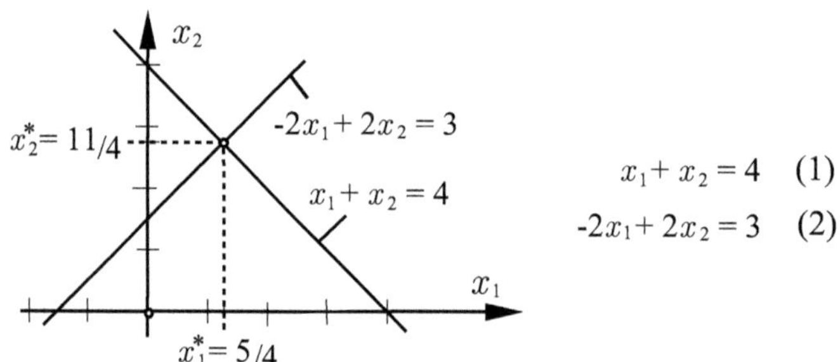

Abb. 2.8: Schnittpunkt zweier Geraden

Das aus den Gleichungen (1) und (2) bestehende System wird wie folgt gelöst:
Die (gedanklich) mit 2 multiplizierte Gleichung (1) addieren wir zu Gleichung (2), womit das völlig gleichwertige System

$$x_1 + x_2 = 4$$
$$4x_2 = 11$$

entsteht. Gleichwertig bedeutet, die entstandenen Gleichungen haben die gleiche Lösung wie das ursprüngliche System. Aus $4x_2 = 11$ erhält man $x_2 = 11/4$ und weiter aus der ersten Gleichung $x_1 = 4 - x_2 = 4 - 11/4 = 5/4$. Beide Geraden schneiden sich also im Punkt $x_1^* = 11/4$, $x_2^* = 5/4$.

Zur Lösung des in allgemeiner Symbolik vorliegenden Systems (2.3) gehen wir genauso vor. Gleichung (1) wird (gedanklich) mit dem Faktor $-d_{22}/d_{12}$ multipliziert und die entstehende Gleichung zu (2) addiert:

$$
\begin{aligned}
-d_{12}x_1 \qquad\qquad + d_{11}x_2 &= b_1 \qquad\qquad (1) \\
\left(d_{21} - d_{11}\frac{d_{22}}{d_{12}} \right) x_2 &= b_2 - b_1 \frac{d_{22}}{d_{12}}. \quad (2)
\end{aligned}
\qquad (2.4)
$$

Die Wahl des Faktors $-d_{22}/d_{12}$ erfolgte gerade so, dass nach Addition der veränderten Gleichung (1) zu (2) die zu x_1 gehörende Komponente in (2) verschwindet und damit in (2) nur noch die Unbekannte x_2 auftritt. Erwähnt sei, dass im Fall $d_{12} = 0$ dieser erste Lösungsschritt hinfällig wird, da bei dieser Konstellation der Lösungsanteil x_2 aus Gleichung (1) sofort ermittelt werden kann.

Die Lösung von (2.4) erfolgt von "unten" nach "oben", d.h., aus Gleichung (2) ergibt sich x_2^* und damit aus (1) die Lösungskomponente x_1^*. Dieser Auflösungsprozess wird durch die in (2) auftretenden Größen

$$
C_1 = d_{21} - d_{11}\frac{d_{22}}{d_{12}} \quad \text{und} \quad C_2 = b_2 - b_1 \frac{d_{22}}{d_{12}}
$$

maßgeblich beeinflusst. Wir untersuchen folgende Fälle:

1. Wenn $C_1 \neq 0$ ist, so hat (2.3) eine eindeutig bestimmte Lösung:

$$
x_2^* = (C_1)^{-1} C_2 \quad \text{und} \quad x_1^* = \frac{1}{d_{12}} \left(d_{11}x_2^* - b_1 \right).
$$

2. Sind $C_1 = C_2 = 0$, so verschwindet Gleichung (2) und wir erhalten eine unendliche Lösungsmannigfaltigkeit, die von der ersten Gleichung $-d_{12}x_1 + d_{11}x_2 = b_1$ beschrieben wird. Aus geometrischer Sicht tritt dieser Fall ein, wenn beide Geraden zusammenfallen, d.h., beide Geraden berühren sich in allen ihren Punkten.

3. Bei $C_1 = 0$ und $C_2 \neq 0$ tritt in (2) ein Widerspruch auf: Linke Gleichungsseite gleich 0, rechte Seite mit $C_2 \neq 0$. Folglich besitzt das System keine Lösung - ist unlösbar. In diesem Fall handelt es sich um zwei parallel zueinander verlaufende Geraden, die sich in keinem Punkt der Ebene berühren.

In praktisch relevanten Aufgabenstellungen hat man es in der Regel mit einer Vielzahl linearer Gleichungen mit entsprechend vielen Unbekannten zu tun. Wir gehen deshalb von einem System, bestehend aus m Gleichungen, aus, in denen n unbekannte Größen $x_1, x_2, ..., x_n$ auftreten. Kompakt dargestellt, handelt es sich um Gleichungskomplexe der folgenden Art:

$$
\begin{aligned}
a_{11}x_1 &+ a_{12}x_2 &+ ... &+ a_{1n}x_n &= b_1 \\
a_{21}x_1 &+ a_{22}x_2 &+ ... &+ a_{2n}x_n &= b_2 \\
.... \quad &\quad ... \quad &... \quad ... \quad ... &\quad ... \quad &... \quad ... \\
a_{m1}x_1 &+ a_{m2}x_2 &+ ... &+ a_{mn}x_n &= b_m.
\end{aligned}
\qquad (2.5)
$$

Die a_{ij} und b_i ($i = 1, ..., m$, $j = 1, ..., n$) sind bekannte, im Allgemeinen komplexwertige Zahlengrößen. Man spricht von einem homogenen Gleichungssystem, wenn alle auf den rechten Gleichungsseiten auftretenden Größen b_i verschwinden ($b_i = 0$, $i = 1, ..., m$). Ist dies nicht der Fall, so handelt es sich um ein inhomogenes System. Unter der Lösung des linearen Gleichungssystems (2.5) versteht man alle Zahlenfolgen $x_1, x_2, ..., x_n$, die substituiert in (2.5) alle Gleichungen identisch erfüllen.

Im Weiteren benutzen wir eine auf das Wesentliche beschränkte Darstellung der Gleichungen, d.h., es wird auf die Notierung der Operationszeichen $+, =$ und der x_j verzichtet. Nur die bekannten Größen a_{ij} und b_i halten wir, entsprechend der Gleichungsstruktur nach Zeilen und Spalten geordnet, in Form einer Tabelle fest, wobei die Zahlen b_i der rechten Gleichungsseite durch einen senkrechten Strich von den Koeffizienten a_{ij} der linken Seite abgetrennt werden. Dahinter verbirgt sich die Schreibweise von Gleichungssystemen in Form von Matrizen, auf die wir aber hier nicht eingehen. Die folgende Gegenüberstellung von ausführlicher und tabellarischer Systemdarstellung soll das Gesagte untermauern.

$$
\begin{array}{llll}
a_{11}x_1 + a_{12}x_2 + \ldots + a_{1n}x_n &=& b_1 \\
a_{21}x_1 + a_{22}x_2 + \ldots + a_{2n}x_n &=& b_2 \\
\cdots\cdots\cdots\cdots\cdots\cdots\cdots \\
a_{m1}x_1 + a_{m2}x_2 + \ldots + a_{mn}x_n &=& b_m
\end{array}
\quad \Leftrightarrow \quad
\left.\begin{array}{cccc|c}
a_{11} & a_{12} & \ldots & a_{1n} & b_1 \\
a_{21} & a_{22} & \ldots & a_{2n} & b_2 \\
\ldots & \ldots & \ldots & \ldots & \ldots \\
a_{m1} & a_{m2} & \ldots & a_{mn} & b_m.
\end{array}\right.
$$

Von entscheidender Bedeutung für die Entwicklung einer Lösungsstrategie sind folgende Feststellungen:

Die Lösung eines linearen Gleichungssystems (2.5) ändert sich nicht, wenn nachfolgende Umformungen in den Gleichungen und entsprechend in der tabellarischen Darstellung vorgenommen werden:

a) Vertauschen zweier Gleichungen (zweier Zeilen).

b) Multiplikation einer Gleichung (einer Zeile) mit einer Zahl $\lambda \neq 0$.

c) Addition einer mit einer Zahl multiplizierten Gleichung (Zeile) zu einer anderen Gleichung (Zeile).

Mit aufeinander folgenden Anwendungen der Umformungen a) - c) kann (2.5) in ein gestaffeltes System von Gleichungen überführt werden, in dem jede nachfolgende Gleichung eine der unbekannten Größen x_j weniger enthält (durch die Umformung eliminiert wurde):

$$
\left.\begin{array}{ccccccc|c}
\tilde{a}_{11} & \tilde{a}_{12} & \ldots & \tilde{a}_{1r} & \tilde{a}_{1,r+1} & \ldots & \tilde{a}_{1n} & \tilde{b}_1 \\
0 & \tilde{a}_{22} & \ldots & \tilde{a}_{2r} & \tilde{a}_{2,r+1} & \ldots & \tilde{a}_{2n} & \tilde{b}_2 \\
\ldots & \ldots & \ldots & \ldots & \ldots & \ldots & \ldots & \ldots \\
0 & 0 & \ldots & \tilde{a}_{rr} & \tilde{a}_{r,r+1} & \ldots & \tilde{a}_{rn} & \tilde{b}_r
\end{array}\right\} \;
\begin{array}{l} r \;\; \text{Gleichungen} \\ \text{mit } \tilde{a}_{kk} \neq 0 \quad k = 1, \ldots, r \end{array}
$$

$$
\left.\begin{array}{ccccccc|c}
0 & 0 & \ldots & 0 & 0 & \ldots & 0 & \tilde{b}_{r+1} \\
0 & 0 & \ldots & 0 & 0 & \ldots & 0 & 0 \\
\ldots & \ldots & \ldots & \ldots & \ldots & \ldots & \ldots & \ldots \\
0 & 0 & \ldots & 0 & 0 & \ldots & 0 & 0
\end{array}\right\} \;
\begin{array}{l} (m - r) \\ \text{Zeilen} \end{array} \quad .
$$

Unterhalb einer dreieckigen Struktur, die von einer diagonal angeordneten Zahlenreihe $\tilde{a}_{11}, \tilde{a}_{22}, \ldots, \tilde{a}_{rr}$ abgegrenzt ist, sind alle Größen eliminiert (befinden sich nur noch "Nullen"). Letztlich bleiben also noch $r \leqq m$ Gleichungen übrig, deren Auflösung von "unten nach oben" erfolgt. Ein weiteres Beispiel soll diesen Prozess verdeutlichen:

$$
\begin{array}{rcrcrcr}
2x_1 & + & 4x_2 & + & 2x_3 &=& 4 \\
3x_1 & & & - & 3x_3 &=& -6 \\
-x_1 & - & x_2 & + & 2x_3 &=& 6
\end{array}
\quad \Rightarrow \quad
\begin{array}{rrr|r}
2 & 4 & 2 & 4 \\
3 & 0 & -3 & -6 \\
-1 & -1 & 2 & 6
\end{array} \quad .
$$

Das gesamte Lösungsverfahren gliedert sich in zwei Abschnitte. Zunächst werden aufeinander folgend in der zweiten und dritten Gleichung Variable eliminiert. Dazu multipliziert man (gedanklich) die erste Zeile mit $-3/2$ bzw. $1/2$ (was in der ersten Spalte des nachfolgend eingefügten Rechenschemas angedeutet wird) und addiert das Ergebnis zur zweiten bzw. dritten Zeile. Damit sind die ersten Positionen der zweiten und dritten Zeile mit 0 besetzt. Ein weiterer Eliminationsschritt schließt sich an. Dazu multipliziert man die zweite Zeile mit $1/6$ und addiert diese zur letzten Zeile, womit in dieser Zeile eine weitere 0 entsteht. Das entstandene Schema kann jetzt durch sogenanntes Rückwärtseinsetzen, beginnend mit der letzten Zeile (d.h. Berechnung der Lösungskomponente x_3^*) sukzessive aufgelöst werden.

Elimination

	x_1	x_2	x_3	
$*$	2	4	2	4
$-\frac{3}{2}$	3	0	-3	-6
$\frac{1}{2}$	-1	-1	2	6
$*$	2	4	2	4
	0	-6	-6	-12
$\frac{1}{6}$	0	1	3	8

Rückwärtseinsetzen

	x_1	x_2	x_3	
2	4	2		4
0	-6	-6		-12
0	0	2		6

$$2x_3 = 6 \qquad x_3^* = 3$$
$$-6x_2 - 6x_3 = -12 \;\Rightarrow\; x_2^* = 2 - x_3^* = -1$$
$$2x_1 + 4x_2 + 2x_3 = 4 \qquad x_1^* = 2 - 2x_2^* - x_3^* = 1$$

In diesem Beispiel erhält man eine eindeutig bestimme Lösung.

Dieser Algorithmus ist ein universelles Verfahren zur Lösung linearer Gleichungssysteme, das unter der Bezeichnung **Gauss-Algorithmus** oder **Eliminationsverfahren** nach Gauss in die Rechenpraxis Eingang gefunden hat. Wieder mit Bezug auf ein allgemeines Gleichungssystem (2.5) dokumentieren wir hier den ersten Eliminationsschritt:

	x_1	x_2	$\ldots$	x_n	
$*$	a_{11}	a_{12}	$\ldots$	a_{1n}	b_1
$-a_{21}/a_{11}$	a_{21}	a_{22}	$\ldots$	a_{2n}	b_2
$\ldots$	$\ldots$	$\ldots$	$\ldots$	$\ldots$	$\ldots$
$-a_{m1}/a_{11}$	a_{m1}	a_{m2}	$\ldots$	a_{mn}	b_m
	a_{11}	a_{12}	$\ldots$	a_{1n}	b_1
	0	a'_{22}	$\ldots$	a'_{2n}	b'_2
	$\ldots$	$\ldots$	$\ldots$	$\ldots$	$\ldots$
	0	a'_{m2}	$\ldots$	a'_{mn}	b'_m

Dabei ist:

$$a'_{ij} = a_{ij} - \frac{a_{i1}}{a_{11}} a_{1j}$$

$$b'_i = b_i - \frac{a_{i1}}{a_{11}} b_1$$

$$i = 2, ..., m \qquad j = 2, ..., n.$$

Im nächsten Eliminationsschritt (und analog in allen folgenden Schritten) wird das Gleiche mit der Teilstruktur, die die mit Hochkomma versehenen Größen enthält, wiederholt u.s.w. Dieser Prozess wird solange fortgeführt, bis alle noch abzuarbeitenden

Zeilen den Wert 0 haben, bzw. keine weiteren Zeilen (Gleichungen) vorhanden sind.

$$
\begin{array}{cccccccc|c}
x_1 & x_2 & \dots & x_r & x_{r+1} & \dots & x_n & & \\
\hline
\tilde{a}_{11} & \tilde{a}_{12} & \dots & \tilde{a}_{1,r} & \tilde{a}_{1,r+1} & \dots & \tilde{a}_{1n} & & \tilde{b}_1 \\
0 & \tilde{a}_{22} & \dots & \tilde{a}_{2,r} & \tilde{a}_{2,r+1} & \dots & \tilde{a}_{2n} & & \tilde{b}_2 \\
\dots & \dots & \dots & \dots & \dots & \dots & \dots & & \dots \\
0 & 0 & \dots & \tilde{a}_{r,r} & \tilde{a}_{r,r+1} & \dots & \tilde{a}_{rn} & & \tilde{b}_r \\
0 & 0 & \dots & 0 & 0 & \dots & 0 & & \tilde{b}_{r+1} \\
\dots & \dots & \dots & \dots & \dots & \dots & \dots & & \dots \\
0 & 0 & \dots & 0 & 0 & \dots & 0 & & 0
\end{array}
\qquad (2.6)
$$

Zwischenzeitlich können längs der Diagonale Zahlen den Wert 0 annehmen. Durch Vertauschen von Zeilen (und damit von Gleichungen) kann jedoch stets erreicht werden, dass alle Zahlen $\tilde{a}_{11}, \tilde{a}_{22}, ..., \tilde{a}_{r,r}$ von Null verschieden sind. Der Prozess des Rückwärtseinsetzens erfordert wieder die Untersuchung verschiedener Fälle.

1. Verschwindet die in der $(r+1)-$ten Zeile des Schemas (2.6) eingetragene Größe $\tilde{b}_{r+1}$ nicht $\left(\tilde{b}_{r+1} \neq 0\right)$, so tritt in der entsprechenden Gleichung ein Widerspruch auf. D.h., gewisse Gleichungen des Gesamtsystems widersprechen sich. Der Algorithmus kommt zum Stillstand, es existiert keine Lösung.

2. $\tilde{b}_{r+1} = 0$ und $r = n$: Das System besteht in diesem Fall aus r unabhängigen Gleichungen in den $r = n$ Unbekannten. Es existiert eine eindeutig bestimmte Lösung, die durch Rückwärtseinsetzen aus dem links stehenden Schema in der folgenden Box berechnet werden kann.

<table>
<tr><td colspan="5">Eindeutig lösbar</td><td colspan="5">$(n-r)-$fache Lösungsmannigfaltigkeit</td></tr>
<tr><td>x_1</td><td>x_2</td><td>$\dots$</td><td>x_r</td><td></td><td>x_1</td><td>x_2</td><td>$\dots$</td><td>x_r</td><td></td></tr>
<tr><td>$\tilde{a}_{11}$</td><td>$\tilde{a}_{12}$</td><td>$\dots$</td><td>$\tilde{a}_{1,r}$</td><td>$\tilde{b}_1$</td><td>$\tilde{a}_{11}$</td><td>$\tilde{a}_{12}$</td><td>$\dots$</td><td>$\tilde{a}_{1,r}$</td><td>$\tilde{b}_1 - \tilde{a}_{1,r+1}s_1 - ... - \tilde{a}_{1n}s_{n-r}$</td></tr>
<tr><td>0</td><td>$\tilde{a}_{22}$</td><td>$\dots$</td><td>$\tilde{a}_{2,r}$</td><td>$\tilde{b}_2$</td><td>0</td><td>$\tilde{a}_{22}$</td><td>$\dots$</td><td>$\tilde{a}_{2,r}$</td><td>$\tilde{b}_2 - \tilde{a}_{2,r+1}s_1 - ... - \tilde{a}_{2n}s_{n-r}$</td></tr>
<tr><td>$\dots$</td><td>$\dots$</td><td>$\dots$</td><td>$\dots$</td><td>$\dots$</td><td>$\dots$</td><td>$\dots$</td><td>$\dots$</td><td>$\dots$</td><td>$\dots$</td></tr>
<tr><td>0</td><td>0</td><td>$\dots$</td><td>$\tilde{a}_{r,r}$</td><td>$\tilde{b}_r$</td><td>0</td><td>0</td><td>$\dots$</td><td>$\tilde{a}_{r,r}$</td><td>$\tilde{b}_r - \tilde{a}_{r,r+1}s_1 - ... - \tilde{a}_{rn}s_{n-r}$</td></tr>
</table>

Aufeinander folgend erhält man:
$$x_r^* = \tilde{b}_r / \tilde{a}_{r,r},$$

....

$$x_k^* = \left(\tilde{b}_k - \tilde{a}_{k,k+1}x_{k+1}^* - ... - \tilde{a}_{k,r}x_r^*\right) / \tilde{a}_{kk},$$

....

$$x_1^* = \left(\tilde{b}_1 - \tilde{a}_{12}x_2^* - ... - \tilde{a}_{1,r}x_r^*\right) / \tilde{a}_{11}.$$

Ist das Gleichungssystem homogen, d.h. $b_1 = ... = b_r = 0$, so gibt es nur die triviale Lösung: $x_1^* = ... = x_r^* = 0$.

3. $\tilde{b}_{r+1} = 0$ und $r < n$: In diesem Fall hat man es mit einem unterbestimmten Gleichungssystem zu tun, d.h., es gibt weniger relevante Gleichungen als Unbekannte. Das hat zur Folge, dass die Lösungsmannigfaltigkeit unendlich ist. Genauer, $n - r$ Lösungskomponenten können beliebige Werte annehmen:

$$x_{r+1} = s_1, \ x_{r+2} = s_2, ..., \ x_n = s_{n-r},$$

wobei $s_1, s_2, ..., s_{n-r}$ frei wählbare Zahlen aus dem zugrunde liegenden Zahlenkörper sind. Nach Substitution dieser Größen und Umstellung der Gleichungen entsteht das in obiger Box rechts stehende Rechenschema, aus dem, wie unter **2.**, die restlichen Lösungskomponenten $x_1, ..., x_r$ auf eindeutige Weise berechenbar sind.

Homogene Gleichungssysteme haben unabhängig davon, welche Struktur sich nach dem Eliminationsprozess ergibt, stets eine Lösung (Die rechte Seite bleibt stets vollständig mit "Nullen" besetzt !). Die folgenden graphischen Darstellungen, in denen die nach der Elimination entstehenden wesentlichen Bereiche grau hinterlegt sind, sollen verdeutlichen, welche Anordnungen zu eindeutigen bzw. mehrdeutigen Lösungen führen.

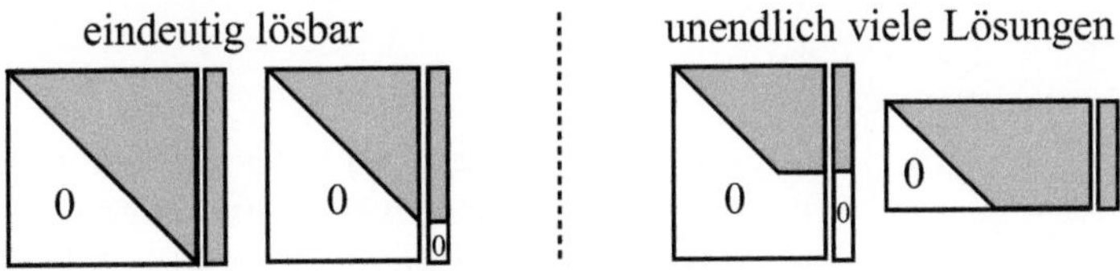

Abb. 2.9: Schematische Darstellung der Gleichungsstruktur nach dem Eliminationsprozess

Lineare Gleichungssysteme kommen überall in Naturwissenschaft und Technik vor. Darunter fallen beispielsweise Schaltkreisentwürfe in der Elektrotechnik, Modellierungen der Steuerung und Regelung mechatronischer Systeme, die Analyse von Daten in der Signal- und Kommunikationstechnik, in medizinischen Bereichen die Computertomographie, die Bilanzzierung und Optimierung ökonomischer Prozesse und vieles mehr. Alles Themen, über die in dieser kleinen Schrift nicht berichtet werden kann. Mit linearen Gleichungssystemen kommen wir aber in Beweisen zu einigen bedeutenden Aussagen über Körpererweiterungen in Berührung.

2.5 Aufgaben

2.1 $(\mathcal{G}, \circ)$ sei eine Gruppe. Es ist zu zeigen:

$a)$ Das neutrale Element e und das zu $a \in \mathcal{G}$ inverse Element a^{-1} sind eindeutig bestimmt.

     Hinweis: Nimm an, es gibt neben e ein weiteres neutrales Element $\bar{e} \neq e$ und bewerte das Produkt $e \circ \bar{e}$.

     Nimm ebenso an, es gibt zu a ein weiteres inverses Element $b \neq a^{-1}$ und berechne $b = b \circ e$.

$b)$ Zu jedem $a \in \mathcal{G}$ ist $(a^{-1})^{-1} = a$.

$c)$ Zu $a, b \in \mathcal{G}$ ist $(a \circ b)^{-1} = b^{-1} \circ a^{-1}$.

     Hinweis: Berechne $(a \circ b)^{-1} = (a \circ b)^{-1} \circ a \circ b \circ b^{-1} \circ a^{-1}$.

2.2 Gegeben sind die Permutationen
$$\alpha = \begin{pmatrix} 1\,2\,3\,4\,5\,6\,7\,8 \\ 4\,6\,1\,5\,2\,7\,3\,8 \end{pmatrix} \quad \beta = \begin{pmatrix} 1\,2\,3\,4\,5\,6\,7\,8 \\ 7\,3\,1\,6\,4\,8\,2\,5 \end{pmatrix}.$$

Stelle α und β in Form zyklischer Zahlenfolgen dar und berechne $\alpha \circ \beta$.

2.3 Weise die Gültigkeit des Assoziativ- und Distributivgesetzes im Ring $(\mathbb{Z}, +, \cdot)$ nach.

2.4 Bilde die Verknüpfungstabellen zu den Restklassenringen $\mathbb{Z}/4\mathbb{Z}$ und $\mathbb{Z}/7\mathbb{Z}$.

2.5 Es sei $\varphi : \mathcal{G} \to \mathcal{H}$ ein Gruppen-Homomorphismus. Zu zeigen ist:

$a)$ Der Kern $\ker(\varphi)$ von φ ist eine Untergruppe von $\mathcal{G}$.

b) Für jedes $g \in \mathcal{G}$ gilt: $\varphi\left(g^{-1}\right) = \left(\varphi\left(g\right)\right)^{-1}$.

Hinweis: $e = \varphi\left(e\right) = \varphi\left(g \circ g^{-1}\right)$

c) Das Bild $\mathrm{Im}\left(\varphi\right)$ von φ ist eine Untergruppe von $\mathcal{H}$.

2.6 Weise nach, dass die Vektoren

$$\mathbf{u} = (2, -1, 3)\,, \quad \mathbf{v} = (-1, 0, 2)\,, \quad \mathbf{w} = (1, 1, -2)$$

im Raum $\mathbb{R}^3$ eine Basis bilden.

2.7 Bestimme alle Lösungen des linearen Gleichungssystems

$$\begin{array}{rcrcrcl}
2x &+& 2y &+& 5z &=& 3 \\
x &-& 3y &-& 6z &=& 5 \\
7x &-& 5y &-& 8z &=& 21
\end{array}\,.$$

2.8 Die Gerade g_1 verlaufe durch den Ursprung $(0,0)$ eines $xy-$Koordinatensystems und hat den Anstieg 1 (der von g_1 und der positiven $x-$Achse eingeschlossene Winkel beträgt $45°$). Eine weitere Gerade g_2 enthält die Punkte $(1,0)$ und $(0,1)$. Zu berechnen ist der Schnittpunkt von g_1 und g_2.

3 Polynome

$$\mathbf{p}(X) = a_n X^n + a_{n-1} X^{n-1} + \ldots + a_2 X^2 + a_1 X + a_0$$

$$\Phi(a_n X^n + \ldots + a_1 X + a_0)$$
$$= \Phi(a_n)\cdot\Phi(X)^n + \ldots + \Phi(a_1)\cdot\Phi(X) + \Phi(a_0)$$
$$= \varphi(a_n)\cdot b^n + \ldots + \varphi(a_1)\cdot b + \varphi(a_0) \in \mathcal{S}$$

$$X^2 + pX + q = 0 \quad (p, q \in \mathbb{C})$$

$$X^2 + pX + \left(\frac{p}{2}\right)^2 = \left(X + \frac{p}{2}\right)^2 = \left(\frac{p}{2}\right)^2 - q$$

$$X + \frac{p}{2} = \pm\sqrt{\left(\frac{p}{2}\right)^2 - q}$$

$$X_{1,2} = -\frac{p}{2} \pm \sqrt{\left(\frac{p}{2}\right)^2 - q}$$

$$\mathbf{p}(X) = \mathbf{p}_1(X)\cdot(X - x_1) + r_1$$

$$0 = \mathbf{p}(x_1) = \mathbf{p}_1(x_1)\cdot(x_1 - x_1) + r_1 = r_1$$

$$\mathbf{p}(X) = \mathbf{p}_1(X)\cdot(X - x_1)$$

$$\mathbf{p}_{m-1}(X) = \mathbf{p}_m(X)\cdot(X - x_m)$$

$$m = 2, 3, \ldots, n$$

$$\mathbf{p}(X) = a_n X^n + a_{n-1} X^{n-1} + \ldots + a_1 X + a_0$$
$$= a_n(X - x_n)\cdot(X - x_{n-1})\cdots(X - x_2)\cdot(X - x_1)$$

3.1 Polynomiale Ausdrücke

Das Wort "Poly" kommt aus dem Griechischen, und Polynom bedeutet, frei übersetzt, vielgliedriger Ausdruck. Die Glieder dieser Ausdrücke sind Zahlen, wobei wir noch keinen Zahlentyp festlegen. Diese Zahlen werden mit den Potenzen einer Unbestimmten X multipliziert und anschließend alle Glieder zu einer Summe aufaddiert. In den einfachsten Fällen sieht das wie folgt aus:

$$\mathbf{p}(X) = a_1 X + a_0, \qquad \mathbf{p}(X) = a_2 X^2 + a_1 X + a_0.$$

Den auf der rechten Seite der Gleichheitszeichen stehenden polynomialen Ausdrücken haben wir mit $\mathbf{p}$ Namen gegeben und in Klammern die Unbestimmte X ausgewiesen. a_0, a_1, a_2 sind Platzhalter für konkrete Zahlen, während X für eine unbestimmte Größe Eingang findet. Entsprechend der höchsten Potenz, in der X auftritt, spricht man im Beispiel von einem linearen bzw. quadratischen Ausdruck.

Definition 3.1 *(Polynom, polynomialer Ausdruck)*

Ein Polynom oder polynomialer Ausdruck ist eine Summe, die endlich viele Glieder einer Unbestimmten X bis zur $n-$ten Potenz enthält und sich in folgender Form darstellen lässt:

$$\mathbf{p}(X) = a_n X^n + a_{n-1} X^{n-1} + ... + a_2 X^2 + a_1 X + a_0.$$

$\mathbf{p}(X)$ *wird als* **Polynom in der Unbestimmten** X *bezeichnet. Die Zahlen* $a_0, a_1, ..., a_n$ *heißen Koeffizienten, und im Falle* $a_n = 1$ *spricht man von einem* **normierten Polynom** $n-$*ten Grades und schreibt* $\mathrm{grad}(\mathbf{p}) = n$. *Ist* a_n *nicht notwendigerweise Eins, so sagt man, dass* $\mathbf{p}(X)$ *ein Polynom von höchstens* $n-$*tem Grade ist:* $\mathrm{grad}(\mathbf{p}) \leqq n$.

Polynome $\mathbf{p}(X)$ werden als Ausdrücke in einer Unbestimmten X eingeführt, womit Polynomen kein Wert zugeschrieben ist. Setzt man anstelle der Unbestimmten X eine konkrete Zahl x in $\mathbf{p}$ ein, so bekommt $\mathbf{p}(x)$ einen Wert, einen Zahlenwert. Lassen wir z.B. zu, dass x eine beliebige reelle Zahl ist, so definiert jedes Polynom mit reellwertigen Koeffizienten eine Funktion

$$\mathbf{p}^* : \mathbb{R} \to \mathbb{R} \qquad \text{gemäß} \quad x \in \mathbb{R} \mapsto \mathbf{p}^*(x) = \mathbf{p}(x) \in \mathbb{R}.$$

Obwohl $\mathbf{p}^*$ durch $\mathbf{p}$ beschrieben wird, hat man doch zwischen der Funktion $\mathbf{p}^*$ als Abbildung und dem Polynom $\mathbf{p}$ als Ausdruck in einer Unbestimmten zu unterscheiden. Erst wenn der Unbestimmten ein Zahlenbereich zugeordnet wird, ist es möglich, mit einem Polynom einen funktionellen Zusammenhang herzustellen.

Polynome definieren polynomiale Gleichungen, auf die in diesem Buch unser Hauptinteresse gerichtet ist und auf die im folgenden Abschnitt eingegangen wird. Zunächst steht das Rechnen mit Polynomen im Vordergrund. Wir werden feststellen, dass man mit Polynomen fast so umgehen kann wie mit Zahlen.

Bemerkung 3.2 *(Klassifizierung von Polynomen)*

Je nachdem welcher Zahlenstruktur die Koeffizienten angehören, fassen wir Polynome zu folgenden Mengen zusammen:

$\mathbb{Z}[X]$ – *Menge aller Polynome über X mit ganzzahligen Koeffizienten*
$\mathbb{Q}[X]$ – *Menge aller Polynome über X mit rationalen Koeffizienten*
$\mathbb{R}[X]$ – *Menge aller Polynome über X mit reellwertigen Koeffizienten*
$\mathbb{C}[X]$ – *Menge aller Polynome über X mit komplexwertigen Koeffizienten.*
Wenn in diesem Abschnitt von Zahlen die Rede ist, so gehen wir davon aus, dass diese komplexwertig sind.

Bemerkung 3.3 *(Polynomdarstellung durch Zahlenfolgen)*
Ein Polynom $n-$ten Grades ist mit der Angabe aller Koeffizienten $a_0, a_1, ..., a_n$ eindeutig bestimmt und kann deshalb formal durch eine Folge dieser Zahlen dargestellt werden:

$$\mathbf{p}(X) = a_n X^n + a_{n-1} X^{n-1} + ... + a_1 X + a_0 \quad \text{entspricht } \mathbf{p} = (a_n, a_{n-1}, ..., a_1, a_0).$$

Zur Entwicklung einer Arithmetik für Polynome bedienen wir uns dieser übersichtlichen Kurzschreibweise. Polynome können addiert, subtrahiert und multipliziert werden. Letztlich ist alles auf entsprechende Rechenoperationen für Zahlen zurückführbar. Wir geben uns allgemein folgende Polynome vor

$$\mathbf{p} = (a_n, a_{n-1}, ..., a_1, a_0) \quad \mathbf{q} = (b_m, b_{m-1}, ..., b_1, b_0); \quad \text{grad}(\mathbf{p}) = n \geqq \text{grad}(\mathbf{q}) = m$$

und demonstrieren die Rechenschritte anhand der Beispiele:

$$\mathbf{p}(X) = X^4 + 3X^3 - 5X + 10 \quad \mathbf{p} = (1, 3, 0, -5, 10)$$
$$\mathbf{q}(X) = 2X^2 - 1 \quad \mathbf{q} = (2, 0, -1).$$

Definition 3.4 *(Summe/Differenz von Polynomen)*
Polynome werden addiert (subtrahiert), indem man die Zahlen der Glieder mit gleichen Potenzen der Unbestimmten addiert (subtrahiert):
$$\mathbf{s} = \mathbf{p} + \mathbf{q} = (c_n, c_{n-1}, ..., c_1, c_0) \quad mit \quad c_i = a_i + b_i \ (i = 0, ..., m), \ c_i = a_i \ (i > m)$$
$$\mathbf{d} = \mathbf{p} - \mathbf{q} = (d_n, d_{n-1}, ..., d_1, d_0) \quad mit \quad d_i = a_i - b_i \ (i = 0, ..., m); \ d_i = a_i \ (i > m).$$

$\mathbf{p}:$		1	3	0	−5	10
$\mathbf{q}:$	+			2	0	−1
$\mathbf{s} =$		1	3	2	−5	9

$\mathbf{p}:$		1	3	0	−5	10
$\mathbf{q}:$	−			2	0	−1
$\mathbf{d} =$		1	3	−2	−5	11

$$\mathbf{s}(X) = X^4 + 3X^3 + 2X^2 - 5X + 9 \qquad \mathbf{d}(X) = X^4 + 3X^3 - 2X^2 - 5X + 11.$$

Definition 3.5 *(Produkt von Polynomen)*
Die Polynome $\mathbf{p}$ und $\mathbf{q}$ multipliziert man, indem jedes Glied von $\mathbf{p}$ mit jedem Glied von $\mathbf{q}$ multipliziert wird und anschließend die entstandenen Glieder mit gleichen Potenzen der Unbestimmten zusammenfasst. Das entstehende Polynom $\mathbf{f} = \mathbf{p} \cdot \mathbf{q}$ ist dann höchstens vom Grade $n + m$.

$$\mathbf{f} = \mathbf{p} \cdot \mathbf{q} = (p_{n+m}, p_{n+m-1}, \ldots p_k, \ldots, p_1, p_0) \qquad \mathbf{f}(X) = p_{n+m}X^{n+m} + \ldots + p_1 X + p_0$$
$$p_{n+m} = a_n b_m, \; p_{n+m-1} = a_{n-1}b_m + a_n b_{m-1}, \; p_k = \textit{Summe aller } a_i b_j \textit{ mit } i + j = k.$$

$$
\begin{array}{l|rrrrrrrr}
\mathbf{p}\cdot\mathbf{q}: & 1 & 3 & 0 & -5 & 10 & \cdot & 2 & 0 & -1 \\
\hline
 & & 2 & 6 & 0 & -10 & 20 & & & \\
 & & & & -1 & -3 & 0 & 5 & -10 & \\
\hline
\mathbf{f} = & & 2 & 6 & -1 & -13 & 20 & 5 & -10 \\
\end{array}
$$

$$\mathbf{f}(X) = 2X^6 + 6X^5 - X^4 - 13X^3 + 20X^2 + 5X - 10.$$

Die Rechenschemata ähneln sehr denen schriftlich ausgeführter Zahlenoperationen. Anstelle der Ziffernfolgen hat man jetzt Zahlenfolgen. Infolge dessen gibt es keine Überträge beim Addieren und Multiplizieren aufeinander folgender Glieder.

Wir kommen nochmals auf den Grad eines Polynoms zurück. Mit dem Grad ist eine natürliche Zahl verbunden, die gleich der höchsten auftretenden Potenz der Unbestimmten X entspricht. Konstanten Polynomen $\mathbf{p}(X) = a_0$ ordnet man, da X gar nicht auftritt, den Grad $\mathrm{grad}\,(\mathbf{p}) = 0$ zu. Da das Nullpolynom $\mathbf{p}_0 = \mathbf{0}$ eine besondere Stellung einnimmt, gibt man diesem den Grad $\mathrm{grad}\,(\mathbf{p}_0) = -\infty$ (minus Unendlich), was zunächst ungewöhnlich erscheint, sich aber mit folgenden Überlegungen als zweckmäßig erweist: Der Grad des Produktpolynoms bei Multiplikation von Polynomen $\mathbf{p}$ und $\mathbf{q}$ mit den Graden $\mathrm{grad}\,(\mathbf{p}) = n$ und $\mathrm{grad}\,(\mathbf{q}) = m$ ist gleich der Summe dieser Grade: $\mathrm{grad}\,(\mathbf{p} \cdot \mathbf{q}) = n + m$. Die Multiplikation eines Polynoms $\mathbf{p}$ beliebig hohen endlichen Grades n mit dem Nullpolynom $\mathbf{p}_0$ ergibt stets das Nullpolynom, so dass $\mathrm{grad}\,(\mathbf{p} \cdot \mathbf{p}_0) = n + (-\infty) = -\infty$. Was nun wieder dem Grad entspricht, das man dem Nullpolynom zuspricht.

Die Gültigkeit von Assoziativ-, Distributiv- und Kommutativ-Gesetz für die Rechenoperationen mit Polynomen ist direkt auf die Gültigkeit dieser Gesetze für Zahlen zurückführbar. In jeder der eingeführten Polynommengen gibt es ein Null-Polynom $\mathbf{p}_0 = \mathbf{0}$ und das konstante Polynom $\mathbf{p}_1 = \mathbf{1}$, die bezüglich der Verknüpfung "+" als neutrales Element und bezüglich "·" als Eins-Element in Erscheinung treten, wobei 0 und 1 im Sinne der zugrunde liegenden Zahlenmenge als ganzzahlig, rational, reell oder komplex zu betrachten sind. Damit sind alle Bedingungen erfüllt, die den Mengen $\mathbb{Z}[X]$, $\mathbb{Q}[X]$, $\mathbb{R}[X]$ und $\mathbb{C}[X]$ mit der arithmetischen Operationen "+" die Struktur einer kommutativen Gruppe und zusammen mit "·" die Struktur eines kommutativen Ringes mit Eins-Element verleihen. In diesen Strukturen sind auch alle konstanten Polynome $\mathbf{p}(X) = a$ vom Grade $n = 0$ enthalten, wobei a jeweils einem der vier Zahlenbereiche zugehörig ist. $\mathbb{Z}$, $\mathbb{Q}$, $\mathbb{R}$ und $\mathbb{C}$ können deshalb mit entsprechenden Teilmengen konstanter Polynome identifiziert werden, d.h. sind isomorph zu Teilringen in $\mathbb{Z}[X]$, $\mathbb{Q}[X]$, $\mathbb{R}[X]$ bzw. $\mathbb{C}[X]$.

Nicht nur der rechnerische Umgang mit Polynomen ähnelt dem mit Zahlen, auch Konzepte wie Teilbarkeit, größter gemeinsamer Teiler und Primfaktorzerlegung lassen sich sinngemäß auf Polynome übertragen. Damit wird kein Selbstzweck verfolgt, sondern die Absicht, "Werkzeuge" bereitzustellen, die sehr nützliche Hilfsmittel sind, um Fragen nach der Lösbarkeit von Gleichungen oder der Konstruierbarkeit geometrischer Objekte zu klären. In den eingeführten Polynommengen gibt es keine Umkehroperation zur Multiplikation, also keine Division, weshalb diese Strukturen keine Körper sind. Wohl aber kann man danach fragen, ob Polynome Teiler besitzen.

Definition 3.6 *(Teilbarkeit von Polynomen)*
Man sagt, das Polynom $\mathbf{q}(X)$ *teilt* $\mathbf{p}(X)$*, wenn es ein Polynom* $\mathbf{h}(X)$ *gibt, so dass* $\mathbf{p}(X) = \mathbf{h}(X) \cdot \mathbf{q}(X)$ *ist, und bringt die Teilbarkeit von* $\mathbf{p}$ *durch* $\mathbf{q}$ *kurz durch* $\mathbf{q} \mid \mathbf{p}$ *zum Ausdruck. Existiert kein derartiges Polynom* $\mathbf{h}$*, so heißen* $\mathbf{q}$ *und* $\mathbf{p}$ *teilerfremd, was mit* $\mathbf{q} \nmid \mathbf{p}$ *ausgedrückt wird. Auch* $\mathbf{h}$ *ist ein Teiler von* $\mathbf{p}$*, d.h.,* $\mathbf{h}$ *teilt* $\mathbf{p}$*:* $\mathbf{h} \mid \mathbf{p}$*.*

Beispielsweise teilt $\mathbf{q}(X) = 2X - 1$ das Polynom $\mathbf{p}(X) = 2X^3 - X^2 + 6X - 3$, denn:
$$\mathbf{p}(X) = 2X^3 - X^2 + 6X - 3 = (2X - 1) \cdot (X^2 + 3) = \mathbf{q}(X) \cdot \mathbf{h}(X).$$
D.h., $\mathbf{h}(X) = X^2 + 3$ und $\mathbf{q}(X) = 2X - 1$ sind beide Teiler von $\mathbf{p}(X)$. Demgegenüber ist $X + 1$ kein Teiler von $\mathbf{p}(X)$: $(X + 1) \nmid \mathbf{p}(X)$.

Wenn auch nicht jedes Paar von Polynomen einen gemeinsamen Teiler besitzt, so gibt es doch in Analogie zu den ganzen Zahlen für Polynome den Begriff der Division mit Rest.

Satz 3.7 *(Division mit Rest)*
Zu Polynomen $\mathbf{p}$ *und* $\mathbf{q}$ *(*$\mathbf{q}$ *ist nicht das Null-Polynom,* $\mathbf{q} \neq \mathbf{0}$*) gibt es eindeutig bestimmte Polynome* $\mathbf{d}$ *und* $\mathbf{r}$*, so dass gilt:*

$$\mathbf{p} = \mathbf{d} \cdot \mathbf{q} + \mathbf{r}\,, \quad \textit{wobei } \mathbf{r} = \mathbf{0} \textit{ oder } \mathrm{grad}(\mathbf{r}) < \mathrm{grad}(\mathbf{q})\,.$$

Das Polynom $\mathbf{d}$ *heißt Quotient von* $\mathbf{p}$ *und* $\mathbf{q}$*, von* $\mathbf{r}$ *spricht man als den Rest von* $\mathbf{p}$ *bei der Division durch* $\mathbf{q}$*.*

Die Berechnung von $\mathbf{d}$ und $\mathbf{r}$ folgt fast wörtlich den Rechenschritten, die wir für Zahlen schon besprochen haben. Der schrittweise abzuarbeitende Algorithmus beginnt mit
$$\mathbf{d} = \mathbf{0} \quad \text{und} \quad \mathbf{r} = \mathbf{p}$$
und wird fortgesetzt, wenn $\mathbf{r} \neq \mathbf{0}$ und $\mathrm{grad}(\mathbf{r}) \geqq \mathrm{grad}(\mathbf{q})$. In jedem dieser Schritte ersetzt man
$$\mathbf{r} \text{ durch } \mathbf{r} - \mathbf{h} \cdot \mathbf{q} \quad \text{und} \quad \mathbf{d} \text{ durch } \mathbf{d} + \mathbf{h},$$
wobei $\mathbf{h}(X) = (\text{Leitkoeffizient von } \mathbf{r}) \cdot (\text{Leitkoeffizient von } \mathbf{q})^{-1} \cdot X^{\mathrm{grad}(\mathbf{r}) - \mathrm{grad}(\mathbf{q})}$.
Letzteres ist wie folgt zu verstehen:
Mit $\mathbf{q}(X) = b_m X^m + \ldots + b_0$ und dem aktuellen $\mathbf{r}(X) = r_s X^s + \ldots + r_0$ ergibt sich
$$\mathbf{h}(X) = \frac{r_s}{b_m} X^{s-m}.$$
Mit dieser Wahl von $\mathbf{h}$ sind die Grade und Leitkoeffizienten von $\mathbf{r}$ und $\mathbf{h} \cdot \mathbf{q}$ gleich, so dass der Grad von $\mathbf{r} - \mathbf{h} \cdot \mathbf{q}$ kleiner als jener von $\mathbf{r}$ ist. Deshalb kommt die Berechnung nach endlich vielen Schritten zum Stillstand und endet, wenn entweder $\mathbf{r} = \mathbf{0}$ oder $\mathrm{grad}(\mathbf{r}) < \mathrm{grad}(\mathbf{q})$.

Beispiel 3.8 *Mit* $\mathbf{p}(X) = 2X^3 - X^2 + 6X - 3$ *und* $\mathbf{q}(X) = X + 1$
bzw. $\mathbf{p} = (2, -1, 6, -3)$ *und* $\mathbf{q} = (1, 1)$
ergibt sich für die Division von $\mathbf{p}$ *durch* $\mathbf{q}$ *mit Rest das folgende Rechenschema:*

$$
\begin{array}{rrrrrrrrrrr}
\mathbf{r} = \mathbf{p}: & (2 & -1 & 6 & -3) & : & (1\ 1) & = & (2 & -3 & 9) & -12 \\
\mathbf{h} \cdot \mathbf{q}: & - (2 & 2 & 0 & 0) & & & & & & & \\
\mathbf{r} \to \mathbf{r} - \mathbf{h} \cdot \mathbf{q}: & & (-3 & 6 & -3) & & & & & & & \\
\mathbf{h} \cdot \mathbf{q}: & & - (-3 & -3 & 0) & & & & & & & \\
\mathbf{r} \to \mathbf{r} - \mathbf{h} \cdot \mathbf{q}: & & & (9 & -3) & & & & & & & \\
\mathbf{h} \cdot \mathbf{q}: & & & - (9 & 9) & & & & & & & \\
\text{Rest:} & & & & -12 & & & & & & &
\end{array}
$$

Ausführlich niedergeschrieben, lautet das Ergebnis:

$$\mathbf{d}(X) = 2X^2 - 3X + 9 \qquad \mathbf{r} = -12$$
$$\mathbf{p}(X) = 2X^3 - X^2 + 6X - 3 = (2X^2 - 3X + 9) \cdot (X + 1) - 12.$$

Bemerkung 3.9 *(Entwicklungen von Polynomen)*
*Auf der Division mit Rest bauen weitere nützliche Algorithmen zu Polynomen auf.
So wie Zahlen nicht nur nach 10er Potenzen sich entwickeln lassen, so können auch
Polynome als Entwicklungen nach vorgegebenen polynomialen Ausdrücken darge-
stellt werden. Das Polynom*

$$\mathbf{p}(X) = a_n X^n + \dots + a_1 X + a_0 \qquad (n > 1) \quad \text{ist nach Potenzen von}$$
$$\mathbf{q}(X) = b_1 X + b_0 \quad \text{mit } b_1 \neq 0$$

zu entwickeln. Prinzipiell ist damit eine Umordnung der Glieder von $\mathbf{p}$ *verbunden,
die zu folgender Darstellung führt:*

$$\mathbf{p}(X) = d_n (\mathbf{q}(X))^n + d_{n-1}(\mathbf{q}(X))^{n-1} + \dots + d_1 \mathbf{q}(X) + d_0.$$

Wir ordnen aber $\mathbf{p}$ *nicht um, sondern berechnen die Koeffizienten* $d_0, \dots, d_n$ *über
folgenden Prozess, in dem schrittweise Divisionen mit Rest auszuführen sind:*

a) Setze einen Laufindex $i = 0$ und $\mathbf{u}(X) = \mathbf{p}(X)$.

b) Führe eine Division mit Rest $\quad \mathbf{u} = \mathbf{d} \cdot \mathbf{q} + r$
durch, solange $\quad \mathrm{grad}(\mathbf{u}) \geqq 1$.
Setze $d_i = r$ (r ist eine Konstante !) und $\mathbf{u} = \mathbf{d}$, erhöhe: $i = i + 1$.

c) Wenn $\mathrm{grad}(\mathbf{u}) = 0$, setze $d_n = \mathbf{d}$ ($\mathbf{d}$ ist eine Konstante !).

In jedem Schritt verringert sich der Grad des Polynoms $\mathbf{u}$ *um Eins, so dass nach n
Schritten die Iteration unter Punkt b) zur Berechnung der Koeffizienten $d_0, \dots, d_{n-1}$
endet.*

Beispiel 3.10 *Mit* $\mathbf{p}(X) = 2X^3 - X^2 + 6X - 3$ *und* $\mathbf{q}(X) = X + 1$ *übernehmen
wir aus dem letzten Beispiel die erste Division mit Rest:*

$$\mathbf{u}(X) = \mathbf{p}(X) = (2X^2 - 3X + 9)\mathbf{q}(X) - 12 \qquad \text{Division: } \mathbf{u} = \mathbf{d} \cdot \mathbf{q} + r$$
Setze $\quad \mathbf{u}(X) = \mathbf{d}(X) = 2X^2 - 3X + 9 \quad$ und $d_0 = -12$
$$\mathbf{u}(X) = (2X - 5)\mathbf{q}(X) + 14 \qquad \text{Division: } \mathbf{u} = \mathbf{d} \cdot \mathbf{q} + r$$
Setze $\quad \mathbf{u}(X) = \mathbf{d}(X) = 2X - 5 \quad$ und $d_1 = 14$
$$\mathbf{u}(X) = 2\mathbf{q}(X) - 7 \qquad \text{Division: } \mathbf{u} = \mathbf{d} \cdot \mathbf{q} + r$$
Setze $\quad d_2 = -7, \quad$ und $d_3 = \mathbf{d} = 2$

Mit den berechneten Koeffizienten erhält das Polynom $\mathbf{p}(X)$ die Darstellung
$$\mathbf{p}(X) = 2(X+1)^3 - 7(X+1)^2 + 14(X+1) - 12.$$

Polynome $\mathbf{p}(X)$ können auf diese Weise auch nach höhergradigen Polynomen $\mathbf{q}(X)$ (jedoch mit $1 \leq \mathrm{grad}(\mathbf{q}) < \mathrm{grad}(\mathbf{p})$) entwickelt werden.

Wir haben jetzt die Voraussetzungen geschaffen, um über den Begriff des größten gemeinsamen Teilers von Polynomen zu sprechen.

Definition 3.11 *(größter gemeinsamer Teiler)*
Ein Polynom $\mathbf{d}$ heißt größter gemeinsamer Teiler (kurz: ggT) der Polynome $\mathbf{p}$ und $\mathbf{q}$, wenn $\mathbf{d}$ Teiler von $\mathbf{p}$ und $\mathbf{q}$ ist ($\mathbf{d} \mid \mathbf{p}$ und $\mathbf{d} \mid \mathbf{q}$) und wenn außerdem jedes andere gemeinsame Teilerpolynom $\mathbf{e}$ ($\mathbf{e} \mid \mathbf{p}$ und $\mathbf{e} \mid \mathbf{q}$) auch Teiler von $\mathbf{d}$ ist ($\mathbf{e} \mid \mathbf{d}$).
Bezeichnung: $\mathbf{d} = ggT(\mathbf{p}, \mathbf{q})$.

Satz 3.12 *(Eindeutigkeit des ggT)*
Der ggT von Polynomen ist bis auf einen konstanten Faktor $k \in \mathbb{C}$ ($k \neq 0$) eindeutig bestimmt. D.h., mit $\mathbf{d} = ggT(\mathbf{p}, \mathbf{q})$ ist auch $k\mathbf{d}$ ein ggT der Polynome $\mathbf{p}$ und $\mathbf{q}$.

Das ist leicht einzusehen. Denn, sind $\mathbf{d}$ und $\mathbf{d}'$ größte gemeinsame Teiler, so muss nach Definition gelten $\mathbf{d} \mid \mathbf{d}'$ und $\mathbf{d}' \mid \mathbf{d}$. Aus $\mathbf{d} \mid \mathbf{d}'$ folgt $\mathbf{d}' = \mathbf{k} \cdot \mathbf{d}$ mit einem gewissen Polynom $\mathbf{k}$. Da andererseits auch $\mathbf{d}' \mid \mathbf{d}$ ist, muss $\mathrm{grad}(\mathbf{d}')$ kleiner oder höchstens gleich $\mathrm{grad}(\mathbf{d})$ sein. Folglich muss $\mathrm{grad}(\mathbf{k}) \leq 0$ sein, d.h., $\mathbf{k}$ ist ein konstantes Polynom.

Mit der zusätzlichen Forderung, dass der ggT ein normiertes Polynom ist, also der Leitkoeffizient gleich 1 ist, stellt man die Eindeutigkeit des ggT sicher.

Die Existenz eines ggT zu Polynomen $\mathbf{p}$ und $\mathbf{q}$, die beide nicht das Null-Polynom sind, kann wie für Zahlen mit dem Euklidischen Algorithmus gezeigt werden. In Worten ausgedrückt, läuft dieser Algorithmus wie folgt ab: Ist keines der beiden Polynome ein Teiler des anderen, so ersetze man das Polynom größeren oder gleichen Grades durch seinen Rest nach Division durch das andere Polynom. Ist eines der Polynome Teiler des anderen, dann ist dieses der ggT beider Polynome. Wenn dies nicht der Fall ist, so setzt man den Prozess iterativ fort:

Es sei $\mathrm{grad}(\mathbf{p}) \geq \mathrm{grad}(\mathbf{q})$. Mit $\mathbf{r}_0 = \mathbf{p}$ und $\mathbf{r}_1 = \mathbf{q}$ werden folgende Divisionen ausgeführt:

$$
\begin{array}{llllll}
\mathbf{r}_0 & : \ \mathbf{r}_1 & = \ \mathbf{d}_1 & \text{mit Rest } \mathbf{r}_2, & \text{d.h.,} & \mathbf{r}_0 = \mathbf{d}_1 \cdot \mathbf{r}_1 + \mathbf{r}_2 \\
\mathbf{r}_1 & : \ \mathbf{r}_2 & = \ \mathbf{d}_2 & \text{mit Rest } \mathbf{r}_3, & \text{d.h.,} & \mathbf{r}_1 = \mathbf{d}_2 \cdot \mathbf{r}_2 + \mathbf{r}_3 \\
\mathbf{r}_2 & : \ \mathbf{r}_3 & = \ \mathbf{d}_3 & \text{mit Rest } \mathbf{r}_4, & \text{d.h.,} & \mathbf{r}_2 = \mathbf{d}_3 \cdot \mathbf{r}_3 + \mathbf{r}_4 \\
\ldots & \ldots \quad \ldots \ \ldots & & \ldots\ldots\ldots\ldots\ldots & \ldots & \ldots\ldots\ldots \\
\mathbf{r}_{k-2} & : \ \mathbf{r}_{k-1} & = \ \mathbf{d}_{k-1} & \text{mit Rest } \mathbf{r}_k, & \text{d.h.,} & \mathbf{r}_{k-2} = \mathbf{d}_{k-1} \cdot \mathbf{r}_{k-1} + \mathbf{r}_k \\
\mathbf{r}_{k-1} & : \ \mathbf{r}_k & = \ \mathbf{d}_k & \text{mit Rest } \mathbf{r}_{k+1} = 0, & \text{d.h.,} & \mathbf{r}_{k-1} = \mathbf{d}_k \cdot \mathbf{r}_k
\end{array}
$$

Ergebnis: $\mathbf{r}_k = \mathbf{d} = ggT(\mathbf{p}, \mathbf{q})$.

Beispiel 3.13 *Wir gehen von* $\mathbf{p}(X) = \mathbf{r}_0(X) = 2X^3 - 5X^2 + 4X - 1$ *und*
$\mathbf{q}(X) = \mathbf{r}_1(X) = X^3 - X^2 + X - 1$ *aus.*
Damit ergeben sich folgende Divisionen mit Rest:

$$
\begin{array}{llll}
\mathbf{r}_0 &=& \mathbf{d}_1 \cdot \mathbf{r}_1 + \mathbf{r}_2 & \textit{mit} \quad \mathbf{d}_1 = 2, \qquad\qquad & \mathbf{r}_2 = -3X^2 + 2X + 1 \\
\mathbf{r}_1 &=& \mathbf{d}_2 \cdot \mathbf{r}_2 + \mathbf{r}_3 & \textit{mit} \quad \mathbf{d}_2 = \frac{1}{9}(-3X + 1), & \mathbf{r}_3 = \frac{10}{9}(X - 1) \\
\mathbf{r}_2 &=& \mathbf{d}_3 \cdot \mathbf{r}_3 + \mathbf{r}_4 & \textit{mit} \quad \mathbf{d}_3 = -\frac{9}{10}(3X + 1) & \mathbf{r}_4 = 0
\end{array}
$$

Ein größter gemeinsamer Teiler der beiden Polynome ist $\mathbf{r}_3 = \frac{10}{9}(X - 1)$. *Mit der Normierung von* $\mathbf{r}_3$ *stellen wir die Eindeutigkeit her:* $ggT(\mathbf{p}, \mathbf{q}) = X - 1$.

Bemerkung 3.14 *(polynomiale lineare Gleichungen)*
Wie für Zahlen, lassen sich auch zwei Polynome mit geeigneten polynomialen Ausdrücken so linear verbinden, dass sich im Ergebnis das Polynom des ggT der beiden Polynome ergibt. Sind $\mathbf{p}$ *und* $\mathbf{q}$ *beide nicht Null-Polynome, so existieren Polynome* $\mathbf{u}$ *und* $\mathbf{v}$, *so dass*

$$\mathbf{u} \cdot \mathbf{p} + \mathbf{v} \cdot \mathbf{q} = ggT(\mathbf{p}, \mathbf{q}). \tag{3.1}$$

Der schon bekannte erweiterte Euklidische Algorithmus ist auch für Polynome ein brauchbares Verfahren zur Bestimmung von $\mathbf{u}$ und $\mathbf{v}$. Wir geben die Polynome $\mathbf{p}$ und $\mathbf{q}$ vor und starten den Algorithmus mit den Anfangswerten

$$\mathbf{r}_0 = \mathbf{p}, \ \mathbf{r}_1 = \mathbf{q}, \qquad \mathbf{u}_0 = 1, \ \mathbf{u}_1 = 0, \qquad \mathbf{v}_0 = 0, \ \mathbf{v}_1 = 1.$$

Beginnend mit diesen Werten, werden nach folgendem Schema in aufeinander folgenden Schritten für die $\mathbf{r}-$, $\mathbf{u}-$ und $\mathbf{v}-$Größen geänderte polynomiale Ausdrücke berechnet:

$$
\begin{aligned}
\mathbf{r}_{k+1} &= \mathbf{r}_{k-1} - \mathbf{d}_k \cdot \mathbf{r}_k, \\
\mathbf{u}_{k+1} &= \mathbf{u}_{k-1} - \mathbf{d}_k \cdot \mathbf{u}_k, \qquad\qquad k = 1, 2, \ldots \\
\mathbf{v}_{k+1} &= \mathbf{v}_{k-1} - \mathbf{d}_k \cdot \mathbf{v}_k,
\end{aligned}
$$

Dabei geht $\mathbf{d}_k$ als Quotient aus der Division $\mathbf{r}_{k-1} : \mathbf{r}_k$ mit dem Rest $\mathbf{r}_{k+1}$ hervor, d.h. $\mathbf{r}_{k-1} : \mathbf{r}_k = \mathbf{d}_k$ mit Rest $\mathbf{r}_{k+1}$.
Diese Iteration kommt zum Stillstand, wenn $\mathbf{r}_{k+1} = 0$. Aus den zuletzt errechneten Werten ergibt sich:

$$ggT(\mathbf{p}, \mathbf{q}) = \mathbf{r}_k, \qquad \mathbf{u} = \mathbf{u}_k, \qquad \mathbf{v} = \mathbf{v}_k.$$

Beispiel 3.15 *Die Polynome* $\mathbf{p}$ *und* $\mathbf{q}$ *aus dem vorhergehenden Beispiel sollen zum* $ggT(\mathbf{p}, \mathbf{q})$ *linear verbunden werden. Mit den Anfangswerten* $\mathbf{r}_0 = \mathbf{p}$, $\mathbf{r}_1 = \mathbf{q}$, $\mathbf{u}_0 = 1$, $\mathbf{u}_1 = 0$, $\mathbf{v}_0 = 0$, $\mathbf{v}_1 = 1$ *und den im besagten Beispiel durchgeführten Divisionen mit Rest erhält man folgende Zwischenresultate:*

$$
\begin{array}{lll}
\mathbf{r}_2 = \mathbf{r}_0 - \mathbf{d}_1 \cdot \mathbf{r}_1 = -3X^2 + 2X + 1 & \mathbf{u}_2 = \mathbf{u}_0 - \mathbf{d}_1 \cdot \mathbf{u}_1 = 1 & \mathbf{v}_2 = \mathbf{v}_0 - \mathbf{d}_1 \cdot \mathbf{v}_1 = -2 \\[2mm]
\mathbf{r}_3 = \mathbf{r}_1 - \mathbf{d}_2 \cdot \mathbf{r}_2 = \frac{10}{9}(X - 1) & \mathbf{u}_3 = \mathbf{u}_1 - \mathbf{d}_2 \cdot \mathbf{u}_2 & \mathbf{v}_3 = \mathbf{v}_1 - \mathbf{d}_2 \cdot \mathbf{v}_2 \\[2mm]
 & \quad = \frac{1}{9}(3X - 1) & \quad = \frac{1}{9}(-6X + 11) \\[2mm]
\mathbf{r}_4 = \mathbf{r}_2 - \mathbf{d}_3 \cdot \mathbf{r}_3 = 0
\end{array}
$$

Wir multiplizieren $\mathbf{r}_3$, $\mathbf{u}_3$ *und* $\mathbf{v}_3$ *mit dem Faktor* $\frac{9}{10}$, *womit* $\mathbf{r}_3$ *normiert wird, und erhalten:*

$$\mathbf{u} = \tfrac{9}{10}\mathbf{u}_3 = \tfrac{1}{10}\left(3X - 1\right)$$

$$\mathbf{v} = \tfrac{9}{10}\mathbf{v}_3 = \tfrac{1}{10}\left(-6X + 11\right) \qquad \mathbf{u} \cdot \mathbf{p} + \mathbf{v} \cdot \mathbf{q} = ggT\left(\mathbf{p}, \mathbf{q}\right)$$

$$ggT\left(\mathbf{p}, \mathbf{q}\right) = \tfrac{9}{10}\mathbf{r}_3 = X - 1.$$

Bemerkung 3.16 *(erweiterte polynomiale Gleichungen)*

Aus dem erzielten Resultat leitet man sofort ab, dass sich ein Polynom $\mathbf{s}$ *genau dann als Linearkombination vorgegebener Polynome* $\mathbf{p}$ *und* $\mathbf{q}$ *darstellen lässt, wenn der* $ggT\left(\mathbf{p}, \mathbf{q}\right)$ *ein Teiler von* $\mathbf{s}$ *ist. In diesem Fall existieren Polynome* $\mathbf{u}$ *und* $\mathbf{v}$, *so dass*

$$\mathbf{s} = \mathbf{u} \cdot \mathbf{p} + \mathbf{v} \cdot \mathbf{q}.$$

3.2 Polynomiale Gleichungen

In der Mathematik spricht man von einer Gleichung, wenn zwei Teile T_1 und T_2 (meist als Terme bezeichnet) ihrem Wert nach gleich sind, und verbindet diese mit einem Gleichheitszeichen: $T_1 = T_2$. Im weitesten Sinne fallen darunter auch alle Formeln. Beispielsweise ist bekannt, dass der Oberflächeninhalt O einer Kugel viermal so groß ist wie der Flächeninhalt A eines Kreises mit dem gleichen Radius wie die Kugel und drückt das durch die Formel (Gleichung) $O = 4A$ aus. Im eigentlichen Sinne hat man es aber mit Gleichungen zu tun, in denen eine oder mehrere unbekannte Größen auftreten, die meist mit dem Buchstaben (Platzhalter) x bezeichnet werden. Derartige Gleichungen treten in den unterschiedlichsten Formen auf. Entsprechend den angestrebten Zielen, interessieren uns Gleichungen, die durch Polynome festgelegt sind und polynomiale Gleichungen genannt werden. Dazu zwei Beispiele.

Beispiel 3.17 *(Dreisatz)*

Wer hat es nicht schon mit einer Aufgabe der folgenden einfachen Art zu tun gehabt: 2kg Äpfel kosten $3,50$ €, wieviel kosten 5kg Äpfel. Bezeichnet man den unbekannten Preis für 5kg Äpfel mit x, so ergibt sich dieses Resultat, indem Verhältnisse gleichgesetzt werden:

$$2 : 3,50 = 5 : x \qquad \text{nach } x \text{ umgestellt: } \quad x = \tfrac{1}{2} \cdot 5 \cdot 3.50 = 8.75$$

Die Antwort lautet also: 5kg Äpfel kosten 8.75 €. Mit derartigen Verhältnisrechnungen ist man in vielen Lebenssituationen konfrontiert. Drei Größen, nennen wir sie a, b, c, sind bekannt, gesucht ist eine vierte Größe X. Außerdem weiß man, dass c zur Unbestimmten X im gleichen Verhältnis steht wie a zu b, d.h.: $\frac{c}{X} = \frac{a}{b}$.

Nach Umstellung ergibt sich die lineare Gleichung

$$\frac{a}{b}X - c = 0 \qquad \text{mit der Lösung: } \quad x = \frac{cb}{a}.$$

Auf der linken Seite der Gleichung steht ein Polynom ersten Grades $\mathbf{p}_1\left(X\right)$, und x ist jener Wert für die Unbestimmte X, für den dieses Polynom verschwindet.

Beispiel 3.18 *(Goldener Schnitt)*
Mit dem Goldenen Schnitt ist die Aufteilung einer Strecke in zwei Teilstrecken verbunden, so dass für das menschliche Empfinden ein besonders ästhetischer Eindruck entsteht. Man teilt eine Strecke nach dem Goldenen Schnitt in zwei Teilstrecken, so dass die Länge L der Gesamtstrecke zur Länge x der längeren Teilstrecke im gleichen Verhältnis steht wie die Länge x zur Länge L − x der kürzeren Teilstrecke (siehe Abb. 3.1). In einer Gleichung ausgedrückt:

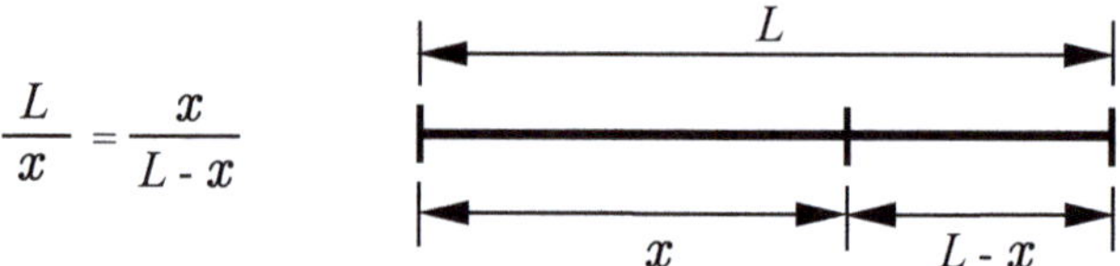

$$\frac{L}{x} = \frac{x}{L-x}$$

Abb. 3.1: Zueinander proportionale Strecken des Goldenen Schnittes

Bezeichnen wir die noch unbekannte Größe x als Unbestimmte X und ordnen diese Beziehung nach Potenzen von X um, so entsteht folgende quadratische Gleichung

$$X^2 + LX - L^2 = 0.$$

Wir haben es hier auf der linken Seite der Gleichung mit einem normierten Polynom zweiten Grades in X zu tun. Die Berechnung jener Werte für X, die diese Gleichung erfüllen, behandeln wir nachfolgend in allgemeiner Form.

Mit den allgemein komplexwertigen Koeffizienten a_2, a_1, a_0 und $a_2 \neq 0$ hat eine quadratische Gleichung die Darstellung
$$a_2 X^2 + a_1 X + a_0 = 0.$$
Wir teilen zunächst durch den Leitkoeffizienten a_2 und erhalten mit den Koeffizienten $p = a_1/a_2$ und $q = a_0/a_2$ die quadratische Gleichung in der normierten Form

$$X^2 + pX + q = 0 \qquad (p,\, q \in \mathbb{C}).$$

Unter der Lösung dieser Gleichung versteht man die Berechnung jener Werte (Zahlen) x, die, anstelle der Unbestimmten X eingesetzt, die Gleichung identisch erfüllen. Vor 3600 Jahren fanden schon babylonische Gelehrte Lösungen dieser Gleichung, und die von ihnen gefundene Lösungsmethode ist immer noch aktuell. Es gibt eine Formel, mit der die Lösungen darstellbar sind, die sich ganz einfach über eine sogenannte "quadratische Ergänzung" herleiten lässt. In Worten ausgedrückt, stellt man die Gleichung wie folgt um: Auf beiden Seiten der Gleichung wird q subtrahiert und der Ausdruck $\left(\frac{p}{2}\right)^2$ addiert, womit folgende Gleichung entsteht:

$$X^2 + pX + \left(\tfrac{p}{2}\right)^2 = \left(\tfrac{p}{2}\right)^2 - q.$$

Mit der Ergänzung der linken Seite durch den hinzugefügten Term entsteht ein quadratischer Ausdruck, der über eine binomische Formel zusammengefasst werden kann:

$$X^2 + pX + \left(\tfrac{p}{2}\right)^2 = \left(X + \tfrac{p}{2}\right)^2 = \left(\tfrac{p}{2}\right)^2 - q.$$

Nach dem Wurzelziehen auf beiden Seiten der rechts stehenden Gleichung ergibt sich:

$$X + \frac{p}{2} = \pm\sqrt{\left(\frac{p}{2}\right)^2 - q}.$$

Wie mit dem $\pm$ ausgewiesen, führt die Berechnung der Quadratwurzel zu zwei, sich nur durch das Vorzeichen unterscheidende Ausdrücke, die folglich nach Quadrieren den gleichen Wert ergeben. Subtrahiert man auf beiden Seiten noch $\frac{p}{2}$, so entsteht die bekannte Lösungsformel für die beiden Lösungen x_1, x_2 der quadratischen Gleichung:

$$x_{1,2} = -\frac{p}{2} \pm \sqrt{\left(\frac{p}{2}\right)^2 - q}. \tag{3.2}$$

Für den im letzten Beispiel besprochenen Goldenen Schnitt erhalten wir mit $p = L$ und $q = -L^2$ die Lösungen

$$x_{1,2} = -\frac{L}{2} \pm \sqrt{\left(\frac{L}{2}\right)^2 + L^2} = \frac{L}{2}\left(-1 \pm \sqrt{5}\right).$$

Näherungsweise ergibt sich: $x_1 \approx 0.618 \cdot L$ und $x_2 \approx -1.618 \cdot L$. Die von uns gesuchte Länge für die größere Teilstrecke ist x_1, während x_2 als "Pseudolösung" zu interpretieren ist, die eine andere Konstellation der Teilung beschreibt. Eine Analyse zeigt, dass der Betrag von x_2 das Verhältnis der Längen x zu $L - x$ angibt: $|x_2| = x/(L - x)$. Erwähnt sei noch, dass mit $\sqrt{5}$ auch x_1 eine irrationale Zahl ist.

Bei Erhöhung des Gleichungsgrades entstehen polynomiale Gleichungen dritten, vierten und fünften Grades, die auch kubische, quartische und quintische Gleichungen genannt werden. Für Gleichungen dritten und vierten Grades existieren ebenfalls Lösungsformeln, die jedoch sehr umfangreich sind und deren Auswertung im konkreten Fall oft problematisch ist (siehe [Stew], [Niep]). Für Gleichungen fünften und höheren Grades gibt es keine allgemeinen Lösungsformeln. D.h., die Lösungen, wenn sie denn im verfügbaren Zahlenbereich existieren, sind nicht durch Formeln darstellbar, in denen die Koeffizienten der Gleichung allein durch Anwendung der vier Grundrechenarten und n−ten Wurzelberechnungen verbunden werden. Man sagt, dass Gleichungen fünften und höheren Grades im Allgemeinen nicht durch Radikale lösbar sind. Diese Aussage mathematisch zu untermauern, ist eines unserer Hauptanliegen. Das bedeutet natürlich nicht, dass es für Gleichungen höheren Grades keine Lösungen gibt. Ihre Darstellung durch eine Formel in Form von Radikalen ist nur nicht möglich.

Definition 3.19 *(Nullstellen polynomialer Gleichungen)*
Zur Klärung von Fragen nach der Lösbarkeit polynomialer Gleichungen n−ten Grades gehen wir von folgender allgemeinen Darstellung aus:

$$a_n X^n + a_{n-1} X^{n-1} + \ldots + a_1 X + a_0 = 0. \tag{3.3}$$

*Die Koeffizienten sind Zahlen, die wir je nach untersuchtem Sachverhalt dem Ring der ganzen Zahlen $\mathbb{Z}$, den Körpern der rationalen, reellen oder komplexen Zahlen ($\mathbb{Q}$, $\mathbb{R}$, $\mathbb{C}$) zuordnen. Eine Lösung, man spricht von einer **Nullstelle** oder Wurzel dieser Gleichungen, ist eine Zahl x, die, anstelle der Unbestimmten X eingesetzt, die Gleichung identisch erfüllt:*

$$a_n x^n + a_{n-1} x^{n-1} + \ldots + a_1 x + a_0 = 0.$$

Wie viele Lösungen es gibt und ob diese überhaupt existieren, ist entscheidend davon abhängig, welcher Zahlenstruktur die Lösungen angehören. Wir lassen von vornherein zu, dass Lösungen aus einem anderen, in der Regel wesentlich umfassenderen Zahlenbereich stammen als die Koeffizienten. Schon anhand der linearen Gleichung $X + a = 0$ erkennt man, dass die Lösung $x = -a$ zumindest dem Zahlenbereich angehören muss, dem auch a angehört. Schauen wir uns weitere einfache Beispiele an, in denen die Koeffizienten dem Ring $\mathbb{Z}$ der ganzen Zahlen angehören:
Während für $X^2 - 4 = 0$ mit $x_{1,2} = \pm 2$ ganzzahlige Lösungen existieren, hat die nur wenig geänderte Gleichung $X^2 - 2 = 0$ in $\mathbb{Z}$ keine Lösungen, mit $x_{1,2} = \pm\sqrt{2}$ wohl aber im Körper $\mathbb{R}$ der reellen Zahlen. Schließlich zeigt uns die Gleichung $X^2 + 1 = 0$ mit den imaginären Lösungen $x_{1,2} = \pm\sqrt{-1} = \pm i$, dass selbst im Falle ganzzahliger Koeffizienten möglicherweise als Lösungsraum der wesentlich umfangreichere Körper der komplexen Zahlen vorausgesetzt werden muss, um eine Lösung der Gleichung zu garantieren.
Wir setzen voraus, dass der Leitkoeffizient a_n (Koeffizient bei der höchsten $X-$Potenz, die den Grad der Gleichung festlegt) nicht verschwindet ($a_n \neq 0$). Gehören die Koeffizienten von Gleichung (3.3) den Körpern $\mathbb{Q}$, $\mathbb{R}$ oder $\mathbb{C}$ an, so kann durch a_n geteilt werden. Mit den Koeffizienten $b_i = a_i/a_n$ $(i = 0, ..., n - 1)$ erhält man die zu (3.3) normierte Polynomgleichung

$$X^n + b_{n-1}X^{n-1} + ... + b_1 X + b_0 = 0. \tag{3.4}$$

Die normierte Gleichung ist mit Bezug auf Lösungen völlig äquivalent zu (3.3), d.h., eine Zahl x ist genau dann Lösung von (3.3), wenn x auch Lösung von (3.4) ist.
Polynomgleichungen höheren Grades treten nicht nur innerhalb der Mathematik und Informatik auf (z.B. als Eigenwertgleichungen in der linearen Algebra oder im Zusammenhang mit Verschlüsselungstechniken in der Kryptologie), sondern auch in der Mechanik und Physik bei der Berechnung von Resonanzzuständen in der Schwingungslehre oder Untersuchungen der Stabilität von Mechanismen. Damit sind bei weitem nicht die Felder erschöpft, in denen Polynomgleichungen eine Rolle spielen. Es ist daher lohnend, sich mit Gleichungen diesen Typs zu beschäftigen. Wir richten in dieser Schrift aber unser Augenmerk auf Fragen nach der Lösbarkeit von Polynomgleichungen unter bestimmten Voraussetzungen in Form von Radikalen und, damit eng zusammenhängend, der Konstruktion geometrischer Objekte allein mit Zirkel und Lineal.

3.3 Fundamentale Erkenntnisse

Über Jahrhunderte richtete sich das Interesse früherer Generationen von Wissenschaftlern auf Fragen nach der Lösbarkeit polynomialer Gleichungen. Im Mittelpunkt standen meist Bemühungen, Nullstellen bestimmter Klassen von Polynomen auf analytischem Wege zu konstruieren. Da diese Versuche für Gleichungen fünften und höheren Grades sämtlich fehlschlugen, begann man etwa ab Mitte des 17. Jahrhunderts darüber nachzudenken, ob Polynomgleichungen im Allgemeinen überhaupt Lösungen besitzen. Das war gleichzeitig die Geburtsstunde der modernen Algebra. Mit der Entwicklung des Gruppenbegriffes, der Etablierung darauf aufbauender Strukturen und Offenlegung von Symmetriebeziehungen kam man der Beantwortung von Fragen nach den Lösbarkeitsbedingungen näher. Carl Friedrich Gauss bewies in seiner Dissertation 1799 erstmals, dass "im Komplexen" Polynomgleichungen stets eine Lösung besitzen. In der Folgezeit gab es viele Bemühungen, Beweise nicht nur bezüglich der Lösbarkeit zu finden, sondern auch, ob sich diese in analytischer Form durch Radikale darstellen lassen. Einen Durchbruch stellten die Ideen von N. H. Abel (norw. Mathematiker, 1802-1829), P. Ruffini (ital. Mathematiker, 1765-1822) und J.-L. de Lagrange (franz. Mathematiker, 1736-1813) dar. Insbesondere aber entdeckte Evariste Galois (franz. Mathematiker, 1811-1832), dass zu viele Symmetrien in den Gleichungen zu Lösungen führen, die nicht mehr durch Wurzelausdrücke darstellbar sind. Einen Überblick zu den an diesen Entstehungsprozessen beteiligten Mathematikern und deren Beweismethoden findet man in [Stew].

Für die Kreisteilungsgleichung $X^n - 1 = 0$ bzw. $X^n = 1$ existieren n Lösungen, die mit den komplexwertigen Wurzeln $x_k = \exp(2\pi ki/n)$ ($k = 0, ..., n-1$) gegeben sind (siehe Abschn.1.6). Das legt die Vermutung nahe, dass auch im allgemeinen Fall, einer Gleichung der Form (3.3), Lösungen vorhanden sind. Generell wird die Frage nach der Existenz einer Lösung von Polynomgleichungen

$$\mathbf{p}(X) = a_n X^n + a_{n-1} X^{n-1} + ... + a_1 X + a_0 = 0 \tag{3.5}$$

mit komplexwertigen Koeffizienten $a_0, a_1, ..., a_{n-1}, a_n$ durch folgende, als Fundamentalsatz der Algebra bezeichnete Aussage beantwortet:

Satz 3.20 *(Fundamentalsatz der Algebra)*
Für ein nicht konstantes Polynom $\mathbf{p}(X)$ *(d.h.* $\mathrm{grad}(\mathbf{p}) = n \geqq 1$*) über den komplexen Zahlen (d.h.* $\mathbf{p}$ *mit komplexwertigen Koeffizienten) existiert stets eine komplexe Zahl* x_1 *(*$x_1 \in \mathbb{C}$*), so dass* $\mathbf{p}(x_1) = 0$*.*

Es gibt zahlreiche Beweisansätze zu diesem Theorem, die konzeptionell sehr unterschiedlich sind. Neben rein algebraischen Beweisstrategien sind auch auf analytischen und topologischen Überlegungen aufbauende Methoden erfolgreich, die aber meist mit einer längeren Beweisführung verbunden sind (einen Überblick findet man in Wikipedia). Wir geben hier eine anschauliche, auf graphischen Überlegungen basierende Plausibilitätserklärung für die Aussage des Fundamentalsatzes. Zunächst soll aber anhand des Polynoms $\mathbf{p}(X) = X^2 + X + 1$ mit den beiden komplexwertigen Nullstellen
$$x_1 = -\tfrac{1}{2}\left(1 - i\sqrt{3}\right) \quad x_2 = -\tfrac{1}{2}\left(1 + i\sqrt{3}\right)$$
eine Vorstellung vermittelt werden, wie der Nachweis einer Lösung gelingt. Wir betrachten dazu das Polynom $\mathbf{p}(X)$ als Abbildung der komplexen Zahlenebene wieder auf diese Ebene und drücken dies wie folgt aus:
$$\mathbf{p}: \mathbb{C} \longrightarrow \mathbb{C} \quad \text{gemäß} \quad x \in \mathbb{C} \text{ wird zugeordnet } \mathbf{p}(x) = x^2 + x + 1 \in \mathbb{C}.$$
Diese Abbildung stellen wir graphisch dar, indem Kreislinien $k(r)$ in $\mathbb{C}$ mit verschiedenen Radien r und dem Mittelpunkt in $0 \in \mathbb{C}$ wieder nach $\mathbb{C}$ abgebildet werden. Analytisch beschreibt man diese Kreise mit der Euler'schen e−Funktion durch $k(r) = r \exp(i\varphi)$. Durchläuft der Winkel φ den Bereich $0 \leq \varphi < 2\pi$, so wird der Kreis einmal umrundet. Bei einer Abbildung dieser Kreise gemäß der Zuordnung $x \to x^2$, d.h., jeder Kreispunkt wird "ins Quadrat erhoben", entstehen Zentrikreise mit dem Radius r^2, die bei einmaligem Durchlauf von $k(r)$ in der Urbildebene jetzt in der Bildebene aber

zweimal durchlaufen werden:

$$x = r \exp\left(i\varphi\right) \to x^2 = r^2 \exp\left(2i\varphi\right).$$

Bei der Abbildung

$$k\left(r\right) \to \mathbf{p}\left(k\left(r\right)\right) \quad \text{gemäß} \quad r \exp\left(i\varphi\right) \to r^2 \exp\left(2i\varphi\right) + r \exp\left(i\varphi\right) + 1$$

kommt es zur Überlagerung von Kreisen mit verschiedenen Radien, die auch mit verschiedenen "Geschwindigkeiten" durchlaufen werden. Mit dem Ergebnis, dass die Bildkurve $\mathbf{p}\left(k\left(r\right)\right)$ im Allgemeinen keinen Kreis, sondern eine spiralförmige geschlossene Kurve bildet.

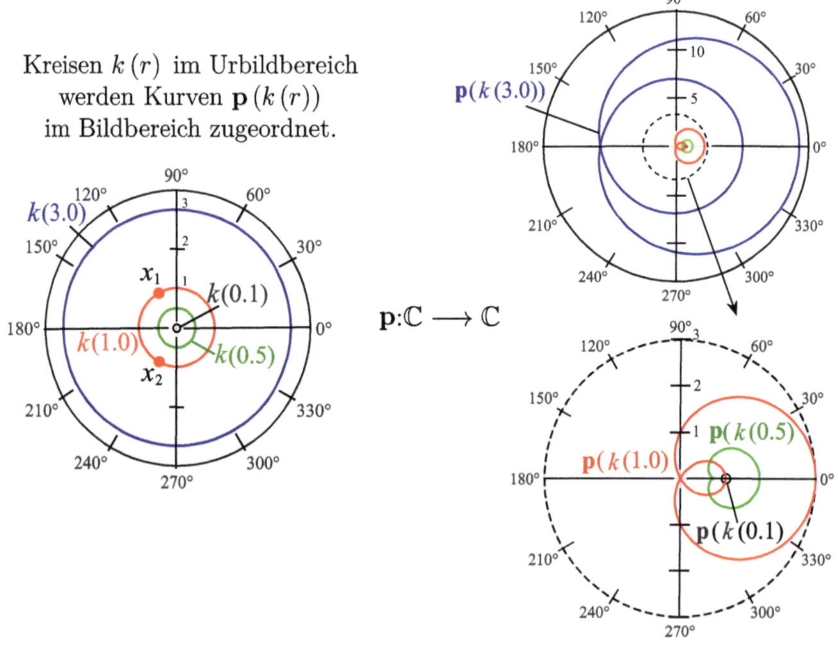

Abb. 3.2: Abbildung $x = r \exp\left(i\varphi\right) \to \mathbf{p}\left(x\right) = x^2 + x + 1$

Kreise $k\left(r\right)$ im Urbildbereich mit großem Radius werden auf im weitem Abstand den Ursprung 0 umrundende schleifenförmige Kurven im Bildbereich übertragen. In diesem Fall dominiert die höchste Potenz x^2 bei der Abbildung von $k\left(r\right)$ auf $\mathbf{p}\left(k\left(r\right)\right)$. Kreise um 0 mit sehr kleinem Radius werden dagegen auf $1 \in \mathbb{C}$ eng umschließende Kurven abgebildet, wobei sich 0 außerhalb des von den Kurven umrundenden Bereiches befindet. Im vorliegen Fall gibt es einen dazwischen liegenden Kreis $k\left(r\right)$ mit $r = 1 = |x_1| = |x_2|$, auf dem sich die beiden Nullstellen von $\mathbf{p}\left(X\right)$ befinden. Die Bildkurve $\mathbf{p}\left(k\left(1\right)\right)$ besteht aus zwei Schleifen und durchläuft zweimal den Ursprung 0, womit im Ursprungsbereich die beiden Nullstellen x_1 und x_2 markiert werden.

Kehren wir zu allgemeinen Polynomgleichungen $n-$ten Grades der Form (3.5) zurück. Ist das Absolutglied $a_0 = 0$, so kann X ausgeklammert werden:

$$\mathbf{p}\left(X\right) = \left(a_n X^{n-1} + a_{n-1} X^{n-2} + ... + a_2 X + a_1\right) X = 0.$$

Mit $x_1 = 0$ existiert dann eine Nullstelle des Polynoms $\mathbf{p}\left(X\right)$, und der Fundamentalsatz wäre bewiesen. Wir gehen jetzt davon aus, dass $a_0 \neq 0$.

Da $\mathbf{p}\left(X\right)$ vom Grade n ist, muss auch $a_n \neq 0$ sein, und wir können (3.5) durch a_n

dividieren. Damit entsteht die normierte Gleichung

$$X^n + b_{n-1}X^{n-1} + \ldots + b_m X^m + \ldots + b_0 = 0 \quad (b_m = a_m/a_n \text{ und } b_0 = a_0/a_n \neq 0), \quad (3.6)$$

von der im Folgenden ausgegangen wird.

Wie im vorstehenden Beispiel gezeigt, definiert auch im allgemeinen Fall das Polynom $\mathbf{p}(X)$ eine Abbildung der komplexen Zahlen in die komplexen Zahlen:

$$\mathbf{p} : \mathbb{C} \longrightarrow \mathbb{C} \quad \text{gemäß } x \in \mathbb{C} \mapsto \mathbf{p}(x) = x^n + b_{n-1}x^{n-1} + \ldots + b_m x^m + \ldots + b_0 \in \mathbb{C}.$$

Anhand von Zentrikreisen $k(r) = r\exp(i\varphi)$ $(0 \leqq \varphi < 2\pi)$ in der Urbildebene, die auf Kurven $\mathbf{p}(k(r))$ in der Bildebene übertragen werden, untersuchen wir diese Abbildung. Eine Vorstellung zu diesem Abbildungsprozess sollen die folgenden Skizzen vermitteln.

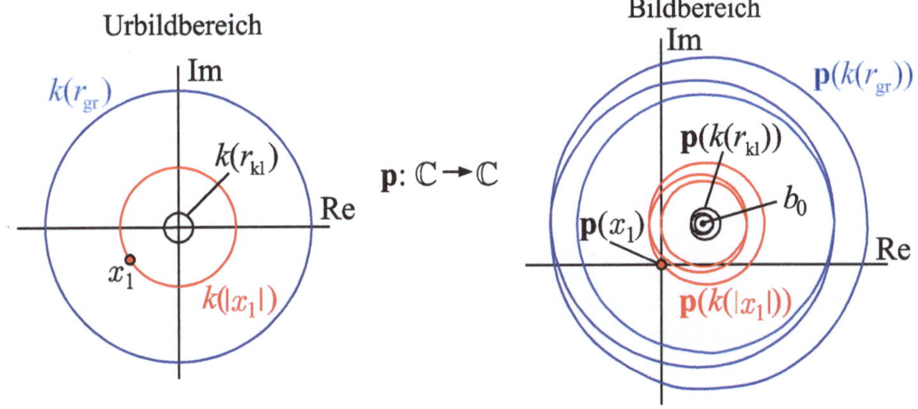

Abb. 3.3: Abbildung $x = r\exp(i\varphi) \mapsto \mathbf{p}(x)$

Zunächst stellt man fest, dass bei einer Abbildung $x \in \mathbb{C} \longrightarrow x^m \in \mathbb{C}$ $(m = 2, \ldots, n)$ aus Zentrikreisen mit dem Radius r wieder Zentrikreise mit dem Radius r^m entstehen:

$$x = r\exp(i\varphi) \mapsto x^m = r^m \exp(mi\varphi).$$

Wie aus dem Argument $mi\varphi$ der $e-$Funktion ersichtlich, werden aber bei einmaliger Umrundung der Kreise im Urbildbereich die Bildkreise $m-$mal umrundet. Bei der Abbildung $x \to \mathbf{p}(x)$ kommt es zu Überlagerungen der mit den Koeffizienten b_m multiplizierten Potenzen x^m, was dazu führt, dass Kreise in der Ursprungsebene auf schleifenförmige, die Bildebene umrundende Kurven abgebildet werden. Bei sehr großen Kreisradien r_{gr} dominiert die höchste Potenz x^n, so dass die Bildkurven $\mathbf{p}(k(r_{gr}))$ der Kreise $k(r_{gr})$ den Ursprung der komplexen Ebene sehr weiträumig umrunden. Demgegenüber dominiert bei sehr kleinen Radien $k(r_{kl})$ das Absolutglied b_0 in der Abbildung, was im Bildbereich zu außerhalb des Ursprungs 0 den Punkt $b_0 \in \mathbb{C}$ eng umschließende Schleifen führt. Zwischen diesen Extremen muss aber bei sich stetig, d.h. kontinuierlich, ändernden Kreisradien ein Kreis mit dem Radius $r = |x_1|$ befinden, dessen Bildkurve durch den Ursprung 0 verläuft. Folglich gibt es auf dem Kreis $k(|x_1|)$ einen Punkt (eine komplexe Zahl) x_1, für die gilt: $\mathbf{p}(x_1) = 0$.

Der Beweis zum Fundamentalsatz der Algebra ist ein klassischer Existenzbeweis, d.h., es wird lediglich der Nachweis erbracht, dass Polynome wenigstens eine Nullstelle im Körper der komplexen Zahlen besitzen. Wie diese Nullstelle berechnet werden kann, darauf gibt der Satz keine Antwort, geschweige denn eine Darstellung für x_1 in Form einer Formel. Es gibt zwar auch Beweise zur Existenz von Nullstellen auf konstruktiver Basis (siehe [Niep]), die aber nicht zu effizienten Berechnungsalgorithmen führen. Andererseits sind auf dem Newton-Verfahren beruhende, sehr effektive numerische Methoden bekannt, mit denen auf iterativem Wege approximativ (näherungsweise) Polynomnullstellen berechenbar sind (siehe [Stoer] Kap. 5).

Nachdem wir nun Gewissheit haben, dass jedes Polynom wenigstens eine Nullstelle besitzt, möchte man auch in Erfahrung bringen, ob noch weitere existieren. Um diesem Problem näher zu kommen, dividieren wir $\mathbf{p}(X)$ durch den linearen Ausdruck $X - x_1$ mit der uns bekannten Nullstelle x_1. Im Ergebnis einer Division mit Rest entsteht:

$$\begin{aligned}
\mathbf{p}(X) &= \mathbf{p}_1(X) \cdot (X - x_1) + r_1, \\
\text{wobei } \mathbf{p}_1(X) &= X^{n-1} + c_{n-2}X^{n-2} + ... + c_1 X + c_0
\end{aligned} \tag{3.7}$$

und $r_1 \in \mathbb{C}$ als Polynom $0-$ten Grades eine Konstante ist. Nach Substitution von $X = x_1$ in (3.7) erhält man:

$0 = \mathbf{p}(x_1) = \mathbf{p}_1(x_1) \cdot (x_1 - x_1) + r_1 = r_1.$

D.h., der Rest r_1 verschwindet, die Division ist ohne Rest durchführbar und $\mathbf{p}(X)$ damit in der Zerlegung

$$\mathbf{p}(X) = \mathbf{p}_1(X) \cdot (X - x_1) \tag{3.8}$$

mit dem um einen Grad geringeren normierten Polynom $\mathbf{p}_1(X)$ darstellbar. Wir befinden uns also in der gleichen Ausgangslage wie für das ursprüngliche Polynom $\mathbf{p}(X)$. Im Falle $\mathrm{grad}(\mathbf{p}_1) \geqq 1$ existiert nach dem Fundamentalsatz eine allgemein komplexwertige Nullstelle x_2 von $\mathbf{p}_1(X)$, und dieses Polynom ist in der Zerlegung

$\mathbf{p}_1(X) = \mathbf{p}_2(X) \cdot (X - x_2)$

darstellbar, wobei $\mathbf{p}_2(X)$ ein Polynom vom Grade $n - 2$ ist. Den Zusammenhang von $\mathbf{p}_1(X)$ und $\mathbf{p}_2(X)$ in (3.8) eingesetzt, ergibt:

$\mathbf{p}(X) = \mathbf{p}_2(X) \cdot (X - x_2) \cdot (X - x_1).$

Wir leiten daraus ab, dass x_2 auch eine Nullstelle von $\mathbf{p}(X)$ ist. In dieser Weise kann sukzessive fortgeschritten werden. Es entstehen eine Folge von Quotientenpolynomen $\mathbf{p}_m(X)$ und Nullstellen x_m, die in folgender Beziehung zueinander stehen:

$\mathbf{p}_{m-1}(X) = \mathbf{p}_m(X) \cdot (X - x_m) \quad m = 2, 3, ..., n.$

Diese Vorgehensweise des aufeinander folgenden Abspaltens von Linearfaktoren $X - x_m$, wobei x_m Nullstelle von $\mathbf{p}_{m-1}(X)$ und auch des Ausgangspolynoms $\mathbf{p}(X)$ ist, kann bis $\mathbf{p}_n(X)$ mit $\mathrm{grad}(\mathbf{p}_n) = 0$ fortgesetzt werden. $\mathbf{p}_n$ ist damit eine Konstante, die dem Leitkoeffizienten a_n von $\mathbf{p}(X)$ entspricht (im Falle normierter Polynome ist $a_n = 1$). Nach aufeinander folgenden Substitutionen der Polynomausdrücke $\mathbf{p}_m(X)$ in $\mathbf{p}(X)$ wird $\mathbf{p}(X)$ als Produkt von n Linearfaktoren ausgedrückt:

$$\begin{aligned}
\mathbf{p}(X) &= a_n X^n + a_{n-1}X^{n-1} + ... + a_1 X + a_0 \\
&= a_n (X - x_n)(X - x_{n-1}) \cdot ... \cdot (X - x_2)(X - x_1).
\end{aligned} \tag{3.9}$$

Gleichzeitig leiten wir daraus ab, dass $x_1, ..., x_n$ Nullstellen für $\mathbf{p}(X)$ sind. Damit haben wir auch alle Nullstellen von $\mathbf{p}(X)$ erfasst. Sollte eine weitere Nullstelle $\tilde{x}$ existieren, so müsste diese, in (3.9) eingesetzt, zu

$0 = \mathbf{p}(\tilde{x}) = a_n (\tilde{x} - x_n)(\tilde{x} - x_{n-1}) \cdot ... \cdot (\tilde{x} - x_2)(\tilde{x} - x_1)$

führen. Da ein Produkt komplexer Zahlen genau dann verschwindet, wenn wenigstens einer der Faktoren Null ist, muss $\tilde{x}$ mit wenigstens einer der Zahlen $x_1, ..., x_n$ übereinstimmen. Es kann folglich nicht mehr als n Nullstellen für ein Polynom n−ten Grades geben. Dieses Ergebnis fasst man im Wurzelsatz von Vieta zusammen (Vieta - franz. Mathematiker (1540-1603)):

Satz 3.21 *(Wurzelsatz von Vieta)*
Ist $\mathbf{p}(X)$ ein Polynom vom Grade $n \geqq 1$, dessen Koeffizienten aus dem Körper der komplexen Zahlen stammen (d.h., $\mathbf{p}(X)$ ist ein Polynom aus dem Polynomring $\mathbb{C}[X]$), dann existieren komplexe Zahlen $x_1, ..., x_n \in \mathbb{C}$ und eine komplexwertige Konstante $a_n \in \mathbb{C}$, so dass sich $\mathbf{p}(X)$, wie in Formel (3.9) angegeben, als Produkt der Linearfaktoren $(X - x_1), ..., (X - x_n)$ darstellen lässt. Diese Anordnung von $\mathbf{p}(X)$ ist bis auf die Reihenfolge, in der die Linearfaktoren im Produkt auftreten, eindeutig.

Bemerkung 3.22 *(Vielfachheit von Nullstellen)*
Die Nullstellen eines Polynoms müssen nicht voneinander verschieden sein, sie können auch mehrfach auftreten. Es gilt deshalb die Aussage: Ein Polynom n−ten Grades besitzt höchstens n untereinander verschiedene Nullstellen. Wenn davon die Rede ist, dass ein Polynom vom Grade n genau n Nullstellen besitzt, so zählt man mehrfach auftretende Nullstellen auch entsprechend ihrer Vielfachheit. Ein $x \in \mathbb{C}$ heißt einfache Nullstelle von $\mathbf{p}$, wenn $(X - x)$ Teiler von $\mathbf{p}$, aber $(X - x)^2$ kein Teiler von $\mathbf{p}$ ist $((X - x) \mid \mathbf{p}$ und $(X - x)^2 \nmid \mathbf{p})$. Fortfahrend nennt man $x \in \mathbb{C}$ eine l−fache Nullstelle von $\mathbf{p}$, wenn $(X - x)^l$ Teiler von $\mathbf{p}$, aber $(X - x)^{l+1}$ kein Teiler von $\mathbf{p}$ ist $((X - x)^l \mid \mathbf{p}$ und $(X - x)^{l+1} \nmid \mathbf{p})$. Allgemein spricht man von mehrfach auftretenden Nullstellen und davon, dass eine bestimmte Nullstelle x mit der Vielfachheit $l > 1$ auftritt. Sind die Nullstellen $y_1, ..., y_j, ..., y_k$ $(k \leqq n)$ eines Polynoms $\mathbf{p}(X)$ untereinander verschieden und treten mit den Vielfachheiten $l_1, ..., l_j, ..., l_k$ (wobei $l_1 + ... + l_j + ... + l_k = n$) auf, so lässt sich $\mathbf{p}(X)$ als Produkt der Faktoren $(X - y_j)^{l_j}$ wie folgt darstellen:

$$\mathbf{p}(X) = a_n (X - y_1)^{l_1} \cdot ... \cdot (X - y_j)^{l_j} \cdot ... \cdot (X - y_k)^{l_k}.$$

Beispiel 3.23 *Das Polynom $\mathbf{p}(X) = X^4 - (2 - i)X^3 - 2iX^2 + (2 + i)X - 1$ hat die zweifache Nullstelle $x_1 = 1$, d.h., $\mathbf{p}(X)$ ist durch $(X - 1)^2 = X^2 - 2X + 1$ ohne Rest teilbar:*

$$
\begin{array}{llllll}
X^4 & -(2-i)X^3 & -2iX^2 & +(2+i)X & -1 & \;: X^2 - 2X + 1 \\
-(X^4 & -2X^3 & +X^2) & & & \\
\hline
& iX^3 & -(1+2i)X^2 & +(2+i)X & & = X^2 + iX - 1 \\
& -(iX^3 & -2iX^2 & +iX) & & \\
\hline
& & -X^2 & +2X & -1 & \\
& & -(-X^2 & +2X & -1) & \;. \\
\hline
& & & 0 & &
\end{array}
$$

Die Nullstellen des Quotientenpolynoms $X^2 + iX - 1$ berechnen wir über die Lösungsformel (3.2) für quadratische Gleichungen:

$$x_2 = \tfrac{1}{2}\left(\sqrt{3} - i\right) \qquad x_3 = -\tfrac{1}{2}\left(\sqrt{3} + i\right).$$

Nach dem Wurzelsatz von Vieta hat $\mathbf{p}(X)$ die Produktdarstellung:

$$\mathbf{p}(X) = (X-1)^2 \left(X - \tfrac{1}{2}\left(\sqrt{3} - i\right)\right)\left(X + \tfrac{1}{2}\left(\sqrt{3} + i\right)\right).$$

3.4 Zerlegung von Polynomen

Man könnte annehmen, dass mit den Aussagen des Fundamentalsatzes und dem Vietaschen Wurzelsatz alles über Polynome in Erfahrung gebracht wurde. Zwar lassen sich Nullstellen im Allgemeinen nur auf numerischem Wege näherungsweise berechnen, was aber im Falle von Nebenrechnungen, im Zusammenhang mit ganz anderen Problemstellungen aus praktischer Sicht ausreichend ist.

Die Aussagen der Sätze 3.20 und 3.21 beziehen sich bezüglich der Herkunft der Polynomkoeffizienten als auch der Nullstellen auf den sehr umfassenden Zahlenkörper der komplexen Zahlen. Es ist schon bemerkenswert, dass es keiner Erweiterung des Zahlenbegriffes über die komplexen Zahlen hinaus erforderte, um sicher zu stellen, dass jedes Polynom aus dem Ring $\mathbb{C}[X]$ auch in $\mathbb{C}$ wenigstens eine Nullstelle besitzt. In diesem Sinne und mit Blick auf Polynome ist der Körper der komplexen Zahlen abgeschlossen, und man spricht davon, dass die komplexen Zahlen algebraisch abgeschlossen sind. Das Adjektiv abgeschlossen bezieht sich darauf, dass sowohl die Koeffizienten als auch die Nullstellen eines Polynoms dem gleichen Zahlenkörper, in diesem Fall den komplexen Zahlen, angehören.

Wenn es aber um Antworten auf Fragen nach der Darstellung von Nullstellen in Form von Radikalen, also durch Formeln geht, so sind die Voraussetzungen des Fundamentalsatzes zu allgemein. Insbesondere die Zahlenbereiche, denen Koeffizienten und Nullstellen angehören, sind eingeschränkt. Unter diesen Rahmenbedingungen sind Fragen nach der Existenz von Nullstellen und der "Zerlegung" von Polynomen in ein Produkt polynomialer Faktoren neu zu stellen. Anstelle der Umschreibung "Zerlegung" für Produktdarstellungen von Polynomen werden wir zukünftig den dafür üblichen Fachbegriff Faktorisierung von Polynomen verwenden. In diesem Abschnitt soll es um diese Faktorisierungen gehen.

Für das Folgende setzen wir voraus, dass die zur Sprache kommenden Polynome einem Teilring $\mathcal{K}[X]$ beziehungsweise $\mathcal{R}[X]$ des Polynomrings $\mathbb{C}[X]$ angehören, wobei $\mathcal{K}$ ein Teilkörper und $\mathcal{R}$ ein Teilring des Körpers der komplexen Zahlen $\mathbb{C}$ sind. Alle Polynome und deren Faktoren sollen also Objekte über den Teilstrukturen $\mathcal{K}$ oder $\mathcal{R}$ sein. Um etwas Konkretes im Auge zu haben, kann man sich unter $\mathcal{K}$ den Körper der rationalen Zahlen $\mathbb{Q}$ oder der reellen Zahlen $\mathbb{R}$ und als Ring $\mathcal{R}$ die ganzen Zahlen $\mathbb{Z}$ vorstellen.

Fast genauso, wie ganze Zahlen als Produkte von Primzahlen darstellbar sind, erlauben auch Polynome eine Produktdarstellung, bestehend aus elementaren, nicht weiter zerlegbaren polynomialen Ausdrücken. Analog zu den Primzahlen führen wir für Polynome folgende Begriffe ein:

Definition 3.24 *(reduzibel - irreduzibel)*
Ein nicht konstantes Polynom (Polynom vom Grade größer als Null) über einem Teilring $\mathcal{R}$ der komplexen Zahlen heißt **reduzibel** *(auf eine Grundform zurückführbar), wenn es als Produkt zweier Polynome kleineren Grades über $\mathcal{R}$ darstellbar ist. Existieren andererseits solche Polynome nicht, so nennt man das Polynom* **irreduzibel** *über $\mathcal{R}$.*

Ein reduzibles Polynom ist als Produkt zweier Polynome niederen Grades darstellbar. Sind diese Polynome ebenfalls reduzibel, so kann der Prozess der Faktorisierung, d.h. die Zerlegung in Produkte polynomialer Ausdrücke, immer kleineren Grades fortgesetzt werden. Da wir es mit Polynomen endlichen Grades zu tun haben, endet dieser Prozess nach endlich vielen Schritten und führt schließlich zu einer Darstellung des Ursprungspolynoms als Produkt, dessen Faktoren sämtlich irreduzible Polynome sind. Wir halten fest:

Satz 3.25 *(irreduzible polynomiale Produktdarstellung)*
Jedes Polynom vom Grade größer Null über einem Teilring $\mathcal{R}$ von C ist als Produkt irreduzibler Polynome über $\mathcal{R}$ darstellbar.

Beispiel 3.26 *(reduzible - irreduzible Polynome)*
Einige Beispiele sollen die eingeführten Begriffe verdeutlichen.
1. Jedes Polynom ersten Grades $aX + b$ ist nicht weiter in Polynome niederen Grades zerlegbar und deshalb irreduzibel.
2. Das Polynom $X^2 - 4 = (X - 2)(X + 2)$ ist über dem Ring der ganzen Zahlen $\mathbb{Z}$ faktorisierbar und damit über $\mathbb{Z}$ reduzibel.
3. $X^2 - 3$ ist als Produkt $\left(X - \sqrt{3}\right)\left(X + \sqrt{3}\right)$ darstellbar, da $\sqrt{3}$ keine rationale Zahl ist, haben wir es mit einer Faktorisierung über dem Körper der reellen Zahlen $\mathbb{R}$ zu tun. Versuche, $X^2 - 3$ über $\mathbb{Q}$ zu faktorisieren, schlagen fehl, so dass dieses Polynom zwar über $\mathbb{R}$ reduzibel ist, nicht aber über den rationalen Zahlen.
4. Das Polynom $X^2 + 2$ kann nur in der Form $\left(X - \sqrt{2}i\right)\left(X + \sqrt{2}i\right)$ zerlegt werden und ist folglich über den komplexen Zahlen reduzibel, nicht aber über den reellen Zahlen.
5. Nach dem Vietaschen Wurzelsatz ist jedes Polynom vom Grade > 1 als Produkt von Linearfaktoren über $\mathbb{C}$ darstellbar und deshalb über $\mathbb{C}$ stets reduzibel.
6. Das Polynom $\mathbf{p}(X) = X^3 - X^2 + X - 1$ hat die Nullstellen $1, i, -i$ und damit über $\mathbb{C}$ die Produktdarstellung $(X - 1)(X - i)(X + i)$. Über $\mathbb{Z}$ gelingt aber nur die Zerlegung $(X - 1)(X^2 + 1)$, so dass $\mathbf{p}(X)$ auch über $\mathbb{Z}$ reduzibel ist, aber in die über $\mathbb{Z}$ irreduziblen Polynome $X - 1$ und $X^2 + 1$ zerfällt.

Mit den irreduziblen Polynomen haben wir in Bezug auf Polynome das Analogon zu den Primzahlen. Wir wissen, dass sich jede ganze Zahl bis auf die Reihenfolge eindeutig als Produkt von Primzahlen darstellen lässt. Im übertragenen Sinne gilt das auch für Polynome, was noch gezeigt wird. Wir führen zunächst einen weiteren Begriff ein und gehen jetzt von Polynomen über einem Teilkörper $\mathcal{K}$ von $\mathbb{C}$ aus.

Definition 3.27 *(zueinander prime Polynome)*
Die Polynome $\mathbf{p}$ *und* $\mathbf{q}$ *über dem Teilkörper* $\mathcal{K}$ *heißen zueinander* **prim** *(oder primitiv), wenn ihr größter gemeinsamer Teiler 1 ist* $(ggT\,(\mathbf{p},\mathbf{q}) = 1)$.
Da jedes irreduzible Polynom über $\mathcal{K}$ *keinen Teiler über* $\mathcal{K}$ *besitzt, bezeichnet man irreduzible Polynome selbst als* **primitiv bezüglich** $\mathcal{K}$.

Satz 3.28 *(Eindeutigkeit der Polynomfaktorisierung)*
Die Faktorisierung von Polynomen über einem Teilkörper $\mathcal{K}$ *von* $\mathbb{C}$ *in irreduzible Polynome ist bis auf einen konstanten Faktor und die Reihenfolge der im Produkt auftretenden Faktoren eindeutig.*

Beweis. Wir zeigen zunächst, dass ein über $\mathcal{K}$ irreduzibles Polynom $\mathbf{q}$, welches das Produkt $\mathbf{r} \cdot \mathbf{s}$ der Polynome $\mathbf{r}$ und $\mathbf{s}$ über $\mathcal{K}$ teilt, entweder Teiler von $\mathbf{r}$ oder von $\mathbf{s}$ ist und gehen davon aus, dass $\mathbf{q} \nmid \mathbf{r}$. Der größte gemeinsame Teiler von $\mathbf{q}$ und $\mathbf{r}$ ist dann 1, und es gibt Polynome $\mathbf{u}, \mathbf{v}$ über $\mathcal{K}$, so dass $1 = \mathbf{u} \cdot \mathbf{q} + \mathbf{v} \cdot \mathbf{r}$ (siehe Bem. 3.16). Diese Gleichung multiplizieren wir mit dem Polynom $\mathbf{s}$: $\mathbf{s} = \mathbf{s} \cdot \mathbf{u} \cdot \mathbf{q} + \mathbf{s} \cdot \mathbf{v} \cdot \mathbf{r}$. Aus dieser Gleichung liest man ab, dass $\mathbf{q} \mid \mathbf{s} \cdot \mathbf{u} \cdot \mathbf{q}$ und mit der Voraussetzung $\mathbf{q} \mid \mathbf{r} \cdot \mathbf{s}$ auch $\mathbf{q} \mid \mathbf{s} \cdot \mathbf{v} \cdot \mathbf{r}$, woraus $\mathbf{q} \mid (\mathbf{s} \cdot \mathbf{u} \cdot \mathbf{q} + \mathbf{s} \cdot \mathbf{v} \cdot \mathbf{r})$ und damit $\mathbf{q} \mid \mathbf{s}$ folgt. Geht man von $\mathbf{q} \nmid \mathbf{s}$ aus, so ergibt sich auf gleichem Wege $\mathbf{q} \mid \mathbf{r}$.
Zum Eindeutigkeitsnachweis führen wir die Annahme, es existieren zwei verschiedene Faktorisierungen zu einem Widerspruch. Es sei also $\mathbf{p}$ ein Polynom über dem Teilkörper $\mathcal{K}$ von $\mathbb{C}$ mit den Faktorisierungen $\mathbf{p} = \mathbf{r}_1 \cdot \ldots \cdot \mathbf{r}_t = \mathbf{s}_1 \cdot \ldots \cdot \mathbf{s}_l$, wobei $\mathbf{r}_1, ..., \mathbf{r}_i, ..., \mathbf{r}_t$ und $\mathbf{s}_1, ..., \mathbf{s}_j, ..., \mathbf{s}_l$ irreduzible Polynome über $\mathcal{K}$ sind. Wir können davon ausgehen, dass alle Polynome $\mathbf{r}_i$ nicht konstant sind. Anderenfalls dividiert man durch diese Konstanten. Aus den Darstellungen für $\mathbf{p}$ folgt, dass $\mathbf{r}_1 \mid (\mathbf{s}_1 \cdot \ldots \cdot \mathbf{s}_l)$. Nach unseren Vorbetrachtungen existiert ein $\mathbf{s}_j$, so dass $\mathbf{r}_1 \mid \mathbf{s}_j$. Wir können die Folge $\mathbf{s}_1, ..., \mathbf{s}_j, ..., \mathbf{s}_l$ so umordnen, dass $j = 1$ und damit $\mathbf{r}_1 \mid \mathbf{s}_1$ ist. Da $\mathbf{r}_1$ und $\mathbf{s}_1$ irreduzibel sind und $\mathbf{r}_1$ nicht konstant ist, muss es eine Konstante k_1 geben, so dass $\mathbf{r}_1 = k_1 \mathbf{s}_1$. Auf diese Weise setzt man nun fort und findet heraus, dass Konstanten $k_2, ..., k_t$ existieren und $\mathbf{r}_2 = k_2 \mathbf{s}_2, ..., \mathbf{r}_t = k_t \mathbf{s}_t$. Sollten noch Polynome $\mathbf{s}_j \; (j > t)$ existieren, so müssen diese konstant sein, anderenfalls würden die beiden angenommenen Faktorisierungen unterschiedliche Polynomgrade aufweisen. Zusammengefasst stellen wir fest, dass es bis auf die Reihenfolge und eine mögliche Konstante nur eine Faktorisierung für $\mathbf{p}$ mittels irreduzibler Polynome geben kann. ∎

Ohne Rechenhilfsmittel, wie z.B. Algebrasysteme auf dem Computer, ist es keine leichte Aufgabe zu entscheiden, ob und in welche Faktoren ein hochgradiges Polynom faktorisierbar ist. Es gibt jedoch einige Hilfssätze, die zumindest bei der Entscheidungsfindung hinsichtlich reduzibel oder irreduzibel zuträglich sind.
Auf C. F. Gauss geht ein Kriterium zurück, das sich auf irreduzible Polynome über den ganzen und rationalen Zahlen bezieht. Hat man ein irreduzibles Polynom über $\mathbb{Z}$, so könnte dies über den rationalen Zahlen $\mathbb{Q}$ reversibel sein. Obwohl es keine Möglichkeit gibt, es über $\mathbb{Z}$ zu faktorisieren, könnte es aber über der größeren Menge $\mathbb{Q}$ zerlegbar sein. Aber die folgende Aussage zeigt uns, dass dem nicht so ist:

Satz 3.29 (*Gauss - Kriterium*)
Es sei $\mathbf{p}$ *ein irreduzibles Polynom über den ganzen Zahlen* $\mathbb{Z}$. *Dann ist* $\mathbf{p}$ *als Polynom, über den rationalen Zahlen* $\mathbb{Q}$ *betrachtet, auch über* $\mathbb{Q}$ *irreduzibel.*

Beweis. Diese Aussage ist keineswegs selbstverständlich, denn die Vielfalt an Polynomen über $\mathbb{Q}$ ist deutlich größer als über den ganzen Zahlen. Pessimistisch geworden, gehen wir zum Beweis der Behauptung vom Gegenteil aus und konstruieren einen Widerspruch.

$\mathbf{p}$ sei über $\mathbb{Z}$ irreduzibel, aber über $\mathbb{Q}$ reduzibel. D.h., es gibt Polynome
$$\mathbf{r} = c_t X^t + \ldots + c_i X^i + \ldots + c_0 \quad \text{und} \quad \mathbf{s} = d_l X^l + \ldots + d_j X^j + \ldots + d_0$$
über $\mathbb{Q}$ niedrigeren Grades t und l gegenüber dem Grad von $\mathbf{p}$, so dass $\mathbf{p} = \mathbf{r} \cdot \mathbf{s}$. Die Koeffizienten von $\mathbf{r}$ und $\mathbf{s}$ sind rationale Zahlen, also als Brüche $\frac{p}{q}$ mit $p, q \in \mathbb{Z}$ darstellbar. Wir bilden das Produkt m aller Nenner der Koeffizienten c_i und d_j und multiplizieren beide Seiten der Gleichungen $\mathbf{p} = \mathbf{r} \cdot \mathbf{s}$ mit m:
$$m\mathbf{p} = m \cdot \mathbf{r} \cdot \mathbf{s} = \overline{\mathbf{r}} \cdot \overline{\mathbf{s}} = \left(\overline{c}_t X^t + \ldots + \overline{c}_i X^i + \ldots + \overline{c}_0\right) \cdot \left(\overline{d}_l X^l + \ldots + \overline{d}_j X^j + \ldots + \overline{d}_0\right)$$
$$= \ldots + \left(\overline{c}_0 \overline{d}_{i+j} + \ldots + \overline{c}_i \overline{d}_j + \ldots + \overline{c}_{i+j} \overline{d}_0\right) X^{i+j} + \ldots \, .$$
Die Koeffizienten von $\overline{\mathbf{r}}$ und $\overline{\mathbf{s}}$ sind ganzzahlig. Ist p_1 ein Primfaktor von m ($m = p_1 m_1$), so ist p_1 Teiler aller Koeffizienten von $\overline{\mathbf{r}} \cdot \overline{\mathbf{s}}$. Da (wie in der vorstehenden Formel angedeutet) jeder Koeffizient von $\overline{\mathbf{r}} \cdot \overline{\mathbf{s}}$ eine Summe von Produkten der Koeffizienten von $\overline{\mathbf{r}}$ und $\overline{\mathbf{s}}$ ist, müssen entweder alle Koeffizienten von $\overline{\mathbf{r}}$ oder von $\overline{\mathbf{s}}$ durch p_1 teilbar sein. Die Gleichung $m\mathbf{p} = \overline{\mathbf{r}} \cdot \overline{\mathbf{s}}$ führt deshalb nach Division durch p_1 zu: $m_1 \mathbf{p} = \overline{\mathbf{r}}_1 \cdot \overline{\mathbf{s}}_1$ mit ebenfalls ganzzahligen Polynomausdrücken $\overline{\mathbf{r}}_1$ und $\overline{\mathbf{s}}_1$. Auf diese Weise kann $m\mathbf{p} = \overline{\mathbf{r}} \cdot \overline{\mathbf{s}}$ durch alle Primfaktoren von m dividiert werden. Im Ergebnis dessen erhält man: $\mathbf{p} = \widetilde{\mathbf{r}} \cdot \widetilde{\mathbf{s}}$ mit Polynomen $\widetilde{\mathbf{r}}$ und $\widetilde{\mathbf{s}}$ über $\mathbb{Z}$. Damit wäre $\mathbf{p}$ im Widerspruch zur Voraussetzung nicht irreduzibel über $\mathbb{Z}$. Entgegen unserer Annahme muss $\mathbf{p}$ also über $\mathbb{Q}$ irreduzibel sein. ∎
Die Negation der Aussage des Gauss'schen Kriteriums führt zu folgender, praktisch nützlichen Feststellung:

Satz 3.30 (*Faktorisierung über* $\mathbb{Z}$)
Es sei $\mathbf{p}$ *ein Polynom über* $\mathbb{Z}$, *für das es, über* $\mathbb{Q}$ *betrachtet, die Faktorisierung*
$\mathbf{p} = \mathbf{r}_1 \cdot \ldots \cdot \mathbf{r}_t$ *mit den über* $\mathbb{Q}$ *irreduziblen Polynomen* $\mathbf{r}_1, \ldots, \mathbf{r}_t$ *gibt. Dann existieren rationale Zahlen* $b_1, \ldots, b_t$ *mit* $b_1 \cdot \ldots \cdot b_t = 1$, *so dass* $b_1 \mathbf{r}_1, \ldots, b_t \mathbf{r}_t$ *irreduzible Polynome über* $\mathbb{Z}$ *sind und* $\mathbf{p}$ *über* $\mathbb{Z}$ *die Faktorisierung* $\mathbf{p} = (b_1 \mathbf{r}_1) \cdot \ldots \cdot (b_t \mathbf{r}_t)$ *besitzt.*

Beweis. Wir gehen davon aus, dass eine Faktorisierung $\mathbf{p} = \mathbf{s}_1 \cdot \ldots \cdot \mathbf{s}_l$ mit den über $\mathbb{Z}$ irreduziblen Polynomen $\mathbf{s}_1, \ldots, \mathbf{s}_l$ bekannt ist, und zeigen, in welcher Beziehung diese zur Faktorisierung über $\mathbb{Q}$ steht. Nach dem Gauss - Kriterium ist jedes der Polynome $\mathbf{s}_j$ auch über $\mathbb{Q}$ irreduzibel. Da die Faktorisierung von $\mathbf{p}$ durch irreduzible Polynome bis auf die Reihenfolge und eine Konstante eindeutig ist, müssen
$$\mathbf{s}_j = b_j \mathbf{r}_j \quad \text{für} \quad j = 1, \ldots, l = t \quad \text{und wegen}$$
$$\mathbf{p} = \mathbf{r}_1 \cdot \ldots \cdot \mathbf{r}_t = (b_1 \mathbf{r}_1) \cdot \ldots \cdot (b_t \mathbf{r}_t) \quad \text{auch} \quad b_1 \cdot \ldots \cdot b_t = 1 \quad \text{sein.} \quad ∎$$

Beispiel 3.31 *Das Polynom*
$$\mathbf{p}(x) = 6X^4 + 19X^3 - X^2 - 11X + 3$$
über den ganzen Zahlen $\mathbb{Z}$ hat die Nullstellen -1, -3, $\frac{1}{2}$, $\frac{1}{3}$ und ist über $\mathbb{Q}$ in der Faktorisierung
$$\mathbf{p}(x) = \mathbf{r}_1 \cdot \mathbf{r}_2 \cdot \mathbf{r}_3 \cdot \mathbf{r}_4 = 6\left(X + 1\right) \cdot \left(X + 3\right) \cdot \left(X - \tfrac{1}{2}\right) \cdot \left(X - \tfrac{1}{3}\right)$$
darstellbar. Aus dieser ergibt sich für $\mathbf{p}(X)$ folgendes Produkt irreduzibler Polynome über $\mathbb{Z}$:
$$\mathbf{p}(x) = (b_1\mathbf{r}_1) \cdot (b_2\mathbf{r}_2) \cdot (b_3\mathbf{r}_3) \cdot (b_4\mathbf{r}_4) = \tfrac{1}{6}\left(6\left(X + 1\right)\right) \cdot \left(X + 3\right) \cdot 2\left(X - \tfrac{1}{2}\right) \cdot 3\left(X - \tfrac{1}{3}\right)$$
$$= \left(X + 1\right) \cdot \left(X + 3\right) \cdot \left(2X - 1\right) \cdot \left(3X - 1\right),$$
wobei $b_1 = \tfrac{1}{6}$, $b_2 = 1$, $b_3 = 2$, $b_4 = 3$.

Ein weiteres sachdienliches Kriterium zum Nachweis der Irreduzibilität über $\mathbb{Q}$ geht auf Eisenstein, einen Schüler von Gauss zurück.

Satz 3.32 (Eisenstein - Kriterium)
$\mathbf{p}(X) = a_nX^n + ... + a_jX^j + ... + a_1X + a_0$ *sei ein Polynom über $\mathbb{Z}$. $\mathbf{p}$ ist irreduzibel über $\mathbb{Q}$, wenn es eine Primzahl p gibt, so dass Folgendes gilt:*
(i) p *ist kein Teiler von* a_n $(p \nmid a_n)$.
(ii) p *ist Teiler von* a_j $(p \mid a_j)$ *für* $j = 0, ..., n-1$.
(iii) p^2 *ist kein Teiler von* a_0 $(p^2 \nmid a_0)$.

Beweis. Nach dem Gauss - Kriterium genügt es zu zeigen, dass $\mathbf{p}$ über $\mathbb{Z}$ irreduzibel ist. Wir gehen aber wieder vom Gegenteil aus, d.h. von einer Darstellung
$$\mathbf{p} = \mathbf{r} \cdot \mathbf{s} = (c_tX^t + ... + c_iX^i + ... + c_1X + c_0)\left(d_lX^l + ... + d_jX^j + ... + d_1X + d_0\right)$$
$$= c_td_lX^{t+l} + ... + (c_0d_j + ... + c_jd_0)X^j + ... + c_0d_0$$
mit nicht konstanten Polynomen von kleinerem Grade als $\mathbf{p}$ und $n = t+l$. Ein Vergleich der Koeffizienten von $\mathbf{p}$ und $\mathbf{r} \cdot \mathbf{s}$ zeigt, dass $a_0 = c_0d_0$. Nach *(ii)* und *(iii)* ist dann p entweder Teiler von c_0 oder d_0, aber nicht von beiden Koeffizienten. Wir gehen ohne Verlust an Allgemeinheit davon aus, dass $p \mid c_0$ und $p \nmid d_0$. Wenn alle c_j $(j = 0, ..., t)$ durch p teilbar sind, so wäre entgegen der Forderung *(i)* auch a_n durch p teilbar. Wir gehen deshalb davon aus, dass c_j $(j < t)$ der erste nicht durch p teilbare Koeffizient ist. Aus $a_j = c_0d_j + ... + c_jd_0$ (siehe obige Formel) geht aber hervor, dass dann d_0 durch p teilbar sein muss, denn $a_j, c_0, ..., c_{j-1}$ sind durch p teilbar. Wir stellten aber schon fest, dass $p \nmid d_0$. Dieser Widerspruch zeigt, dass $\mathbf{p}$ über $\mathbb{Z}$ und damit auch über $\mathbb{Q}$ irreduzibel sein muss. ∎

Beispiel 3.33 *Wir zeigen, dass das Polynom*
$$\mathbf{p}(X) = \tfrac{4}{15}X^5 + \tfrac{2}{5}X^3 - X^2 + \tfrac{1}{5}$$
irreduzibel über den rationalen Zahlen $\mathbb{Q}$ ist. Zunächst wird die Polynomdarstellung mit dem Hauptnenner 15 der Nenner zu den Polynomkoeffizienten multipliziert:
$$\tilde{\mathbf{p}}(X) = 15 \cdot \mathbf{p}(X) = 4X^5 + 6X^3 - 15X^2 + 3.$$
$\mathbf{p}(X)$ *ist genau dann irreduzibel, wenn das Polynom $\tilde{\mathbf{p}}(X)$ über $\mathbb{Z}$ irreduzibel ist. Mit $p = 3$ stellen wir fest, dass alle Koeffizienten, außer dem Leitkoeffizienten, durch p teilbar sind. Trivialerweise ist auch $a_0 = 3$ nicht durch p^2 teilbar. Damit erfüllt $\tilde{\mathbf{p}}$ alle Bedingungen des Eisenstein-Kriteriums, womit wir die Irreduzibilität von $\mathbf{p}$ über $\mathbb{Q}$ nachgewiesen haben.*

Die aus dem Fundamentalsatz der Algebra resultierenden Aussagen über Nullstellen
und die Faktorisierung von Polynomen ändern sich, wenn man nicht mehr vom allumfassenden Polynomring $\mathbb{C}[X]$ ausgeht.

Definition 3.34 *(Nullstellen im Teilkörper)*
Mit Bezug auf einen Teilkörper $\mathcal{K}$ von $\mathbb{C}$ nennt man weiterhin ein $x \in \mathcal{K}$ Nullstelle eines Polynoms $\mathbf{p}(X)$ aus dem Teilring $\mathcal{K}[X]$, wenn die Linearform $(X - x)$ in $\mathcal{K}[X]$ Teiler von $\mathbf{p}(X)$ ist: $(X - x) \mid \mathbf{p}(X)$. Ebenso spricht man von der Vielfachheit m einer Nullstelle x, wenn $(X - x)^m \mid \mathbf{p}(X)$ und $(X - x)^{m+1} \nmid \mathbf{p}(X)$. Im Fall $m = 1$ heißt x einfache Nullstelle.

Satz 3.35 *(Faktorisierung über einem Teilkörper)*
Es sei $\mathbf{p}$ ein Polynom über dem Teilkörper $\mathcal{K}$ der komplexen Zahlen $\mathbb{C}$ $(\mathbf{p} \in \mathcal{K}[X])$ mit untereinander verschiedenen Nullstellen $x_1, x_2, ..., x_s$ der entsprechenden Vielfachheiten $m_1, m_2, ..., m_s$. Dann hat p folgende Produktdarstellung (Faktorisierung):

$$\mathbf{p}(X) = (X - x_1)^{m_1} \cdot ... \cdot (X - x_s)^{m_s} \cdot \mathbf{q}(X), \tag{3.10}$$

wobei das Polynom $\mathbf{q} \in \mathcal{K}[X]$ keine weiteren Nullstellen im Teilkörper $\mathcal{K}$ besitzt. Dabei ist $m_1 + m_2 + ... + m_s \leqq n = \mathrm{grad}(\mathbf{p})$, woraus sich die Schlussfolgerung ergibt:
Die Anzahl der Nullstellen eines Polynoms über einem Teilkörper der komplexen Zahlen ist, entsprechend ihrer Vielfachheit gezählt, kleiner oder gleich dem Grad des Polynoms.

Insbesondere Polynome über dem Körper der rationalen Zahlen $\mathbb{Q}$ sind in der Form
(3.10) faktorisierbar mit $x_1, x_2, ..., x_s \in \mathbb{Q}$, und $\mathbf{q}(X)$ besitzt keine Nullstellen in $\mathbb{Q}$.
Polynome über den reellen Zahlen $\mathbb{R}$ erlauben eine spezielle Form der Faktorisierung.
Neben den reellwertigen treten komplexwertige Nullstellen stets als Paare zueinander
konjugierter Nullstellen auf. Um das zu zeigen, greifen wir auf den im Beispiel 2.15
angegebenen Automorphismus $\varphi : \mathbb{C} \to \mathbb{C}$ zurück, der jeder komplexen Zahl $z = a + ib$
die zu dieser konjugiert komplexe Zahl $z = a - ib$ zuordnet. Man erkennt, dass sich
im Ergebnis das Gleiche ergibt, unabhängig davon, ob zunächst die Rechenoperation $+, -, \cdot, :$ vorgenommen und, darauf folgend, zu den konjugiert komplexen Werten
übergegangen wird oder ob man mit den konjugierten Darstellungen der Operanden
nachfolgend die Rechenoperationen ausführt. Das nutzen wir nun aus um zu zeigen,
dass mit jeder komplexwertigen Nullstelle z des Polynoms
$$\mathbf{p}(X) = a_n X^n + ... + a_i X^i + ... + a_1 X + a_0$$
über den reellen Zahlen $\mathbb{R}$ auch die zu z konjugiert komplexe Größe $\overline{z}$ eine Nullstelle
von $\mathbf{p}(X)$ ist. Da alle Koeffizienten a_i reelle Zahlen sind, d.h. $\overline{a}_i = a_i$, erhält man für
jede komplexe Zahlen z:
$$\overline{\mathbf{p}(z)} = \overline{a_n z^n + ... + a_i z^i + ... + a_1 z + a_0} = \overline{a}_n \overline{z}^n + ... + \overline{a}_i \overline{z}^i + ... + \overline{a}_1 \overline{z} + \overline{a}_0$$
$$= a_n \overline{z}^n + ... + a_i \overline{z}^i + ... + a_1 \overline{z} + a_0 = \mathbf{p}(\overline{z}).$$
Ist also $\overline{z}$ konjugiert komplex zur Nullstelle z von $\mathbf{p}$, so gilt:

$$\mathbf{p}\left(\overline{z}\right) = \overline{\mathbf{p}\left(z\right)} = \overline{0} = 0.$$

Folglich ist $\overline{z}$ ebenfalls eine Nullstelle von $\mathbf{p}$. In der Faktorisierung von $\mathbf{p}$ tritt dann das Produkt $(X - z) \cdot (X - \overline{z})$ auf. Nach dem Ausmultiplizieren entsteht der Ausdruck

$$(X - z) \cdot (X - \overline{z}) = X^2 - (z + \overline{z}) X + z\overline{z} = X^2 - 2\operatorname{Re}(z) X + |z|^2.$$

Mit $z = a + ib$ ist $(z + \overline{z}) = 2a = 2\operatorname{Re}(z)$ und $|z|^2 = a^2 + b^2$. Der Ausdruck $X^2 - 2\operatorname{Re}(z) X + |z|^2$ ist folglich ein in X quadratisches Polynom über den reellen Zahlen.

Bemerkung 3.36 *(Faktorisierung über $\mathbb{R}$)*

Besitzt $\mathbf{p}$ die reellwertigen Nullstellen $x_1, ..., x_s$ mit den entsprechenden Vielfachheiten $m_1, ..., m_s$ und die komplexwertigen Nullstellenpaare $(z_1, \overline{z}_1), ..., (z_r, \overline{z}_r)$ mit den jeweiligen Vielfachheiten $e_1, ..., e_r$, so ist $\mathbf{p}$, als Polynom über den reellen Zahlen betrachtet, in folgender Faktorisierung darstellbar:

$$\begin{aligned} \mathbf{p}\left(X\right) = \ & (X - x_1)^{m_1} \cdot ... \cdot (X - x_s)^{m_s} \\ & \cdot \left(X^2 - 2\operatorname{Re}(z_1) X + |z_1|^2\right)^{e_1} \cdot ... \cdot \left(X^2 - 2\operatorname{Re}(z_r) X + |z_r|^2\right)^{e_r}. \end{aligned}$$

Beispiel 3.37 *Das Polynom $\mathbf{p}\left(X\right) = X^4 - 2X^3 - X + 2$ hat die reellwertigen Nullstellen $x_1 = 1$ und $x_2 = 2$. Wir dividieren $\mathbf{p}\left(X\right)$ durch den quadratischen Ausdruck $(X - 1) \cdot (X - 2) = X^2 - 3X + 2$:*

$$
\begin{array}{llllll}
X^4 & -2X^3 & \cdot & -X & +2 & : X^2 - 3X + 2 \\
-(X^4 & -3X^3 & +2X^2) & & & \\
\hline
 & X^3 & -2X^2 & -X & & = X^2 + X + 1 \\
 & -(X^3 & -3X^2 & +2X) & & \\
\hline
 & & X^2 & -3X & +2 & \\
 & & -(X^2 & -3X & +2) & \\
\hline
 & & & 0 & & .
\end{array}
$$

Das entstandene Polynom $X^2 + X + 1$ hat ein über die Lösungsformel (3.2) für quadratische Gleichungen berechenbares komplexwertiges Lösungspaar. Die Faktorisierung von $\mathbf{p}$ über $\mathbb{R}$ nimmt damit folgende Form an:

$$\mathbf{p}\left(X\right) = (X - 1) \cdot (X - 2) \cdot (X^2 + X + 1).$$

Reellwertige Polynome lassen sich als Funktionen über der reellen Zahlengeraden zeichnerisch in der Ebene durch einen Graphen darstellen. Die reellwertigen Nullstellen des Polynoms sind jene Punkte, in denen der Graph die Zahlengerade schneidet oder berührt. Daraus können Schlüsse über die Lage und Vielfachheit einer Nullstelle gezogen werden. Wir erläutern das anhand des faktorisierten Beispielpolynoms

$$\mathbf{p}\left(X\right) = (X - 1)^2 (X + 2)^3 \left(X + \tfrac{1}{2}\right) \left(X^2 + \tfrac{1}{4}\right)$$

mit dem in Abb. 3.4 dargestellten Graphen.

Die Zahlengerade, wir sprechen besser von der x–Achse, teilt die Ebene in einen oberen und unteren Bereich. Die Kurve zu $\mathbf{p}\left(X\right)$ schneidet die x–Achse an der Stelle $x_1 = -\tfrac{1}{2}$, berührt diese bei $x_2 = 1$, ohne in den Bereich der Ebene unterhalb der

Zahlengeraden zu wechseln, und gleitet durch den Geradenpunkt, der $x_3 = -2$ markiert, wobei die Kurve vom oberen in den unteren Bereich der Ebene wechselt. Bei der einfachen Nullstelle x_1 schneidet die Kurve die $x-$Achse, und eine im Schnittpunkt angelegte Tangente fällt nicht mit der $x-$Achse zusammen. Bei den mehrfachen Nullstellen x_2 und x_3 ist die Kurventangente im Berührungspunkt gleich der $x-$Achse. Im Falle der zweifachen (geradzahligen) Nullstelle x_2 verbleibt die Kurve nach Durchlauf dieses Punktes im gleichen Bereich der Ebene, während an der dreifachen (ungeradzahligen) Nullstelle x_3 die Kurve in den anderen Bereich übergeht. Das sich im Ausdruck $\left(X^2 + \frac{1}{4}\right) = \left(X - \frac{i}{2}\right)\left(X + \frac{i}{2}\right)$ verbergende komplexwertige Nullstellenpaar $\left(\frac{i}{2}, -\frac{i}{2}\right)$ tritt in dieser zeichnerischen Darstellung nicht zutage.

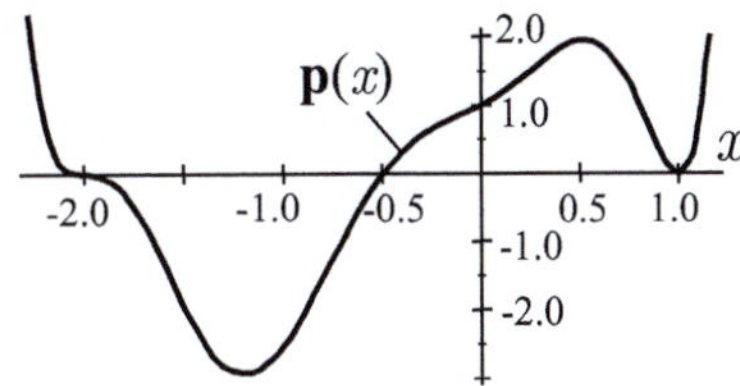

Abb. 3.4: Graph des Polynoms $\mathbf{p}(X) = (X - 1)^2 (X + 2)^3 \left(X + \frac{1}{2}\right)\left(X^2 + \frac{1}{4}\right)$

3.5 Körpererweiterungen

Alle Bemühungen, um durch geschickte Umformungen oder Transformationen, also direkte rechnerische Manipulationen an den infrage kommenden Polynomen, etwas über die Art und Darstellungsweise ihrer Nullstellen zu erfahren, brachten keine fundamentalen Erkenntnisse hervor. Erst als man dazu überging, Polynome durch adäquate algebraische Objekte zu beschreiben und damit das Problem der Nullstellenbeschreibung auf dazu äquivalente algebraische Aufgabenstellungen zu übertragen, gelang ein Durchbruch. Es erweist sich, dass jedes Polynom mit einer Körpererweiterung in Verbindung gebracht werden kann. Die zentralen Untersuchungsobjekte sind keine Polynome mehr, sondern Körpererweiterungen, die im engen Zusammenhang mit einem Polynom stehen. Jedes Polynom $\mathbf{p}$ über einem Körper $\mathcal{K}$ definiert einen anderen Körper $\mathcal{L}$, der $\mathcal{K}$ oder einen dazu isomorphen Teilkörper umfasst und als Erweiterung von $\mathcal{K}$ anzusehen ist. In diesem Abschnitt werden Körpererweiterungen eingeführt und ihre Verknüpfungen mit Polynomen dargestellt.

Grob ausgedrückt ist die Erweiterung eines Körpers $\mathcal{K}$ ein Körper $\mathcal{L}$, der $\mathcal{K}$ als Teilkörper enthält. In dieser Ausdrucksweise wird $\mathcal{K}$ als Teilmenge von $\mathcal{L}$ wahrgenommen, was nicht ganz der Beziehung zwischen $\mathcal{K}$ und $\mathcal{L}$ entspricht. Beispielsweise ist der Körper der reellen Zahlen $\mathbb{R}$ ein Teilkörper der komplexen Zahlen $\mathbb{C}$. $\mathbb{R}$ lediglich als Teilmenge von $\mathbb{C}$ zu betrachten, ist angesichts der unterschiedlichen Elementcharakteristik (Schnitte $\leftrightarrow$ komplexe Zahl) problematisch. Es wäre deshalb vorzuziehen, wie in Bsp. 2.14 gezeigt, die Körpererweiterung von $\mathbb{R}$ zu $\mathbb{C}$ über einen injektiven Homomorphismus zu beschreiben. Auf diese Weise führt man auch allgemein Körpererweiterungen ein:

Definition 3.38 *(Körpererweiterung)*
Zu einem gegebenen Körper $\mathcal{K}$ nennt man einen Körper $\mathcal{L}$ eine Erweiterung von $\mathcal{K}$, wenn beide Körper über einen Homomorphismus $\theta : \mathcal{K} \to \mathcal{L}$ verbunden sind. Mit dieser Abbildung sind beide Körper festgelegt, und $\mathcal{K}$ heißt Teilkörper des übergeordneten Körpers $\mathcal{L}$.

Da es sich hier um einen Homomorphismus zwischen Körpern handelt, steht von vornherein fest, dass dieser injektiv ist (siehe Satz 2.13). In der für mathematische Zusammenhänge typischen minimalistischen Ausdrucksweise wurde deshalb in dieser Erklärung auf den Zusatz "injektiv" verzichtet. Wenn mit dem Homomorphismus (der Injektion) $\theta : \mathcal{K} \to \mathcal{L}$ feststeht, um welche Körpererweiterung es sich handelt, kann der Körper $\mathcal{K}$ mit seinem Bild $\theta(\mathcal{K})$ identifiziert werden, womit dann $\mathcal{K}$ als Teilkörper von $\mathcal{L}$ auch festgelegt ist. Wir drücken diese Erweiterung symbolisch durch $\mathcal{L} : \mathcal{K}$ aus, was als "Körper $\mathcal{L}$ über dem Körper $\mathcal{K}$" zu lesen ist.

Beispiel 3.39 *(Körpererweiterungen)*
1. Die im Beispiel 2.14 genannten Körper-Homomorphismen $\varphi_{\mathbb{R}} : \mathbb{Q} \to \mathbb{R}$ und $\varphi_{\mathbb{C}} : \mathbb{R} \to \mathbb{C}$ sind Körpererweiterungen, die wir wie folgt schreiben: $\mathbb{R} : \mathbb{Q}$, $\mathbb{C} : \mathbb{R}$.
2. Das Polynom $\mathbf{p}(X) = X^2 - 2$ ist über den rationalen Zahlen $\mathbb{Q}$ irreduzibel und besitzt die reellwertigen Nullstellen $x_{1,2} = \pm\sqrt{2}$. Wir führen die Menge
$$\mathcal{L} = \left\{ a + b\sqrt{2}, \; a,b \in \mathbb{Q} \right\}$$
ein und zeigen, dass $\mathcal{L}$ mit den Rechengesetzen für reelle Zahlen einen Teilkörper von $\mathbb{R}$ bildet. $\mathcal{L}$ enthält neben allen rationalen Zahlen auch die Nullstellen $x_{1,2} = 0 \pm \sqrt{2}$. Gezeigt werden muss, dass Summen und Produkte von Elementen aus $\mathcal{L}$ wieder zu $\mathcal{L}$ gehören und von derselben Form sind. Daneben ist der Nachweis zu erbringen, dass zu jeder Zahl aus $\mathcal{L}$ auch eine formgleiche Inverse existiert. Zunächst stellen wir fest, dass es ein Null-Element $0 + 0 \cdot \sqrt{2}$ und neutrales Element $1 + 0 \cdot \sqrt{2}$ in $\mathcal{L}$ gibt. Mit den Zahlen $a + b\sqrt{2}$ und $c + d\sqrt{2}$ aus $\mathcal{L}$ bildet man die Summe/Differenz und das Produkt:
$$\left(a + b\sqrt{2} \right) \pm \left(c + d\sqrt{2} \right) = (a \pm c) + (b \pm d)\sqrt{2} \in \mathcal{L}$$
$$\left(a + b\sqrt{2} \right) \cdot \left(c + d\sqrt{2} \right) = (ac + 2bd) + (bc + ad)\sqrt{2} \in \mathcal{L}.$$
Für das zu $a + b\sqrt{2}$ inverse Element wählen wir den Ansatz $x + y\sqrt{2}$ und ermitteln $x, y \in \mathbb{Q}$ über die Forderung:
$$\left(a + b\sqrt{2} \right) \cdot \left(x + y\sqrt{2} \right) = (ax + 2by) + (bx + ay)\sqrt{2} \overset{!}{=} 1 + 0 \cdot \sqrt{2}.$$
Wir werden so zum linearen Gleichungssystem
$$\begin{array}{l} ax + 2by = 1 \\ bx + ay = 0 \end{array} \quad \text{mit der Lösung} \quad x = \frac{a}{a^2 - 2b^2}, \quad y = \frac{-b}{a^2 - 2b^2}$$
geführt. Das zu $a + b\sqrt{2}$ inverse Element
$$\frac{a - b\sqrt{2}}{a^2 - 2b^2}$$
ist wohl definiert, denn der Nenner $a^2 - 2b^2$ kann, abgesehen vom auszuschließenden Fall $a = b = 0$, wegen $a/b \neq \sqrt{2}$ für rationale Zahlen a, b nicht verschwinden ($\sqrt{2}$ ist irrational und nicht als Bruch rationaler Zahlen darstellbar, siehe Bsp. 1.6). Die Menge $\mathcal{L}$ zusammen mit der Verknüpfung reeller Zahlen erfüllt damit alle Bedingungen, die an einen Körper gestellt werden. Die Inklusionsabbildung (der Körperhomomorphismus) $\theta : \mathbb{Q} \to \mathcal{L}$ gemäß $a \in \mathbb{Q} \mapsto \theta(a) = a$

ist eine Körpererweiterung. Damit das Hinzufügen von $\sqrt{2}$ zum rationalen Zahlenkörper $\mathbb{Q}$ deutlich wird, bezeichnet man den konstruierten Körper mit $\mathbb{Q}\left(\sqrt{2}\right)$ und spricht davon, dass $\mathcal{L} = \mathbb{Q}\left(\sqrt{2}\right)$ durch **Adjunktion** *(Hinzufügung) von $\sqrt{2}$ zu den rationalen Zahlen entstanden ist. Symbolisch stellt man diese Erweiterung durch $\mathbb{Q}\left(\sqrt{2}\right) : \mathbb{Q}$ bzw. $\mathcal{L} : \mathbb{Q}$ dar.*

Noch etwas zeichnet den Körper $\mathcal{L}$ aus, er ist im Körper der komplexen Zahlen der kleinste Teilkörper über $\mathbb{Q}$, der alle Wurzeln des Polynoms $\mathbf{p}$ enthält. Polynom $\mathbf{p}$ und der Erweiterungskörper $\mathbb{Q}\left(\sqrt{2}\right)$ stehen damit in einer engen Beziehung zueinander, d.h., $\mathbf{p}$ wird durch $\mathbb{Q}\left(\sqrt{2}\right)$ repräsentiert. Genau solche Verbindungen streben wir allgemein an.

Wir erwähnen noch, dass $\mathbf{p}$ über $\mathbb{Q}\left(\sqrt{2}\right)$ reduzibel und in der Faktorisierung $\mathbf{p}(X) = \left(X - \sqrt{2}\right)\left(X + \sqrt{2}\right)$ darstellbar ist.

Im vorstehenden Beispiel tritt hervor, welche Absichten mit Körpererweiterungen verfolgt werden: Körpererweiterungen dienen dem Ziel, Relationen zwischen Polynomen aus einem Polynomring $\mathcal{K}[X]$ über dem Körper $\mathcal{K}$ und Erweiterung $\mathcal{L}$ über $\mathcal{K}$ herzustellen, die alle Wurzeln eines Polynoms umfassen und die eine gewisse Minimaleigenschaft auszeichnet. Bevor wir weiter dieses Ziel anstreben, stellen wir folgende Minimaleigenschaft des Körpers $\mathbb{Q}$ der rationalen Zahlen fest:

Satz 3.40 *($\mathbb{Q}$ ist kleinster Teilkörper über $\mathbb{C}$)*
Jeder Teilkörper der komplexen Zahlen enthält $\mathbb{Q}$. In einer dazu äquivalenten Formulierung: $\mathbb{Q}$ ist der kleinste Teilkörper im Körper $\mathbb{C}$ der komplexen Zahlen.

Beweis. Ist $\mathcal{K}$ ein Teilkörper von $\mathbb{C}$, so enthält $\mathcal{K}$ das Null-Element 0 und mit 1 das neutrale Element. Weiter befindet sich wegen $n = 1+1+...+1$ auch jede natürliche Zahl in $\mathcal{K}$. Da jede Zahl in $\mathcal{K}$ bezüglich der Addition eine Inverse besitzt, existiert in $\mathcal{K}$ auch $-n$ $(n + (-n) = 0)$. Damit umfasst $\mathcal{K}$ alle ganzen Zahlen ($\mathbb{Z}$ ist in $\mathcal{K}$ enthalten). Da $\mathcal{K}$ ein Körper ist und damit bezüglich der Produktbildung abgeschlossen und weil es zu jeder von Null verschiedenen Zahl eine multiplikative Inverse gibt, kann zu allen ganzen Zahlen r, s $(s \neq 0)$ die Zahl $r \cdot s^{-1}$ gebildet werden. Damit sind aber alle rationalen Zahlen in $\mathcal{K}$ enthalten. ∎

Jede Körpererweiterung über den komplexen Zahlen umfasst nach dieser Feststellung den Körper der rationalen Zahlen. Man bezeichnet $\mathbb{Q}$ deshalb auch als **Primkörper** bezüglich der komplexen Zahlen $\mathbb{C}$. Bei der Überprüfung, ob eine Teilmenge der komplexen Zahlen ein Teilkörper von $\mathbb{C}$ ist, kann auf den Nachweis der Elemente 0 und 1 verzichtet werden, da diese mit $\mathbb{Q}$ ohnehin dieser Teilmenge angehören. Auch die Gültigkeit der Assoziativität, Distributivität und Kommutativität ist gesichert, so dass nur überprüft werden muss, ob die Ergebnisse von Additionen, Multiplikationen und Inversenbildungen den Rahmen der Teilmenge nicht verlassen, d.h., die Teilmenge bezüglich dieser Operationen abgeschlossen ist.

Bei der Entwicklung von Körpererweiterungen sieht man sich mit den folgenden beiden Situationen konfrontiert:

1. Gegeben ist eine Teilmenge M der komplexen Zahlen $\mathbb{C}$. Zu konstruieren ist der kleinste Teilkörper von $\mathbb{C}$, der M enthält. Nach unseren Vorbetrachtungen muss der zu entwickelnde Körper $\mathcal{K}$ die rationalen Zahlen $\mathbb{Q}$ umfassen. Deshalb entsteht dieser Körper durch Adjunktion, also durch Hinzufügung von M zu $\mathbb{Q}$: $\mathcal{K} = \mathbb{Q}(M)$.

Beispiel 3.41 *(Körper der rationalen komplexen Zahlen)*
Das Polynom $\mathbf{p}(X) = X^2 + 1$ *hat die rein imaginären Nullstellen* $x_{1,2} = \pm i$. *Wir konstruieren eine Erweiterung der rationalen Zahlen unter Hinzunahme dieser Nullstellen und setzen an:*
$$\mathcal{L} = \{a + bi, \ a, b \in \mathbb{Q}\}.$$
$\mathcal{L}$ *enthält alle komplexwertigen rationalen Zahlen. Wie zu sehen, sind* 0 *und* 1 *Elemente von* $\mathcal{L}$, *und auf gleiche Weise wie in Bsp.* 3.39 *2. zeigt man, dass auch die Resultate der Grundrechenarten stets* $\mathcal{L}$ *angehören, d.h., die angegebene Form beibehalten.*
Das zu $a + bi$ *inverse Element ist* $\dfrac{a - bi}{a^2 + b^2}$.
$\mathcal{L} = \mathbb{Q}(i)$ *ist unter allen Teilkörpern von* $\mathbb{C}$, *die neben* $\mathbb{Q}$ *auch die Teilmenge* $M = \{i\}$ *enthalten, der kleinste Teilkörper.*

2. Gegeben ist eine Körpererweiterung $\mathcal{L} : \mathcal{K}$ und eine Teilmenge N von $\mathcal{L}$. Zu konstruieren ist der Teilkörper von $\mathbb{C}$, der sowohl $\mathcal{K}$ als auch N enthält. Dieser Körper ist eine Erweiterung von $\mathcal{K}$ und entsteht durch Adjunktion von N zu $\mathcal{K}$

Mit diesen Abkürzungen ist der kleinste Teilkörper von $\mathbb{C}$ gesucht, der $\mathcal{K} \cup N$ enthält, wobei $N \subseteq \mathcal{L}$. Folglich gilt für die Erweiterung $\mathcal{K}(N)$:
$$\mathcal{K} \subseteq \mathcal{K}(N) \subseteq \mathcal{L} \subseteq \mathbb{C}.$$
$\mathcal{K}(N)$ ist der durch Adjunktion von N generierte Teilkörper von $\mathbb{C}$ über $\mathcal{K}$. Bei dieser Körpererweiterung sollte man sich bewusst sein, dass $\mathcal{K}(N)$ eine bedeutend größere Menge umfasst als die Vereinigung $\mathcal{K} \cup N$.

Bemerkung 3.43 *(rationale Ausdrücke)*
Polynome können addiert, subtrahiert und multipliziert werden, und ihre Gesamtheit bildet über einem Koeffizientenkörper $\mathcal{K}$ *den Polynomring* $\mathcal{K}[X]$. *Dieser Ring kann durch Hinzufügen der Unbestimmten* X *zum Körper* $\mathcal{K}$ *zu einem Körper* $\mathcal{K}(X)$ *erweitert werden. Die Elemente von* $\mathcal{K}(X)$ *sind* **rationale Ausdrücke**
$$\frac{\mathbf{p}(X)}{\mathbf{q}(X)}, \quad \text{wobei } \mathbf{p}, \mathbf{q} \in \mathcal{K}[X] \text{ und } \mathbf{q} \neq \mathbf{0} \ (\mathbf{q} \text{ ist nicht das Null-Polynom!}).$$

Bemerkung 3.44 *(Rechnen mit rationalen Ausdrücken)*

1. Ebenso wie rationale Zahlen sind rationale Ausdrücke über Polynome Klassen (Mengen) gleichwertiger Polynompaare. Genauer: Die Polynompaare $(\mathbf{p},\mathbf{q})$ und $(\mathbf{r},\mathbf{s})$ gehören der gleichen Klasse $[(\mathbf{p},\mathbf{q})]$ an, wenn $\mathbf{p}(X) \cdot \mathbf{s}(X) = \mathbf{q}(X) \cdot \mathbf{r}(X)$ im Ring $\mathcal{K}[X]$ (Multiplikation über Kreuz). Alle auf diese Weise gleichen Paare bilden einen rationalen Polynomausdruck und damit ein Element aus $\mathcal{K}(X)$. Unter den Paaren einer Klasse gibt es ein Paar, dessen größter gemeinsamer Teiler 1 ist $(ggT(\mathbf{p},\mathbf{q}) = 1)$. Dieses Paar bildet einen Repräsentanten der Klasse $[(\mathbf{p},\mathbf{q})]$. Ob man unter $\mathcal{K}(X)$ die Menge aller Klassen oder, äquivalent dazu, die Menge aller Repräsentanten versteht, ist für den Umgang mit $\mathcal{K}(X)$ nicht erheblich.

2. Wird die Unbestimmte X durch konkrete, im Allgemeinen komplexwertige Zahlen ersetzt, so entsteht aus einem rationalen Ausdruck eine rationale Funktion $\mathbb{C} \to \mathbb{C}$, die komplexe Zahlen auf komplexe Zahlen abbildet. Dabei sind jedoch alle komplexen Zahlen, die Nullstellen von $\mathbf{q}(X)$ sind, auszuschließen.

Mit dem Homomorphismus

$$\boldsymbol{\theta} : \mathcal{K} \to \mathcal{K}(X) \quad \text{gemäß} \quad a \in \mathcal{K} \mapsto a/1 \in \mathcal{K}(X) \, (\mathbf{p}(X) = a \text{ - konstantes Polynom})$$

wird deutlich, dass der Körper $\mathcal{K}$ isomorph zum Bild $\boldsymbol{\theta}(\mathcal{K}) \subset \mathcal{K}(X)$ ist. Die Resultate von Additionen/Subtraktionen, Multiplikationen und Divisionen rationaler Ausdrücke sind wieder rationale Ausdrücke. Geben wir $\dfrac{\mathbf{p}(X)}{\mathbf{q}(X)}$ und $\dfrac{\mathbf{r}(X)}{\mathbf{s}(X)}$ aus $\mathcal{K}(X)$ vor, so erhält man nach den üblichen Rechenregeln:

$$\frac{\mathbf{p}(X)}{\mathbf{q}(X)} \cdot \frac{\mathbf{r}(X)}{\mathbf{s}(X)} = \frac{\mathbf{p}(X) \cdot \mathbf{r}(X)}{\mathbf{q}(X) \cdot \mathbf{s}(X)},$$

$$\frac{\mathbf{p}(X)}{\mathbf{q}(X)} \pm \frac{\mathbf{r}(X)}{\mathbf{s}(X)} = \frac{\mathbf{p}(X) \cdot \mathbf{s}(X) \pm \mathbf{r}(X) \cdot \mathbf{q}(X)}{\mathbf{q}(X) \cdot \mathbf{s}(X)},$$

$$\frac{\mathbf{p}(X)}{\mathbf{q}(X)} : \frac{\mathbf{r}(X)}{\mathbf{s}(X)} = \frac{\mathbf{p}(X) \cdot \mathbf{s}(X)}{\mathbf{q}(X) \cdot \mathbf{r}(X)}, \quad \text{wobei } \mathbf{r} \neq \mathbf{0} \ \text{(} \mathbf{r} \text{ ist nicht das Null-Polynom!)}.$$

Damit ist nachgewiesen, dass $\mathcal{K}(X)$ einen Körper bildet und der Homomorphismus $\boldsymbol{\theta} : \mathcal{K} \to \mathcal{K}(X)$ eine Körpererweiterung beschreibt, die $\mathcal{K}$ durch Adjunktion (Hinzunahme) der Unbestimmten X erweitert. $\mathcal{K}(X)$ besitzt auch die gewünschte Minimaleigenschaft, d.h., $\mathcal{K}(X)$ ist der einzige Körper, der neben dem isomorphen Abbild von $\mathcal{K}$ die Unbestimmte X enthält. Jeder andere Körper mit diesen Merkmalen umfasst $\mathcal{K}(X)$.

3.6 Algebraisch und transzendent

Wenn der Körper $\mathcal{K}$ nur mit einem Element $\alpha \in \mathcal{L}$ zum Körper $\mathcal{K}(\alpha)$ erweitert wird (siehe Bsp. 3.39 2. und 3.41), so haben wir es mit der einfachsten Form einer Körpererweiterung zu tun. In der Regel sind aber neben $\mathcal{K}$ an einer Erweiterung mehrere Elemente $\alpha_1, ..., \alpha_n$ aus $\mathcal{L}$ beteiligt, die zu einem Körper führen, den man mit $\mathcal{K}(\{\alpha_1, ..., \alpha_n\})$ bezeichnet. Es ist ein glücklicher Umstand, dass sich derartige Erweiterungen auf **einfache Körpererweiterungen** zurückführen lassen, so dass umfangreiche Konstruktionen über eine Folge einfacher Erweiterungen realisierbar sind. Überdies ergeben sich aus den einfachen Strukturen Informationen, die generell für Erweiterungen zutreffen.

Gegenstand dieses Abschnitts sind einfache Körpererweiterungen.

Wir führen Schlüsselbegriffe ein, die bei der Klassifizierung einfacher Körpererweiterungen zielführend sind.

Definition 3.45 *(algebraisch - transzendent)*

*Ausgegangen wird von einem Teilkörper $\mathcal{K}$ der komplexen Zahlen $\mathbb{C}$ und einer im Allgemeinen komplexen Zahl $\alpha \in \mathbb{C}$. Man nennt α **algebraisch über dem Körper** $\mathcal{K}$, falls im Ring $\mathcal{K}[X]$ ein Polynom $\mathbf{p}(X)$ existiert, das nicht das Null-Polynom ist und $\mathbf{p}(\alpha) = 0$ gilt. D.h., wir sprechen von α als einer über dem Körper $\mathcal{K}$ algebraischen Zahl, wenn es ein über $\mathcal{K}$ definiertes Polynom $\mathbf{p} \neq \mathbf{0}$ mit α als Nullstelle gibt. Ist das nicht der Fall, wenn es also in $\mathcal{K}[X]$ kein Polynom gibt, das α als Nullstelle besitzt, so heißt α **transzendent über** $\mathcal{K}$.*

Diese Begriffe können auch über den Homomorphismus

$$\Phi_\alpha : \mathcal{K}[X] \to \mathcal{K} \quad \text{gemäß} \quad \mathbf{p}(X) \in \mathcal{K}[X] \mapsto \Phi_\alpha(\mathbf{p}) = \mathbf{p}(\alpha) \in \mathcal{K}$$

eingeführt werden. Besteht der Kern von Φ_α nur aus dem Null-Polynom ($\ker(\Phi_\alpha) = \{\mathbf{0}\}$), so gibt es kein vom Null-Polynom verschiedenes Polynom, für das α eine Nullstelle ist. In diesem Falle ist α transzendent. Die erweiterte Abbildung mit der Zuweisung

$$\mathbf{p}(X) = a_n X^n + ... + a_1 X + a_0 \quad \mapsto \quad \mathbf{p}(\alpha) = a_n \alpha^n + ... + a_1 \alpha + a_0,$$

bei der in jedem polynomialen Ausdruck $\mathbf{p}(X)$ über $\mathcal{K}$ die Unbestimmte X durch α ausgetauscht (substituiert) wird, bildet dann wegen $\ker(\Phi_\alpha) = \{\mathbf{0}\}$ einen Isomorphismus.

Besteht der Kern von Φ_α nicht nur aus dem Null-Polynom, so gibt es wenigstens ein Polynom $\mathbf{p} \neq \mathbf{0}$ mit $\mathbf{p}(\alpha) = 0$, d.h., α ist algebraisch über $\mathcal{K}$.

Definition 3.46 *(algebraische und transzendente Körpererweiterungen)*

Man spricht davon, dass eine Körpererweiterung $\mathcal{L} : \mathcal{K}$ algebraisch und $\mathcal{L}$ über dem Körper $\mathcal{K}$ algebraisch ist, wenn jedes Element aus $\mathcal{L}$ algebraisch über $\mathcal{K}$ ist. Trifft dies nicht zu, so nennt man $\mathcal{L} : \mathcal{K}$ transzendent, und $\mathcal{L}$ heißt transzendent über $\mathcal{K}$. D.h., die Körpererweiterung $\mathcal{L} : \mathcal{K}$ ist transzendent bei wenigstens einem über $\mathcal{K}$ transzendenten Element aus $\mathcal{L}$.

Im häufig auftretenden Fall einer über den rationalen Zahlen (also über $\mathbb{Q}$) algebraischen oder transzendenten Zahl verzichtet man in der Ausdrucksweise auf "über $\mathbb{Q}$" und spricht einfach von algebraisch bzw. transzendent.

Beispiel 3.47 *(algebraische und transzendente Zahlen)*

1. Jede rationale Zahl a ist algebraisch, mit $\mathbf{p}(X) = X - a$ existiert ein nicht triviales Polynom ($\mathbf{p} \neq \mathbf{0}$) über $\mathbb{Q}$, welches a als Nullstelle besitzt.

2. Jede Quadratwurzel $\sqrt{n}$ aus einer natürlichen Zahl n ist algebraisch, denn in $\mathbb{Q}[X]$ ist $\sqrt{n}$ Nullstelle des polynomialen Ausdrucks $\mathbf{p}(X) = X^2 - n$.

3. Die imaginäre Einheit i ist Nullstelle von $X^2 + 1$ und damit algebraisch. Die Körpererweiterung $\mathbb{Q}(i) : \mathbb{Q}$ (siehe Bsp. 3.41) ist algebraisch, d.h., jede rationale komplexe Zahl $a + bi$ mit $a, b \in \mathbb{Q}$ ist eine algebraische Zahl.

4. Es gibt in $\mathbb{Q}[X]$ keine nicht trivialen Polynome, welche die Kreiszahl π und die Euler'sche Zahl e als Nullstellen besitzen. Nach unserer Klassifizierung sind also π und e transzendent (über $\mathbb{Q}$). Der Nachweis erfordert einen außerhalb unseres Sichtfeldes liegenden höheren analytischen Aufwand, weshalb wir darauf verzichten. Die Transzendenz von π wurde erstmals 1882 vom deutschen Mathematiker Lindemann (1852-1939) gezeigt (siehe [Stew] oder [Niep]) . Nimmt man die reellen Zahlen als Bezugskörper, so existieren in $\mathbb{R}[X]$ mit $X - \pi$ und $X - e$ durchaus Polynome, die beide Zahlen als Nullstellen aufweisen, so dass π und e über den reellen Zahlen $\mathbb{R}$ algebraisch sind.

Transzendente Körpererweiterungen sind relativ einfach durchschaubar. Bis auf Isomorphie gibt es einen eindeutig bestimmten Prototyp, der durch Adjunktion von X zum Körper $\mathcal{K}$ entsteht. Mit dieser Hinzunahme bekommt man den Körper $\mathcal{K}(X)$ aller rationalen Ausdrücke. Aus Sicht der Körpererweiterung ist $\mathcal{K}(X)$ einfache transzendente Erweiterung des Teilkörpers $\mathcal{K}$ von $\mathbb{C}$. Ist $\mathbf{p}$ ein Polynom über $\mathcal{K}$, welches die Forderung $\mathbf{p}(X) = 0$ erfüllt, so kann nach Einführung von $\mathcal{K}(X)$ als Menge aller rationalen Ausdrücke über einer Unbestimmten X dieses Polynom nur das Null-Polynom sein. Folglich ist die Körpererweiterung $\mathcal{K}(X) : \mathcal{K}$ transzendent und die Unbestimmte X transzendent über $\mathcal{K}$.

Jede einfache transzendente Erweiterung $\mathcal{K}(\alpha) : \mathcal{K}$ des Körpers $\mathcal{K}$ ist isomorph zur Erweiterung $\mathcal{K}(X) : \mathcal{K}$. Als Isomorphismus kann

$$\boldsymbol{\Psi}_\alpha : \mathcal{K}(X) \to \mathcal{K}(\alpha) \quad \text{gemäß} \quad \frac{\mathbf{p}(X)}{\mathbf{q}(X)} \in \mathcal{K}(X) \mapsto \frac{\mathbf{p}(\alpha)}{\mathbf{q}(\alpha)} \in \mathcal{K}(\alpha) \quad \text{mit } \mathbf{p}, \mathbf{q} \in \mathcal{K}[X]$$

gewählt werden, wobei $\boldsymbol{\Psi}_\alpha(X) = \alpha$. Wenn $\mathbf{q}$ nicht das Null-Polynom ist, so verschwindet auch $\mathbf{q}(\alpha)$ nicht (d.h. $\mathbf{q}(\alpha) \neq 0$), denn α ist transzendent. Folglich ist die Zuweisung $\mathcal{K}(X) \to \mathcal{K}(\alpha)$ korrekt. Die Einschränkung der Abbildung $\boldsymbol{\Psi}_\alpha$ auf alle konstanten Polynome, d.h. die Zuweisung $\frac{a}{1} \in \mathcal{K}(X) \mapsto a \in \mathcal{K}$, ist eine Identität.

Die Analyse einfacher algebraischer Körpererweiterung ist vielschichtiger, aber für unsere weiteren Vorhaben auch interessanter. Zunächst stellen wir fest, dass es zu einer algebraischen Körpererweiterung $\mathcal{K}(\alpha) : \mathcal{K}$, die von der über $\mathcal{K}$ algebraischen Zahl α erzeugt wird, im Ring $\mathcal{K}[X]$ unter all den Polynomen, die α als Nullstelle besitzen, ein Polynom $\mathbf{m}$ von kleinstem Grade mit $\mathbf{m}(\alpha) = 0$ geben muss. Wir gehen davon aus, dass $\mathbf{m}(X)$ normiert ist, d.h., der Koeffizient bei der höchsten Potenz der Unbestimmten X ist gleich 1. Das bedeutet keine Einschränkung, sondern führt dazu, dass unter allen Polynomen, die sich durch einen multiplikativen konstanten Faktor unterscheiden, das normierte Polynom eindeutig bestimmt ist. Außerdem sind Produkte normierter Polynome ebenfalls normiert.

Wir zeigen, dass zur Erweiterung $\mathcal{K}(\alpha) : \mathcal{K}$ das Polynom kleinsten Grades mit α als Nullstelle eindeutig bestimmt ist. Nehmen jedoch das Gegenteil an: Es seien $\mathbf{p}, \mathbf{q} \in \mathcal{K}[X]$ ($\mathbf{p} \neq \mathbf{q}$) normierte Polynome kleinsten Grades mit $\mathbf{p}(\alpha) = \mathbf{q}(\alpha) = 0$. Dann ist aber $\mathbf{p}(\alpha) - \mathbf{q}(\alpha) = 0$ und wegen $\mathbf{p} \neq \mathbf{q}$ auch $\mathbf{p} - \mathbf{q}$ multiplikatives Vielfaches eines normierten Polynoms mit α als Nullstelle aber kleineren Grades als $\mathbf{p}$ und $\mathbf{q}$. Womit ein Widerspruch konstruiert ist. Folglich gibt es nur ein normiertes Polynom kleinsten Grades mit α als Nullstelle.

Wir fassen den Rahmen etwas weiter und definieren:

Definition 3.48 *(Minimalpolynom)*
Ist $\mathcal{L} : \mathcal{K}$ eine Körpererweiterung und $\alpha \in \mathcal{L}$ algebraisch über $\mathcal{K}$, dann heißt das eindeutig bestimmte normierte Polynom $\mathbf{m}$ kleinsten Grades über $\mathcal{K}$ mit $\mathbf{m}(\alpha) = 0$ **Minimalpolynom von α über $\mathcal{K}$.**

Interesse besteht natürlich daran, wie das Minimalpolynom einer algebraischen Zahl über $\mathcal{K}$ auffindbar ist. Einen ersten Hinweis liefert die folgende Aussage:

Satz 3.49 *(Minimalpolynome sind irreduzibel)*
Das Minimalpolynom $\mathbf{m}$ einer über dem Teilkörper $\mathcal{K}$ von $\mathbb{C}$ algebraischen Zahl α ist irreduzibel über $\mathcal{K}$. $\mathbf{m}$ ist Teiler jedes anderen Polynoms, das α als Nullstelle besitzt.

Beweis. Wir gehen wieder vom Gegenteil aus und nehmen an, $\mathbf{m}$ sei reduzibel. Dann gibt es normierte Polynome $\mathbf{r}, \mathbf{s} \in \mathcal{K}(X)$ kleineren Grades als $\mathbf{m}$, und $\mathbf{m}$ ist als Produkt $\mathbf{m} = \mathbf{r} \cdot \mathbf{s}$ darstellbar. Mit $\mathbf{m}(\alpha) = 0$ ist auch $\mathbf{r}(\alpha) \cdot \mathbf{s}(\alpha) = 0$, so dass $\mathbf{r}(\alpha) = 0$ oder $\mathbf{s}(\alpha) = 0$, was aber im Widerspruch dazu steht, dass $\mathbf{m}$ Minimalpolynom ist. Folglich muss $\mathbf{m}$ über $\mathcal{K}$ irreduzibel sein.
$\mathbf{p}$ sei ein Polynom über $\mathcal{K}$ und $\mathbf{p}(\alpha) = 0$. Nach dem Divisionsalgorithmus (siehe Satz 3.7) gibt es Polynome $\mathbf{q}$ und $\mathbf{r}$ über $\mathcal{K}$, so dass $\mathbf{p} = \mathbf{m} \cdot \mathbf{q} + \mathbf{r}$, wobei der Divisionsrest $\mathbf{r}$ von kleinerem Grad als $\mathbf{m}$ ist. Setzt man in diese polynomiale Gleichung α ein, so entsteht: $0 = \mathbf{p}(\alpha) = 0 \cdot \mathbf{q}(\alpha) + \mathbf{r}(\alpha)$. D.h., das Polynom $\mathbf{r}$ von kleinerem Grade als $\mathbf{m}$ hat α als Nullstelle, was im Widerspruch dazu steht, dass $\mathbf{m}$ Minimalpolynom ist. Folglich kann $\mathbf{r}$ nur das Null-Polynom sein und $\mathbf{p} = \mathbf{m} \cdot \mathbf{q}$, d.h., $\mathbf{m}$ ist Teiler von $\mathbf{p}$. ∎
Auch die Umkehrung dieser Aussage gilt:

Satz 3.50 *(Existenz algebraischer Zahlen)*
$\mathcal{K}$ sei ein Teilkörper von $\mathbb{C}$ und $\mathbf{m}$ irgendein irreduzibles normiertes Polynom über $\mathcal{K}$. Dann gibt es eine über $\mathcal{K}$ algebraische (im Allgemeinen) komplexe Zahl α, so dass $\mathbf{m}$ Minimalpolynom zu α über $\mathcal{K}$ ist.

Beweis. $\mathbf{m}$ hat nach dem Fundamentalsatz (siehe Satz 3.20) sicher eine Nullstelle $\alpha \in \mathbb{C}$. Wegen $\mathbf{m}(\alpha) = 0$ ist dann das zu α existierende Minimalpolynom, bezeichnen wir es kurzzeitig mit $\widetilde{\mathbf{m}}$, in $\mathcal{K}$ Teiler von $\mathbf{m}$. Jedoch $\mathbf{m}$ ist irreduzibel über $\mathcal{K}$, und beide Polynome sind normiert, folglich ist $\widetilde{\mathbf{m}} = \mathbf{m}$. ∎
Tiefere Einblicke in die Struktur einfacher Körpererweiterungen und im Zusammenhang damit in die Bedeutung des Minimalpolynoms gewinnt man mit dem Übergang zu einer **modulo m Arithmetik**. Im Abschn. 2.1 haben wir eine modulo-Rechnung im Ring der ganzen Zahlen eingeführt. Analog zur dortigen Vorgehensweise kann auch im Polynomring $\mathcal{K}[X]$ über einem Teilkörper $\mathcal{K}$ von $\mathbb{C}$ eine modulo-Arithmetik bezüglich eines Polynoms $\mathbf{m} \in \mathcal{K}[X]$ eingeführt werden. $\mathbf{m}$ sei nicht das Null-Polynom, muss aber nicht das Minimalpolynom sein, auch wenn die Bezeichnung das suggeriert. Polynome

$\mathbf{p}, \mathbf{q} \in \mathcal{K}[X]$ werden **kongruent modulo$-\mathbf{m}$** genannt, wenn die Differenz
$\mathbf{p}(X) - \mathbf{q}(X)$ durch $\mathbf{m}(X)$ in $\mathcal{K}[X]$ teilbar ist und man schreibt: $\mathbf{p} \equiv_{\mathbf{m}} \mathbf{q}$.
Mit den Kongruenzen $\mathbf{a} \equiv_{\mathbf{m}} \mathbf{b}$ und $\mathbf{c} \equiv_{\mathbf{m}} \mathbf{d}$ der Polynome $\mathbf{a}, \mathbf{b}, \mathbf{c}, \mathbf{d} \in \mathcal{K}[X]$ sind auch
Summe und Produkt dieser Polynompaare kongruent modulo $\mathbf{m}$:
$$(\mathbf{a} + \mathbf{c}) \equiv_{\mathbf{m}} (\mathbf{b} + \mathbf{d}) \quad \text{und} \quad (\mathbf{a} \cdot \mathbf{c}) \equiv_{\mathbf{m}} (\mathbf{b} \cdot \mathbf{d}).$$
Wir zeigen das und gehen von Darstellungen $\mathbf{a} - \mathbf{b} = \mathbf{q}_1 \cdot \mathbf{m}$, $\mathbf{c} - \mathbf{d} = \mathbf{q}_2 \cdot \mathbf{m}$ mit den
Quotientenpolynomen $\mathbf{q}_1, \mathbf{q}_2 \in \mathcal{K}[X]$ aus. Damit erhält man:
$$(\mathbf{a} + \mathbf{c}) - (\mathbf{b} + \mathbf{d}) = (\mathbf{a} - \mathbf{b}) + (\mathbf{c} - \mathbf{d}) = (\mathbf{q}_1 + \mathbf{q}_2)\,\mathbf{m}$$
d.h. $(\mathbf{a} + \mathbf{c}) \equiv_{\mathbf{m}} (\mathbf{b} + \mathbf{d})$
$$(\mathbf{a} \cdot \mathbf{c}) - (\mathbf{b} \cdot \mathbf{d}) = (\mathbf{a} \cdot \mathbf{c}) - (\mathbf{a} \cdot \mathbf{d}) + (\mathbf{a} \cdot \mathbf{d}) - (\mathbf{b} \cdot \mathbf{d})$$
$$= \mathbf{a} \cdot (\mathbf{c} - \mathbf{d}) + \mathbf{d}(\mathbf{a} - \mathbf{b}) = (\mathbf{a} \cdot \mathbf{q}_2 + \mathbf{d} \cdot \mathbf{q}_1) \cdot \mathbf{m}$$
d.h. $(\mathbf{a} \cdot \mathbf{c}) \equiv_{\mathbf{m}} (\mathbf{b} \cdot \mathbf{d})$.

> **Satz 3.51** *(reduzierte Polynomform modulo* $\mathbf{m}$*)*
> *Jedes Polynom* $\mathbf{p} \in \mathcal{K}[X]$ *ist kongruent modulo$-\mathbf{m}$ zu einem eindeutig bestimmten*
> *Polynom* $\mathbf{r} \in \mathcal{K}[X]$ *vom Grade kleiner als* $\mathrm{grad}\,(\mathbf{m})$*. Man bezeichnet das Polynom*
> $\mathbf{r}$ *als die reduzierte Form zu* $\mathbf{p}$ *modulo$-\mathbf{m}$.*

Beweis. Wir führen eine Division von $\mathbf{p}$ durch $\mathbf{m}$ mit Rest durch:
$$\mathbf{p} = \mathbf{q} \cdot \mathbf{m} + \mathbf{r}, \quad \text{wobei} \quad \mathbf{q}, \mathbf{r} \in \mathcal{K}[X] \quad \text{und} \quad \mathrm{grad}\,(\mathbf{r}) < \mathrm{grad}\,(\mathbf{m}).$$
Daraus folgt $\mathbf{p} - \mathbf{r} = \mathbf{q} \cdot \mathbf{m}$, d.h., es existiert ein Polynom $\mathbf{r}$ von kleinerem Grade als
$\mathbf{m}$, das kongruent modulo $\mathbf{m}$ ist: $\mathbf{p} \equiv_{\mathbf{m}} \mathbf{r}$.
Um die Eindeutigkeit zu zeigen, gehen wir vom Gegenteil aus und nehmen an, dass
neben $\mathbf{r}$ ein weiteres Polynom $\mathbf{s}$ mit $\mathbf{s} \equiv_{\mathbf{m}} \mathbf{r}$ und $\mathrm{grad}\,(\mathbf{s}) < \mathrm{grad}\,(\mathbf{m})$ existiert. Dann
ist die Differenz $\mathbf{r} - \mathbf{s}$ durch $\mathbf{m}$ teilbar, da aber $\mathbf{r} - \mathbf{s}$ von kleinerem Grade als $\mathbf{m}$ ist,
muss $\mathbf{r} - \mathbf{s} = \mathbf{0}$, also $\mathbf{r} = \mathbf{s}$ sein. Was die Eindeutigkeit von $\mathbf{r}$ bestätigt. $\blacksquare$
Zusammenfassend stellen wir fest, dass Rechnungen mit Polynomen auf der Grundla-
ge einer modulo $\mathbf{m}$ Arithmetik mit den reduzierten Polynomen durchgeführt werden
können. Insbesondere die reduzierte Form der Summe $\mathbf{p} + \mathbf{q}$ von Polynomen ist gleich
der Summe der reduzierten Polynome. Die reduzierte Form des Produktes $\mathbf{p} \cdot \mathbf{q}$ ist
gleich dem Rest, der nach Division des Produktes der reduzierten Formen zu $\mathbf{p}$ und
$\mathbf{q}$ durch $\mathbf{m}$ entsteht. Um diese modulo $\mathbf{m}$ Arithmetik in geordnete Bahnen zu lenken,
führen wir, wie bei der modulo m Rechnung im Ring der ganzen Zahlen (siehe Abschn.
2.1), **Restklassen modulo $\mathbf{m}$** ein. Darunter ist eine Aufteilung des Ringes $\mathcal{K}[X]$ in
Teilmengen
$$[\mathbf{r}]_{\mathbf{m}} = \{\text{alle Polynome } \mathbf{q} \in \mathcal{K}[X] \text{ für die } \mathbf{q} \equiv_{\mathbf{m}} \mathbf{r}\}$$
zu verstehen. Die Klasse $[\mathbf{r}]_{\mathbf{m}}$ enthält alle zum Polynom $\mathbf{r}$ modulo $\mathbf{m}$ kongruenten
Polynome. Jedes Polynom aus $\mathcal{K}[X]$ gehört genau einer Klasse an. Die Bildung von
Summen und Produkten dieser Klassen führt wieder zu wohlbestimmten Klassen und
zwar:
$$[\mathbf{r}]_{\mathbf{m}} + [\mathbf{s}]_{\mathbf{m}} = [\mathbf{r} + \mathbf{s}]_{\mathbf{m}}, \qquad [\mathbf{r}]_{\mathbf{m}} \cdot [\mathbf{s}]_{\mathbf{m}} = [\mathbf{r} \cdot \mathbf{s}]_{\mathbf{m}}.$$
Die Verknüpfungen "$+$" und "$\cdot$" zwischen den Klassen sind so zu verstehen, dass Po-
lynome $\mathbf{p} \in [\mathbf{r}]_{\mathbf{m}}$ und $\mathbf{q} \in [\mathbf{s}]_{\mathbf{m}}$ zu $\mathbf{p} + \mathbf{q} \in [\mathbf{r} + \mathbf{s}]_{\mathbf{m}}$ und $\mathbf{p} \cdot \mathbf{q} \in [\mathbf{r} \cdot \mathbf{s}]_{\mathbf{m}}$ zu verbinden
sind. Das Ergebnis dieser Operationen ist nicht von der Wahl der Polynome in den
Klassen abhängig. In jeder Klasse gibt es genau ein Polynom vom Grade kleiner als

grad $(\mathbf{m})$, und dieses Polynom ist die reduzierte Form aller in der Klasse enthaltenen Polynome. In unserer Klassenbeschreibung $[\mathbf{r}]_{\mathbf{m}}$ haben wir diese reduzierte Form $\mathbf{r}$ als Repräsentanten der Klasse gewählt. Äquivalent zum rechnerischen Umgang mit Restklassen können algebraische Berechnungen auch mit den reduzierten Formen durchgeführt werden. Zu beachten ist, dass $\mathbf{m}(X)$ mit dem Null-Polynom $\mathbf{0}$ zu identifizieren ist (bzw. $[\mathbf{m}]_{\mathbf{m}} = [\mathbf{0}]_{\mathbf{m}}$).

> **Definition 3.52 (*Restklassen modulo* m)**
> *Die Menge aller Restklassen, die über $\mathcal{K}[X]$ zum Polynom $\mathbf{m}$ gebildet werden können, bezeichnen wir mit $\mathcal{K}[X]/\langle\mathbf{m}\rangle$ und sprechen von der **Menge aller Restklassen modulo** $\mathbf{m}$ über $\mathcal{K}[X]$.*

Mit den Rechenoperationen zwischen den Klassen, dem Null-Element $[\mathbf{0}]_{\mathbf{m}}$ und dem neutralen Element $[\mathbf{1}]_{\mathbf{m}}$ ($[\mathbf{1}]_{\mathbf{m}}$ enthält alle zum konstanten Polynom $\mathbf{1}$ modulo $\mathbf{m}$ kongruenten Polynome) bildet $\mathcal{K}[X]/\langle\mathbf{m}\rangle$ einen zu $\mathcal{K}[X]$ reduzierten Polynomring. Wir sind natürlich an Bedingungen interessiert, unter denen dieser Ring einen Körper bildet. Das ist der Fall, wenn zu jeder Restklasse eine (multiplikative) inverse Klasse existiert. Im Abschn. 2.1 haben wir festgestellt, dass die Restklassenmenge $\mathbb{Z}/m\mathbb{Z}$ (bzw. $\mathbb{Z}_m$) über den ganzen Zahlen genau dann einen Körper bildet, wenn m eine Primzahl ist. Im übertragenen Sinne spielen die irreduziblen Polynome im Ring $\mathcal{K}[X]$ eine ähnliche Rolle wie die Primzahlen im Ring $\mathbb{Z}$. Deshalb ist anzunehmen, dass $\mathcal{K}[X]/\langle\mathbf{m}\rangle$ im Falle eines irreduziblen Polynoms $\mathbf{m}$ ein Körper ist. Genau das bestätigen wir jetzt:

> **Satz 3.53 (*Existenz inverser Restklassen*)**
> *Zu jeder vom Null-Element $[\mathbf{0}]_{\mathbf{m}}$ verschiedenen Restklasse aus $\mathcal{K}[X]/\langle\mathbf{m}\rangle$ gibt es in $\mathcal{K}[X]/\langle\mathbf{m}\rangle$ genau dann eine bezüglich der Multiplikation inverse Restklasse, wenn $\mathbf{m}$ in $\mathcal{K}[X]$ irreduzibel ist.*

Beweis. 1. $\mathbf{m}$ sei irreduzibel, und das Polynom $\mathbf{p} \in \mathcal{K}[X]$ gehöre der Klasse $[\mathbf{p}]_{\mathbf{m}} \neq [\mathbf{0}]_{\mathbf{m}}$ an. Dann haben $\mathbf{p}$ und $\mathbf{m}$ keinen gemeinsamen Teiler. D.h., der größte gemeinsame Teiler von $\mathbf{p}$ und $\mathbf{m}$ ist $\mathbf{1}$ ($ggT(\mathbf{p}, \mathbf{m}) = \mathbf{1}$) und es existieren Polynome $\mathbf{u}, \mathbf{v} \in \mathcal{K}[X]$, so dass $\mathbf{u} \cdot \mathbf{p} + \mathbf{v} \cdot \mathbf{m} = \mathbf{1}$ (siehe Bem. 3.14). Diese Gleichung gilt auch für die Restklassen: $[\mathbf{u}]_{\mathbf{m}} \cdot [\mathbf{p}]_{\mathbf{m}} + [\mathbf{v}]_{\mathbf{m}} \cdot [\mathbf{m}]_{\mathbf{m}} = [\mathbf{1}]_{\mathbf{m}}$. Wegen $[\mathbf{m}]_{\mathbf{m}} = [\mathbf{0}]_{\mathbf{m}}$ folgt:
$$[\mathbf{1}]_{\mathbf{m}} = [\mathbf{u}]_{\mathbf{m}} \cdot [\mathbf{p}]_{\mathbf{m}} + [\mathbf{0}]_{\mathbf{m}} = [\mathbf{u}]_{\mathbf{m}} \cdot [\mathbf{p}]_{\mathbf{m}}$$
und damit ist $[\mathbf{u}]_{\mathbf{m}}$ multiplikative Inverse zu $[\mathbf{p}]_{\mathbf{m}}$.

2. Wir gehen davon aus, jede Restklasse habe eine Inverse, nehmen aber an, $\mathbf{m}$ sei reduzibel und führen das zu einem Widerspruch. Es existieren dann Polynome $\mathbf{r}, \mathbf{s} \in \mathcal{K}[X]$ mit $\mathbf{m} = \mathbf{r} \cdot \mathbf{s}$, grad $(\mathbf{r})$ und grad $(\mathbf{s})$ kleiner als grad $(\mathbf{m})$. Beim Übergang zu den Restklassen ist $[\mathbf{r}]_{\mathbf{m}} \cdot [\mathbf{s}]_{\mathbf{m}} = [\mathbf{r} \cdot \mathbf{s}]_{\mathbf{m}} = [\mathbf{m}]_{\mathbf{m}} = [\mathbf{0}]_{\mathbf{m}}$. Die Restklasse $[\mathbf{r}]_{\mathbf{m}}$ hat nach Voraussetzung eine Inverse, d.h., es gibt ein Polynom $\mathbf{u} \in \mathcal{K}[X]$ und $[\mathbf{u}]_{\mathbf{m}} \cdot [\mathbf{r}]_{\mathbf{m}} = [\mathbf{1}]_{\mathbf{m}}$. Dann folgt $[\mathbf{0}]_{\mathbf{m}} = [\mathbf{u}]_{\mathbf{m}} \cdot [\mathbf{0}]_{\mathbf{m}} = [\mathbf{u}]_{\mathbf{m}} \cdot [\mathbf{r}]_{\mathbf{m}} \cdot [\mathbf{s}]_{\mathbf{m}} = [\mathbf{1}]_{\mathbf{m}} \cdot [\mathbf{s}]_{\mathbf{m}} = [\mathbf{s}]_{\mathbf{m}}$, also $[\mathbf{s}]_{\mathbf{m}} = [\mathbf{0}]_{\mathbf{m}}$. Das bedeutet, $\mathbf{m}$ ist ein Teiler von $\mathbf{s}$. Wegen grad $(\mathbf{s}) <$ grad $(\mathbf{m})$ muss $\mathbf{s} = \mathbf{0}$ und damit auch $\mathbf{m} = \mathbf{0}$ sein. Womit wir einen Widerspruch konstruiert haben. Folglich muss $\mathbf{m}$ irreduzibel sein. ∎
Damit wurde gezeigt:

> **Satz 3.54** *($\mathcal{K}[X]/\langle \mathbf{m} \rangle$ ist ein Körper, wenn $\mathbf{m}$ irreduzibel über $\mathcal{K}$)*
> $\mathcal{K}[X]/\langle \mathbf{m} \rangle$ *ist genau dann ein Körper, wenn das Polynom $\mathbf{m}$ im Polynomring $\mathcal{K}[X]$ irreduzibel ist.*

Wir sind nun in der Lage, alle möglichen einfachen algebraischen Erweiterungen bis auf Isomorphie zu konstruieren. Ein Grundbaustein stellt die folgende Aussage dar:

> **Satz 3.55** *($\mathcal{K}[X]/\langle \mathbf{m} \rangle$ ist isomorph zu $\mathcal{K}(\alpha)$)*
> *Es sei $\mathcal{K}(\alpha) : \mathcal{K}$ eine einfache Körpererweiterung und $\mathbf{m}$ das zu α gehörende Minimalpolynom über $\mathcal{K}$. Dann ist $\mathcal{K}(\alpha) : \mathcal{K}$ isomorph zu $\mathcal{K}[X]/\langle \mathbf{m} \rangle$. Ein Isomorphismus $\mathcal{K}[X]/\langle \mathbf{m} \rangle \to \mathcal{K}(\alpha)$ ist mit der Zuordnung $[X]_{\mathbf{m}} \mapsto \alpha$ gegeben. D.h., der Klasse $[X]_{\mathbf{m}}$, die das Polynom $\mathbf{p}(X) = X$ enthält, wird die algebraische Zahl α zugeordnet (Man kann sich auch auf die Menge der reduzierten Polynomformen als Repräsentantensystem beziehen, was zur Zuordnung $X \mapsto \alpha$ führt.).*

Mit diesem Isomorphismus wird jeder Restklasse $[\mathbf{p}(X)]_{\mathbf{m}}$ die Zahl $\mathbf{p}(\alpha) \in \mathcal{K}(\alpha)$ zugeordnet. Dabei ist es unerheblich, zu welchem Polynom in $[\mathbf{p}(X)]_{\mathbf{m}}$ Bezug genommen wird, da alle der gleichen Klasse angehörenden Polynome bei Teilung durch $\mathbf{m}$ den gleichen Rest besitzen: Aus $\mathbf{p}(X) = \mathbf{q}(X) \cdot \mathbf{m}(X) + \mathbf{r}(X)$ folgt $\mathbf{p}(\alpha) = \mathbf{q}(\alpha) \cdot \mathbf{m}(\alpha) + \mathbf{r}(\alpha) = \mathbf{q}(\alpha) \cdot 0 + \mathbf{r}(\alpha) = \mathbf{r}(\alpha)$. Diese Abbildung ist deshalb korrekt definiert. Es gilt $\mathbf{p}(\alpha) = 0$ genau dann, wenn $\mathbf{m}$ Teiler von $\mathbf{p}$. Auch die Strukturtreue ist gegeben, d.h., wir haben es mit einem Körperhomomorphismus auf den Körper $\mathcal{K}(\alpha)$, also mit einem Isomorphismus zwischen Körpern zu tun. Außerdem ist die Einschränkung dieser Abbildung auf $\mathcal{K}$, gemäß $[a]_{\mathbf{m}} \mapsto a$ eine Identität ($[a]_{\mathbf{m}}$ ist die Klasse aller zum konstanten Polynom $\mathbf{p} = a$ kongruenten Polynome.).

Einzusehen ist auch die sich aus dem Vorstehenden ergebende Folgerung:

> **Satz 3.56** *(Isomorphismus zwischen Körpererweiterungen)*
> *Sind $\mathcal{K}(\alpha) : \mathcal{K}$ und $\mathcal{K}(\beta) : \mathcal{K}$ einfache Körpererweiterungen, wobei die algebraischen Zahlen α und β zum gleichen Minimalpolynom $\mathbf{m}$ über $\mathcal{K}$ gehören, dann sind beide Erweiterungen isomorph. Ein Isomorphismus $\mathcal{K}(\alpha) \to \mathcal{K}(\beta)$ ist mit der Zuordnung $\alpha \mapsto \beta$ gegeben (auf $\mathcal{K}$ ist diese Abbildung die Identität).*

> **Definition 3.57** *(konjugiert algebraische Zahlen)*
> *Zwei über dem Körper $\mathcal{K}$ algebraische Zahlen heißen konjugiert, wenn ihre Minimalpolynome übereinstimmen.*

Mit diesem Begriff lässt sich Satz 3.56 wie folgt ausdrücken:
Sind α und β über $\mathcal{K}$ algebraisch konjugiert zueinander, dann sind die Körpererweiterungen $\mathcal{K}(\alpha) : \mathcal{K}$ und $\mathcal{K}(\beta) : \mathcal{K}$ isomorph.

Die vorstehenden Aussagen charakterisieren vollständig einfache algebraische Körpererweiterungen auf der Grundlage von Polynomen. Jeder Erweiterung entspricht ein normiertes irreduzibles Polynom. Sind ein Teilkörper und über diesem ein solches Polynom gegeben, so ist die entsprechende Körpererweiterung konstruierbar.

Mit Blick auf Entwicklungen von aufeinander aufbauenden einfachen Körpererweiterungen tritt folgende Frage in den Vordergrund: Unter welchen Bedingungen sind Abbildungen zwischen Teilkörpern auf Abbildungen über erweiterte Strukturen dieser Körper übertragbar? Mittels solcher Zusammenhänge können gewonnene Erkenntnisse über eine Folge einzelner Schritte von einfachen Strukturen auf kompliziertere übertragen werden. Die folgende Aussage liefert dazu eine Antwort:

Satz 3.58 *(Isomorphismus zwischen Teilkörpern)*

Zwischen den Teilkörpern $\mathcal{K}$ und $\mathcal{L}$ der komplexen Zahlen bestehe der Isomorphismus $\Phi : \mathcal{K} \to \mathcal{L}$. $\mathcal{K}(\alpha)$ und $\mathcal{L}(\beta)$ seien einfache Erweiterungen von $\mathcal{K}$ und $\mathcal{L}$, wobei zu α das Minimalpolynom $\mathbf{m}_\alpha(X)$ über $\mathcal{K}$ und zu β das Minimalpolynom $\mathbf{m}_\beta(X)$ über $\mathcal{L}$ gehören. Weiterhin induziere der Isomorphismus Φ zwischen den Minimalpolynomen die Abbildung $\Phi(\mathbf{m}_\alpha(X)) = \mathbf{m}_\beta(X)$ gemäß der Zuordnung

$$\mathbf{m}_\alpha(X) = b_m X^m + ... + b_1 X + b_0 \mapsto \mathbf{m}_\beta(X) = \Phi(b_m) X^m + ... + \Phi(b_1) X + \Phi(b_0).$$

Dann existiert ein Isomorphismus $\Psi : \mathcal{K}(\alpha) \to \mathcal{L}(\beta)$, so dass die Einschränkung von Ψ auf $\mathcal{K}$ gleich dem Isomorphismus Φ ist: $\Psi|_\mathcal{K} = \Phi$. Außerdem werden durch Ψ die algebraischen Zahlen α, β aufeinander abgebildet: $\Psi(\alpha) = \beta$. Der Zusammenhang zwischen den Abbildungen ist anschaulich in folgendem Diagramm graphisch darstellbar:

$$
\begin{array}{ccc}
\mathcal{K} & \overset{\Phi}{\longrightarrow} & \mathcal{L} \\
\downarrow & & \downarrow \\
\mathcal{K}(\alpha) & \overset{\Psi}{\longrightarrow} & \mathcal{L}(\beta)
\end{array} \, .
$$

Beweis. Jedes Element aus $\mathcal{K}(\alpha)$ hat die Form $\mathbf{p}(\alpha) = a_n \alpha^n + ... + a_1 \alpha + a_0$, wobei $\mathbf{p}$ ein Polynom über $\mathcal{K}$ und $\mathrm{grad}(\mathbf{p}) = n < m = \mathrm{grad}(\mathbf{m}_\alpha)$. Die Abbildung $\Psi : \mathcal{K}(\alpha) \to \mathcal{L}(\beta)$ definieren wir wie folgt:

$$\mathbf{p}(\alpha) \mapsto \Psi(\mathbf{p}(\alpha)) = (\Phi(\mathbf{p}))(\beta) = \Phi(a_n)\beta^n + ... + \Phi(a_1)\beta + \Phi(a_0).$$

Diese Zuordnung ist mit dem induzierten Isomorphismus zwischen den Minimalpolynomen strukturerhaltend, injektiv und eine Abbildung auf $\mathcal{L}(\beta)$, d.h. ebenfalls ein Isomorphismus. Insbesondere bildet Ψ jedes konstante Polynom $\mathbf{p} = a \in \mathcal{K}$ auf $\Psi(a) = \Phi(a) \in \mathcal{L}$ ab, d.h., Ψ ist auf $\mathcal{K}$ der Isomorphismus Φ. Mit $\mathbf{p} = 1 \cdot X$ ist $\mathbf{p}(\alpha) = 1 \cdot \alpha$ und $\Psi(\alpha) = \Psi(\mathbf{p}(\alpha)) = \Phi(1)\beta = 1 \cdot \beta = \beta$. ∎

3.7 Vektoren und Grade

Je mehr man über ein Objekt in Erfahrung bringt, es mit anderen Gegenständen in Beziehung setzt, Vergleiche oder Verbindungen herstellt, umso besser werden seine Struktur und die Eigenschaften verständlich. Dieser Strategie folgend, setzen wir unser

Studium von Körpererweiterungen fort. Es erweist sich, dass die Struktur von Vektorräumen auf Körpererweiterungen übertragbar ist.

Zunächst stellen wir fest, dass der Ring $\mathcal{K}[X]$ aller Polynome über einem Körper $\mathcal{K}$ die Struktur eines Vektorraumes besitzt. Mit der Operation "+" verbindet man die im Abschn. 3.1 eingeführte Addition von Polynomen, und deren Multiplikation mit einem Element aus dem Körper $\mathcal{K}$ wird als Operation "·" interpretiert:

$\mathbf{p} + \mathbf{q} \in \mathcal{K}[X]$ für alle $\mathbf{p}, \mathbf{q} \in \mathcal{K}[X]$

$a \cdot \mathbf{p} \in \mathcal{K}[X]$ für alle $a \in \mathcal{K}$ und jedes $\mathbf{p} \in \mathcal{K}[X]$.

Das Null-Element ist mit dem Null-Polynom $\mathbf{p} \equiv \mathbf{0}$ gegeben, und zu jedem Polynom $\mathbf{p}$ existiert in $\mathcal{K}[X]$ das bezüglich der Addition inverse Polynom $-\mathbf{p}$, so dass $\mathbf{p}+(-\mathbf{p}) = \mathbf{0}$. Da $\mathcal{K}[X]$ als Ring hinsichtlich der Addition eine Gruppe bildet, sind auch die Bedingungen $a)$ und $b)$ für einen Vektorraum erfüllt (siehe Abschn. 2.3). Die Gültigkeit der in den Punkten $c)$, $d)$ und $e)$ aufgeführten Forderungen ist für Polynome offensichtlich. Polynome sind in dieser Deutung Vektoren und $\mathcal{K}[X]$ ein Vektorraum über dem Körper $\mathcal{K}$.

Die Polynome $1, X, X^2, ..., X^k, ...$ bilden in $\mathcal{K}[X]$ eine Basis, denn jedes Polynom $\mathbf{p}(X)$ aus $\mathcal{K}[X]$ ist eindeutig als Linearkombination dieser "einfachen" Polynome darstellbar:

$$\mathbf{p}(X) = a_0 + a_1 X + ... + a_k X^k + ... \qquad (a_0, a_1, ..., a_k, ... \in \mathcal{K}).$$

Wir haben es hier mit einer abzählbar unendlichen Basis zu tun, folglich ist die Dimension des Vektorraumes $\mathcal{K}[X]$ unendlich: $\dim(\mathcal{K}[X]) = \infty$.

Kommen wir zur Beschreibung von Körpererweiterungen durch Vektorräume, die nach unserer Vorarbeit im Abschn. 2.3 relativ einfach ist. Ausgegangen wird von der Körpererweiterung $\mathcal{L} : \mathcal{K}$. Die Elemente des Körpers $\mathcal{L}$ betrachten wir als Vektoren und $\mathcal{K}$ als den Körper der Skalare. Die in den Teilkörpern von $\mathbb{C}$ gegebenen Operationen "+" und "·" legen auch die Rechenoperationen für die jetzt als Vektoren und Skalare betrachteten Größen fest:

Für $v, u \in \mathcal{L}$, $\lambda \in \mathcal{K}$ ist $v + u \in \mathcal{L}$ und $\lambda \cdot v \in \mathcal{L}$.

Mit $0 \in \mathcal{L}$ und $1 \in \mathcal{K}$ gibt es in $\mathcal{L}$ einen "Null-Vektor", und 1 bildet die skalare Einheit. Die Eigenschaften der Körperoperationen sichern, dass die an einen Vektorraum gestellten Forderungen $a) - e)$ erfüllt sind (siehe Abschn. 2.3).

Definition 3.59 (*Vektorraum einer Körpererweiterung*)
Die konstruierte Struktur nennt man Vektorraum der Körpererweiterung $\mathcal{L} : \mathcal{K}$ bzw. bezeichnet $\mathcal{L}$ einfach als Vektorraum über dem Körper $\mathcal{K}$.

Indem $\mathcal{L}$ als Vektorraum über $\mathcal{K}$ und nicht als Körpererweiterung über $\mathcal{K}$ angesehen wird, tritt in den Hintergrund, wie man Elemente aus $\mathcal{L}$ miteinander multipliziert, denn im Vektorraum können diese Elemente nur miteinander addiert oder mit einem Skalar aus dem untergeordneten Körper $\mathcal{K}$ multipliziert werden. Im Weiteren interessieren uns weniger Rechnungen mit den Elementen des entstandenen Vektorraumes, als vielmehr, von welcher Dimension dieser ist und darüber hinaus die Konstruktion einer Basis. Im Kontext zu Körpererweiterungen sprechen wir aber nicht von der Dimension, sondern vom Grad. Genauer:

Definition 3.60 (*Grad einer Körpererweiterung und eines Elementes*)
Gegeben sei die Körpererweiterung $\mathcal{L} : \mathcal{K}$. Die Dimension des Erweiterungskörpers $\mathcal{L}$, betrachtet als Vektorraum über $\mathcal{K}$, heißt **Grad** *von $\mathcal{L} : \mathcal{K}$ und wird mit $[\mathcal{L} : \mathcal{K}]$ bezeichnet.*

Eine **Körpererweiterung** *$\mathcal{L} : \mathcal{K}$ heißt* **einfach**, *wenn es ein Element $\alpha \in \mathcal{L}$ mit $\mathcal{L} = \mathcal{K}(\alpha)$ gibt. Der Grad $[\mathcal{K}(\alpha) : \mathcal{K}]$ dieser Erweiterung wird* **Grad des Elementes** *α über $\mathcal{K}$ genannt.*

Eine **Körpererweiterung** *$\mathcal{L} : \mathcal{K}$ heißt* **endlich erzeugt**, *wenn es endlich viele Elemente $\alpha_1, \alpha_2, ..., \alpha_m \in \mathcal{L}$ mit $\mathcal{L} = \mathcal{K}(\alpha_1, \alpha_2, ..., \alpha_m)$ gibt.*

Darüber hinaus nennt man eine **Körpererweiterung** *$\mathcal{L} : \mathcal{K}$* **endlich**, *wenn ihr Grad endlich ist.*

Beispiel 3.61 (*Grad von Vektorräumen*)
Jeder Körper enthält wenigstens das neutrale Element 1, so dass im Falle $\mathcal{L} = \mathcal{K}$ nur dieses Element als einziges Basiselement infrage kommt. Die Vektoren in $\mathcal{L}$ sind von der Form $a \cdot 1 = a \in \mathcal{K}$. Eine Erweiterung $\mathcal{K} : \mathcal{K}$ hat demnach den Grad $[\mathcal{K} : \mathcal{K}] = 1$. Umgekehrt besteht im Falle $[\mathcal{L} : \mathcal{K}] = 1$ jede Basis aus nur einem Element, was bedeutet, dass sich die Elemente aus $\mathcal{L}$ und $\mathcal{K}$ entsprechen, d.h. $\mathcal{L} = \mathcal{K}$. Wir stellen damit fest: $[\mathcal{L} : \mathcal{K}] = 1$ genau dann, wenn $\mathcal{L} = \mathcal{K}$. Folglich gilt für jede Körpererweiterung: $[\mathcal{L} : \mathcal{K}] \geqq 1$.

Ein einfaches Beispiel ist die in Bsp. 3.41 konstruierte Körpererweiterung $\mathbb{Q}(i) : \mathbb{Q}$. $\mathbb{Q}(i)$ wird als Vektorraum über den rationalen Zahlen eingeführt. Jedes Elemente v aus $\mathbb{Q}(i)$ hat die Form $v = a + ib$ mit $a, b \in \mathbb{Q}$. Wie zu erkennen, ist jedes v als Linearkombination der Elemente $1, i \in \mathbb{Q}(i)$ darstellbar. Die Forderung $a \cdot 1 + b \cdot i = 0$ wird nur erfüllt, wenn $a = b = 0$. Folglich bildet $\{1, i\}$ in $\mathbb{Q}(i)$ eine Basis, und der Grad dieser Erweiterung ist 2: $[\mathbb{Q}(i) : \mathcal{K}] = 2$. Ebenso führt die Erweiterung $\mathbb{C} : \mathbb{R}$ zur Darstellung $v = a + ib$ jetzt mit $a, b \in \mathbb{R}$ für die Vektoren, so dass auch $[\mathbb{C} : \mathbb{R}] = 2$.

Dagegen ist die Erweiterung von $\mathcal{K}$ mit der Unbestimmten X zum Körper der rationalen Polynomausdrücke $\mathcal{K}(X)$ unendlich-dimensional: $[\mathcal{K}(X), \mathcal{K}] = \infty$. Wie man sieht, sind die Elemente in der sich unbegrenzt fortsetzenden Folge $1, X, X^2, ...$ linear unabhängig.

Es erweist sich, dass jede endliche Körpererweiterung im Bereich der komplexen Zahlen als einfache Körpererweiterung ausgedrückt werden kann. Diese Tatsache benötigen wir zwar im Folgenden nicht, aber der Umgang mit einem Erweiterungselement ist unkomplizierter und übersichtlicher gegenüber einer mehrelementigen Folge von adjungierten Zahlen. Zudem ist der Beweis dieses Zusammenhanges konstruktiv und skizziert damit den Entwurf einfacher Körpererweiterungen.

Satz 3.62 (*Satz vom primitiven Element*)
Es sei $\mathcal{L} : \mathcal{K}$ eine endliche Körpererweiterung im Bereich der komplexen Zahlen. Dann gibt es ein $c \in \mathcal{L}$, so dass $\mathcal{L} = \mathcal{K}(c)$. Das Element c wird **primitives Element** *genannt.*

Beweis. Da $\mathcal{L} : \mathcal{K}$ endlich ist, können wir schreiben $\mathcal{L} = \mathcal{K}(\alpha_1, \alpha_2, ..., \alpha_m)$ mit den über $\mathcal{K}$ algebraischen Erzeugern $\alpha_1, \alpha_2, ..., \alpha_m \in \mathcal{L}$. Der Beweis kann mittels vollständiger Induktion bezüglich m geführt werden. Es genügt aber schon zu zeigen, dass stets zwei Erzeuger zu einem zusammenfassbar sind. Es sei deshalb $\mathcal{L} = \mathcal{K}(a, b)$ und wir müssen zeigen, dass ein $c \in \mathcal{L}$ existiert, so dass $\mathcal{K}(a, b) = \mathcal{K}(c)$.

Sind $\mathbf{p}$ und $\mathbf{q}$ die Minimalpolynome zu den adjungierten Elementen a bzw. b und $\mathcal{M}$ der Zerfällungskörper zu $\mathbf{p} \cdot \mathbf{q}$, so zerfallen $\mathbf{p}$ und $\mathbf{q}$ über $\mathcal{M}$ in Linearfaktoren:
$$\mathbf{p}(X) = (X - \alpha_1) \cdot ... \cdot (X - \alpha_r), \quad \mathbf{q}(X) = (X - \beta_1) \cdot ... \cdot (X - \beta_s)$$
mit gewissen Elementen $\alpha_1, ..., \alpha_r, \beta_1, ..., \beta_s \in \mathcal{M}$. Die Nummerierung wird so gewählt, dass $\alpha_1 = a$ und $\beta_1 = b$. Wegen der Irreduzibilität der Minimalpolynome sind die Werte $\alpha_1, ..., \alpha_r$ und $\beta_1, ..., \beta_s$ verschieden voneinander. Da $\mathcal{K}$ den Primkörper $\mathbb{Q}$ und damit unendlich viele Elemente enthält (siehe Satz 3.40), gibt es stets ein $\lambda \in \mathcal{K}$, so dass
$$\alpha_1 + \lambda\beta_1 \neq \alpha_k + \lambda\beta_j \quad \text{für alle } k = 1, ..., r \text{ und } j = 2, ..., s. \tag{1}$$
Mit diesem λ setzen wir c wie folgt an:
$$c = a + \lambda b \in \mathcal{L}.$$
Zu zeigen ist jetzt, dass $\mathcal{K}(a, b) = \mathcal{K}(c)$. Die Inklusion $\mathcal{K}(c) \subset \mathcal{K}(a, b)$ ist offensichtlich. Zum Nachweis der anderen Inklusion führen wir in $\mathbf{p}$ die Variablentransformation $X \to c - \lambda X$ durch, womit das über $\mathcal{K}(c)$ definierte Polynom
$$\mathbf{g}(X) = \mathbf{p}(c - \lambda X)$$
entsteht. Für dieses Polynom gilt:
$$\mathbf{g}(\beta_1) = \mathbf{p}(c - \lambda\beta_1) = \mathbf{p}(\alpha_1) = \mathbf{p}(a) = 0 \tag{2}$$
$$\mathbf{g}(\beta_j) = \mathbf{p}(c - \lambda\beta_j) = \mathbf{p}(\alpha_1 + \lambda\beta_1 - \lambda\beta_j) \neq 0 \quad \text{für alle } j = 2, ..., s. \tag{3}$$
Letzteres folgt, da $\alpha_1 + \lambda\beta_1 - \lambda\beta_j \neq \alpha_k$ für alle $k = 1, .., r$ wegen (1) und da $\alpha_1, ..., \alpha_r$ die einzigen Nullstellen von $\mathbf{p}$ sind. Aus (2) und (3) können wir nun den $ggT(\mathbf{g}, \mathbf{q})$ über $\mathcal{M}$ ablesen:

Die Primfaktorzerlegung von $\mathbf{q}$ enthält die voneinander verschiedenen einfachen Faktoren $X - \beta_j$ ($j = 1, ..., s$), während $\mathbf{g}$ den Faktor $X - \beta_1$ (wegen $\mathbf{g}(\beta_1) = 0$) enthält, die restlichen $X - \beta_j$ ($j = 2, ..., s$) wegen $\mathbf{g}(\beta_j) \neq 0$ aber nicht.
Damit ist $ggT(\mathbf{g}, \mathbf{q}) = X - \beta_1 = X - b \in \mathcal{M}$.
Da $\mathbf{q}$ und $\mathbf{g}$ Polynome über $\mathcal{K}(c)$ sind, ist auch der $ggT(\mathbf{g}, \mathbf{q}) = X - b$ ein Polynom über $\mathcal{K}(c)$. Daraus ziehen wir den Schluss, dass $b \in \mathcal{K}(c)$ und auch $a = c - \lambda b \in \mathcal{K}(c)$, d.h. $\mathcal{K}(a, b) \subset \mathcal{K}(c)$. Womit nun die Gleichheit $\mathcal{K}(a, b) = \mathcal{K}(c)$ bewiesen ist. $\blacksquare$

Beispiel 3.63 (*zum primitiven Element*)
Gegeben ist die Körpererweiterung $\mathcal{L} : \mathbb{Q}$ *mit* $\mathcal{L} = \mathbb{Q}\left(\sqrt{3}, \sqrt{5}\right)$*. Zu den über* $\mathbb{Q}$ *algebraischen Zahlen* $a = \sqrt{3}$ *und* $b = \sqrt{5}$ *gehören die Minimalpolynome*
$$\mathbf{p}(X) = X^2 - 3 \text{ und } \mathbf{q}(X) = X^2 - 5 \text{ mit den Nullstellen}$$
$$\alpha_1 = \sqrt{3}, \ \alpha_2 = -\sqrt{3}, \ \beta_1 = \sqrt{5}, \ \beta_2 = -\sqrt{5}.$$
Im Ansatz für das primitive Element $c = \sqrt{3} + \lambda\sqrt{5}$ *muss* λ *folgende Bedingung erfüllen (siehe* (1) *in Satz 3.62):*
$$\sqrt{3} + \lambda\sqrt{5} \neq \pm\sqrt{3} - \lambda\sqrt{5} \quad \Rightarrow \quad \lambda 2\sqrt{5} \neq \pm\sqrt{3} - \sqrt{3}.$$
Man sieht, dass jede von Null verschiedene rationale Zahl diese Bedingung erfüllt und damit
$$\mathbb{Q}\left(\sqrt{3}, \sqrt{5}\right) = \mathbb{Q}\left(\sqrt{3} + \lambda\sqrt{5}\right) \quad \text{für alle } \lambda \in \mathbb{Q} \text{ mit } \lambda \neq 0.$$

Satz 3.64 (*Minimalpolynom und algebraische Zahlen*)
Ist $\mathcal{K}(\alpha) : \mathcal{K}$ eine einfache Körpererweiterung, dann stellen wir fest:
a) Ist α algebraisch über $\mathcal{K}$ und $\mathbf{m} \in \mathcal{K}[X]$ das zugehörige Minimalpolynom mit
$\operatorname{grad}(\mathbf{m}) = n$, *dann bildet $\{1, \alpha, ..., \alpha^{n-1}\}$ eine Basis im Vektorraum $\mathcal{K}(\alpha)$ über $\mathcal{K}$*
und $[\mathcal{K}(\alpha), \mathcal{K}] = \operatorname{grad}(\mathbf{m}) = n$.
b) Bei über $\mathcal{K}$ transzendentem α ist die Elementfolge $1, \alpha, \alpha^2...$ linear unabhängig
und damit $[\mathcal{K}(\alpha), \mathcal{K}] = \infty$.

Bemerkung 3.65 *Teil a) von Satz 3.64 lässt sich noch etwas verschärfen:*
Ist $\mathcal{L} : \mathcal{K}$ eine Körpererweiterung und $\alpha \in \mathcal{L}$, so gilt:
$[\mathcal{K}(\alpha), \mathcal{K}] < \infty$ (also endlich) genau dann, wenn α über $\mathcal{K}$ algebraisch ist.
Diese Bemerkung und der Beweis des vorstehenden Satzes ergeben sich mit den
Aussagen im vorhergehenden Abschnitt.

Beispiel 3.66 (*Körpererweiterungen über $\mathbb{Q}$*)
1. Ist α eine algebraische Zahl (über $\mathbb{Q}$), deren Minimalpolynom $\mathbf{m}$ quadratisch ist, d.h.
$\operatorname{grad}(\mathbf{m}) = 2$, *so ist die Körpererweiterung $\mathbb{Q}(\alpha)$ von der Form:*
$\mathbb{Q}(\alpha) = \{a + b\alpha \quad mit \ a, b \in \mathbb{Q}\}$.
In diese Kategorie können z.B. alle Erweiterungen eingeordnet werden, in denen α die
Quadratwurzel aus einer reellen irrationalen Zahl ist. Beispielsweise $\alpha = \sqrt{p}$ mit den
Primzahlen $p = 2, 3, 5, ..., 17, ...$ und den Minimalpolynomen $X^2 - p$.
2. Die Kubikwurzel $\alpha = \sqrt[3]{2}$ ist algebraisch (über $\mathbb{Q}$) mit dem Minimalpolynom $X^3 - 2$.
Demzufolge ist jedes Element im Vektorraum $\mathbb{Q}\left(\sqrt[3]{2}\right)$ über $\mathbb{Q}$ von der Form
$a + b\sqrt[3]{2} + c\left(\sqrt[3]{2}\right)^2$ mit $a, b, c \in \mathbb{Q}$, und diese Erweiterung ist vom Grade 3.
Wie wir noch sehen werden, hat die Feststellung, dass die Erweiterung von $\mathbb{Q}$ mit
der Kubikwurzel aus 2 gegenüber der Erweiterung mit der Quadratwurzel aus 2 zu einer Graderhöhung führt, erhebliche Konsequenzen bei Konstruktionen gewisser Figuren
(siehe Abschn. 4.2).

Bemerkung 3.67 *(endliche Körpererweiterungen)*
Jede einfache algebraische Körpererweiterung $\mathcal{K}(\alpha) : \mathcal{K}$ ist endlich.
Allgemeiner: Eine Erweiterung $\mathcal{L} : \mathcal{K}$ ist genau dann endlich, wenn
$\mathcal{L} = \mathcal{K}(\alpha_1, ..., \alpha_m)$ und jedes Element α_i $(i = 1, ..., m)$ algebraisch über $\mathcal{K}$ ist.
*Aufeinander folgende Körpererweiterungen werden uns noch häufig begegnen. Derartige Erweiterungen kann man sich als einen immer höher werdenden Turm übereinander gestapelter Körper vorstellen, weshalb man auch von **Körpertürmen**
spricht.*

Die folgenden Aussagen sind allgemeiner Natur und setzen mehrere Begriffe in Relation:

Satz 3.68 (*Basen zu aufeinander folgenden Körpererweiterungen*)
Es seien $\mathcal{K} \subseteq \mathcal{L} \subseteq \mathcal{M}$ Teilkörper von $\mathbb{C}$. Zu den aufeinander folgenden Körperer-
weiterungen $\mathcal{M} : \mathcal{L} : \mathcal{K}$ ergeben sich folgende Aussagen:
1. Ist $\{\alpha_1, ..., \alpha_i, ..., \alpha_m\}$ eine Basis im Vektorraum $\mathcal{L}$ über $\mathcal{K}$ und
$\{\beta_1, ..., \beta_j, ..., \beta_n\}$ eine Basis im Vektorraum $\mathcal{M}$ über $\mathcal{L}$,
so ist $\{\alpha_1\beta_1, ..., \alpha_i\beta_j, ..., \alpha_m\beta_n\}$ eine Basis im Vektorraum $\mathcal{M}$ über $\mathcal{K}$.
2. $\mathcal{M} : \mathcal{K}$ ist genau dann endlich, wenn $\mathcal{M} : \mathcal{L}$ und $\mathcal{L} : \mathcal{K}$ endlich sind.
3. Für die Grade gilt: $[\mathcal{M} : \mathcal{K}] = [\mathcal{M} : \mathcal{L}] \, [\mathcal{L} : \mathcal{K}]$.
*Punkt 3. ist in folgender allgemeinerer Fassung als **Gradformel** bekannt.*
Sind $\mathcal{K}_0 \subseteq \mathcal{K}_1 \subseteq ... \subseteq \mathcal{K}_n$ Teilkörper von $\mathbb{C}$, so gilt für den Grad $[\mathcal{K}_n : \mathcal{K}_0]$:

$$[\mathcal{K}_n : \mathcal{K}_0] = [\mathcal{K}_n : \mathcal{K}_{n-1}] \, [\mathcal{K}_{n-1} : \mathcal{K}_{n-2}] \cdots [\mathcal{K}_1 : \mathcal{K}_0] \, . \tag{3.11}$$

Beweis. Zu 1.: Durch Ausmultiplizieren zeigt man, dass alle Produkte $\alpha_i\beta_j$ den Vektorraum $\mathcal{M}$ über $\mathcal{K}$ aufspannen: Jedes Element $\gamma \in \mathcal{M}$ hat die Darstellung

$\gamma = b_1\beta_1 + ... + b_j\beta_j + ... + b_n\beta_n \quad$ mit $b_j \in \mathcal{L}$ $(j = 1, .., n)$,

und jedes b_j ist in der Basis von $\mathcal{L}$ über $\mathcal{K}$ darstellbar

$b_j = a_{1j}\alpha_1 + ... + a_{ij}\alpha_i + ... + a_{mj}\alpha_m \quad$ mit $a_{ij} \in \mathcal{K}$ $(i = 1, .., m)$.

Damit ist $\quad \gamma = a_{11}\alpha_1\beta_1 + ... + a_{ij}\alpha_i\beta_j + ... + a_{mn}\alpha_m\beta_n$

eine Linearkombination aller Produkte $\alpha_i\beta_j$. Zu zeigen ist noch deren lineare Unabhängigkeit, d.h. der Nachweis, dass die Gleichung

$d_{11}\alpha_1\beta_1 + ... + d_{ij}\alpha_i\beta_j + ... + d_{mn}\alpha_m\beta_n = 0 \qquad (d_{ij} \in \mathcal{K})$

nur für $d_{ij} = 0$ $(i = 1, ..., m, \; j = 1, ..., n)$ erfüllt ist. Aus der linearen Unabhängigkeit der Basis $\{\beta_j\}$ in $\mathcal{M}$ folgt, dass für jedes $j = 1, ..., n$ gilt:

$d_{1j}\alpha_1 + ... + d_{ij}\alpha_i + ...d_{mj}\alpha_m = 0$.

Wegen der linearen Unabhängigkeit der Basis $\{\alpha_i\}$ in $\mathcal{L}$ leitet man daraus unmittelbar ab, dass alle d_{ij} verschwinden. Damit ist der Beweis erbracht, dass die Mengenfamilie $\{\alpha_i\beta_j, \; i = 1, ..., m, \; j = 1, ..., n\}$ eine Basis für $\mathcal{M}$ über $\mathcal{K}$ bildet.

Zu 2. bemerken wir, dass im Falle $[\mathcal{M} : \mathcal{L}] = \infty$ oder $[\mathcal{L} : \mathcal{K}] = \infty$ auch $[\mathcal{M} : \mathcal{K}] = \infty$ ist, und andererseits aus $[\mathcal{M} : \mathcal{K}] = \infty$ folgt $[\mathcal{M} : \mathcal{L}] = \infty$ oder $[\mathcal{L} : \mathcal{K}] = \infty$.

Die in 3. angegebene einfache Gradformel ist direkt aus 1. über die Anzahl der Basiselemente $[\mathcal{M} : \mathcal{K}] = n \cdot m = [\mathcal{M} : \mathcal{L}] \, [\mathcal{L} : \mathcal{K}]$ ableitbar. Ausgehend von dieser einfachen Form entwickelt man durch sukzessives Hinzufügen von Erweiterungskörpern (mittels vollständiger Induktion) Formel (3.11). ∎

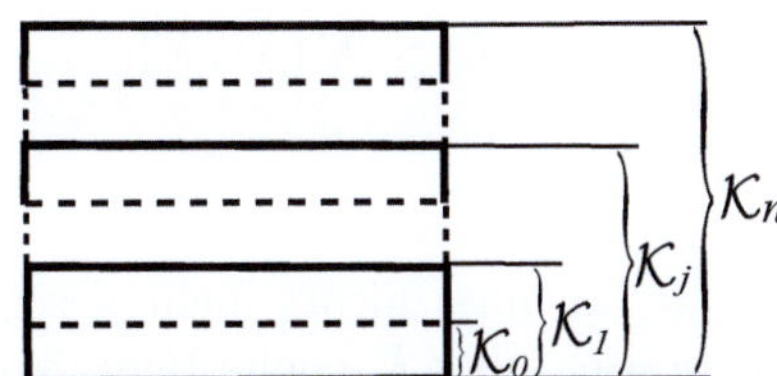

Abb. 3.5: Symbolische Darstellung eines Körperturms

Beispiel 3.69 *Zur Körpererweiterung* $\mathbb{Q}\left(\sqrt{2}, \sqrt{3}, \sqrt{5}\right) : \mathbb{Q}$ *soll der Grad auf der Grundlage der Gradformel* (3.11) *berechnet werden. Dazu ermitteln wir die Grade folgender Erweiterungen.*

1. $\mathbb{Q}\left(\sqrt{2}\right) : \mathbb{Q}$*: Im Bsp.* 3.66 *1. wurde unter allgemeineren Voraussetzungen gezeigt, dass* $\mathbb{Q}\left(\sqrt{2}\right) = \left\{a + b\sqrt{2} \text{ mit } a, b \in \mathbb{Q}\right\}$*, d.h.,* $\left\{1, \sqrt{2}\right\}$ *bildet eine Basis in* $\mathbb{Q}\left(\sqrt{2}\right)$*. Folglich ist* $\left[\mathbb{Q}\left(\sqrt{2}\right) : \mathbb{Q}\right] = 2$*.*

2. $\mathbb{Q}\left(\sqrt{2}, \sqrt{3}\right) : \mathbb{Q}\left(\sqrt{2}\right)$*: Nach der gleichen Vorgehensweise erhält man*

$$\mathbb{Q}\left(\sqrt{2}, \sqrt{3}\right) = \left\{c + d\sqrt{3} \text{ mit } c, d \in \mathbb{Q}\left(\sqrt{2}\right)\right\}.$$

Diese Erweiterung hat ebenfalls den Grad 2, wenn nachgewiesen werden kann, dass $\sqrt{3}$ *kein Element von* $\mathbb{Q}\left(\sqrt{2}\right)$ *ist, sich also nicht in der Form* $a + b\sqrt{2}$ $(a, b \in \mathbb{Q})$ *darstellen lässt. Das kann mit der Kenntnis darüber, dass* $\sqrt{3}$ *nicht durch rationale Zahlen darstellbar ist, mit einigen Rechnungen gezeigt werden. Wir stellen damit fest:* $\left[\mathbb{Q}\left(\sqrt{2}, \sqrt{3}\right) : \mathbb{Q}\left(\sqrt{2}\right)\right] = 2$*.*

3. $\mathbb{Q}\left(\sqrt{2}, \sqrt{3}, \sqrt{5}\right) : \mathbb{Q}\left(\sqrt{2}, \sqrt{3}\right)$*: Auch in dieser Erweiterung haben die Elemente die Form* $e + f\sqrt{5}$*, wobei jetzt* $e, f \in \mathbb{Q}\left(\sqrt{2}, \sqrt{3}\right)$ *und* $\left[\mathbb{Q}\left(\sqrt{2}, \sqrt{3}, \sqrt{5}\right) : \mathbb{Q}\left(\sqrt{2}, \sqrt{3}\right)\right] = 2$*, wenn gesichert werden kann, dass* $\sqrt{5}$ *nicht von der Form*

$$c + d\sqrt{3} = \left(a_1 + b_1\sqrt{2}\right) + \left(a_2 + b_2\sqrt{2}\right)\sqrt{3}$$

ist, bzw. keine Linearkombination der Elemente $1, \sqrt{2}, \sqrt{3}, \sqrt{2}\sqrt{3}$ *darstellt. Man kann zeigen (siehe z.B. [Stew] S. 83), dass* $\mathbb{Q}\left(\sqrt{2}, \sqrt{3}\right)$ *nicht* $\sqrt{5}$ *enthält .Zusammengefasst ergibt sich aus Formel* (3.11) *für* $\mathbb{Q}\left(\sqrt{2}, \sqrt{3}, \sqrt{5}\right) : \mathbb{Q}$ *der Grad:*

$$\left[\mathbb{Q}\left(\sqrt{2}, \sqrt{3}, \sqrt{5}\right) : \mathbb{Q}\right]$$
$$= \left[\mathbb{Q}\left(\sqrt{2}, \sqrt{3}, \sqrt{5}\right) : \mathbb{Q}\left(\sqrt{2}, \sqrt{3}\right)\right]\left[\mathbb{Q}\left(\sqrt{2}, \sqrt{3}\right) : \mathbb{Q}\left(\sqrt{2}\right)\right]\left[\mathbb{Q}\left(\sqrt{2}\right) : \mathbb{Q}\right] = 8.$$

Im Falle einer Körpererweiterung $\mathbb{Q}\left(\sqrt{2}, \sqrt{3}, \sqrt{6}\right) : \mathbb{Q}$*, in der* $\sqrt{6} = \sqrt{2} \cdot \sqrt{3}$ *dem Vektorraum* $\mathbb{Q}\left(\sqrt{2}, \sqrt{3}\right)$ *angehört, erhält man demgegenüber:*

$$\left[\mathbb{Q}\left(\sqrt{2}, \sqrt{3}, \sqrt{6}\right) : \mathbb{Q}\right] = \left[\mathbb{Q}\left(\sqrt{2}, \sqrt{3}\right) : \mathbb{Q}\right] = 4.$$

Wir ergänzen die Liste an Aussagen über algebraische Erweiterungen und deren Grade durch weitere Sätze, die in der Folge von Nutzen sein werden.

Satz 3.70 *Es sei* $\mathcal{M} : \mathcal{L} : \mathcal{K}$ $(\mathcal{K} \subseteq \mathcal{L} \subseteq \mathcal{M} \subseteq \mathbb{C})$ *eine Körpererweiterung und* β *ein Element aus der Menge* $\mathcal{M}$*, dann gilt*

$$[\mathcal{L}(\beta) : \mathcal{L}] \leqq [\mathcal{K}(\beta) : \mathcal{K}].$$

Beweis. Im Fall $[\mathcal{K}(\beta) : \mathcal{K}] = \infty$ muss nichts mehr gezeigt werden. Ist $[\mathcal{K}(\beta) : \mathcal{K}]$ endlich, so folgt, dass β algebraisch über $\mathcal{K}$ (siehe Bem. 3.65) mit einem Minimalpolynom $\mathbf{m} \in \mathcal{K}[X]$. Da $\mathcal{L}$ den Körper $\mathcal{K}$ enthält, kann das Minimalpolynom zu β über $\mathcal{L}$ keinen größeren Grad als $\mathbf{m}$ haben. Daraus ergibt sich die angegebene Ungleichung für die Grade der Körpererweiterungen. ∎

Bemerkung 3.71 $\mathcal{L} : \mathcal{K}$ *sei eine Körpererweiterung und* $\alpha_1, \alpha_2, ..., \alpha_n$ *Elemente aus* $\mathcal{L}$. *Der Grad von* $\mathcal{K}(\alpha_1, ..., \alpha_n)$ *ist dann stets kleiner als das Produkt oder höchstens gleich dem Produkt der Grade zu den einfachen Körpererweiterungen* $\mathcal{K}(\alpha_i) : \mathcal{K}$ $(i = 1, ..., n)$:

$$[\mathcal{K}(\alpha_1, ..., \alpha_n) : \mathcal{K}] \leqq [\mathcal{K}(\alpha_1) : \mathcal{K}] \cdot ... \cdot [\mathcal{K}(\alpha_n) : \mathcal{K}].\tag{3.12}$$

Diese Beziehung ergibt sich mit Formel (3.11) *und dem vorhergehenden Satz aus*
$[\mathcal{K}(\alpha_1, ..., \alpha_n) : \mathcal{K}]$
$= [\mathcal{K}(\alpha_1, ..., \alpha_n) : \mathcal{K}(\alpha_1, ..., \alpha_{n-1})] \cdot ... \cdot [\mathcal{K}(\alpha_1, \alpha_2) : \mathcal{K}(\alpha_1)] [\mathcal{K}(\alpha_1) : \mathcal{K}]$
$\leqq [\mathcal{K}(\alpha_n) : \mathcal{K}] \cdot ... \cdot [\mathcal{K}(\alpha_2) : \mathcal{K}] [\mathcal{K}(\alpha_1) : \mathcal{K}].$

Satz 3.72 *Die folgenden, an eine Körpererweiterung* $\mathcal{M} : \mathcal{K}$ *gestellten Bedingungen sind äquivalent zueinander:*
   (i) $\mathcal{M} : \mathcal{K}$ *ist endlich (siehe Def.* 3.60*).*
   (ii) $\mathcal{M} : \mathcal{K}$ *ist endlich erzeugt und algebraisch. D.h.,* $\mathcal{M} = \mathcal{K}(N)$ *für eine endliche Teilmenge* N *von* $\mathcal{M}$ $(N \subset \mathcal{M})$, *und jedes Element von* $\mathcal{M}$ *ist algebraisch über* $\mathcal{K}$.
   (iii) $\mathcal{M} = \mathcal{K}(\alpha_1, ..., \alpha_n)$ *für eine endliche Menge* $\{\alpha_1, ..., \alpha_n\}$ *von Elementen aus* $\mathcal{M}$, *die algebraisch über* $\mathcal{K}$ *sind.*

Beweis. Aus (i) folgt (ii): $\mathcal{M} : \mathcal{K}$ ist endlich, d.h., in $\mathcal{M}$ als Vektorraum über $\mathcal{K}$ gibt es eine endliche Basis $\{\alpha_1, ..., \alpha_n\}$. Jeder Teilkörper $\mathcal{L}$ von $\mathcal{M}$, der $\mathcal{K}$ enthält, ist als Vektorraum, über $\mathcal{K}$ betrachtet, ein Teilraum des Vektorraumes zu $\mathcal{M}$. Sind die Basiselemente $\alpha_1, ..., \alpha_n$ Elemente von $\mathcal{L}$, so muss zwangsläufig $\mathcal{L} = \mathcal{M}$ sein. Damit steht fest, der einzige Teilkörper von $\mathcal{M}$, der $\mathcal{K}$ und die Elemente $\alpha_1, ..., \alpha_n$ enthält, ist $\mathcal{M}$ selbst, d.h., $\mathcal{M} = \mathcal{K}(\alpha_1, ..., \alpha_n)$ und folglich endlich erzeugt.
α sei ein beliebiges Element aus $\mathcal{M}$, dann ist (wegen $\mathcal{M} : \mathcal{K}$ endlich) $\mathcal{K}(\alpha) : \mathcal{K}$ endlich und damit auch algebraisch über $\mathcal{K}$ (siehe Bem. 3.65).
Aus (ii) folgt sofort (iii).
Aus (iii) folgt (i): Mit Formel (3.12) folgt
   $[\mathcal{M} : \mathcal{K}] \leqq [\mathcal{K}(\alpha_1) : \mathcal{K}] \cdot ... \cdot [\mathcal{K}(\alpha_n) : \mathcal{K}].$
Die α_i sind algebraisch und deshalb alle Erweiterungen $\mathcal{K}(\alpha_i) : \mathcal{K}$ endlich, d.h., auch $\mathcal{M} : \mathcal{K}$ ist endlich. ∎

Bemerkung 3.73 *Ist* $\mathcal{K}(\alpha) : \mathcal{K}$ *eine einfache Körpererweiterung, dann sind folgende Aussagen äquivalent.*
   (i) $\mathcal{K}(\alpha) : \mathcal{K}$ *ist endlich.*
   (ii) $\mathcal{K}(\alpha) : \mathcal{K}$ *ist algebraisch.*
   (iii) α *ist algebraisch über* $\mathcal{K}$.

Ein gewichtiges und interessantes Resultat, bei dessen Nachweis der Grad einer Körpererweiterung wesentlich Eingang findet, soll diesen Abschnitt beschließen. Es geht um die Menge aller allgemein komplexwertigen algebraischen Zahlen (über $\mathbb{Q}$), die mit $\overline{\mathbb{Q}}$ bezeichnet wird. Aus der letzten Bemerkung geht hervor, dass jede einfache Körpererweiterung $\mathbb{Q}(\alpha) : \mathbb{Q}$ einer über $\mathbb{Q}$ algebraischen Zahl α auch algebraisch und endlich ist, d.h., der Grad dieser Erweiterung ist endlich: $[\mathbb{Q}(\alpha) : \mathbb{Q}] < \infty$. Die Menge $\overline{\mathbb{Q}}$ kann demzufolge als Gesamtheit aller komplexen Zahlen α beschrieben werden, die zu Körpererweiterungen $\mathbb{Q}(\alpha) : \mathbb{Q}$ mit endlichem Grad führen:

$$\overline{\mathbb{Q}} = \{\alpha \in \mathbb{C},\ \text{wobei } [\mathbb{Q}(\alpha) : \mathbb{Q}] < \infty\}.$$

Zunächst stellt man fest, dass mit $\alpha, \beta \in \overline{\mathbb{Q}}$ auch die Körpererweiterung $\mathbb{Q}(\alpha, \beta) : \mathbb{Q}$ wegen (siehe Bem. 3.71)

$$[\mathbb{Q}(\alpha, \beta) : \mathbb{Q}] \leq [\mathbb{Q}(\alpha) : \mathbb{Q}][\mathbb{Q}(\beta) : \mathbb{Q}] < \infty$$

endlich ist. Als Körper gehören auch die Elemente $\alpha + \beta$, $\alpha - \beta$, $\alpha \cdot \beta$, α/β ($\beta \neq 0$) zu $\mathbb{Q}(\alpha, \beta)$, so dass die Erweiterungskörper $\mathbb{Q}(\alpha + \beta)$, $\mathbb{Q}(\alpha - \beta)$, $\mathbb{Q}(\alpha \cdot \beta)$ und $\mathbb{Q}(\alpha/\beta)$, als Vektorräume über $\mathbb{Q}$ betrachtet, Teilräume von $\mathbb{Q}(\alpha, \beta)$ sind. Die Grade dieser Erweiterungen sind deshalb kleiner oder höchstens gleich dem Grad von $\mathbb{Q}(\alpha, \beta)$ und damit alle endlich. Woraus wir nun nach Bem. 3.73 ableiten, dass Summen, Differenzen, Produkte und Quotienten algebraischer Zahlen wieder algebraisch sind. Insbesondere hat jede algebraische Zahl α ($\alpha \neq 0$) eine algebraische Inverse α^{-1}. 0 und 1 sind algebraisch, und zu jedem algebraischen α existiert ein algebraisches $-\alpha$. $\overline{\mathbb{Q}}$ besitzt damit die Struktur eines Körpers, der Teilkörper der komplexen Zahlen ist.

Wir können aber noch mehr in Erfahrung bringen: Jedes Polynom $\mathbf{p}$ über $\overline{\mathbb{Q}}$, d.h., $\mathbf{p}$ besitzt algebraische Koeffizienten, hat in $\overline{\mathbb{Q}}$ wenigstens eine algebraische Nullstelle. Um das zu zeigen, gehen wir vom Polynom

$$\mathbf{p}(X) = b_m X^m + b_{m-1} X^{m-1} + \ldots + b_0 \in \overline{\mathbb{Q}}[X]\ ,\quad \text{d.h. } b_0, \ldots, b_{m-1}, b_m \in \overline{\mathbb{Q}}$$

aus und nehmen an, dass $\beta \in \mathbb{C}$ eine Nullstelle von $\mathbf{p}$ ist: $\mathbf{p}(\beta) = 0$ (nach dem Fundamentalsatz 3.20 ist die Existenz von β gesichert). Zu zeigen ist, dass β algebraisch ist. Dazu wird der Erweiterungskörper bezüglich $\mathbb{Q}$ über alle Koeffizienten von $\mathbf{p}$ eingeführt: $\mathbb{Q}(b_m, \ldots, b_0)$. Da alle Koeffizienten algebraisch (über $\mathbb{Q}$) sind, gilt nach der Gradformel (3.12): $[\mathbb{Q}(b_m, \ldots, b_0) : \mathbb{Q}] < \infty$. Wir bilden mit β die Erweiterung des Körpers $\mathbb{Q}(b_m, \ldots, b_0)$ über diesen Körper: $\mathbb{Q}(\beta, b_m, \ldots, b_0) : \mathbb{Q}(b_m, \ldots, b_0)$. Da β Nullstelle eines Polynoms über $\mathbb{Q}(b_m, \ldots, b_0)$, ist β algebraisch über dem Körper $\mathbb{Q}(b_m, \ldots, b_0)$ und damit der Grad dieser Erweiterung endlich: $[\mathbb{Q}(\beta, b_m, \ldots, b_0) : \mathbb{Q}(b_m, \ldots, b_0)] < \infty$. Mit der Nachweismethodik aus Bem. 3.71 und den Gradformeln (3.11), (3.12) erhält man:

$$[\mathbb{Q}(\beta, b_m, \ldots, b_0) : \mathbb{Q}]$$
$$= [\mathbb{Q}(\beta, b_m, \ldots, b_o) : \mathbb{Q}(b_m, \ldots, b_0)][\mathbb{Q}(b_m, \ldots, b_0) : \mathbb{Q}(b_{m-1}, \ldots, b_0)] \cdot \ldots \cdot [\mathbb{Q}(b_0) : \mathbb{Q}]$$
$$\leqq [\mathbb{Q}(\beta, b_m, \ldots, b_o) : \mathbb{Q}(b_m, \ldots, b_0)][\mathbb{Q}(b_m) : \mathbb{Q}] \cdot \ldots \cdot [\mathbb{Q}(b_0) : \mathbb{Q}] < \infty.$$

Die Erweiterung $[\mathbb{Q}(\beta, b_m, \ldots, b_0) : \mathbb{Q}]$ ist also über $\mathbb{Q}$ endlich und damit algebraisch und insbesondere auch β algebraisch über $\mathbb{Q}$, d.h. $\beta \in \overline{\mathbb{Q}}$.

Analog zu den Überlegungen zum Vietaschen Wurzelsatz (siehe Satz 3.21) können wir auch hier argumentieren: Aus der Existenz einer algebraischen Nullstelle für jedes Polynom über $\overline{\mathbb{Q}}$ folgt, dass alle Nullstellen dieser Polynome algebraisch sind. D.h., jedes Polynom mit algebraischen Koeffizienten ist als Produkt von Linearfaktoren $(X - x_i)$ mit den (algebraischen) Nullstellen x_i darstellbar. Man sagt, der Körper $\overline{\mathbb{Q}}$ aller algebraischen Zahlen ist **algebraisch abgeschlossen**. Diese Feststellung ist vergleichbar mit der Aussage des Fundamentalsatzes (Satz 3.20), gemäß dem der Körper $\mathbb{C}$ aller komplexen Zahlen algebraisch abgeschlossen ist.

Zur Ermittlung der Mächtigkeit der Menge $\overline{\mathbb{Q}}$ stellen wir zunächst fest, dass jede rationale Zahl algebraisch ist (siehe Bsp. 3.47 1.) und damit $\overline{\mathbb{Q}}$ die abzählbar unendliche Menge $\mathbb{Q}$ umfasst. In die weiteren Überlegungen geht entscheidend ein, dass die Vereinigung einer abzählbaren (endlichen oder unendlichen) Anzahl abzählbar unendlicher Mengen wieder abzählbar ist (Nachweis über das Cantorsche erste Diagonalargument, siehe Wikipedia). Mit dieser Feststellung kann man jetzt schlussfolgern: Die Menge aller Polynome mit rationalen Koeffizienten eines bestimmten Grades ist abzählbar. Die Gesamtheit aller (rationalen) Polynome, d.h., der Polynomring $\mathbb{Q}[X]$ als Menge betrachtet, ist die Vereinigung aller dieser Polynommengen gleichen Grades und damit $\mathbb{Q}[X]$ ebenfalls abzählbar unendlich. Schließlich hat jedes Polynom aus $\mathbb{Q}[X]$ vom Grade n höchstens n Nullstellen, so dass jedem Polynom nur eine endliche Anzahl algebraischer Zahlen zugeordnet werden kann. Die Vereinigung der algebraischen Zahlen zu allen Polynomen aus $\mathbb{Q}[X]$, d.h. die Menge $\overline{\mathbb{Q}}$, ist deshalb abzählbar unendlich. Wir leiten daraus ab, dass mit Bezug auf alle komplexen Zahlen die Komplementärmenge zu $\overline{\mathbb{Q}}$, also die Menge der transzendenten Zahlen, überabzählbar sein muss. Etwas oberflächlich betrachtet kann man sagen, dass die Menge der transzendenten Zahlen bei weitem die Menge der algebraischen Zahlen überragt. Bemerkenswert ist, dass wir neben π, e, deren Vielfache und einigen anderen nicht algebraischen Zahlen kaum weitere transzendente Zahlen explizit kennen. Die Menge $\overline{\mathbb{Q}}$ enthält die überall dichten rationalen Zahlen und ist deshalb sowohl in $\mathbb{R}$ als auch in $\mathbb{C}$ ebenfalls dicht. Neben $\mathbb{Q}$ sind in $\overline{\mathbb{Q}}$ auch alle Quadratwurzeln aus positiven rationalen Zahlen und insbesondere aus allen Primzahlen enthalten, so dass die Körpererweiterung von $\mathbb{Q}$ zu $\overline{\mathbb{Q}}$ (ebenso wie $\mathbb{Q}$ zu $\mathbb{R}$) nicht endlich ist.

Fassen wir die Überlegungen zur Menge $\overline{\mathbb{Q}}$ in einem Satz zusammen:

Satz 3.74 ($\overline{\mathbb{Q}}$ - *Menge aller algebraischen Zahlen über* $\mathbb{Q}$)
Die Menge $\overline{\mathbb{Q}}$ aller algebraischen Zahlen über $\mathbb{Q}$ bildet einen Teilkörper der komplexen Zahlen. Als Körpererweiterung von $\mathbb{Q}$ mit allen algebraischen Zahlen (über $\mathbb{Q}$) ist $\overline{\mathbb{Q}} = \overline{\mathbb{Q}}(\mathbb{Q})$ der kleinste algebraische Abschluss zu $\mathbb{Q}$. D.h., jedes Polynom aus $\overline{\mathbb{Q}}[X]$ zerfällt in Linearfaktoren, bzw. alle Nullstellen zu jedem Polynom aus $\overline{\mathbb{Q}}[X]$ sind in $\overline{\mathbb{Q}}$ enthalten. $\overline{\mathbb{Q}}$ bildet eine abzählbar unendliche, in $\mathbb{C}$ überall dichte Menge.

Bemerkung 3.75 (*algebraischer Abschluss über* $\mathcal{K}$)
Die Aussagen des letzten Satzes lassen sich auf direktem Wege verallgemeinern: Zu jedem Teilkörper $\mathcal{K} \subseteq \mathbb{C}$ gibt es eine algebraische Körpererweiterung $\mathcal{L} : \mathcal{K}$ (eine Erweiterung von $\mathcal{K}$ mit allen über $\mathcal{K}$ algebraischen Zahlen), so dass $\overline{\mathcal{K}} \equiv \mathcal{L}$ algebraisch abgeschlossen ist. D.h., alle Polynome in $\mathcal{L}[X]$ zerfallen in Linearfaktoren ($\mathcal{L}$ enthält alle Nullstellen zu allen Polynomen aus $\mathcal{L}[X]$)-

3.8 Aufgaben

3.1 Berechne das Restpolynom $\mathbf{r}(X)$, welches bei Division von
$\mathbf{p}(X) = X^3 - 3X + 4$ durch $\mathbf{q}(X) = X^2 + 2X - 15$ entsteht.

3.2 Berechne den größten gemeinsamen Teiler der Polynome

$\quad \mathbf{p}\left(X\right) = X^4 + 3X^3 - 3X^2 - 3X + 2$ und $\mathbf{q}\left(X\right) = 2X^3 + 5X^2 - 2X - 5$

und finde Polynome $\mathbf{u}\left(X\right)$, $\mathbf{v}\left(X\right) \in \mathbb{Q}\left[X\right]$, die den linearen Zusammenhang

$\quad \mathbf{u} \cdot \mathbf{p} + \mathbf{v} \cdot \mathbf{q} = ggT\left(\mathbf{p}, \mathbf{q}\right) \quad$ erfüllen.

3.3 Bestimme alle Nullstellen der Polynome

$\quad a)\quad \mathbf{p}\left(X\right) = X^3 - 2X^2 + 2X - 1$

$\quad b)\quad \mathbf{p}\left(X\right) = X^4 + 2X^2 - 15$.

3.4 Es sei $\mathbf{p}\left(X\right) = X^n + a_{n-1}X^{n-1} + ... + a_1 X + a_0$ ein Polynom über $\mathbb{Z}$ ($\mathbf{p} \in \mathbb{Z}\left[X\right]$).
Es ist zu zeigen:

$\quad a)\quad$ Jede rationale Nullstelle x von $\mathbf{p}$ ($x \in \mathbb{Q}$) ist eine ganze Zahl ($x \in \mathbb{Z}$).

$\quad b)\quad$ Jede ganzzahlige Nullstelle von $\mathbf{p}$ ist ein Teiler von a_0.

3.5 Entscheide, ob folgende Polynome über $\mathbb{Q}$ reduzibel oder irreduzibel sind.

$\quad a)\quad \mathbf{p}\left(X\right) = X^6 + X^5 + X^4 + X^3 + X^2 + X + 1$

$\quad b)\quad \mathbf{p}\left(X\right) = 2X^3 - 6X^2 + 15X + 21$

$\quad c)\quad \mathbf{p}\left(X\right) = X^4 - 9X^3 + 101X - 21$.

3.6 Zeige, dass es zu jeder natürlichen Zahl $n \in \mathbb{N}$ eine bezüglich der rationalen Zahlen algebraische Zahl α vom Grade n gibt.

3.7 Beschreibe die Teilkörper von $\mathbb{C}$, die bei folgenden Körpererweiterungen entstehen:

$\quad a)\quad \mathbb{Q}\left(\sqrt{3}, \sqrt{5}\right) : \mathbb{Q}$

$\quad b)\quad \mathbb{Q}\left(\sqrt[3]{11}\right) : \mathbb{Q}$

$\quad c)\quad \mathbb{Q}\left(i, \sqrt{2}\right) : \mathbb{Q}$.

3.8 Stelle das zu $\alpha = a + b\sqrt{12}$ $\left(a, b \in \mathbb{Q}\right)$ inverse Element in einer Formel dar.

4 Figuren

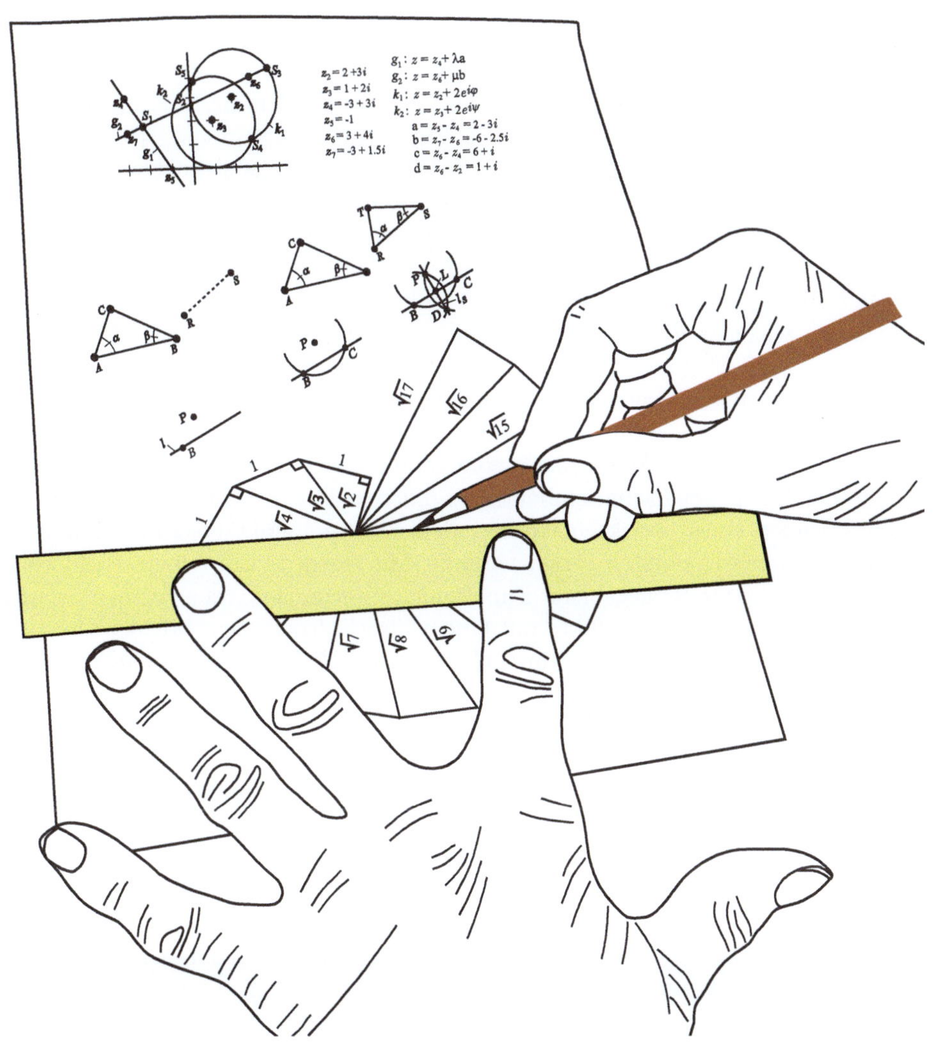

4.1 Konstruktionen mit Zirkel und Lineal

Mit dem Studium der Zahlen, den Polynomen und Körpererweiterungen haben wir jetzt einen Bestand an Werkzeugen erarbeitet, der uns in die Lage versetzt, Aussagen darüber zu treffen, unter welchen Bedingungen geometrische Figuren mit einem bestimmten Instrumentarium konstruierbar sind.

In der Antike, im alten Griechenland, konnte man schon viele interessante Probleme über geometrische Konstruktionen lösen. Es entsprach dem Streben griechischer Gelehrter nach absoluter Exaktheit und Klarheit, dass man als die geometrisch perfekten Figuren die gerade Linie und den Kreis ansah. Auf die antike griechische Geometrie wirkte sich das dahingehend aus, dass die konzeptionellen Werkzeuge zur Durchführung geometrischer Konstruktionen auf das Lineal und den Zirkel beschränkt blieben. Als Lineal galt ein Gegenstand, mit dem man absolut perfekte (unendlich lange) Linien, also Geraden, zeichnen konnte. Ein Lineal in diesem Sinne enthielt keine Markierung oder Skalierung zur Messung von Abständen. Ein Lineal war eine unendlich lange gerade Latte, die auch als Richtscheit bezeichnet wird. Gelegentlich verwendete man als "Lineal " auch ein straff gezogenes Seil, eine sogenannte Richtschnur. Mit Zeichengeräten dieser Art bestand die Möglichkeit, eine gerade Linie durch zwei unterschiedliche Punkte in der Ebene genau und eindeutig zu fixieren. Mit dem Zirkel gibt es ein Gerät zum Zeichnen eines perfekten Kreises, dessen Mittelpunkt bekannt ist und der durch einen anderen bekannten Punkt verläuft. Mit einem Lineal (einem Richtscheit) kann der Abstand d zweier gegebener Punkte nicht bestimmt werden. Wohl aber ist es möglich, den Abstand dieser Punkte mit einem Zirkel abzugreifen. Mit der Distanz d zwischen den Spitzen des (nicht zusammenklappbaren) Zirkels kann um einen anderen vorhandenen Punkt als Mittelpunkt ein Kreis mit dem Radius d gezeichnet werden. Außerdem ist die Zirkelspanne d von einem vorhandenen Punkt P_1 auf einer Geraden l aus abtragbar, indem man einen Kreisbogen um den Punkt P_1 als Mittelpunkt schlägt, so dass die Kreislinie die Gerade l in einem Punkt P_2 schneidet. Damit entsteht zum Punkt P_1 auf der Geraden l ein Punkt, der zu P_1 den gleichen Abstand d hat, wie zwei andere vorgegebene Punkte der Ebene.

Wenn wir davon sprechen, dass eine geometrische Figur in der Ebene allein mit Zirkel und Lineal konstruierbar sein soll, so ist damit ein Prozess gemeint, der aus endlich vielen Schritten besteht, wobei in jedem Schritt eine der folgenden elementaren Zeichenoperationen zur Ausführung kommt:

> **A1: Zeichne eine gerade Linie, die durch zwei vorgegebene Punkte verläuft.**
>
> **A2: Zeichne einen Kreis mit vorgegebenem Mittelpunkt und bestimmtem Radius, der durch den Abstandes zweier Punkten gegeben ist.**

In verkürzter Interpretation geht die Formulierung dieser elementaren Schritte auf Euklid zurück, der sie in seinen Elementen beschrieb und dort in den Rang von Axiomen (also sofort einsichtigen Vorgängen) für das Zeichnen mit Zirkel und Lineal erhob.

Derartige Konstruktionen führt man heute problemlos auf dem Computer aus. Dazu gibt es Zeichen- und Malprogramme oder im professionellen Bereich CAD-Systeme, mit denen auf vielfältige Weise die kompliziertesten geometrischen Gebilde kreiert werden können. Die über Jahrhunderte gepflegte manuelle Ausführung von Zeichnungen mittels elementarer Gerätschaften gehört der Vergangenheit an. Die Auseinandersetzung mit Zirkel- und Lineal-Konstruktionen betrifft deshalb weniger ihre praktische Anwendbarkeit, sondern dient mehr dem Ziel, das logische Denkvermögen zu schulen und Einblicke zu bekommen in algebraisch/geometrische Zusammenhänge, die in anderen Bereichen der Mathematik von Nutzen sein können.

In der folgenden Auflistung sind sehr einfache, aber immer wieder auftretende Konstruktionsaufgaben zusammengestellt und deren Zurückführung auf die oben genannten Schritte A1 und A2 erläutert.

Einfache Konstruktionen

K1: Halbierung einer Strecke

Auf einer Geraden l in der Ebene befinden sich die voneinander verschiedenen Punkte A und B. Das durch die Punkte festgelegte Geradenstück, d.h. die Strecke $\overline{AB}$, ist zu halbieren. Dazu greift man mit dem Zirkel die Distanz zwischen A und B ab. Mit dieser Zirkelspanne als Radius und Mittelpunkten in A und B werden Kreisbögen geschlagen, die sich in den Punkten C und D schneiden. Die C und D verbindende Gerade schneidet die Gerade l im gesuchten Punkt M, der die Strecke $\overline{AB}$ halbiert (siehe Abb. 4.1). Insgesamt sind an dieser Konstruktion ein Schritt A1 und zwei Schritte A2 beteiligt.

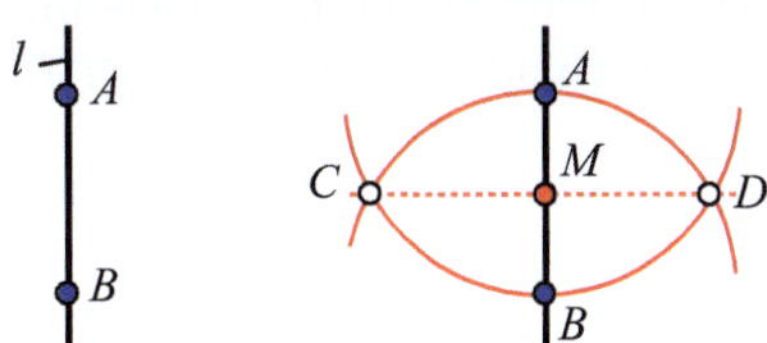

Abb. 4.1: Halbierung einer Strecke

ord";type "GRAPHIC";maintain-aspect-ratio TRUE;display

K2: Fällen eines Lotes und Errichten einer Senkrechten

In der Ebene sei eine Gerade l und ein sich außerhalb der Geraden befindlicher Punkt P gegeben. Von P aus soll das Lot auf die Gerade gefällt, d.h., jener Punkt L auf l konstruiert werden, der den kürzesten Abstand zu P hat.

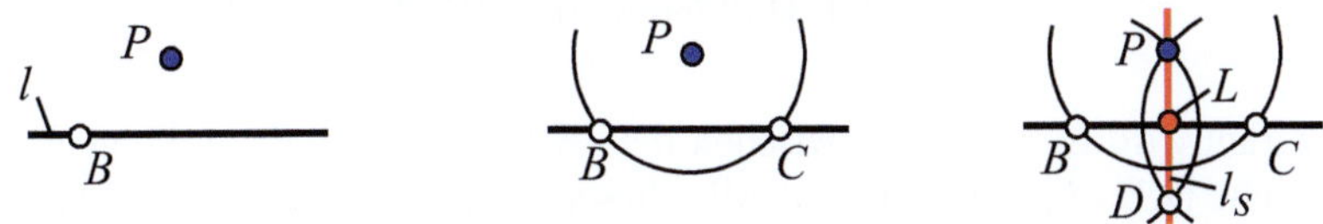

Abb. 4.2: Fällen des Lotes eines Punktes auf eine Gerade

Wir gehen davon aus, dass auf der Geraden ein Punkt B bekannt ist, der nicht mit dem zu konstruierenden Punkt L zusammenfällt (Sollte ein solcher nicht vorhanden sein, so wählt man irgendwo auf l einen Hilfspunkt.). Mit dem Zirkel wird die Distanz zwischen den Punkten P und B abgegriffen und mit dieser Distanz als Radius um den

Mittelpunkt in P ein Kreis geschlagen. Dieser Kreis schneidet die Gerade l im Punkt B und in einem weiteren Punkt C. Darauf folgend werden mit gleichem Radius und Mittelpunkten in B und C Kreisbögen gezeichnet, die sich in den Punkten P und D schneiden. Die P und D verbindende Gerade l_S schneidet die Gerade l im Lotpunkt L zu P, ist orthogonal (senkrecht) zu l angeordnet und halbiert die Strecke zwischen den Punkten B und C (siehe Abb. 4.2). Insgesamt erfordert diese Konstruktion einen Schritt A1 und drei Schritte A2.

Der Punkt P befinde sich auf der Geraden l, und in P ist eine zu l senkrecht angeordnete Gerade (kurz Senkrechte genannt) zu konstruieren.

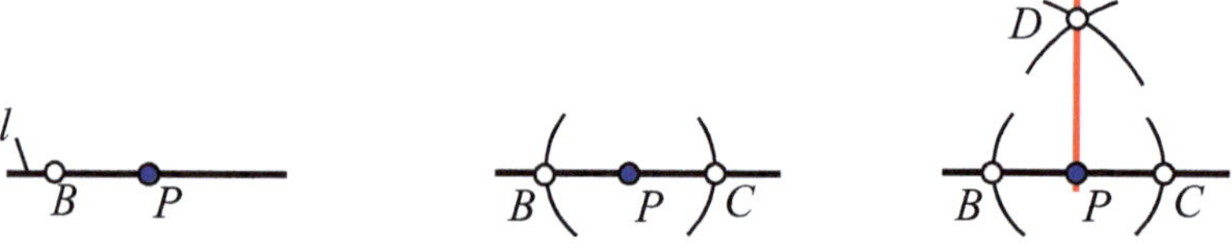

Abb. 4.3: Errichten der Senkrechten zu einer Geraden

Neben P gebe es auf l einen weiteren Punkt B (dieser kann irgendein Hilfspunkt auf l sein.). Mit der Distanz zwischen P und B als Radius und dem Mittelpunkt in P wird ein Kreisbogen geschlagen, der l im Punkt C schneidet. Jetzt mit der Distanz zwischen B und C als Radius und den Mittelpunkten in B sowie in C schlägt man Kreisbögen, die sich in D schneiden. Die Verbindungsgerade durch P und D ist senkrecht zu l angeordnet (siehe Abb. 4.3).

K3: Halbieren und Kopieren eines Winkels

In der Ebene ist ein Winkel durch drei Punkte gegeben: Durch seinen Scheitelpunkt (dem Kreuzungspunkt P_0 zweier Geraden, die als Schenkel bezeichnet werden) und je einem Punkt P_1 und P_2 auf den Schenkeln. Ein solcher Winkel ist zu halbieren.

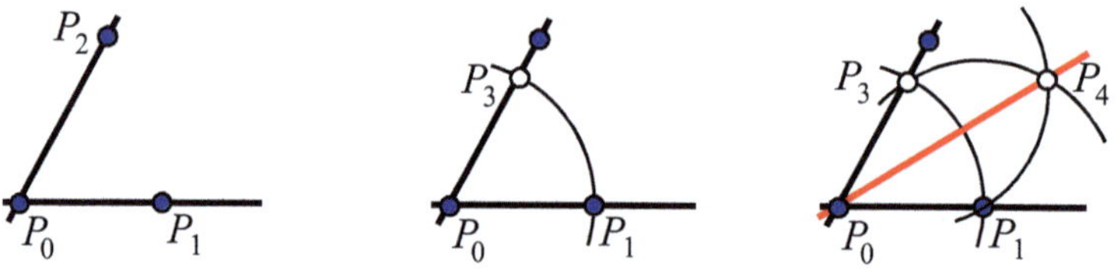

Abb. 4.4: Halbieren eines Winkels

Mit dem Zirkel wird die Distanz zwischen dem Scheitelpunkt P_0 und einem Punkt auf den Schenkeln (z.B. P_1) abgegriffen. Mit dieser Distanz als Radius schlägt man um P_0 einen Kreisbogen, der die Schenkel in den Punkten P_1 und P_3 schneidet. Mit dem gleichen Radius schlägt man um die Punkte P_1 und P_3 als Mittelpunkte Kreisbögen, die sich im Punkt P_4 schneiden. Die Gerade, auf der sich P_0 und P_4 befinden, halbiert den Winkel. Zur Ausführung dieser Konstruktion sind ein Schritt A1 und drei Schritte A2 notwendig.

Gegeben sei ein Winkel mit Scheitelpunkt P_0 und ein Punkt A auf einem der Schenkel. Außerdem sind eine Gerade l und auf dieser ein Punkt P vorhanden. Zu konstruieren ist eine Kopie des Winkels, so dass P den Scheitelpunkt und die Gerade l einen Schenkel des kopierten Winkels bilden.

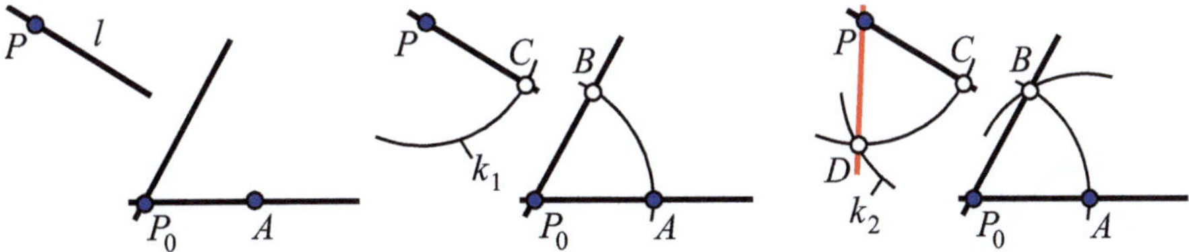

Abb. 4.5: Kopieren eines Winkels

Mit der Distanz zwischen P_0 und A als Radius schlägt man um P_0 einen Kreisbogen, der den zweiten Schenkel des gegebenen Winkels im Punkt B schneidet. Mit dem gleichen Radius schlägt man einen Kreisbogen k_1 um Punkt P, der die Gerade l im Punkt C schneidet. Mit der Distanz zwischen den Punkten A und B als Radius und dem Mittelpunkt in C wird ein Kreisbogen k_2 so gezeichnet, dass sich k_1 und k_2 im Punkt D schneiden. Die Gerade, auf der sich P und D befinden, bildet den zweiten Schenkel des kopierten Winkels.

K4: Parallele zu einer gegebenen Geraden

In der Ebene ist eine Gerade l gegeben und ein außerhalb l befindlicher Punkt P. Zu konstruieren ist die durch P verlaufende und zu l parallele Gerade l_P. Diese Aufgabe ist auf die Konstruktion einer Kopie zu einem gegebenen Winkel zurückführbar. Ein Punkt P_1 auf l (der wieder ein Hilfspunkt sein kann) wird zusammen mit P zu einer Geraden l_H verbunden. Die Geraden l und l_H bilden die Schenkel eines Winkels α mit Scheitelpunkt in P_1. Dieser Winkel wird so kopiert, dass P den Scheitelpunkt und l_H einen Schenkel des kopierten Winkels α bilden. Der konstruierte zweite Schenkel befindet sich auf der durch P parallel zu l verlaufenden Geraden l_P (siehe Abb. 4.6). Erforderlich sind für diese Konstruktion zwei Schritte A1 und drei Schritte A2.

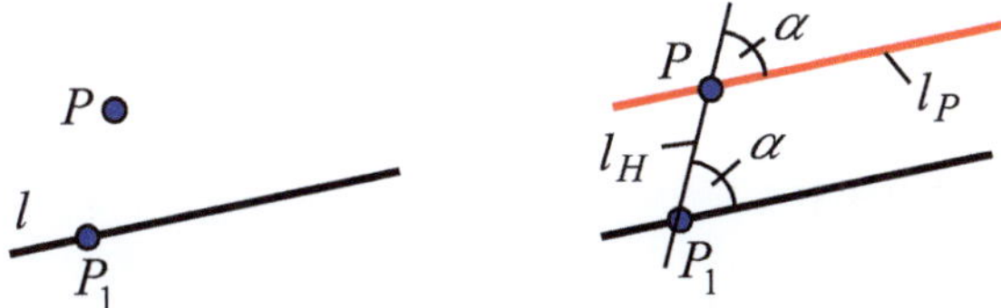

Abb. 4.6: Parallele zu einer gegebenen Geraden

K5: Konstruktion ähnlicher Dreiecke

Bekannt seien die Eckpunkte A, B und C eines Dreiecks. Die auf der Geraden durch A und B liegende Strecke $\overline{AB}$ bezeichnen wir als Grundlinie des Dreiecks ABC. Außerdem seien zwei voneinander verschiedene Punkte R und S gegeben. Zu konstruieren ist ein Punkt T, so dass das Dreieck RST mit Grundlinie $\overline{RS}$ ähnlich zum Dreieck ABC ist. Unter Ähnlichkeit der Dreiecke wird verstanden, dass beide Dreiecke die gleichen Innenwinkel besitzen und die Dreieckseiten ähnlich zueinander sind, d.h., dass alle im gleichen Längenverhältnis zueinander stehen. Dieses Verhältnis ist mit den Längen der

Grundlinien $\overline{AB}$ und $\overline{RS}$ zueinander gegeben. Dementsprechend sind zur Konstruktion des Punktes T die der Grundlinie $\overline{AB}$ anliegenden Innenwinkel des Dreiecks ABC zu den Punkten R und S zu kopieren, wobei mit der Strecke $\overline{RS}$ ein gemeinsamer Schenkel für die Winkelkopien vorhanden ist. T ergibt sich als Schnittpunkt der beiden zu konstruierenden Schenkel für diese Kopien (siehe Abb. 4.7).

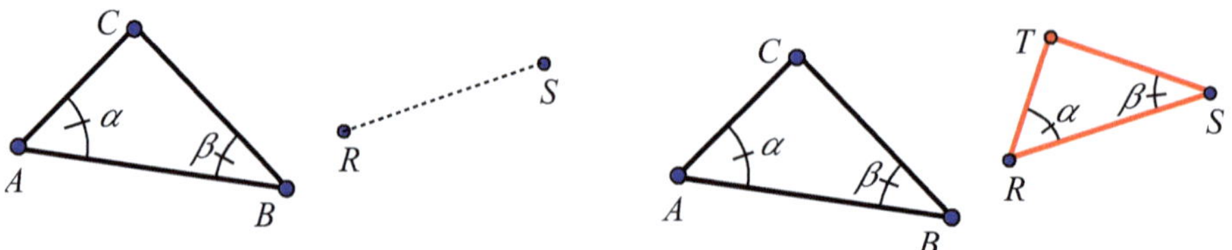

Abb. 4.7: Konstruktion ähnlicher Dreiecke

Kommen wir zur Formalisierung von Konstruktionsprozessen mit Zirkel und Lineal in einer Ebene. Wir gehen davon aus, dass zwei voneinander verschiedene Punkte, wir nennen diese $P_0 = 0$ und $P_1 = 1$, gegeben sind. Nach Axiom A1 kann die beide Punkte verbindende Gerade l_x gezeichnet werden. Gleichzeitig ermöglichen diese Punkte die Wahl eines Ursprungs P_0 auf dieser Geraden und mit der Distanz zwischen P_0 und P_1 die Festlegung eines Maßstabes, einer Maßeinheit. Des Weiteren ist, wie unter K2 beschrieben, in P_0 eine zu l_x senkrecht angeordnete Gerade l_y konstruierbar. Mit diesen sich im Ursprung P_0 kreuzenden, senkrecht aufeinander stehenden Geraden verbindet man ein kartesisches (rechtwinkliges) Koordinatensystem und bezeichnet die Geraden l_x als $x-$Achse und l_y als $y-$Achse.

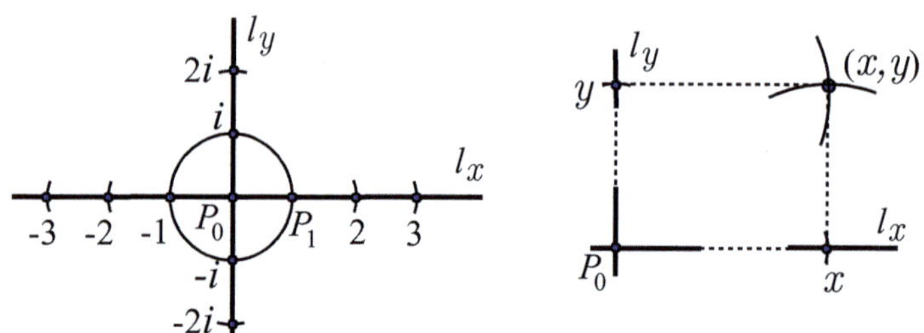

Abb. 4.8: Konstruktion eines Koordinatensystems mit Zirkel und Lineal

Anzumerken ist, dass die Griechen noch keine Koordinatensysteme kannten und ihnen deshalb ein mächtiges Mittel zur Analyse geometrischer Aufgaben nicht zur Verfügung stand. Erst viel später führte der französische Philosoph und Mathematiker Rene Descartes (1596-1650) Koordinatensysteme ein, die es ermöglichen, geometrische Zusammenhänge der Zahlenarithmetik zugänglich zu machen.

Auf den Koordinatenachsen kann eine Maßskala angeordnet werden. Dazu entnimmt man mit dem Zirkel die (Einheits-)Distanz zwischen den Punkten P_0 und P_1 und trägt diese jeweils nach rechts auf P_1 und nach links auf P_0 aufeinander folgend ab (siehe Abb. 4.8). Die dabei entstehenden Schnittpunkte $P_2, P_3, ...$ und $P_{-1}, P_{-2}, ...$ bezeichnen wir jetzt mit $2, 3, ...; -1, -2, ...$, d.h., wir verbinden mit l_x die reelle Zahlengerade, auf der die ganzen Zahlen angeordnet sind. Indem Kreisbögen mit dem Mittelpunkt im Ursprung P_0 und Radien geschlagen werden, die den Distanzen von P_0 zu den jetzt mit ganzen Zahlen belegten Punkten entsprechen, ergeben sich auf der $y-$Achse Schnittpunkte, denen die imaginären Zahlen $i, 2i, ...; -i, -2i, ...$ zuzuordnen sind. Mit der Distanz von P_0 zu P_1 im Zirkel und Mittelpunkt in P_0 zeichnet man den Einheitskreis in der Ebene.

Jetzt ist man in der Lage, jeden Punkt der Ebene, der in diesem Koordinatensystem durch ein ganzzahliges Zahlenpaar (x,y) $(x,y \in \mathbb{Z})$ beschrieben wird, durch zwei Schritte A2 zu konstruieren. Dazu greift man mit dem Zirkel die Distanz zwischen dem Ursprung $P_0 = (0,0)$ und dem Punkt auf der $x-$Achse, der dem Zahlenwert x entspricht, ab und schlägt mit dieser Distanz als Radius einen Kreisbogen um den Mittelpunkt, dessen zugeordnete Zahl iy ist. Ebenso schlägt man einen Kreisbogen vom Radius $|y|$ um den Punkt auf der $x-$Achse mit Koordinate x. Der Schnittpunkt beider Kreisbögen markiert den Punkt $P = (x,y)$ (siehe Abb. 4.8).

Diese so strukturierte Ebene wird mit der (komplexen) Gauss'schen Zahlenebene identifiziert, d.h., die Punkte P werden mit den Koordinaten x und y bzw. den komplexen Zahlen $z = x + iy$ identifiziert: $P \simeq (x,y) \simeq z$. Im Zusammenhang mit dieser Konstellation und zur Präzisierung der Konstruktionsaufgabe werden folgende Begriffe eingeführt:

Definition 4.1 (*konstruierbarer Punkt und konstruierbare Zahl*)
*Gegeben seien die Punkte $P_0 = (0,0)$ und $P_1 = (1,0)$. Ein Punkt P der Ebene heißt konstruierbar, wenn P, ausgehend von P_0 und P_1, über endlich viele Konstruktionsschritte der Form **A1** und **A2** mit Zirkel und Lineal konstruiert werden kann. Eine (allgemein komplexwertige) Zahl z nennt man konstruierbar, wenn der zugeordnete Punkt $P \simeq (x,y) \simeq z$ konstruierbar ist.*

Nach unseren bisherigen Überlegungen sind alle Punkte $P = (x,y)$ mit ganzzahligen $x, y-$Werten bzw. die entsprechenden komplexwertigen Zahlen $z = x + iy$ $(x,y \in \mathbb{Z})$ konstruierbar. Wir werden noch feststellen, dass es sich um einen sehr geringen Anteil konstruierbarer Zahlen handelt. Die Frage nach der Gesamtheit konstruierbarer Zahlen tritt deshalb in den Vordergrund. Mit der Beantwortung dieser Frage wird auch geklärt, welche geometrischen Gebilde mit Zirkel und Lineal konstruierbar sind. Auf dem Weg dahin wollen wir herausfinden, wie man rechnerisch/konstruktiv mit konstruierbaren Zahlen (und Punkten) umgehen kann.

Satz 4.2 (*Arithmetik konstruierbarer Zahlen*)
Es seien z und w konstruierbare Zahlen. Dann sind auch Summe, Differenz, Produkt und Quotient dieser Zahlen konstruierbar. Genauer:
a) Summe $z + w$ und Differenz $z - w$ sind konstruierbar.
b) $z \cdot w$ ist konstruierbar.
c) $1/z$ $(z \neq 0)$ ist konstruierbar und damit auch der Quotient $w/z = w \cdot 1/z$.
d) Zu z $(z \neq 0)$ sind die beiden Werte der Quadratwurzel $\pm\sqrt{z}$ konstruierbar.

Beweis. Je nach Zweckmäßigkeit sprechen wir z als komplexe Zahl oder als den entsprechenden Punkt P an. Ebenso wird w mit dem entsprechenden Punkt Q identifiziert.

Zu a): Durch den Ursprung P_0 und Q wird eine Gerade l gelegt. Befindet sich der Punkt P auf dieser Geraden, so ist $z = \lambda w$ ($\lambda \in \mathbb{R}$). In diesem Fall greift man die Distanz d zwischen P_0 und Q mit dem Zirkel ab und schlägt um P einen Kreis mit dem Radius d. Dieser Kreis schneidet die Gerade l in den Punkten P_1 und P_2, die den komplexen Zahlen $z + w$ und $z - w$ zugeordnet sind.

Befindet sich P nicht auf der Geraden l, so wird nach Konstruktion K4 die zu l parallele Gerade l_P durch P konstruiert. Mit der Distanz d zwischen P_0 und Q als Radius zeichnet man einen Kreisbogen um den Mittelpunkt P, der l_P in den Punkten P_3 und P_4 schneidet. Diese Punkte entsprechen den Zahlen $z + w$ und $z - w$.

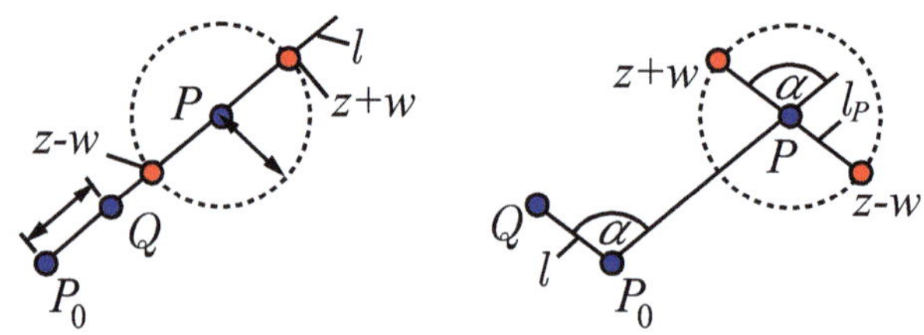

Abb. 4.9: Summe und Differenz konstruierbarer Zahlen

Zu b) Ausgegangen wird vom Dreieck $\triangle_0$ mit den Eckpunkten $P_0 = (0,0)$, $P_1 = (1,0)$ und P, zu dem nach Konstruktion K5 ein ähnliches Dreieck $\triangle$ mit den Eckpunkten P_0, Q und P_{zw} gebildet wird. Mit Q ist die Zahl w gegeben, zu konstruieren ist P_{zw}. Die Längenverhältnisse der Grundlinie $\overline{P_0Q}$ von $\triangle$ zur Grundlinie $\overline{P_0P_1}$ von $\triangle_0$ und der Strecke $\overline{P_0P_{zw}}$ zu $\overline{P_0P}$ sind wegen der Ähnlichkeit beider Dreiecke gleich. Damit ergibt sich:

$$\frac{|w|}{1} = \frac{\left|\overline{P_0Q}\right|}{\left|\overline{P_0P_1}\right|} = \frac{\left|\overline{P_0P_{zw}}\right|}{\left|\overline{P_0P}\right|} = \frac{\left|\overline{P_0P_{zw}}\right|}{|z|} \quad \text{und folglich} \quad |z| \cdot |w| = |z \cdot w| = \left|\overline{P_0P_{zw}}\right|.$$

In Polarformen $z = |z| \exp{(i\varphi)}$ und $w = |w| \exp{(i\psi)}$ ausgedrückt, hat das Produkt die Darstellung: $z \cdot w = |z| \cdot |w| \exp{(i(\varphi + \psi))}$ (siehe (1.5) und Abb. 4.10). Die Lage des konstruierten Punktes P_{zw} ist mit dem Betrag von $z \cdot w$ und dem Argument $\varphi + \psi$ eindeutig bestimmt.

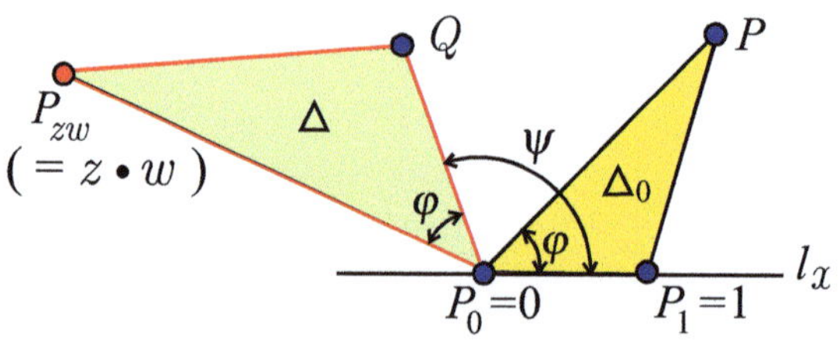

Abb. 4.10: Produkt zweier konstruierbarer Zahlen

Zu c) Die Polardarstellung für $z = |z| \exp{(i\varphi)}$ führt zu $z^{-1} = |z|^{-1} \exp{(-i\varphi)}$ (denn: $z \cdot z^{-1} = 1$). Daraus folgt, dass der z^{-1} entsprechende Punkt R auf der zur Verbindungsgeraden l_1 von P_0 und P an der $x-$Achse gespiegelten Geraden l_2 positioniert ist (siehe Abb. 4.11). l_2 konstruiert man, indem die zur $x-$Achse l_x durch P verlaufende Senkrechte l_s errichtet und ein Kreisbogen mit Radius $\left|\overline{LP}\right|$ um L geschlagen wird, der l_s im Punkt T schneidet. Punkt L ist Schnittpunkt von l_s und l_x. Die durch P_0 und T verlaufende Gerade l_2 ist dann bezüglich der $x-$Achse zur Geraden l_1 gespiegelt.

Zu konstruieren ist noch die "Entfernung" $1/\left|z\right|$ des Punktes R vom Ursprung P_0

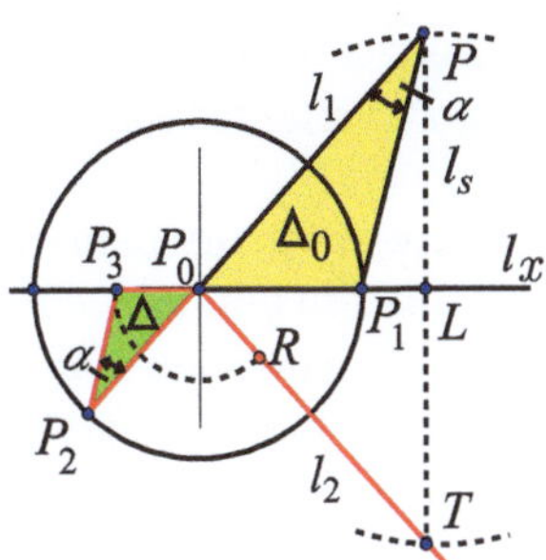

Abb. 4.11: Kehrwert $1/\left|z\right|$ zu einer konstruierbaren Zahl z

Dazu gehen wir wieder vom Dreieck $\triangle_0$ mit den Eckpunkten $P_0 = (0,0)$, $P_1 = (1,0)$ und P aus und konstruieren ein ähnliches Dreieck $\triangle$ mit den Eckpunkten P_0, P_2 und P_3 wie folgt: P_2 ist Schnittpunkt der Geraden l_1 mit dem Einheitskreis. Punkt P_3 befindet sich auf der durch P_0 und P_1 verlaufenden Geraden l_x. Der Innenwinkel des Dreiecks $\triangle_0$ mit dem Scheitelpunkt P wird zum Punkt P_2 kopiert. Die Gerade, die den zweiten Schenkel des kopierten Winkels bildet, schneidet l_x im Punkt P_3. Mit Mittelpunkt in P_0 und als Radius die Distanz zwischen P_0 und P_3 schlägt man einen Kreisbogen, der die Gerade l_2 im Punkt R schneidet.

Aus der Ähnlichkeit der Dreiecke und mit $\left|\overline{P_0P_1}\right| = \left|\overline{P_0P_2}\right| = 1$, $\left|\overline{P_0P}\right| = \left|z\right|$ ergeben sich folgende Verhältnisse:

$$\left|\overline{P_0R}\right| = \left|\overline{P_0P_3}\right| = \frac{\left|\overline{P_0P_3}\right|}{\left|\overline{P_0P_2}\right|} = \frac{\left|\overline{P_0P_1}\right|}{\left|\overline{P_0P}\right|} = \frac{1}{\left|\overline{z}\right|}.$$

Den Quotienten $w/z = w \cdot z^{-1}$ berechnet man als Produkt, wie unter b) ausgeführt.

Bemerkungen zu b) und c):

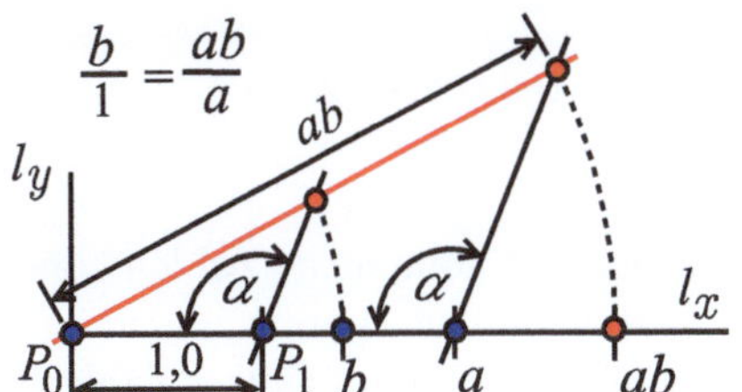
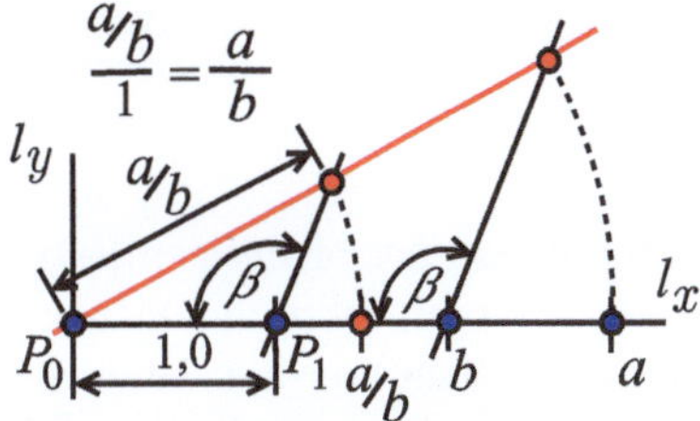

Abb. 4.12: Produkt und Quotient reellwertiger konstruierbarer Zahlen

Die in **b)** und **c)** beschriebenen Konstruktionen sind nicht für reellwertige Zahlen $z = a$ und $w = b$ durchführbar. Die Punkte zu a und b befinden sich in diesem Fall auf der

$x-$Achse. Produkt und Quotient sind aber einfach auf der Grundlage des Strahlensatzes konstruierbar. Die selbsterklärenden Skizzen in Abb. 4.12 geben diese Konstruktionen wieder.

Zu d) Mit $z = |z| \exp(i\varphi)$ ergeben sich folgende Werte für die Quadratwurzel aus z:

$$\sqrt{z} = \sqrt{|z|} \exp(i\varphi/2), \quad -\sqrt{z} = \sqrt{|z|} \exp(i(\varphi/2 + \pi)).$$

Aus den Formeln ist abzulesen, dass sich beide Wurzelwerte punktsymmetrisch bezüglich P_0 auf der durch den Ursprung P_0 verlaufenden Geraden l befinden, die den Winkel φ halbiert.

Zu berechnen ist noch die Quadratwurzel aus dem (reellwertigen) Betrag $|z|$. Dazu schlägt man um den Ursprung P_0 als Mittelpunkt einen Kreisbogen mit dem Radius $|P_0P|$, der die $x-$Achse im Punkt P_2 schneidet. Die Strecke $\overline{P_2P_3}$ mit $P_3 = (-1, 0)$ auf der $x-$Achse wird halbiert, womit Punkt P_4 entsteht. Mit P_4 als Mittelpunkt und dem Radius $\left|\overline{P_2P_4}\right|$ schlägt man einen Halbkreis über der $x-$Achse. Dieser schneidet die $y-$Achse im Punkt P_5. Das entstehende Dreieck mit den Eckpunkten P_3, P_2 und P_5 ist rechtwinklig. Die Stecke $\overline{P_0P_5}$ markiert die Höhe dieses Dreiecks. Nach dem Höhensatz für rechtwinklige Dreiecke (siehe [Bron] S. 761) ist das Quadrat der Länge dieser Strecke gleich dem Produkt der Längen der Strecken $\overline{P_0P_3}$ und $\overline{P_0P_2}$. Mit $|z| = \left|\overline{P_0P_2}\right|$ und $\left|\overline{P_0P_3}\right| = 1$ folgt:

$$|z| = \left|\overline{P_0P_2}\right| \cdot \left|\overline{P_0P_3}\right| = \left|\overline{P_0P_5}\right|^2, \quad d.h. \sqrt{|z|} = \left|\overline{P_0P_5}\right|.$$

Mit der Distanz $\left|\overline{P_0P_5}\right|$ als Radius schlägt man um P_0 einen Kreis, der die Winkelhalbierende l in den Punkten schneidet, die den Wurzelwerten entsprechen.

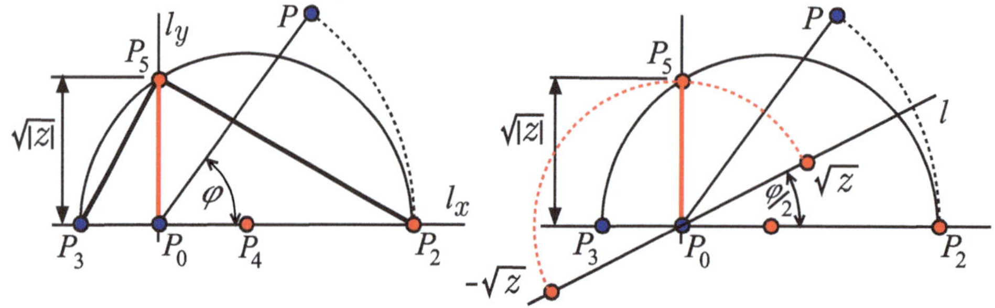

Abb. 4.13: Quadratwurzeln zu einer konstruierbaren Zahlen

■

Ausgehend von der bisherigen Erkenntnis, dass alle ganzen komplexen Zahlen konstruierbar sind, kann jetzt die Menge der konstruierbaren Zahlen ergänzt und mit einer Struktur versehen werden. Über die Bildung des Quotienten zweier ganzer Zahlen entsteht eine rationale Zahl, die nach vorstehendem Satz auch konstruierbar ist. Jede komplexe Zahl, deren Real- und Imaginärteil rational ist, gehört folglich zur Menge der konstruierbaren Zahlen. Diese Menge, die wir mit $\mathbb{Q}(i)$ bezeichnet haben, besitzt die Struktur eines Körpers. Darüber hinaus ist zu jeder rationalen Zahl auch deren Quadratwurzel konstruierbar.

> **Definition 4.3 (_Konstruktiver Abschluss_ $\mathbb{Q}_K$ _zu_ $\mathbb{Q}(i)$)**
> _Der konstruktive Abschluss_ $\mathbb{Q}_K$ _des Körpers_ $\mathbb{Q}(i)$ _der rationalen Zahlen ist der kleinste Teilkörper der komplexen Zahlen_ $\mathbb{C}$ _mit der Eigenschaft:_
>
> $$Aus \; z \in \mathbb{Q}_K \; folgt \; \pm \sqrt{z} \in \mathbb{Q}_K.$$

Nach Satz 4.2 können in $\mathbb{Q}_K$ uneingeschränkt Summen, Differenzen, Produkte und Quotienten (mit nicht verschwindendem Divisor) gebildet werden. Darüber hinaus ist zu jeder konstruierbaren Zahl auch deren Quadratwurzel und von dieser ebenfalls die Quadratwurzel usw. konstruierbar, d.h., zu jeder konstruierbaren Zahl z sind neben $\sqrt{z}$ auch $\sqrt[4]{z} = \sqrt{\sqrt{z}}$, $\sqrt[8]{z} = \sqrt{\sqrt{\sqrt{z}}}$ und allgemein alle 2^n−ten Wurzeln zu z konstruierbare Zahlen aus $\mathbb{Q}_K$. Diese Wurzeln zu verschiedenen konstruierbaren Zahlen können untereinander und mit rationalen Ausdrücken über die vier Grundrechenarten weiter zu konstruierbaren Zahlen aus $\mathbb{Q}_K$ verbunden werden.

4.2 Algebraisierung des Konstruktionsprozesses

Die auf rein geometrisch/konstruktiver Grundlage abgeleitete Vermutung, dass der konstruktive Abschluss $\mathbb{Q}_K$ alle konstruierbaren komplexen Zahlen umfasst, wollen wir auf algebraischem Wege über Körpererweiterungen bestätigen. Ausgehend von den Punkten $P_0 \simeq z_0 = 0$ und $P_1 \simeq z_1 = 1$ führt jeder Schritt einer Konstruktion mit Zirkel und Lineal zu Punkten, die rationalen Ausdrücken entsprechen, in denen rationale Zahlen und Quadratwurzeln aus rationalen Zahlen über die vier Grundrechenarten miteinander verbunden sind. Umgekehrt kann zu jedem derartigen rationalen Ausdruck ein Punkt in der komplexen Zahlenebene konstruiert werden. Diese Zusammenhänge sollen im Weiteren belegt werden, d.h., dass eine Zahl z (ein Punkt) in $\mathbb{C}$ genau dann konstruierbar ist, wenn $z \in \mathbb{Q}_K$.

Zunächst stellen wir fest, dass in jedem mit Zirkel und/oder Lineal ausgeführten elementaren Konstruktionsschritt Punkte auf folgende Weise entstehen:

1. Schnittpunkt zweier sich schneidender Geraden,
2. Schnittpunkte einer Geraden mit einem Kreis,
3. Schnittpunkte zweier sich schneidender Kreise.

Diese drei Fälle untersuchen wir mit Mitteln der analytischen Geometrie und stellen dazu die Gleichung einer Geraden und eines Kreises in der Zahlenebene dar. Dabei finden bereits konstruierte Punkte, ausgedrückt durch die komplexen Zahlen $z_2, ..., z_6 \in \mathbb{Q}_K$ und $\lambda, r, \varphi \in \mathbb{R}$, Eingang. Zur Berechnung der Punkte, in denen sich die Kurven schneiden, führen wir die zu den betrachteten linienförmigen Anordnungen entsprechenden konjugiert komplexen Gebilde ein. Damit steht eine weitere (unabhängige) Gleichung zur Verfügung. Die konjugiert komplexen Größen sind wie üblich mit einem darüber stehenden Querstrich markiert (ausgenommen natürlich die reellwertigen Zahlen). Bereits konstruierte Zahlen tragen durchgängig die Bezeichnung z_i ($z_i \in \mathbb{Q}_K$), und berechnete Schnittpunkte benennen wir mit S, reellwertige Größen sind $\lambda, \mu, \varphi, \psi$.

Geradengleichung: $z = z_2 + \lambda\,(z_3 - z_2)$

Kreisgleichung: $z = z_4 + r\exp{(i\varphi)}$ mit $r = |z_5 - z_6|$

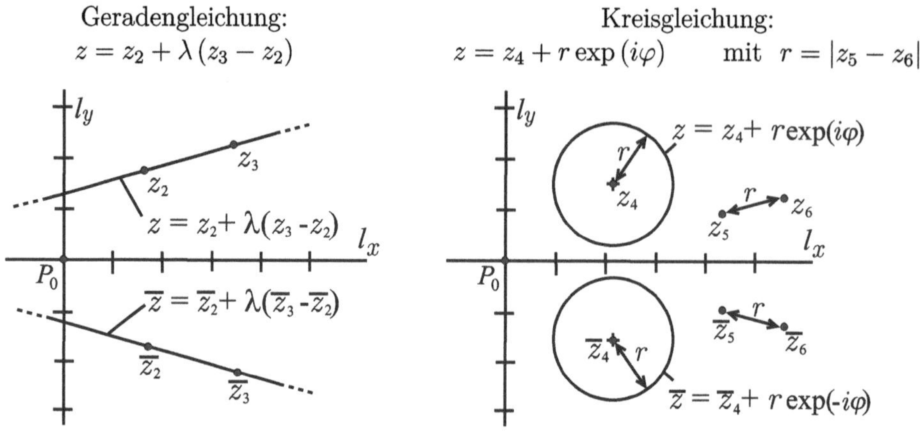

Abb. 4.14: Graphische Darstellung von Kreis und Gerade

Fall 1: Schnittpunkt S sich schneidender Geraden

$a = z_3 - z_2$
$b = z_5 - z_4$
$c = z_4 - z_2$

Lineares Gleichungssystem: $\lambda a - \mu b = c$, $\lambda\overline{a} - \mu\overline{b} = \overline{c}$

Mit den Lösungen $\lambda^* = \frac{\mathrm{Im}(\overline{c}b)}{\mathrm{Im}(\overline{a}b)}$ $\mu^* = \frac{\mathrm{Im}(\overline{c}a)}{\mathrm{Im}(\overline{a}b)}$

erhält man den Schnittpunkt $S = z_2 + \lambda^* a = z_4 + \mu^* b.$

Abb. 4.15: Schnittpunkt S sich schneidender Geraden

Die Berechnung von S führt auf ein System zweier linearer Gleichungen, in die ausschließlich konstruierbare Zahlen eingehen, und dementsprechend ergeben sich die beiden Lösungskomponenten λ^*, μ^* über die vier Grundrechenarten. D.h., λ^* und μ^* sind konstruierbar und mithin auch der Zahlenwert des Schnittpunktes S.

Fall 2: Schnittpunkte einer Geraden mit einem Kreis

$S_1 = z_2 + \lambda_1^* a$ $S_2 = z_2 + \lambda_2^* a$

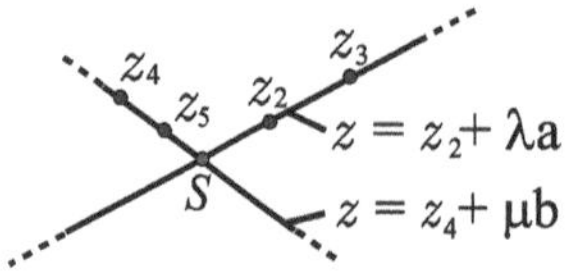

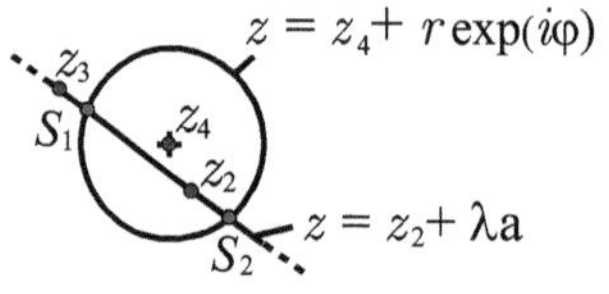

$a = z_3 - z_2$ $\lambda a + b = re^{i\varphi}$

$b = z_2 - z_4$ $\lambda\overline{a} + \overline{b} = re^{-i\varphi}$

$(\lambda a + b)(\lambda\overline{a} + \overline{b}) = r^2$

$\lambda^2 + 2p\lambda + q = 0$

$\lambda_{1,2}^* = -p \pm \sqrt{p^2 - q}$ $p = \frac{\mathrm{Re}(a\overline{b})}{|a|^2}$ $q = \frac{|b|^2 - r^2}{|a|^2}$

Abb. 4.16: Schnittpunkt einer Geraden mit einem Kreis

In diesem Fall führt die Berechnung auf eine quadratische Gleichung mit komplexwertigen Koeffizienten, deren beide Lösungskomponenten λ_1^* und λ_2^* die Auswertung einer Quadratwurzel erfordert. Die beiden Schnittpunkte S_1 und S_2 ergeben sich nach Substitution dieser λ−Werte in der Geradengleichung. Da Quadratwurzeln aus konstruierbaren Größen konstruierbar sind, gehören auch S_1 und S_2 der Struktur $\mathbb{Q}_K$ an.

Fall 3: Schnittpunkte zweier sich schneidender Kreise

Auch bei dieser Konstellation wird man auf eine quadratische Gleichung geführt, deren beide komplexwertigen Lösungskomponenten die Positionen S_1 und S_2 beschreiben, an denen sich die Kreise schneiden.

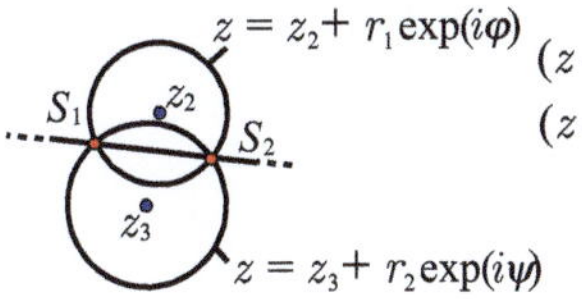

$$z = z_2 + r_1 \exp(i\varphi)$$
$$(z - z_2)(\overline{z} - \overline{z}_2) = (r_1)^2 \quad \overline{z}\,(z - z_2) - z\overline{z}_2 + |z_2|^2 = (r_1)^2 \quad (1)$$
$$\text{bzw.}$$
$$(z - z_3)(\overline{z} - \overline{z}_3) = (r_2)^2 \quad \overline{z}\,(z - z_3) - z\overline{z}_3 + |z_3|^2 = (r_2)^2 \quad (2)$$

$$z = z_3 + r_2 \exp(i\psi) \qquad \text{Aus (2) folgt:} \quad \overline{z} = \frac{(r_2)^2 + z\overline{z}_3 - |z_3|^2}{z - z_3}$$

Abb. 4.17: Schnittpunkte zweier sich schneidender Kreise

Nach Substitution der aus Gleichung (2) folgenden Größe $\overline{z}$ in (1) entsteht die quadratische Gleichung:

$$\frac{(r_2)^2 + z\overline{z}_3 - |z_3|^2}{z - z_3}\,(z - z_2) - z\overline{z}_2 + |z_2|^2 = (r_1)^2$$

$$\left((r_2)^2 + z\overline{z}_3 - |z_3|^2\right)(z - z_2) + \left(-z\overline{z}_2 + |z_2|^2 - (r_1)^2\right)(z - z_3) = 0$$

$$z^2 + pz + q = 0 \quad \text{mit den Lösungen} \quad S_{1,2} = z_{1,2}^* = \frac{1}{2}\left(-p \pm \sqrt{p^2 - 4q}\right)$$

$$p = \frac{r_2^2 - r_1^2 + |z_2|^2 - |z_3|^2 - 2\,\mathrm{Im}\,(z_2\overline{z}_3)}{\overline{z}_3 - \overline{z}_2} \;,\; q = \frac{r_1^2 z_3 - r_2^2 z_2 + |z_3|^2 z_2 - |z_2|^2 z_3}{\overline{z}_3 - \overline{z}_2}.$$

Bei allen Rechenoperationen ergeben sich über die vier Grundrechenarten und die Auswertung einer Quadratwurzel konstruierbare Größen.

Beispiel 4.4 (*Zahlenbeispiele*)

Anhand der Kurven in Abb. 4.18 und mit den hinzugefügten Zahlenwerten führen wir zu den drei Fällen Rechnungen durch. Die vorstehend angegebenen Formeln und die begleitenden konkreten Auswertungen sollten genügen, um die Rechengänge ohne weitere Kommentare nachvollziehen zu können.

Fall 1: Schnittpunkt S_1 der Geraden g_1 und g_2

$$\lambda^* = \frac{\mathrm{Im}\,(\overline{\mathbf{c}}\mathbf{b})}{\mathrm{Im}\,(\overline{\mathbf{a}}\mathbf{b})} = \frac{\mathrm{Im}\,((6 - i)\,(-6 - 2.5i))}{\mathrm{Im}\,((2 + 3i)\,(-6 - 2.5i))} = \frac{9}{23} \approx 0.391$$

$$\mu^* = \frac{\mathrm{Im}\,(\overline{\mathbf{c}}\mathbf{a})}{\mathrm{Im}\,(\overline{\mathbf{a}}\mathbf{b})} = \frac{\mathrm{Im}\,((6 - i)\,(2 - 3i))}{\mathrm{Im}\,((2 + 3i)\,(-6 - 2.5i))} = \frac{20}{23} \approx 0.870$$

$$S_1 = z_4 + \lambda^*\mathbf{a} = -3 + 3i + \frac{9}{23}\,(2 - 3i) = -\frac{51}{23} + \frac{42}{23}i \approx -2.217 + 1.826i$$

$$S_1 = z_6 + \mu^*\mathbf{b} = 3 + 4i + \frac{20}{23}\,(-6 - 2.5i) = -\frac{51}{23} + \frac{42}{23}i \approx -2.217 + 1.826i$$

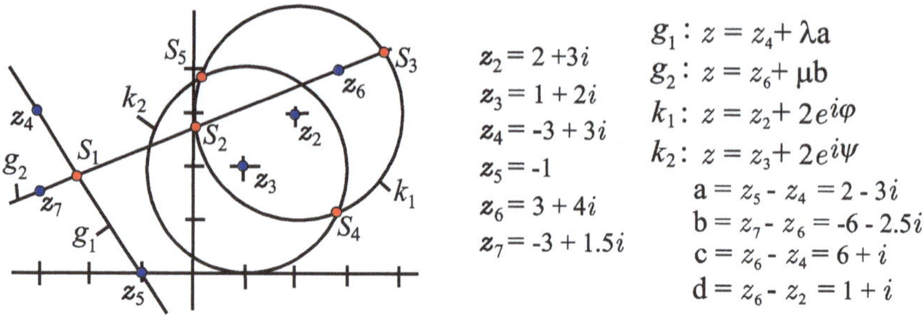

Abb. 4.18: Schnittpunkte von Geraden und Kreisen

Fall 2: Schnittpunkte S_2 und S_3 der Geraden g_2 mit dem Kreis k_1

$$p = \frac{\mathrm{Re}\left((z_7 - z_6)\,(\overline{z_6} - \overline{z_2})\right)}{|z_7 - z_6|^2} = \frac{\mathrm{Re}\left(\mathbf{b}\overline{\mathbf{d}}\right)}{|\mathbf{b}|^2} = -\frac{34}{169}$$

$$q = \frac{|z_6 - z_2|^2 - r^2}{|z_7 - z_6|^2} = \frac{|\mathbf{d}|^2 - 2^2}{|\mathbf{b}|^2} = -\frac{8}{169}$$

$$\lambda_{1,2} = -p \pm \sqrt{p^2 - q} = \frac{34}{169} \pm \sqrt{\left(\frac{34}{169}\right)^2 + \frac{8}{169}}$$

$$= \left\{ \begin{array}{l} \dfrac{34}{169} + \dfrac{2}{169}\sqrt{627} \\[2mm] \dfrac{34}{169} - \dfrac{2}{169}\sqrt{627} \end{array} \right. \approx \left\{ \begin{array}{r} 0.498 \\[2mm] -0.095 \end{array} \right.$$

$$S_{2,3} = 3 + 4i + \left(\frac{34}{169} \pm \frac{2}{169}\sqrt{627}\right)\left(-6 - \frac{5}{2}i\right) \approx \left\{ \begin{array}{l} 0.0149 + 2.756i \\[2mm] 3.57 + 4.2375i \end{array} \right.$$

Fall 3: Schnittpunkte S_4 und S_5 von Kreis k_1 mit Kreis k_2

$$k_1 : \quad (z - z_2)(\overline{z} - \overline{z_2}) = (z - 2 - 3i)(\overline{z} - 2 + 3i) = 4\exp(i\varphi)\exp(-i\varphi) = 4 \quad (1)$$

$$k_2 : \quad (z - z_3)(\overline{z} - \overline{z_3}) = (z - 1 - 2i)(\overline{z} - 1 + 2i) = 4\exp(i\psi)\exp(-i\psi) = 4 \quad (2)$$

Aus (2) folgt: $\quad \overline{z} = \dfrac{(1 - 2i)\,z - 1}{z - (1 + 2i)};\quad$ *substituiert in (1):*

$$(z - (2 + 3i))((1 - 2i)z - 1) + ((-2 + 3i)z + 9)(z - (1 + 2i)) = 0.$$

Zusammengefasst entsteht die quadratische Gleichung:
$$z^2 - (3 + 5i)\,z - 4 + 11i - = 0$$

Lösungen und Schnittpunkte:

$$z_{1,2} = S_{4,5} = \tfrac{1}{2}(3 + 5i) - \tfrac{1}{2}\sqrt{-14i} \approx \left\{ \begin{array}{l} 0.177 + 3.823i \\[2mm] 2.823 + 1.177i \end{array} \right. .$$

Fassen wir das Erreichte zusammen. Ausgehend von zwei Punkten, denen die Zahlen 0 und 1 zugeordnet werden, sind alle Punkte einer Ebene mit Zirkel und Lineal konstruierbar, denen rationale komplexe Zahlen entsprechen. Diese Menge mit der Struktur eines Körpers trägt die Bezeichnung $\mathbb{Q}\,(i)$. Die Menge $\mathbb{Q}\,(i)$ dient jetzt als Basis für weitere Konstruktionen mit besagten Instrumenten. Aus Def. 4.1 leitet man ab, dass jeder konstruierbare Punkt (jede konstruierbare Zahl) aus einer endlichen Folge von Schritten hervorgeht, wobei in jedem Schritt ein Schnittpunkt zwischen Geraden und/oder Kreisen hinzukommt. Das ist einzusehen, denn jeder derartige Konstruktionsschritt ist wiederum auf endlich viele elementare Schritte der Form **A1** und **A2** zurückführbar. Der folgende Satz bringt zum Ausdruck, dass jede auf diese Weise konstruierbare Zahl mit einem Turm von Körpererweiterungen in Verbindung steht.

Satz 4.5 (*konstruierbare Zahlen und Körpertürme*)
Eine komplexe Zahl z ist genau dann konstruierbar, wenn es einen Turm von Körpererweiterungen

$$\mathbb{Q}(i) = \mathcal{K}_0 \subseteq \mathcal{K}_1 \subseteq \ldots \subseteq \mathcal{K}_n = \mathbb{Q}(z) \tag{4.1}$$

gibt, wobei jede Erweiterung von höchstens zweitem Grade ist, d.h.:
$[\mathcal{K}_{j+1} : \mathcal{K}_j] \leq 2 \ (0 \leq j \leq n-1)$.
Eine konstruierbare Zahl z ist algebraisch (über $\mathbb{Q}(i)$), und der Grad der Körpererweiterung $\mathbb{Q}(z) : \mathbb{Q}(i)$ ist eine Potenz von 2: $[\mathbb{Q}(z) : \mathbb{Q}(i)] = 2^m$ für ein gewisses $m \leq n$.

Beweis. a) Davon ausgehend, dass $z \in \mathbb{C}$ eine konstruierbare Zahl ist, erhält man den z zugeordneten Punkt nach einer endlichen Folge von Punkten, von denen jeder ein Schnittpunkt konstruierbarer Geraden und/oder Kreisen ist. Gestartet wird mit dem Körper $\mathbb{K}_0 = \mathbb{Q}(i)$. Wir nehmen an, dass nach $j - 1 > 0$ Konstruktionsschritten eine Erweiterung $\mathcal{K}_{j-1}$ des Körpers $\mathbb{Q}(i)$ bekannt ist, die alle in den Schritten 1 bis $j-1$ konstruierten Punkte (Zahlen) enthält. Je nachdem, ob es sich bei der Berechnung des j−ten Punktes S_j um den Schnittpunkt von Geraden oder mit Kreisen handelt, führt die Berechnung des Zahlenwertes S_j zu linearen oder quadratischen Gleichungen, deren Koeffizienten dem Körper $\mathcal{K}_{j-1}$ angehören. Ist S_j ein Element des Körpers $\mathcal{K}_{j-1}$, so verbleibt man mit der Erweiterung $\mathcal{K}_{j-1}(S_j)$ in $\mathcal{K}_{j-1}$, d.h. $\mathcal{K}_{j-1}(S_j) = \mathcal{K}_j$ und $[\mathcal{K}_{j-1}(S_j), \mathcal{K}_{j-1}] = 1$. Deshalb muss dieser Schritt im Körper-Turm keine Berücksichtigung finden. Ist S_j kein Element von $\mathcal{K}_{j-1}$, so gibt es mit einer quadratischen Gleichung ein Polynom zweiten Grades, das S_j als Nullstelle besitzt. Dieses Polynom ist Minimalpolynom der über $\mathcal{K}_{j-1}$ algebraischen Zahl S_j. Mit der Adjunktion von S_j zu $\mathcal{K}_{j-1}$ entsteht der Erweiterungskörper $\mathcal{K}_j = \mathcal{K}_{j-1}(S_j)$, wobei der Grad $[\mathcal{K}_j : \mathcal{K}_{j-1}] = 2$ sich aus dem Polynomgrad ergibt. Da z als konstruierbar vorausgesetzt wurde, endet dieser Prozess nach endlich vielen Schritten, d.h., nach Konstruktion einer Körpererweiterung $\mathcal{K}_n$, die dem Erweiterungskörper $\mathbb{Q}(z)$ entspricht.

Da z Element eines Körpers ist, der über eine mit $\mathbb{Q}(i)$ beginnende Folge von Körpererweiterungen höchstens zweiten Grades entsteht, gehört z den algebraischen Zahlen (über $\mathbb{Q}(i)$) an. Nach Formel (3.11) ist der Grad von $\mathbb{Q}(z)$ das Produkt der Grade aller Körpererweiterungen, womit sich als Grad eine Potenz von 2 ergibt.

b) Es existiere ein Körperturm (4.1) mit $[\mathcal{K}_{j+1} : \mathcal{K}_j] \leq 2$ und $z \in \mathcal{K}_n$. Zu zeigen ist die Konstruierbarkeit von z. Da alle Elemente von $\mathcal{K}_0 = \mathbb{Q}(i)$ konstruierbar sind, ist z im Falle $z \in \mathcal{K}_0$ garantiert konstruierbar. Wir nehmen nun an, dass für $j > 0$ die Elemente von $\mathcal{K}_j$ konstruierbar sind. Wegen $[\mathcal{K}_{j+1} : \mathcal{K}_j] \leq 2$ ist das Minimalpolynom **m** der Erweiterung $\mathcal{K}_{j+1} : \mathcal{K}_j$ höchstens von zweitem Grade. Wenn $\text{grad}(\mathbf{m}) = 1$, so ist

$\mathcal{K}_{j+1} = \mathcal{K}_j$. Bei grad $(\mathbf{m}) = 2$ hat man es mit einer quadratischen Gleichung zu tun, in deren Nullstellen die Quadratwurzel $\sqrt{w}$ zu einer (konstruierbaren) Zahl $w \in \mathcal{K}_j$ auftritt. Folglich verbirgt sich dahinter eine Körpererweiterung der Form $\mathcal{K}_{j+1} = \mathcal{K}_j\left(\sqrt{w}\right)$. Da zu einer konstruierbaren Zahl auch deren Quadratwurzel konstruierbar ist (siehe Satz 4.2), sind auch alle Elemente aus $\mathcal{K}_{j+1}$ konstruierbar. Schrittweise fortfahrend kommt man zur Erkenntnis, dass $\mathcal{K}_n = \mathbb{Q}(z)$ aus konstruierbaren Elementen besteht und damit auch z konstruierbar ist. $\blacksquare$

Die Aussagen dieses Satzes lassen sich in einer äquivalenten Form mit dem konstruktiven Abschluss $\mathbb{Q}_K$ (siehe Def. 4.3) ausdrücken:

Satz 4.6 ($\mathbb{Q}_K = $ _Menge der konstruierbaren Zahlen_)
Eine komplexe Zahl z ist genau dann Element von $\mathbb{Q}_K$, wenn ein Körperturm der Form (4.1) mit $[\mathcal{K}_{j+1} : \mathcal{K}_j] = 2$ $(0 \leqq j \leqq n-1)$ existiert.

Aus den vorstehenden Sätzen schlussfolgert man jetzt:

Eine komplexe Zahl z ist genau dann konstruierbar, wenn z dem konstruktiven Abschluss $\mathbb{Q}_K$ angehört.

Jede konstruierbare Zahl ist algebraisch (über $\mathbb{Q}(i)$) (siehe Satz 4.5), aber nicht jede algebraische Zahl ist konstruierbar. Z.B. ist die Kubikwurzel aus 2, also $\sqrt[3]{2}$ zwar algebraisch, aber nicht konstruierbar, denn der Grad der Körpererweiterung $\mathbb{Q}\left(\sqrt[3]{2}\right) : \mathbb{Q}$ ist 3 (siehe Bsp. 3.66 2) und damit keine Potenz von 2.

Der Körper des konstruktiven Abschlusses $\mathbb{Q}_K$ kann als Menge zwischen den rationalen Zahlen $\mathbb{Q}(i)$ und dem algebraischen Abschluss $\overline{\mathbb{Q}}$ (siehe Satz 3.74) eingeordnet werden:
$$\mathbb{Q}(i) \subset \mathbb{Q}_K \subset \overline{\mathbb{Q}}.$$
Daraus folgt sofort, dass die Menge der konstruierbaren Zahlen abzählbar unendlich und überall dicht in der Menge der komplexen Zahlen ist. Trotzdem stellt man fest, dass der Anteil nicht konstruierbarer komplexer Zahlen überabzählbar ist, also an Mächtigkeit $\mathbb{Q}_K$ übertrifft.

4.3 Antike Konstruktionsprobleme

Viele der bekannten Konstruktionen mit Zirkel und Lineal waren schon den Griechen bekannt. Euklid dokumentierte das in seinen Elementen ausführlich. Erfolglos bemühte man sich aber, die folgenden Probleme allein mit Zirkel und Lineal zu lösen:
1. Die Dreiteilung eines Winkels
2. Die Verdoppelung eines Würfels
3. Die Quadratur des Kreises.

Wie wir heute wissen, fehlten den Griechen die algebraischen Techniken, mit denen man auf relativ einfachem Wege nachweist, dass alle Bemühungen, die genannten Probleme in endlich vielen Schritten allein mit Zirkel und Lineal zu lösen, fehlschlagen müssen. Das Konzept der konstruierbaren Zahlen und die sich dahinter verbergenden

Studien über Körpererweiterungen und deren Grade bilden die Grundlage für Unmöglichkeitsbeweise der genannten Konstruktionen.

1. Hinter der Winkeldreiteilung verbirgt sich die Frage, ob es möglich ist, <u>jeden</u> Winkel in drei gleiche Teile zu zerlegen. D.h., zu jedem gegebenen Winkel α sind zwei sich im Scheitelpunkt dieses Winkels schneidende Geraden zu erzeugen, so dass die dabei entstehenden drei Winkel vom Grade $\alpha/3$ sind. Es gibt durchaus viele Winkel, die sich problemlos auf elementare Weise dreiteilen lassen. Als Beispiele nennen wir die Winkel 90^0, 180^0 oder 270^0, denn Winkel von 30^0, 60^0 und 90^0 sind konstruierbar. Im Zusammenhang mit Konstruktionen regelmäßiger Vielecke wird das noch sichtbar (siehe Abschn. 7.2). Es lassen sich aber leicht Beispiele finden, in denen eine regelmäßige Dreiteilung nicht möglich ist. Ein solches Beispiel liefert der Winkel $\alpha = 60^0$ (oder im Bogenmaß $\alpha = \pi/3$). Zunächst stellen wir fest, dass der Winkel $\alpha = \pi/3$ konstruierbar ist. Dazu wählen wir den Ursprung $P_0 = (0,0)$ als Scheitelpunkt und die $x-$Achse der Gauss'schen Zahlenebene als einen Schenkel. Dann befindet sich der Punkt

$$P_2 = \left(\cos\left(\tfrac{\pi}{3}\right), \sin\left(\tfrac{\pi}{3}\right)\right) = \left(\tfrac{1}{2}, \tfrac{1}{2}\sqrt{3}\right)$$

auf dem zweiten Schenkel. Über die Körpererweiterung $\mathbb{Q}\left(\sqrt{3}\right) : \mathbb{Q}$ vom Grade 2 leitet man ab, dass der Punkt P_2 und damit die Gerade durch P_0 und P_2 konstruierbar sind. Zur Dreiteilung von α muss ein Winkel $\theta = \alpha/3 = \pi/9$ und damit ein Punkt $P_3 = (\cos(\theta), \sin(\theta))$ konstruierbar sein. Allgemein besteht zwischen dem Cosinus eines Winkels θ und dem Cosinus des Dreifachen dieses Winkels die Beziehung (siehe [Bron], S. 59 zum Thema Additionstheoreme):

$$\cos(3\theta) = 4\left(\cos(\theta)\right)^3 - 3\cos(\theta).$$

Mit $\theta = \alpha/3$, $\cos(3\theta) = \cos(\pi/3) = 1/2$ und indem wir $x = \cos(\theta)$ setzen, entsteht die polynomiale Gleichung dritten Grades:

$$\mathbf{p}(x) = 8x^3 - 6x - 1 = 0.$$

Diese Gleichung ist nicht zerlegbar, also irreduzibel über $\mathbb{Q}$. $\tfrac{1}{8}\mathbf{p}(X)$ ist Minimalpolynom zur Körpererweiterung $\mathbb{Q}(\cos(\theta)) : \mathbb{Q}$ dritten Grades und besitzt Nullstellen, in die dritte Wurzeln über Ausdrücke der Koeffizienten von $\mathbf{p}$ eingehen. Nach den Sätzen 4.5 und 4.6 ist $\cos(\pi/9)$ und damit auch der Punkt P_3 nicht konstruierbar. Ein Winkel von 20^0 ist nicht mit Zirkel und Lineal konstruierbar, bzw. ein Winkel von 60^0 erlaubt auf diese Weise keine Dreiteilung.

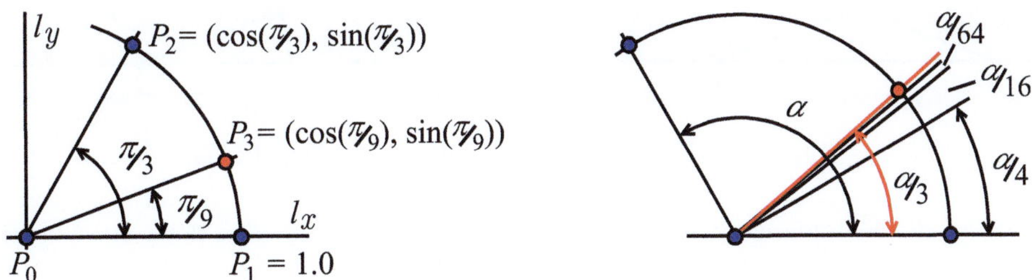

Abb. 4.19: Winkeldreiteilung

Von Bedeutung ist in diesem Zusammenhang, dass die Konstruktion nach endlich vielen Schritten zum Abschluss kommen muss. Prinzipiell ist es möglich, Winkel über unendlich viele Schritte in drei gleiche Teile zu zerlegen. Zunächst stellt man fest, dass mit aufeinander folgenden Winkelhalbierungen jeder Winkel in 2^n ($n = 1, 2, ...$) gleiche Teilsegmente zerlegbar ist. Auf der Grundlage einer geometrischen Reihe (siehe z.B. [Bron], S. 390) kann gezeigt werden, dass

$$\frac{\alpha}{3} = \frac{\alpha}{1 - \frac{1}{4}} - \alpha = \frac{\alpha}{4} + \frac{\alpha}{16} + \frac{\alpha}{64} + ... + \frac{1}{2^{2n}} + ... \, .$$

Auf der Basis dieser Formel ergibt sich folgender unendlich fortzusetzender Konstruktionsprozess: Über zwei Winkelhalbierungen konstruiert man den Winkel $\alpha/4$. Darauf folgend wird einer der entstehenden Winkel der Größe $\alpha/4$ ebenfalls zweimal halbiert, womit ein Winkel der Größe $\alpha/16$ entsteht. Diesen fügt man $\alpha/4$ bei. In dieser Weise wird fortgesetzt: Zweimalige Halbierung eines vorher erzeugten Winkels und Hinzufügung dieses "geviertelten Winkels" zur bisherigen Konstruktion (siehe Abb. 4.19). Nach endlich vielen Schritten liefert dieser Vorgang eine Näherung für $\alpha/3$. Das Verfahren ist jedoch praktisch ungenau, da man schon nach wenigen Schritten die Zeichengenauigkeit unterschreitet.

Lässt man auf dem Lineal zwei Markierungen zu, so ist jeder Winkel auf folgende Weise regelmäßig 3-teilbar. Um den Scheitelpunkt S des Winkels α wird ein Halbkreisbogen mit dem Radius r gezogen, wobei r der Abstand zwischen den beiden Markierungen auf dem Lineal ist. Dieser Kreisbogen schneidet die Schenkel des Winkels in den Punkten A und B. Das Lineal wird nun so am Punkt B angelegt, dass eine der Markierungen mit dem Schnittpunkt C von Lineal und Kreislinie und die andere Markierung mit dem Schnittpunkt D von Lineal und der Geraden durch die Punkte S und A zusammenfällt (siehe Abb. 4.20). Im Zuge dieser Konstruktion entstehen zwei gleichschenklige Dreiecke: Dreieck DSC mit dem Basiswinkel β und Dreieck BCS mit dem Basiswinkel γ. Da die Winkelsumme eines Dreiecks 180^0 (bzw. π) beträgt, folgt $\gamma = 2\beta$. Bildet man die Summe der Winkel um Punkt S:

$\alpha + \beta + (\pi - 2\gamma) = \pi$, so folgt mit $\gamma = 2\beta$: $3\beta = \alpha$.

Der sich ergebende Winkel β mit dem Scheitelpunkt in D und durch S sowie C verlaufenden Schenkeln beträgt $\alpha/3$.

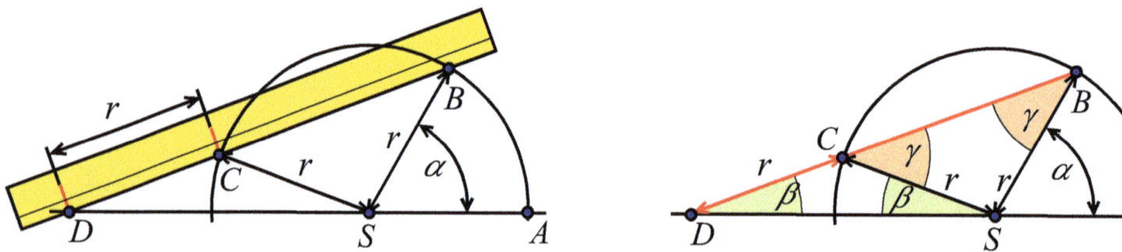

Abb. 4.20: Winkeldreiteilung mit markiertem Lineal

2. Es ist die Seitenlänge eines Würfels zu konstruieren, der das doppelte Volumen bezüglich eines vorgegebenen Würfels besitzt. Wir gehen von einem Würfel mit Seitenlänge 1 und demzufolge einem Volumen $V = 1^3 = 1$ aus. Zu konstruieren ist eine Strecke der Länge a unter der Bedingung, dass $2V = 2 = a^3$. Demzufolge ist die Streckenlänge $a = \sqrt[3]{2}$ zu entwerfen. Im Beispiel 3.66 2 zeigten wir, dass $\sqrt[3]{2}$ algebraisch (über $\mathbb{Q}$) mit dem Minimalpolynom $X^3 - 2$ ist, d.h. $\left[\mathbb{Q}\left(\sqrt[3]{2} \right) : \mathbb{Q} \right] = 3$. Nach Satz 4.5 ist $\sqrt[3]{2}$ damit keine konstruierbare Zahl und folglich die Konstruktion der Seitenlänge eines Würfels mit doppeltem Volumen allein mit Zirkel und Lineal nicht möglich.

3. Hinter der Quadratur des Kreises verbirgt sich die Aufgabe, zu einem Kreis mit dem Flächeninhalt A ein flächengleiches Quadrat zu konstruieren. Zum Flächeninhalt $A = r^2\pi$ eines Kreises vom Radius r ist also eine Strecke a zu entwerfen, so dass $a^2 = A = r^2\pi$ bzw. $a = r\sqrt{\pi}$. Es genügt, wenn wir uns auf einen Kreis von Radius $r = 1$ beziehen und damit auf die Konstruktion einer Strecke der Länge $a = \sqrt{\pi}$.

Im Beispiel 3.47 4 erwähnten wir, dass die Kreiszahl π transzendent über $\mathbb{Q}$ und damit keine konstruierbare Zahl ist. Wir zeigen, dass dann auch $\sqrt{\pi}$ transzendent ist.

Zunächst stellt man fest, dass $\sqrt{\pi}$ algebraisch über dem Erweiterungskörper $\mathbb{Q}(\pi)$ ist, denn das Polynom $X^2 - \pi = 0$ hat in $\mathbb{Q}(\pi)$ die Wurzeln $\pm\sqrt{\pi}$. Wir nehmen an, dass $\sqrt{\pi}$ auch algebraisch über $\mathbb{Q}$ ist und ein Polynom $\mathbf{p}(X) \in \mathbb{Q}[X]$ existiert mit $\mathbf{p}(\sqrt{\pi}) = 0$. Separiert man die Ausdrücke mit geraden und ungeraden Potenzen von $\sqrt{\pi}$, so kann $\mathbf{p}(\sqrt{\pi}) = 0$ in der Form $\mathbf{g}(\pi) + \mathbf{u}(\pi)\sqrt{\pi} = 0$ geschrieben werden, so dass

$\mathbf{g}(\pi) = -\mathbf{u}(\pi)\sqrt{\pi}$ bzw. $\mathbf{g}^2(\pi) = \pi\mathbf{u}^2(\pi)$. Folglich ist $\mathbf{q}(\pi) = \mathbf{g}^2(\pi) - \pi\mathbf{u}^2(\pi) = 0$, und das Polynom $\mathbf{q}(X) = \mathbf{g}^2(X) - X\mathbf{u}^2(X) \in \mathbb{Q}[X]$ kann nicht das Nullpolynom sein, denn $\mathrm{grad}(\mathbf{g}^2)$ ist gerade und $\mathrm{grad}(X \cdot \mathbf{u}^2)$ ist ungerade, weshalb die Differenz nicht verschwindet. Was zu dem Schluss führt, dass π algebraisch über $\mathbb{Q}$ ist. Womit sich ein Widerspruch ergibt. Folglich kann auch $\sqrt{\pi}$ über $\mathbb{Q}$ nicht algebraisch und damit auch nicht mit Zirkel und Lineal konstuierbar sein.

4.4 Aufgaben

4.1 Bekannt seien ein Kreis und ein Punkt P außerhalb des Kreises. Zu konstruieren ist eine durch P verlaufende Tangente an den Kreis.

4.2 Gegeben sei eine Kreislinie. Konstruiere den Mittelpunkt dieses Kreises.

4.3 Konstruiere einen Winkel von $75°$ ($= 5\pi/12$).

4.4 Bekannt ist eine Strecke der Länge 1. Gib eine Konstruktionsvorschrift für eine Strecke der Länge $\sqrt[4]{5}$ an.

4.5 Konstruiere zu einem gegebenen Dreieck ein flächengleiches Quadrat und zu einem gegebenen Quadrat ein flächengleiches gleichseitiges Dreieck.

4.6 Ist die Zahl, die den Goldenen Schnitt beschreibt, mit Zirkel und Lineal konstruierbar?

4.7 Die Radien r_1 und r_2 der Kreise K_1 und K_2 mit den Flächeninhalten A_1 und A_2 seien konstruierbare Zahlen. Zu konstruieren ist der Radius r eines Kreises mit dem Flächeninhalt $A = A_1 + A_2$.

4.8 Der Radius r einer Kugel K sei eine konstruierbare Zahl. Ist dann auch bezüglich K der Radius einer Kugel mit

 $a)$ doppelter Oberfläche

 $b)$ doppeltem Inhalt

konstruierbar?

5 Galois-Korrespondenz

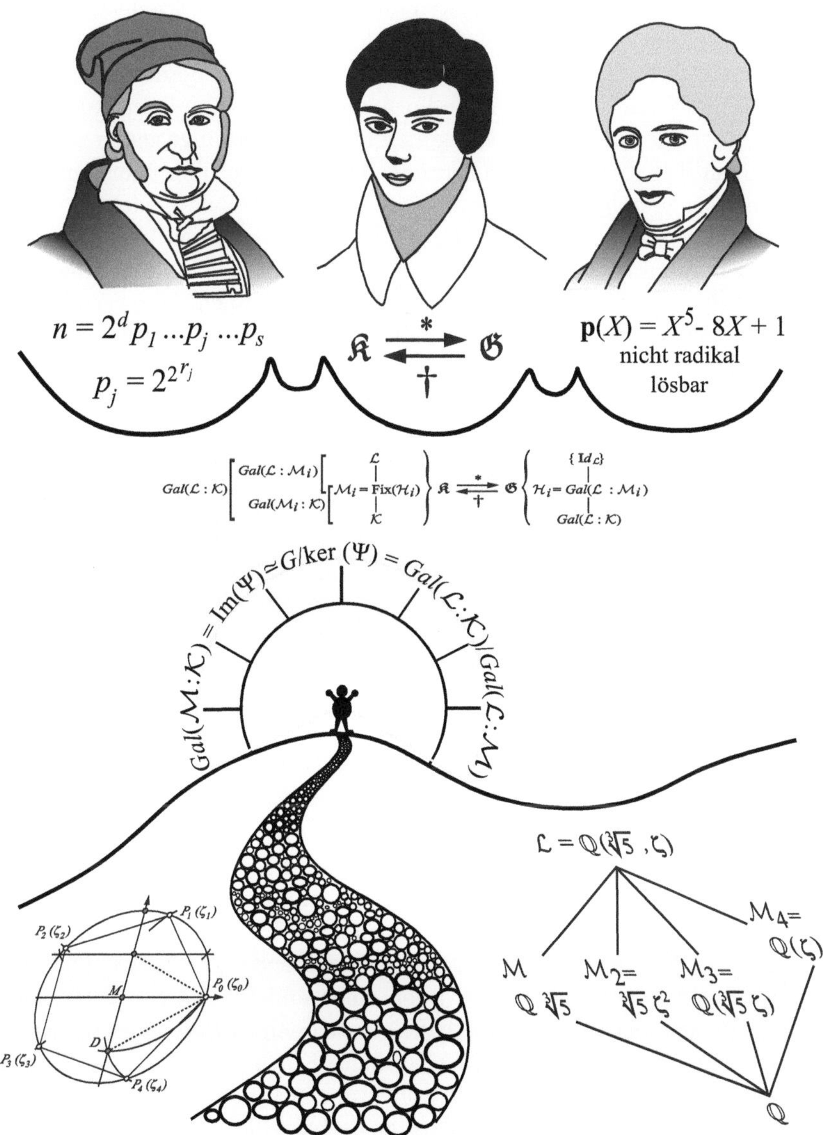

5.1 Die Galois-Theorie

Nachdem uns die Nützlichkeit von Körpererweiterungen bei der Beantwortung von Fragen über die Konstruierbarkeit von Figuren mit einfachsten Werkzeugen überzeugt hat, kommen wir jetzt zum eigentlichen Anliegen, der Lösbarkeit von Polynomgleichungen. Dazu bedarf es tieferer Einsichten in Körperstrukturen und deren Verbindung zu Eigenschaften der Polynomlösungen, die in Form von Symmetrien ihren Ausdruck finden. Die grundlegenden Ideen zur Aufdeckung dieser Zusammenhänge gehen auf den französischen Mathematiker Evariste Galois zurück, der nicht den über Jahrhunderte hinweg beschrittenen Weg verfolgte, Lösungsformeln für polynomiale Gleichungen zu entwickeln, sondern deren algebraische Struktur, die den Polynomen und deren Lösungen innewohnende Symmetrie erforschte. Damit entstand eine völlig neue mathematische Disziplin, die wir heute ihm zu Ehren Galois-Theorie nennen. Wir vermieden bislang das Wort "Theorie", da es verbreitet mit wenig praktikablen Gegenständen verbunden wird. Andererseits tritt mit dem oft in Abwandlungen anzutreffenden Zitat "Nichts ist brauchbarer als eine gute Theorie", wobei die Betonung auf gut liegt, auch eine gewisse Wertschätzung für meist mühevolle gedankliche Vorarbeiten zutage. Die Galois-Theorie jedenfalls gehört unumstritten in die Kategorie der wertvollen und sehr nützlichen geistigen Schöpfungen. Wer mehr über die wissenschaftlichen Leistungen Galois, seine genialen Gedankengänge, aber auch über sein tragisches Schicksal erfahren möchte, dem sei [Riga] und die Einführung zu [Stew] als Lektüre empfohlen.

In diesem Abschnitt vermitteln wir einen Überblick zum Gerüst und zu den Kernideen der Galois-Theorie. Während Galois Polynomgleichungen direkt in Angriff nahm und anhand von geordneten Listen (wir sprechen heute von Permutationen) Symmetrien unter deren Lösungen detailliert untersuchte, verfolgen wir einen moderneren, an algebraischen Strukturen orientierten Zugang, der den von Artin [Artin] und Stuard [Stew] dargestellten Einsichten angelehnt ist. Seine grundlegenden Ideen bleiben aber in einer zwar abstrakteren Form weiterhin präsent. Zusammengefasst umfasst die Galois-Theorie folgende Komplexe:

1. Anstelle von Polynomen wird von Zahlenkörpern ausgegangen, denen in eindeutiger Weise Polynome entsprechen. Im Hintergrund steht deshalb stets ein Polynom $\mathbf{p}$, dessen Koeffizienten nicht nur ganzzahlig oder rational sind, sondern allgemein einem Zahlenkörper $\mathcal{K}$ angehören, der Teilkörper der komplexen Zahlen ist. Die Nullstellen eines Polynoms mit Koeffizienten in $\mathcal{K}$ legen einen anderen Körper $\mathcal{L}$ fest, der in der Regel $\mathcal{K}$ im Umfang bei weitem übertrifft. Anstelle eines Polynoms $\mathbf{p}$ dient als primäres Untersuchungsobjekt jetzt das zugeordnete Körperpaar $\mathcal{K}, \mathcal{L}$ ($\mathcal{K} \subseteq \mathcal{L}$). Es geht genauer um Körpererweiterungen $\mathcal{L} : \mathcal{K}$, wobei im aus $\mathcal{K}$ hervorgehenden Körper $\mathcal{L}$ das Polynom $\mathbf{p}$ in Linearfaktoren zerfällt. $\mathcal{L}$ trägt deshalb die Bezeichnung **Zerfällungskörper** und enthält folglich alle Nullstellen von $\mathbf{p}$. Während Galois Polynome direkt untersuchte, sind Körpererweiterungen der Ausgangspunkt eines moderneren algebraischen Zugangs.

2. Bedeutung erlangen spezielle strukturerhaltende bijektive Abbildungen über der Körpererweiterung $\mathcal{L} : \mathcal{K}$. Diese Abbildungen sind Automorphismen $\mathcal{L} \to \mathcal{L}$, die auf $\mathcal{K} \subset \mathcal{L}$ eine Identität darstellen.

> **Definition 5.1** ($\mathcal{K}-$ ***Automorphismus***)
> *Es sei $\mathcal{L} : \mathcal{K}$ eine Körpererweiterung und $\mathcal{K}$ Teilkörper von $\mathcal{L} \subseteq \mathbb{C}$.*
> *Ein $\mathcal{K}-$Automorphismus über $\mathcal{L}$ ist ein Automorphismus $\sigma : \mathcal{L} \to \mathcal{L}$, d.h. eine bijektive Abbildung, so dass gilt:*
>
> $$\sigma\left(\alpha + \beta\right) = \sigma\left(\alpha\right) + \sigma\left(\beta\right) \quad und \quad \sigma\left(\alpha \cdot \beta\right) = \sigma\left(\alpha\right) \cdot \sigma\left(\beta\right) \qquad \textit{für alle } \alpha, \beta \in \mathcal{L}$$
> $$und \quad \sigma\left(a\right) = a \quad \textit{für alle } a \in \mathcal{K}.$$
>
> *Man spricht davon, dass σ die Elemente $a \in \mathcal{K}$ fixiert.*

Mit $\mathcal{K}-$Automorphismen sortiert man aus allen Automorphismen über $\mathcal{L}$ jene aus, bei denen über dem Teilkörper $\mathcal{K}$ Bild und Urbild identisch sind, was zu einer bedeutenden Reduzierung aller Automorphismen über $\mathcal{L}$ führt.

Zur Körpererweiterung $\mathcal{L} : \mathcal{K}$ bildet die Menge aller $\mathcal{K}-$Automorphismen über $\mathcal{L}$ mit der Komposition für Abbildungen als Verknüpfung ($\circ$) eine Gruppe. Das sieht man wie folgt:

Mit den $\mathcal{K}-$Automorphismen ρ, σ über $\mathcal{L}$ ist zunächst $\rho \circ \sigma$ ein Automorphismus und weiter $\rho \circ \sigma\left(a\right) = \rho\left(a\right) = a$ für alle $a \in \mathcal{K}$, also $\rho \circ \sigma$ ein $\mathcal{K}-$Automorphismus. Die identische Abbildung über $\mathcal{L}$ ist natürlich auch ein $\mathcal{K}-$Automorphismus, und zu jeder Abbildung ρ gibt es die inverse Abbildung ρ^{-1}, wobei $\rho^{-1}\left(a\right) = \rho^{-1}\left(\rho\left(a\right)\right) = a$ für alle $a \in \mathcal{K}$. D.h., ρ^{-1} ist ein $\mathcal{K}-$Automorphismus. Die Komposition als Verknüpfung erfüllt das Assoziativgesetz, womit dann gezeigt ist, dass die Gesamtheit der $\mathcal{K}-$Automorphismen über $\mathcal{L}$ eine Gruppe bildet.

Diese Gruppe ist in Verbindung mit der Körpererweiterung $\mathcal{L} : \mathcal{K}$ das zentrale Untersuchungsobjekt der Galois-Theorie. Wegen der Bedeutung und zu Ehren Galois verleiht man dieser Gruppe einen besonderen Namen:

> **Definition 5.2** (***Galois-Gruppe***)
> *Die Galois-Gruppe $\mathrm{Gal}\left(\mathcal{L} : \mathcal{K}\right)$ einer Körpererweiterung $\mathcal{L} : \mathcal{K}$ ist mit der Komposition von Abbildungen als Verknüpfung die Gruppe aller $\mathcal{K}-$Automorphismen über $\mathcal{L}$.*

Erwähnt sei, dass Galois den Begriff Automorphismen nicht kannte, sondern von geordneten Listen (Permutationen) über Nullstellenmengen der Polynome sprach, die alle algebraischen Beziehungen zwischen den Nullstellen bewahren. In der Verallgemeinerung entspricht das genau den hier definierten $\mathcal{K}-$Automorphismen. Im Abschnitt 5.3 wird gezeigt (siehe Lemma 5.16), dass die Galois-Gruppe die Symmetriegruppe des von den Nullstellen eines Polynoms aus $\mathcal{K}\left[X\right]$ erzeugten Zerfällungskörpers $\mathcal{L}$ ist. Automorphismen-Gruppe ist in diesem Sinne nur ein anderer Name für Symmetriegruppe.

Beispiel 5.3 ($\mathcal{K}-$ ***Automorphismen und Galois-Gruppe***)
1. *Der Körper der komplexen Zahlen $\mathbb{C}$ ist Erweiterungskörper der reellen Zahlen $\mathbb{C} = \mathbb{R}\left(i\right)$ mit der imaginären Einheit $i = \sqrt{-1}$ als erzeugendem Element.*

Ein $\mathbb{R}-Automorphismus$ $\boldsymbol{\sigma} : \mathbb{C} \to \mathbb{C}$ *bildet* i *auf* $\boldsymbol{\sigma}(i) = j \in \mathbb{C}$ *ab. Dann ist (mit den Eigenschaften eines Körperhomomorphismus):*
$$j^2 = \boldsymbol{\sigma}(i) \cdot \boldsymbol{\sigma}(i) = \boldsymbol{\sigma}(i^2) = \boldsymbol{\sigma}(-1) = -1.$$
Die letzte Gleichung ergibt sich, weil $-1 \in \mathbb{R}$ *und* $\boldsymbol{\sigma}$ *ein* $\mathbb{R}-Automorphismus$ *ist. Folglich ist* $\boldsymbol{\sigma}(i) = \pm i$, *d.h., ein* $\mathbb{R}-Automorphismus$ *bildet* i *wieder auf* i *oder* $-i$ *ab. Jedes Element aus* $\mathbb{R}(i)$ *hat die Form* $z = x + iy$ *mit* $x, y \in \mathbb{R}$ *und wird auf* $\boldsymbol{\sigma}(z) = \boldsymbol{\sigma}(x) + \boldsymbol{\sigma}(iy) = x + \boldsymbol{\sigma}(i)y = x \pm iy$ *abgebildet. Daraus ergeben sich die beiden* $\mathbb{R}-Automorphismen$:

$\boldsymbol{\sigma}_1 : \quad x + iy \quad \to x + iy \quad$ *(die Identität)*

$\boldsymbol{\sigma}_2 : \quad x + iy \quad \to x - iy \quad$ *(die komplexe Konjugation).*

Insbesondere ist $\boldsymbol{\sigma}_2(x) = x$ *für alle* $x \in \mathbb{R}$ *und* $(\boldsymbol{\sigma}_2)^2 = \boldsymbol{\sigma}_1$. *Die zugehörige Galois-Gruppe* $Gal(\mathbb{C} : \mathbb{R}) = \{\boldsymbol{\sigma}_1, \boldsymbol{\sigma}_2\}$ *ist demzufolge zyklisch und isomorph zu* $\mathbb{Z}_2$ *(siehe Abschn.* 2.1, *Restklassenring modulo* m).

2. *Fast analog dazu lassen sich die* $\mathbb{Q}-Automorphismen$ *zur Erweiterung* $\mathbb{Q}\left(\sqrt{2}\right) : \mathbb{Q}$ *beschreiben. Ein derartiger Automorphismus* $\boldsymbol{\sigma}$, *angewendet auf* $\sqrt{2}$, *führt über die Rechnungen (* $\boldsymbol{\sigma}(r) = r$ *für alle* $r \in \mathbb{Q}$!)
$$\left(\boldsymbol{\sigma}\left(\sqrt{2}\right)\right)^2 = \boldsymbol{\sigma}\left(\sqrt{2}\right) \cdot \boldsymbol{\sigma}\left(\sqrt{2}\right) = \boldsymbol{\sigma}\left(\sqrt{2} \cdot \sqrt{2}\right) = \boldsymbol{\sigma}(2) = 2$$
zu $\boldsymbol{\sigma}\left(\sqrt{2}\right) = \pm\sqrt{2}$. $\mathbb{Q}\left(\sqrt{2}\right)$ *besteht aus den Elementen* $\alpha = a + b\sqrt{2}$ $(a, b \in \mathbb{Q})$, *was über die* $\mathbb{Q}-Abbildung$ $\boldsymbol{\sigma}$ *zu* $\boldsymbol{\sigma}(\alpha) = a + b\boldsymbol{\sigma}\left(\sqrt{2}\right) = a \pm b\sqrt{2}$ *führt. Folglich bleiben* $\mathbb{Q}-Automorphismen$ *zu* $\mathbb{Q}\left(\sqrt{2}\right) : \mathbb{Q}$ *auf die*

Identität $\boldsymbol{\sigma}_1\left(a + b\sqrt{2}\right) = a + b\sqrt{2}$ *und* $\boldsymbol{\sigma}_2\left(a + b\sqrt{2}\right) = a - b\sqrt{2}$

beschränkt. Wegen $(\boldsymbol{\sigma}_2)^2 = \boldsymbol{\sigma}_1$ *ist* $Gal\left(\mathbb{Q}\left(\sqrt{2}\right) : \mathbb{Q}\right)$ *zyklisch von der Ordnung 2 und isomorph zu* $\mathbb{Z}_2$.

3. *Im Bsp.* 3.66 *2 wurde die Körpererweiterung* $\mathbb{Q}(d) : \mathbb{Q}$ *mit* d *als dritter Wurzel aus* 2 $\left(d = \sqrt[3]{2}\right)$ *eingeführt. Für einen* $\mathbb{Q}-Automorphismus$ $\boldsymbol{\sigma}$ *ergibt sich zunächst (* $\boldsymbol{\sigma}$ *ist ein Homomorphismus und auf* $\mathbb{Q}$ *die Identität):*
$$(\boldsymbol{\sigma}(d))^3 = \boldsymbol{\sigma}(d) \cdot \boldsymbol{\sigma}(d) \cdot \boldsymbol{\sigma}(d) = \boldsymbol{\sigma}(d^3) = \boldsymbol{\sigma}(2) = 2.$$
Neben der reellwertigen dritten Wurzel hat 2 noch zwei komplexwertige, die aber nicht in $\mathbb{Q}(d) \subset \mathbb{R}$ *enthalten sind. Deshalb muss jeder Automorphismus* $\boldsymbol{\sigma}$ *den alleinigen reellen Wurzelwert wieder auf sich abbilden:* $\boldsymbol{\sigma}(d) = d$. *Jedes Element* $\alpha \in \mathbb{Q}(d)$ *hat die Darstellung* $\alpha = a + bd + cd^2$ $(a, b, c \in \mathbb{Q})$, *und jeder Automorphismus* $\boldsymbol{\sigma}$ *bildet diese Elemente wieder auf sich selbst ab:*
$$\boldsymbol{\sigma}(\alpha) = a + b\boldsymbol{\sigma}(d) + c\boldsymbol{\sigma}(d^2) = a + bd + cd^2 = \alpha.$$
Die Galois-Gruppe $Gal(\mathbb{Q}(d) : \mathbb{Q}) = \{\boldsymbol{\sigma}\}$ *besteht also nur aus der Identität* $\boldsymbol{\sigma} = \mathbf{Id}$.

4. *Die Körpererweiterung* $\mathbb{Q}\left(\sqrt{2}, \sqrt{3}, \sqrt{5}\right) : \mathbb{Q}$ *(siehe Bsp.* 3.69) *ist verbunden mit dem über* $\mathbb{Q}\left(\sqrt{3}, \sqrt{5}\right)$ *irreduziblen Polynom* $X^2 - 2$. *Ebenso sind* $X^2 - 3$ *und* $X^2 - 5$ *irreduzibel über* $\mathbb{Q}\left(\sqrt{2}, \sqrt{5}\right)$ *bzw.* $\mathbb{Q}\left(\sqrt{2}, \sqrt{3}\right)$. *Daraus folgt, dass jeder* $\mathbb{Q}-Automorphismus$ $\boldsymbol{\sigma}$ *über* $\mathbb{Q}\left(\sqrt{2}, \sqrt{3}, \sqrt{5}\right)$ *eine Kombination der Zuordnungen*
$$\sqrt{2} \to \pm\sqrt{2}, \quad \sqrt{3} \to \pm\sqrt{3}, \quad \sqrt{5} \to \pm\sqrt{5}$$
sein muss. Alle derartigen Kombinationen ergeben die Automorphismen:

$$\sigma_1 : \left(\sqrt{2}, \sqrt{3}, \sqrt{5}\right) \to \left(\sqrt{2}, \sqrt{3}, \sqrt{5}\right) \qquad \sigma_5 : \left(\sqrt{2}, \sqrt{3}, \sqrt{5}\right) \to \left(-\sqrt{2}, -\sqrt{3}, \sqrt{5}\right)$$

$$\sigma_2 : \left(\sqrt{2}, \sqrt{3}, \sqrt{5}\right) \to \left(-\sqrt{2}, \sqrt{3}, \sqrt{5}\right) \qquad \sigma_6 : \left(\sqrt{2}, \sqrt{3}, \sqrt{5}\right) \to \left(-\sqrt{2}, \sqrt{3}, -\sqrt{5}\right)$$

$$\sigma_3 : \left(\sqrt{2}, \sqrt{3}, \sqrt{5}\right) \to \left(\sqrt{2}, -\sqrt{3}, \sqrt{5}\right) \qquad \sigma_7 : \left(\sqrt{2}, \sqrt{3}, \sqrt{5}\right) \to \left(\sqrt{2}, -\sqrt{3}, -\sqrt{5}\right)$$

$$\sigma_4 : \left(\sqrt{2}, \sqrt{3}, \sqrt{5}\right) \to \left(\sqrt{2}, \sqrt{3}, -\sqrt{5}\right) \qquad \sigma_8 : \left(\sqrt{2}, \sqrt{3}, \sqrt{5}\right) \to \left(-\sqrt{2}, -\sqrt{3}, -\sqrt{5}\right)$$

Wir erwähnen, dass die Galois-Gruppe $Gal\left(\mathbb{Q}\left(\sqrt{2}, \sqrt{3}, \sqrt{5}\right) : \mathbb{Q}\right)$ *isomorph zur Produktgruppe* $\mathbb{Z}_2 \times \mathbb{Z}_2 \times \mathbb{Z}_2$ *ist.*

3. Allein der Zusammenhang von Körpererweiterung und Galois-Gruppe bringt noch keine wesentlich neuen Erkenntnisse. Um aus dieser Beziehung Nutzen zu ziehen, sind Bezüge der Galois-Gruppe zur Struktur der Körpererweiterung $\mathcal{L} : \mathcal{K}$ herzustellen. Es erweist sich, dass zwischen

   a)   Untergruppen der Galois-Gruppe und

   b)   Teilkörpern $\mathcal{M}$, die zwischen $\mathcal{K}$ und $\mathcal{L}$ $(\mathcal{K} \subseteq \mathcal{M} \subset \mathcal{L})$

eingelagert sind, unter bestimmten Zusatzforderungen, bijektive Verbindungen bestehen. $\mathcal{M}$ bezeichnet man in dieser Relation als **Zwischenkörper**.

Zu jedem Zwischenkörper $\mathcal{M}$ bildet die Menge aller Automorphismen $\sigma : \mathcal{L} \to \mathcal{L}$, die über $\mathcal{M}$ eine Identität darstellen (d. h. $\sigma(b) = b$ für alle $b \in \mathcal{M}$), ebenfalls eine Gruppe $Gal(\mathcal{L} : \mathcal{M})$, die Untergruppe der Galois-Gruppe ist. Die Abbildungen dieser Untergruppen sind $\mathcal{M}-$Automorphismen über $\mathcal{L}$. Wegen $\mathcal{K} \subseteq \mathcal{M}$ ist klar, dass jeder $\mathcal{M}-$Automorphismus auch ein $\mathcal{K}-$Automorphismus ist.

Jeder Zwischenkörper $\mathcal{M}$ ist folglich mit einer Untergruppe $\mathcal{M}^*$ verbunden. Im Fall $\mathcal{M} = \mathcal{L}$ besteht die Automorphismengruppe nur aus der identischen Abbildung auf $\mathcal{L}$: $\mathcal{L}^* = Gal(\mathcal{L} : \mathcal{L}) = \{\mathbf{Id}_\mathcal{L}\}$. Bei $\mathcal{M} = \mathcal{K}$ erhält man die gesamte Galois-Gruppe: $\mathcal{K}^* = Gal(\mathcal{L} : \mathcal{K})$. Allgemein stellt man fest: Ist der Zwischenkörper $\mathcal{M}$ im Zwischenkörper $\mathcal{N}$ enthalten $(\mathcal{K} \subseteq \mathcal{M} \subseteq \mathcal{N} \subset \mathcal{L})$, so umfasst umgekehrt $\mathcal{M}^* = Gal(\mathcal{L} : \mathcal{M})$ die Gruppe $\mathcal{N}^* = Gal(\mathcal{L} : \mathcal{N})$, d.h. $\mathcal{M}^* \supseteq \mathcal{N}^*$. Mit Zunahme des Umfangs der Zwischenkörper verringert sich die Anzahl der Automorphismen in den zugeordneten Gruppen. Oder, bei größer werdendem Gruppenumfang verringert sich die Elementanzahl der entsprechenden Zwischenkörper.

Mit jeder Untergruppe $\mathcal{H}$ der Galois-Gruppe $Gal(\mathcal{L} : \mathcal{K})$ ist eine Menge $\mathcal{H}^\dagger$ verbunden, die alle Elemente $a \in \mathcal{L}$ umfasst, die jeder Automorphismus σ aus $\mathcal{H}$ auf sich selbst abbildet:

$$\mathcal{H}^\dagger = \{\text{alle } a \in \mathcal{L}, \text{ wobei für jedes } \sigma \in \mathcal{H} \text{ gilt: } \sigma(a) = a\}. \tag{5.1}$$

Wir zeigen, dass jede der Mengen $\mathcal{H}^\dagger$ einen Zwischenkörper zur Körpererweiterung $\mathcal{L} : \mathcal{K}$ bildet: Es seien a, b Elemente aus $\mathcal{H}^\dagger$ und σ ein Automorphismus aus $\mathcal{H}$. Dann sind

$$\sigma(a + b) = \sigma(a) + \sigma(b) = a + b \in \mathcal{H}^\dagger, \ \sigma(a \cdot b) = \sigma(a) \cdot \sigma(b) = a \cdot b \in \mathcal{H}^\dagger$$

sowie $a - b$ und a/b $(b \neq 0)$ Elemente aus $\mathcal{H}^\dagger$. D.h., Summe, Differenz, Produkt und Quotient von Elementen aus $\mathcal{H}^\dagger$ gehören wieder $\mathcal{H}^\dagger$ an, womit $\mathcal{H}^\dagger$ ein Teilkörper von $\mathcal{L}$ ist. Da σ auch der Galois-Gruppe $Gal(\mathcal{L} : \mathcal{K})$ angehört, gilt auch $\sigma(a) = a$ für alle $a \in \mathcal{K}$, d.h. $\mathcal{K} \subseteq \mathcal{H}^\dagger$ und folglich $\mathcal{H}^\dagger$ ein Zwischenkörper zu $\mathcal{L} : \mathcal{K}$.

Man sagt, $\mathcal{H}^\dagger$ ist der zur Untergruppe $\mathcal{H}$ gehörende **Fixkörper**.

Es ist erkennbar, dass zwischen den beiden Zuordnungen $*$ und $\dagger$ eine wechselseitige Verbindung besteht: Sind $\mathcal{H}$ und $\mathcal{G}$ Untergruppen von $Gal(\mathcal{L} : \mathcal{K})$ und $\mathcal{H} \subseteq \mathcal{G}$, so ist $\mathcal{H}^\dagger \supseteq \mathcal{G}^\dagger$. Außerdem durchschaut man: Ist $\mathcal{M}$ ein Zwischenkörper, dem die Untergruppe

$\mathcal{M}^* = Gal\,(\mathcal{L} : \mathcal{M})$ zugeordnet wird, so gehört zu $\mathcal{M}^*$ über die Zuweisung $\dagger$ wieder ein Zwischenkörper $(\mathcal{M}^*)^\dagger$, der zumindest $\mathcal{M}$ enthält. Ebenso kann jeder Untergruppe $\mathcal{H}$ der Galois-Gruppe über deren Zwischenkörper $\mathcal{H}^\dagger$ wieder eine Untergruppe $\left(\mathcal{H}^\dagger\right)^*$ zugeordnet werden, die $\mathcal{H}$ umfasst. Es bestehen damit folgende Mengeninklusionen:

$$\mathcal{M} \subseteq (\mathcal{M}^*)^\dagger \quad \text{und} \quad \mathcal{H} \subseteq \left(\mathcal{H}^\dagger\right)^*. \tag{5.2}$$

Jedes Element des Zwischenkörpers $\mathcal{M}$ wird fixiert durch jeden Automorphismus, der alle Elemente aus $\mathcal{M}$ fixiert. Jeder Automorphismus der Untergruppe $\mathcal{H}$ fixiert die Elemente, die wieder durch alle Abbildungen aus $\mathcal{H}$ fixiert werden.

Wir bilden die Menge $\mathfrak{K}$ aller Zwischenkörper $\mathcal{M}$ zur Erweiterung $\mathcal{L} : \mathcal{K}$ und die Menge $\mathfrak{G}$ aller Untergruppen der Galois-Gruppe $Gal\,(\mathcal{L} : \mathcal{K})$. Zwischen diesen Mengen bestehen die Abbildungen

$$* \; : \; \mathfrak{K} \longrightarrow \mathfrak{G} \qquad \text{gemäß} \qquad \mathcal{M} \in \mathfrak{K} \mapsto \mathcal{M}^* = Gal\,(\mathcal{L} : \mathcal{M}) \in \mathfrak{G} \tag{5.3}$$

$$\dagger \; : \; \mathfrak{G} \longrightarrow \mathfrak{K} \qquad \text{gemäß} \qquad \mathcal{H} \in \mathfrak{G} \mapsto \mathcal{H}^\dagger \in \mathfrak{K} \quad \text{(siehe Formel (5.1)}.$$

Diese Zuordnungen sind wechselseitig und unterliegen den Einschließungen (5.2). Mit den Mengen $\mathfrak{K}$ und $\mathfrak{G}$ sowie den Abbildungen $*, \dagger$ hat man jetzt die Werkzeuge, mit denen es in vielfältiger Weise möglich ist, Eigenschaften und insbesondere Darstellungsweisen der Nullstellen aufzudecken. Wegen der Bedeutung dieser Abbildungen spricht man von der **Galois-Korrespondenz** zwischen $\mathfrak{K}$ und $\mathfrak{G}$. Man hätte natürlich gerne, dass die Abbildungen (5.3) Bijektionen sind. Das von Galois formulierte Hauptergebnis seiner Theorie besteht darin, die Bedingungen gefunden zu haben, unter denen $\mathfrak{K}$ und $\mathfrak{G}$ wechselseitig invers zueinander sind. Ausdruck findet diese Erkenntnis im Fundamentalsatz der Galois-Theorie, dem wir uns im Abschnitt 5.6 zuwenden. Hinter diesen Bedingungen stehen die Begriffe **Normalität** und **Separabilität**, mit denen wir uns nach einer Einführung in die Struktur von Zerfällungskörpern im Abschnitt 5.3 auseinandersetzen.

Ein einfaches Beispiel, in dem alle Aspekte der Theorie in Erscheinung treten, soll das gerade Besprochene anhand eines konkreten Objekts verdeutlichen.

Beispiel 5.4 (*zur Galois-Theorie*)
Betrachtet wird das Polynom $\mathbf{p}\,(X) = X^4 - X^2 - 2 = (X^2 + 1)\,(X^2 - 2) \in \mathbb{Q}\,[X]$. Aus der Faktorisierung liest man sofort die Nullstellen $x_{1,2} = \pm i$ und $x_{3,4} = \pm\sqrt{2}$ ab. Durch Adjunktion von i und $\sqrt{2}$ zu $\mathbb{Q}$ wird folgender Erweiterungskörper hergestellt:
$$\mathbb{Q}\left(\sqrt{2}, i\right) = \left\{ a + b\sqrt{2} + \left(c + d\sqrt{2}\right) i, \text{ wobei } a, b, c, d \in \mathbb{Q} \right\}.$$
In $\mathbb{Q}\left(\sqrt{2}, i\right)$ zerfallen die über $\mathbb{Q}$ irreduziblen Polynome $(X^2 + 1)$ und $(X^2 - 2)$ in Linearfaktoren. Damit zerfällt $\mathbf{p}$ insgesamt über $\mathbb{Q}\left(\sqrt{2}, i\right)$:
$$\mathbf{p}\,(X) = (X - i)\,(X + i)\left(X - \sqrt{2}\right)\left(X + \sqrt{2}\right).$$
$\mathcal{L} = \mathbb{Q}\left(\sqrt{2}, i\right)$ bildet deshalb den Zerfällungskörper zu $\mathbf{p}$. Dieser Körper besitzt die Eigenschaft der Normalität. Denn, obwohl nur jeweils eine Nullstelle der beiden über $\mathbb{Q}$ irreduziblen Polynome adjungiert wurde, sind in $\mathcal{L}$ schon alle Nullstellen dieser Polynome enthalten. Da alle Nullstellen einfach auftreten, spricht man von einer separablen Körpererweiterung. Zunächst erhalten wir für den Grad der Körpererweiterung:
$$[\mathcal{L} : \mathbb{Q}] = \left[\mathbb{Q}\left(\sqrt{2}, i\right) : \mathbb{Q}\left(\sqrt{2}\right)\right]\left[\mathbb{Q}\left(\sqrt{2}\right) : \mathbb{Q}\right] = 2 \cdot 2 = 4.$$

Mit den Ergebnissen aus Bsp. 5.3 und den dortigen Entwicklungen bekommt man heraus, wie die Automorphismen über der Nullstellenmenge $\left\{\pm i,\ \pm\sqrt{2}\right\}$ wirken. Die zueinander konjugierten Zahlenpaare $\sqrt{2}, -\sqrt{2}$ und $i, -i$ bestimmen die möglichen $\mathbb{Q}-$Automorphismen vollständig:

$$\sigma_1:\ \sigma_1\left(\sqrt{2}\right)=\sqrt{2},\qquad \sigma_1\left(i\right)=i\quad (\textit{Identität})$$
$$\sigma_2:\ \sigma_2\left(\sqrt{2}\right)=\sqrt{2},\qquad \sigma_2\left(i\right)=-i$$
$$\sigma_3:\ \sigma_3\left(\sqrt{2}\right)=-\sqrt{2},\quad \sigma_3\left(i\right)=i$$
$$\sigma_4:\ \sigma_4\left(\sqrt{2}\right)=-\sqrt{2},\quad \sigma_4\left(i\right)=-i\ .$$

Die Galois-Gruppe $Gal\left(\mathcal{L}:\mathbb{Q}\right)=\left\{\sigma_1,\ \sigma_2,\ \sigma_3,\ \sigma_4\right\}$ hat Ordnung 4 und entspricht damit dem Grad des Zerfällungskörpers. $Gal\left(\mathcal{L}:\mathbb{Q}\right)$ enthält folgende Untergruppen:

$$\mathcal{H}_1=\left\{\sigma_1=\mathrm{Id},\ \sigma_2\right\}$$
$$\mathcal{H}_2=\left\{\sigma_1=\mathrm{Id},\ \sigma_3\right\}$$
$$\mathcal{H}_3=\left\{\sigma_1=\mathrm{Id},\ \sigma_4\right\}\ .$$

$Gal\left(\mathcal{L}:\mathbb{Q}\right)$ ist isomorph zu $C_2\times C_2$ mit der zyklischen Gruppe $C_2=\left\{1,-1\right\}$.
Es bleibt noch die Zuordnung der Untergruppen zu den Fixkörpern herzustellen.

$$\mathcal{M}_1=\mathbb{Q}\left(\sqrt{2}\right)\quad \textit{Fixkörper zu } \mathcal{H}_1=Gal\left(\mathbb{Q}\left(\sqrt{2},i\right):\mathbb{Q}\left(\sqrt{2}\right)\right)$$
$$\mathcal{M}_2=\mathbb{Q}\left(i\right)\qquad \textit{Fixkörper zu } \mathcal{H}_2=Gal\left(\mathbb{Q}\left(\sqrt{2},i\right):\mathbb{Q}\left(i\right)\right)$$
$$\mathcal{M}_3=\mathbb{Q}\left(\sqrt{2}i\right)\quad \textit{Fixkörper zu } \mathcal{H}_3=Gal\left(\mathbb{Q}\left(\sqrt{2},i\right):\mathbb{Q}\left(\sqrt{2}i\right)\right)\ .$$

Man stellt auch fest, dass die Galois-Gruppe kommutativ ist
$$\left(z.B.\,\sigma_3\circ\sigma_2=\sigma_2\circ\sigma_3=\sigma_4\right).$$

Die Struktur der Untergruppen zur Galois-Gruppe in Gegenüberstellung zum Verband der Zwischenkörper wird gerne bildlich in Diagrammen ausgedrückt:

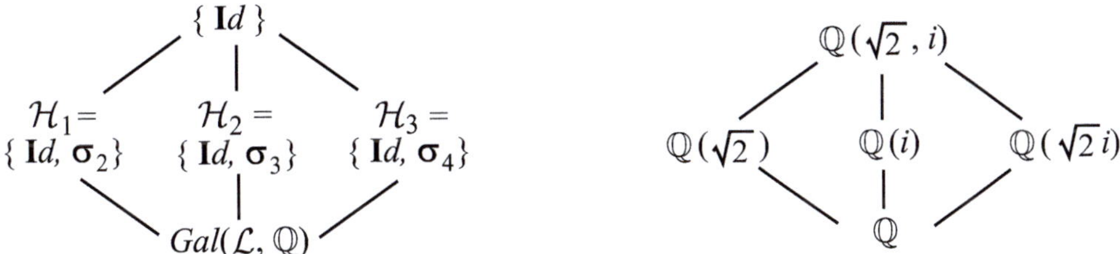

Abb. 5.1: Diagramme zur Gruppen- und Körperstruktur von $\mathbf{p}\left(X\right)=X^4-X^2-2$

5.2 Zerfällungskörper

Die Nullstellen eines Polynoms $\mathbf{p}$, dessen Koeffizienten einem Teilkörper $\mathcal{K}$ der komplexen Zahlen angehören, werden in der Regel nicht alle, möglicherweise überhaupt nicht in $\mathcal{K}$ vorhanden sein. Andererseits garantiert der Fundamentalsatz der Algebra (siehe Satz 3.20), dass $\mathbf{p}$ in $\mathbb{C}$ vollständig in ein Produkt von Linearfaktoren zerfällt, aus dem alle Nullstellen ablesbar sind. Diese Feststellung legt es nahe, dass zwischen $\mathcal{K}$ und $\mathbb{C}$ ein Körper existiert, in dem $\mathbf{p}$ schon vollständig faktorisierbar ist. Die Entwicklung eines derartigen Körpers ist wie folgt vorstellbar: Zunächst konstruiert man einen Erweiterungskörper $\mathcal{K}\left(x_1\right)$, in dem ein irreduzibles Faktorpolynom von $\mathbf{p}$ eine Nullstelle

x_1 besitzt. Im Ergebnis dessen erhält man die Zerlegung: $\mathbf{p}(X) = (X - x_1)\,\mathbf{p}_1(X)$. Dieser Erweiterungsprozess kann mit dem Polynom $\mathbf{p}_1$ fortgesetzt werden. Ist $\mathbf{p}_1$ nicht konstant und besitzt einen irreduziblen Faktor mit einer Nullstelle x_2 von $\mathbf{p}_1$ (die dann auch Nullstelle von $\mathbf{p}$ ist), so bildet man die Erweiterung $\mathcal{K}(x_1, x_2) : \mathcal{K}(x_1)$ und die Zerlegung $\mathbf{p}(X) = (X - x_1)(X - x_2)\,\mathbf{p}_2(X)$. In dieser Weise fortfahrend, entsteht ein Erweiterungskörper $\mathcal{K}(x_1, x_2, ..., x_n)$, in dem $\mathbf{p}$ vollständig in Linearfaktoren zerfällt: $\mathbf{p}(X) = a_n(X - x_1)...(X - x_n)$ mit dem konstanten Polynom $\mathbf{p}_n = a_n \in \mathcal{K}$.

Definition 5.5 (*Zerfällungskörper*)

Ein Teilkörper $\mathcal{E}$ im Körper $\mathbb{C}$ der komplexen Zahlen heißt Zerfällungskörper für ein über dem Teilkörper $\mathcal{K}$ von $\mathbb{C}$ nicht konstantes Polynom $\mathbf{p}$, wenn $\mathcal{K} \subseteq \mathcal{E}$ und

a) $\mathbf{p}$ über $\mathcal{E}$ vollständig in Linearfaktoren zerfällt,

b) $\mathcal{E} = \mathcal{K}(x_1, x_2, ..., x_n)$, wobei $x_1, x_2, ..., x_n$ die Nullstellen von $\mathbf{p}$ in $\mathcal{E}$ sind.

Satz 5.6 (*Existenz eines Zerfällungskörpers*)

Zu jedem nicht verschwindenden Polynom $\mathbf{p}$ über $\mathcal{K} \subseteq \mathbb{C}$ existiert ein Zerfällungskörper $\mathcal{E}$ zu $\mathbf{p}$ über $\mathcal{K}$, wobei der Grad der Körpererweiterung $\mathcal{E} : \mathcal{K}$ endlich ist.

Beweis. Wie schon gezeigt, kann ein Zerfällungskörper $\mathcal{E} = \mathcal{K}(x_1, x_2, ..., x_n)$ über einen Körperturm

$$\mathcal{K} = \mathcal{E}_0 \subseteq \mathcal{E}_1 \subseteq \mathcal{E}_2 \subseteq ,,, \subseteq \mathcal{E}_n = \mathcal{E}$$

$$\text{mit} \quad \mathcal{E}_j = \mathcal{E}_{j-1}(x_j) = \mathcal{K}(x_1, ..., x_{j-1}, x_j) : \mathcal{E}_{j-1}$$

erzeugt werden. Da x_j eine Nullstelle von $\mathbf{p}$ in $\mathcal{E}_j$ ist $(\mathbf{p}(x_j) = 0)$ und $\mathbf{p}$ auch ein Polynom über $\mathcal{E}_{j-1}$ darstellt, ist x_j algebraisch über $\mathcal{E}_{j-1}$ und folglich der Grad der Erweiterung $\mathcal{E}_j : \mathcal{E}_{j-1}$ endlich. Das Produkt aller Grade führt nach Satz 3.68 zu einem endlichen Grad für die Erweiterung $\mathcal{E} : \mathcal{K}$. $\blacksquare$

Es muss noch die Eindeutigkeit eines derartigen Zerfällungskörpers gezeigt werden, was auch bis auf Isomorphie gelingt. Im folgenden Satz beweisen wir sogar noch etwas mehr, was später von Nutzen sein wird.

Satz 5.7 (*Isomorphismus zwischen Zerfällungskörpern*)

Zwischen den Teilkörpern $\mathcal{K}_1$ und $\mathcal{K}_2$ der komplexen Zahlen bestehe ein Isomorphismus $\Phi : \mathcal{K}_1 \to \mathcal{K}_2$, und $\mathbf{p}$ sei ein nicht verschwindendes Polynom über $\mathcal{K}_1$ mit dem Zerfällungskörper $\mathcal{E}_1$ über $\mathcal{K}_1$ ($\mathcal{K}_1 \subseteq \mathcal{E}_1$). Es sei $\mathcal{E}_2$ ein Zerfällungskörper über $\mathcal{K}_2$, in dem das Bildpolynom $\Phi(\mathbf{p})$ in Linearfaktoren zerfällt. Dann kann Φ zu einem Isomorphismus $\Psi : \mathcal{E}_1 \to \mathcal{E}_2$ erweitert werden, d.h., Ψ eingeschränkt auf $\mathcal{K}_1$ ist gleich dem Isomorphismus Φ: $\Psi|_{\mathcal{K}_1} = \Phi$. Unter den genannten Bedingungen sind die Erweiterungen $\mathcal{E}_1 : \mathcal{K}_1$ und $\mathcal{E}_2 : \mathcal{K}_2$ zueinander isomorph.

Kürzer ausgedrückt sagt dieser Satzes Folgendes aus: Ein Isomorphismus $\Phi : \mathcal{K}_1 \to \mathcal{K}_2$ kann zu einem Isomorphismus $\Psi : \mathcal{E}_1 \to \mathcal{E}_2$ mit $\Psi|_{\mathcal{K}_1} = \Phi$ erweitert werden, wobei $\mathcal{E}_1$ Zerfällungskörper eines Polynoms $\mathbf{p}$ über $\mathcal{K}_1$ und $\mathcal{E}_2$ Zerfällungskörper des Bildpolynoms $\Phi(\mathbf{p})$ über $\mathcal{K}_2$ sind.

Zum Beweis dieser Aussage bemerken wir Folgendes:

Das Polynom $\mathbf{p}$ habe in $\mathcal{E}_1$ die Darstellung

$$\mathbf{p}(X) = a_n (X - x_1)(X - x_2) \cdot \ldots \cdot (X - x_n).$$

Gehören alle x_j dem Körper $\mathcal{K}_1$ an, so kann man auf diese Zerlegung den Isomorphismus $\mathbf{\Phi}$ direkt anwenden und erhält $\Psi(\mathbf{p}) = \mathbf{\Phi}(\mathbf{p})$ in $\mathcal{K}_2$ ebenfalls als Zerlegung in Linearfaktoren. Damit ist $\mathcal{E}_2 = \mathcal{K}_2$ und der Satz bewiesen.

Allgemein wird der Beweis mittels Induktion bezüglich der Anzahl k der nicht in $\mathcal{K}_1$ vorhandenen Nullstellen durchgeführt. Nach unserer Vorbetrachtung gilt $k > 1$. Außerdem kann angenommen werden, der Satz sei bewiesen für den Fall, dass die Anzahl der Nullstellen, die nicht $\mathcal{K}_1$ angehören, kleiner als k ist. Mit dieser Induktionsannahme vollzieht man unter Einbeziehung von Satz 3.58 den Schluss von k auf $k - 1$. D.h., die Anzahl der außerhalb $\mathcal{K}_1$ liegenden Nullstellen wird schrittweise verringert bei gleichzeitiger Übertragung der Isomorphie auf Zwischenkörper zu den Erweiterungen $\mathcal{E}_1 : \mathcal{K}_1$ und $\mathcal{E}_2 : \mathcal{K}_2$. Auf diese Weise gelangt man schließlich zu $k = 0$, womit der Satz bewiesen ist.

Folgerung 5.8 (*Eindeutigkeit eines Zerfällungskörpers*)

Es sei $\mathbf{p}$ ein Polynom über dem Körper $\mathcal{K} \subseteq \mathbb{C}$, dann sind alle Zerfällungskörper von $\mathbf{p}$ über $\mathcal{K}$ zueinander isomorph.

Diese Aussage folgt für den Spezialfall $\mathcal{K}_1 = \mathcal{K}_2 = \mathcal{K}$ und mit der identischen Abbildung $\mathbf{\Phi} = \mathbf{Id}_{\mathcal{K}} : \mathcal{K} \to \mathcal{K}$ (d.h. $\mathbf{Id}_{\mathcal{K}}(x) = x$ für alle $x \in \mathcal{K}$) aus dem vorstehenden Satz.

Beispiel 5.9 (*Zerfällungskörper*)

1. Das Polynom $\mathbf{p}(X) = X^3 - d$ über $\mathbb{Q}$ zerfällt wie folgt in Linearfaktoren:

$$\mathbf{p}(X) = (X - \alpha)(X^2 + \alpha X + a^2) = (X - \alpha)(X - \zeta \alpha)(X - \zeta^2 \alpha).$$

Dabei sind $\alpha = \sqrt[3]{d}$ und $\zeta = \frac{1}{2}\left(-1 + i\sqrt{3}\right)$

die dritte Einheitswurzel ($\zeta^3 = 1$, siehe Abschn. 1.6).

Für $d = 2$ erhält man den Zerfällungskörper $\mathbb{Q}\left(\sqrt[3]{2}, \frac{1}{2}\left(-1 + i\sqrt{3}\right)\right)$, der isomorph zu $\mathbb{Q}\left(\sqrt[3]{2}, i\sqrt{3}\right)$ ist. Mit dem Grad $\left[\mathbb{Q}\left(\sqrt[3]{2}\right) : \mathbb{Q}\right] = 3$ der Körpererweiterung $\mathbb{Q}\left(\sqrt[3]{2}\right) : \mathbb{Q}$ (siehe Bsp. 3.66 2.) und $\left[\mathbb{Q}\left(i\sqrt{3}\right) : \mathbb{Q}\left(\sqrt[3]{2}\right)\right] = 2$ (Der Grad des Minimalpolynoms $X^2 + 3$ zu $i\sqrt{3}$ über $\mathbb{Q}\left(\sqrt[3]{2}\right)$ ist 2) hat nach Satz 3.68 diese Körpererweiterung den Grad 6.

Ist d die 3. Potenz einer rationalen Zahl (z.B. $d = 8$), so ist $\mathbb{Q}\left(\sqrt[3]{d}\right) = \mathbb{Q}$, was zum Zerfällungskörper $\mathbb{Q}\left(i\sqrt{3}\right)$ für $\mathbf{p}$ über $\mathbb{Q}$ führt.

2. Das Polynom $\mathbf{p}(X) = (X^2 + 9)(X^2 - 6X + 7)$ über $\mathbb{Q}$ hat die Nullstellen $x_{1,2} = 3 \pm \sqrt{2}$ und $x_{3,4} = \pm 3i$. Der Zerfällungskörper $\mathbb{Q}\left(3 + \sqrt{2}, 3i\right)$ zu $\mathbf{p}$ über $\mathbb{Q}$ ist isomorph zu $\mathbb{Q}\left(\sqrt{2}, i\right)$.

Auch dem Polynom

$$\mathbf{q}(X) = (X^2 + 1)(X^3 - X^2 - 2X + 2) = (X^2 + 1)(X^2 - 2)(X - 1)$$

mit den Nullstellen $x_{1,2} = \pm i$, $x_{3,4} = \pm\sqrt{2}$ und $x_5 = 1$ ist über $\mathbb{Q}$ der gleiche Zerfällungskörper $\mathbb{Q}\left(\sqrt{2}, i\right)$ zugeordnet. Verschiedene Polynome können die gleichen Zer-

fällungskörper besitzen. Der Zerfällungskörper ist folglich kein Alleinstellungsmerkmal eines Polynoms.

5.3 Normalität und Separabilität

Bei der Suche nach einem Kriterium zur Überprüfung, ob eine gegebene Körpererweiterung bereits Zerfällungskörper eines Polynoms ist, kommt dem Begriff der Normalität eine zentrale Bedeutung zu.

Definition 5.10 (*Normalität einer Körpererweiterung*)
Eine endliche (algebraische) Körpererweiterung $\mathcal{L} : \mathcal{K}$ ist normal, wenn jedes irreduzible Polynom über $\mathcal{K}$, das wenigstens eine Nullstelle im Körper $\mathcal{L}$ besitzt, schon vollständig in Linearfaktoren in $\mathcal{L}$ zerfällt.

Mit einfachen Beispielen tasten wir uns näher an diesen Begriff heran. Die Erweiterung der reellen Zahlen durch Hinzunahme der imaginären Einheit, d.h. $\mathbb{C} = \mathbb{R}(i)$, ist normal, denn jedes irreduzible reellwertig Polynom zerfällt in $\mathbb{C}$ nach Satz 3.20 zwangsläufig in Linearfaktoren. Dagegen ist die einfache Erweiterung der rationalen Zahlen mit einem höhergradigen Wurzelwert, z. B. der Kubikwurzel $a = \sqrt[3]{2}$, nicht normal. Denn das in $\mathbb{Q}$ irreduzible Polynom $X^3 - 2$ hat zwar in der Erweiterung $\mathbb{Q}(a)$ eine Nullstelle, aber daneben zwei weitere komplexwertige Nullstellen, die nicht $\mathbb{Q}(a)$ angehören. D.h., die Körpererweiterung $\mathbb{Q}(a) : \mathbb{Q}$ ist nicht normal. Demgegenüber ist die Erweiterung von $\mathbb{Q}$ durch die Quadratwurzel $\sqrt{2}$ normal. Der Erweiterungskörper $\mathbb{Q}\left(\sqrt{2}\right)$ ist Zerfällungskörper zum über $\mathbb{Q}$ irreduziblen Polynom $X^2 - 2$.
Im folgenden Satz kommt der enge Zusammenhang zwischen einer normalen Körpererweiterung und einem Zerfällungskörper zum Ausdruck.

Satz 5.11 (*normale Körpererweiterung* $\sim$ *Zerfällungskörper*)
Eine Körpererweiterung $\mathcal{L} : \mathcal{K}$ ist genau dann endlich und normal, wenn $\mathcal{L}$ der Zerfällungskörper eines Polynoms über $\mathcal{K}$ ist.

Beweis. 1. Die Erweiterung $\mathcal{L} : \mathcal{K}$ sei normal und endlich. Nach Satz 3.72 hat $\mathcal{L}$ die Darstellung $\mathcal{L} = \mathcal{K}(\alpha_1, ..., \alpha_r)$ mit gewissen über $\mathcal{K}$ algebraischen Elementen α_k ($k = 1, ..., r$). Es seien $\mathbf{m}_k$ die Minimalpolynome zu α_k über $\mathcal{K}$ und $\mathbf{p} = \mathbf{m}_1 \cdot ... \cdot \mathbf{m}_r$. Jedes Faktorpolynom $\mathbf{m}_k$ des Polynoms $\mathbf{p}$ ist irreduzibel und hat mit α_k eine Nullstelle in $\mathcal{L}$. Da $\mathcal{L} : \mathcal{K}$ normal ist, zerfällt in $\mathcal{L}$ jedes der Polynome $\mathbf{m}_k$ in Linearfaktoren. Folglich zerfällt auch $\mathbf{p}$ über $\mathcal{L}$ in Linearfaktoren. Da $\mathcal{L}$ durch $\mathcal{K}$ erzeugt wird und $\mathbf{p}$ ein Polynom über $\mathcal{K}$ ist, bildet $\mathcal{L}$ den Zerfällungskörper zu $\mathbf{p}$ über $\mathcal{K}$.
2. Zum längeren und trickreichen Beweis der Umkehr, dass jeder Zerfällungskörper auch normal ist, verweisen wir auf [Stew], S. 133. ∎
Von Anfang an haben wir zugelassen, dass Nullstellen von Polynomen mehrfach auftreten können. Da wir uns auf Zahlenkörper, also Teilkörper der komplexen Zahlen

beschränken, wird, wie wir noch zeigen, die Mehrfachheit von Nullstellen auch weiterhin keine wesentliche Rolle spielen. Um einfache von mehrfach auftretenden Nullstellen besser trennen zu können, führt man den Begriff Separabilität ein:

Definition 5.12 (*Separabilität*)
Ein irreduzibles Polynom $\mathbf{p}$ *über einem Teilkörper* $\mathcal{K}$ *der komplexen Zahlen heißt* ***separabel*** *über* $\mathcal{K}$*, wenn* $\mathbf{p}$ *im Körper* $\mathbb{C}$ *nur einfache Nullstellen besitzt.*

Beispielsweise sind die über $\mathbb{Q}$ irreduziblen Polynome
$$X^2 - 2 = \left(X - \sqrt{2}\right)\left(X + \sqrt{2}\right)$$
$$X^2 + X + 1 = (X - \alpha)(X - \overline{\alpha}) \quad \text{mit} \quad \alpha = \tfrac{1}{2}\left(-1 + i\sqrt{3}\right)$$
über $\mathbb{Q}$ auch separabel.

Ein Kriterium zur Überprüfung der Separabilität eines Polynoms $\mathbf{p}$ über dem Körper $\mathbb{C}$ steht im Zusammenhang mit der **Ableitung** von $\mathbf{p}$. Dieser Begriff entstammt der Infinitesimalrechnung, weshalb wir auf dessen Bedeutung und Herleitung hier nicht eingehen (siehe z.B. [Bron], S. 263 ff), sondern lediglich für ein Polynom den analytischen Ausdruck der Ableitung formal einführen:

Definition 5.13 (*Ableitung eines Polynoms*)
Im Teilkörper $\mathcal{K}$ *der komplexen Zahlen sei das Polynom*
$$\mathbf{p}(X) = a_n X^n + a_{n-1} X^{n-1} + ... + a_2 X^2 + a_1 X + a_0 \in \mathcal{K}[X]$$
gegeben. Die formale Ableitung zu $\mathbf{p}$ *ist das Polynom*
$$D\mathbf{p}(X) = na_n X^{n-1} + (n-1)a_{n-1} X^{n-2} + ... + 2a_2 X + a_1 \in \mathcal{K}[X].$$

Mit der Ableitung ist die Existenz mehrfacher Nullstellen eines Polynoms nachweisbar, ohne diese explizit zu kennen. Man stellt Folgendes fest:

Lemma 5.14 (*mehrfache Nullstellen*)
Ist $\mathbf{p}$ *ein Polynom über* $\mathcal{K} \subseteq \mathbb{C}$ *mit dem Zerfällungskörper* $\mathcal{E}$*, dann hat* $\mathbf{p}$ *genau dann eine mehrfache Nullstelle (in* $\mathbb{C}$ *bzw.* $\mathcal{E}$*), wenn* $\mathbf{p}$ *und* $D\mathbf{p}$ *einen gemeinsamen Faktor vom Grade* ≥ 1 *im Polynomring* $\mathcal{K}[X]$ *besitzen.*

Ein Beweis dieser Aussage soll hier nur angedeutet werden. Mit den allgemeinen Regeln für Ableitungen
$$D(\mathbf{p} + \mathbf{q}) = D\mathbf{p} + D\mathbf{q},$$
$$D(b\mathbf{p}) = bD(\mathbf{p}), \qquad (\mathbf{p}, \mathbf{q} \in \mathcal{K}[X] \text{ und } b \in \mathcal{K})$$
$$D(\mathbf{p} \cdot \mathbf{q}) = (D\mathbf{p}) \cdot \mathbf{q} + \mathbf{p} \cdot (D\mathbf{q})$$
lässt sich die Verbindung zwischen einem Polyom und dessen Ableitungen kompakt darstellen. Hat $\mathbf{p}$ im Zerfällungskörper $\mathcal{E}$ die zweifache Nullstelle $\alpha \in \mathcal{E}$ und mit dem Faktorpolynom $\mathbf{q}$ in $\mathcal{E}$ folgende Darstellung
$$\mathbf{p}(X) = (X - \alpha)^2 \mathbf{q}(X),$$
so ergibt sich die Ableitung: $\quad D\mathbf{p}(X) = (X - \alpha)[(X - \alpha)D\mathbf{q}(X) + 2\mathbf{q}(X)].$

Folglich haben $\mathbf{p}$ und $D\mathbf{p}$ einen gemeinsamen Faktor $X - \alpha$ in $\mathcal{E}[X]$ und mit dem Minimalpolynom zu α über $\mathcal{K}$ auch einen gemeinsamen Faktor in $\mathcal{K}[X]$.

Für alles Weitere ist die folgende Feststellung von Bedeutung:

Satz 5.15 (*irreduzible Polynome über $\mathcal{K}$ sind separabel*)
Jedes irreduzible Polynom über einem Teilkörper $\mathcal{K}$ der komplexen Zahlen ist separabel.

Beweis. Nach dem Vorstehenden wäre ein irreduzibles Polynom $\mathbf{p}$ über $\mathcal{K}$ genau dann nicht separabel, wenn $\mathbf{p}$ und $D\mathbf{p}$ einen gemeinsamen Faktor vom Grade ≥ 1 besitzen. Da $\mathbf{p}$ irreduzibel ist, müsste dieser Faktor $\mathbf{p}$ selbst sein. Andererseits hat $D\mathbf{p}$ aber einen kleineren Grad als $\mathbf{p}$, so dass als Faktor zu $\mathbf{p}$ nur das Nullpolynom infrage kommt, d.h. $D\mathbf{p} = \mathbf{0}$. Zu einem Polynom $\mathbf{p}(X) = a_n X^n + ... + a_0$ wäre damit $D\mathbf{p}(X) = na_n = 0$ für alle natürlichen Zahlen $n > 0$. Was in einem Teilkörper von $\mathbb{C}$ äquivalent zu $a_n = 0$ für alle $n > 0$ ist. Ein irreduzibles Polynom über Teilkörper $\mathcal{K} \subseteq \mathbb{C}$ muss also separabel sein. $\blacksquare$

Mit den eingeführten Begriffen sind wir jetzt in der Lage, die Galois-Gruppe (siehe Def. 5.2) aus einer weniger abstrakten Sicht zu beschreiben. Das folgende Lemma wird künftig häufig Beachtung finden und stellt einen Zusammenhang zwischen den Nullstellen eines separablen Polynoms und den Automorphismen der Galois-Gruppe $Gal(\mathcal{L}:\mathcal{K})$ her. Es besagt:

Wenn $\mathcal{L} \subseteq \mathbb{C}$ der Zerfällungskörper eines separablen Polynoms $\mathbf{p} \in \mathcal{K}[X]$ $(\mathcal{K} \subset \mathcal{L})$ ist, dann permutiert $Gal(\mathcal{L}:\mathcal{K})$ die Nullstellen von $\mathbf{p}$, und ein $\mathcal{K}-$Automorphismus $\sigma \in Gal(\mathcal{L}:\mathcal{K})$ wird durch seine Wirkung auf diese Nullstellen bestimmt:

$$\sigma(\mathbf{p}(x)) = \mathbf{p}(\sigma(x)) \qquad \text{für alle } x \in \mathcal{L}.$$

Lemma 5.16 (*Galois-Gruppe $\Leftrightarrow$ Permutationsgruppe über Nullstellen*)
Das Polynom $\mathbf{p} \in \mathcal{K}[X]$ sei separabel und $\mathcal{L}$ $(\mathcal{K} \subseteq \mathcal{L} \subseteq \mathbb{C})$ der Zerfällungskörper zu $\mathbf{p}$. $\mathfrak{R} = \{x_1, ..., x_n\} \subseteq \mathcal{L}$ bezeichne die Nullstellenmenge von $\mathbf{p}$.
Jeder $\mathcal{K}-$Automorphismus σ über $\mathcal{L}$ bildet jede Nullstelle $x_i \in \mathfrak{R}$ wieder auf eine Nullstelle von $\mathbf{p}$ ab: $\sigma(x_i) \in \mathfrak{R}$.
Die Einschränkung von σ auf $\mathfrak{R}$ induziert eine Permutation der Nullstellenmenge $\mathfrak{R}$. Die resultierende Abbildung $Gal(\mathcal{L}:\mathcal{K}) \to \mathbb{S}(\mathfrak{R})$ gemäß
$\sigma \in Gal(\mathcal{L}:\mathcal{K}) \mapsto$ (Permutation von $\{x_1, ..., x_n\}$) $\in \mathbb{S}(\mathfrak{R})$
ist ein injektiver Gruppen-Homomorphismus.
($\mathbb{S}(\mathfrak{R})$ bezeichnet die Gruppe aller Permutationen über $(x_1, ..., x_n)$; $\mathbb{S}(\mathfrak{R})$ ist isomorph zur Gruppe $\mathbb{S}_n$ aller Permutationen $(1, 2, ..., n)$; siehe Abschn. 2.1).

Beweis. Es sei $\mathbf{p}(X) = a_n X^n + ... + a_1 X + a_0 \in \mathcal{K}[X]$. Wegen $a_i \in \mathcal{K}$ bildet ein $\mathcal{K}-$Automorphismus σ über $\mathcal{L}$ jeden Polynomwert $\mathbf{p}(x)$ mit $x \in \mathcal{L}$ wie folgt ab (beachte $\sigma(a_i) = a_i$):

$$\sigma(\mathbf{p}(x)) = \sigma(a_n x^n + ... + a_1 x + a_0) = \sigma(a_n)\sigma(x)^n + ... + \sigma(a_1)\sigma(x) + \sigma(a_0)$$
$$= a_n \sigma(x)^n + ... + a_1 \sigma(x) + a_0 = \mathbf{p}(\sigma(x)).$$

Ist insbesondere x_i eine Nullstelle, so folgt aus $\mathbf{p}\,(x_i) = 0$ auch
$$0 = \boldsymbol{\sigma}\,(\mathbf{p}\,(x_i)) = \mathbf{p}\,(\boldsymbol{\sigma}\,(x_i))\,.$$
D.h., $\boldsymbol{\sigma}\,(x_i)$ ist ebenfalls eine Nullstelle von $\mathbf{p}$. Da $\boldsymbol{\sigma}$ ein Automorphismus über $\mathcal{L}$ und $\mathbf{p}$ separabel ist, bildet die Einschränkung von $\boldsymbol{\sigma}$ auf $\mathfrak{R}$ eine injektive Abbildung $\mathfrak{R} \to \mathfrak{R}$. Da $\mathfrak{R}$ endlich ist, muss $\boldsymbol{\sigma}|_{\mathfrak{R}}$ bijektiv, d.h., eine Permutation über $\mathfrak{R}$ sein. Bei dieser Zuordnung bleiben die strukturerhaltenden Eigenschaften von $\boldsymbol{\sigma}$ erhalten, d.h., die Abbildung

$$Gal\,(\mathcal{L} : \mathcal{K}) \to \mathbb{S}\,(\mathfrak{R}) \quad \text{gemäß} \quad \boldsymbol{\sigma} \mapsto \boldsymbol{\sigma}|_{\mathfrak{R}}$$

ist ein Homomorphismus zwischen den Gruppen $Gal\,(\mathcal{L} : \mathcal{K})$ und $\mathbb{S}\,(\mathfrak{R})$.

Um zu beweisen, dass dieser Homomorphismus injektiv ist, muss gezeigt werden, dass aus $\boldsymbol{\sigma}\,(x) = x$ für alle $x \in \mathfrak{R}$ folgt, $\boldsymbol{\sigma}$ ist die Identität auf $\mathcal{L}$. Wir bezeichnen mit $\mathcal{L}_\sigma$ die Menge aller Elemente $\alpha \in \mathcal{L}$, für die gilt: $\boldsymbol{\sigma}\,(\alpha) = \alpha$. Da $\mathcal{L}$ alle Nullstellen von $\mathbf{p}$ enthält und $\mathcal{L}$ als Zerfällungskörper zu $\mathbf{p}$ von diesen Nullstellen erzeugt wird, folgt aus $\boldsymbol{\sigma}\,(x) = x$ für alle $x \in \mathfrak{R}$ zwangsläufig $\boldsymbol{\sigma}\,(\alpha) = \alpha$ für alle $\alpha \in \mathcal{L}$, d.h. $\mathcal{L}_\sigma = \mathcal{L}$ und damit $\boldsymbol{\sigma} = \mathrm{Id}_{\mathcal{L}}$. $\blacksquare$

Ein $\mathcal{K}-$Automorphismus $\boldsymbol{\sigma}$ über $\mathcal{L}$ induziert eine Permutation der Nullstellen von $\mathbf{p}$ über $\mathcal{L}$. Wegen der Separabilität von $\mathbf{p}$ ist diese Zuordnung injektiv, d.h., zwei verschiedene Automorphismen aus der Galois-Gruppe wirken auch unterschiedlich auf die Menge der Nullstellen. Man kann also die Galois-Gruppe stets auch als Permutationsgruppe der Nullstellen eines Polynoms ansehen. Genau das war auch die Betrachtungsweise von Galois.

5.4 Zwischenkörper und Untergruppen

Dieser Abschnitt trägt vorbereitenden Charakter für die Beweise fundamentaler Aussagen der Galois-Theorie im Abschnitt 5.6. Von Bedeutung sind insbesondere genaue Kenntnisse der Zwischenkörper einer endlichen normalen Körpererweiterung $\mathcal{L} : \mathcal{K}$, auf die wir uns weiterhin beziehen. Unter diesen Bedingungen haben wir es mit endlichen Gruppen zu tun. Über die Automorphismen der Galois-Gruppe sind sämtliche Zwischenkörper zu $\mathcal{L} : \mathcal{K}$ auffindbar. Es gelingt, eine Formel zum Grad einer Erweiterung von $\mathcal{K}$ zu Zwischenkörper in Abhängigkeit von der Ordnung einer Untergruppe der Galois-Gruppe (d.h. der Automorphismenanzahl dieser Gruppe) anzugeben. Zur Konstruktion von $\mathcal{K}-$Automorphismen wird von etwas allgemeineren $\mathcal{K}-$Monomorphismen ausgegangen. Damit kann die Ordnung einer Galois-Gruppe und darüber hinaus der Grad jeder endlichen normalen Körpererweiterung berechnet werden. Unter einem Monomorphismus zwischen Körpern wird ein (injektiver) Homomorphismus verstanden (siehe Satz 2.13).

Der folgende, ursprünglich auf Dedekind zurückgehende Satz dient als Vorbereitung zur Entwicklung einer Beziehung zum Grad von Zwischenkörpern.

Lemma 5.17 (*lineare Unabhängigkeit von Körperhomomorphismen*)
$\mathcal{K}$ und $\mathcal{L}$ seien Teilkörper der komplexen Zahlen und $\varphi_1, ..., \varphi_n$ paarweise verschiedene Homomorphismen $\mathcal{K} \to \mathcal{L}$. Dann sind $\varphi_1, ..., \varphi_n$ linear unabhängig, d.h., aus einer Gleichung

$$a_1\varphi_1\left(x\right) + a_2\varphi_2\left(x\right) + ... + a_n\varphi_n\left(x\right) = 0 \quad \textit{für alle } x \in \mathcal{K}$$
folgt $a_1 = a_2 = ... = a_n = 0$. Dabei wird vorausgesetzt, dass es zu jedem Homomorphismus φ_j wenigstens ein $x_j \in \mathcal{K}$ gibt, so dass $\varphi_j\left(x_j\right) \neq 0$, d.h., unter den $\varphi_1, ..., \varphi_n$ befindet sich nicht der "Null-Homomorphismus".

Beweis. (siehe [Artin], S. 28) Der Beweis wird durch Induktion bezüglich der Anzahl der Homomorphismen geführt. Für $n = 1$ folgt aus $a_1\varphi_1\left(x\right) = 0$ für alle $x \in \mathcal{K}$ sofort $a_1 = 0$. Wir nehmen nun an, dass die Aussage des Satzes für weniger als n Homomorphismen richtig ist, und zeigen, dass dann auch

$$a_1\varphi_1\left(x\right) + a_2\varphi_2\left(x\right) + ... + a_n\varphi_n\left(x\right) = 0 \quad \text{für alle } x \in \mathcal{K}$$

nur für $a_1 = a_2 = ... = a_n = 0$ möglich ist. Dazu formen wir diese Gleichung auf zwei Arten um, so dass deren Differenz zu folgender Relationen führt:

$$a_1\left(\varphi_1\left(y\right) - \varphi_n\left(y\right)\right)\varphi_1\left(x\right) + ... + a_{n-1}\left(\varphi_{n-1}\left(y\right) - \varphi_n\left(y\right)\right)\varphi_{n-1}\left(x\right) = 0.$$

Also zu einer Gleichung mit weniger als n Homomorphismen, von der wir laut Annahme wissen, dass diese nur im Falle $a_i\left(\varphi_i\left(y\right) - \varphi_n\left(y\right)\right) = 0$ $(i = 1, ..., n-1)$ bestehen kann. Insbesondere muss $a_1\left(\varphi_1\left(y\right) - \varphi_n\left(y\right)\right) = 0$ sein. φ_1 und φ_n sind verschiedene Homomorphismen, deshalb gibt es ein $y \in \mathcal{K}$ mit $\varphi_1\left(y\right) - \varphi_n\left(y\right) \neq 0$, so dass bei dieser Wahl von y der Faktor a_1 verschwinden muss. Mit $a_1 = 0$ führt die ursprüngliche Gleichung zu einer Summe mit $n-1$ Gliedern, deren Verschwinden nach Induktionsannahme nur für $a_2 = ... = a_n = 0$ möglich ist. ∎

Lemma 5.18 *Bilden die paarweise verschiedenen Elemente $g_1, ..., g_n$ eine Gruppe $\mathcal{G}$ und ist g irgendein Element aus $\mathcal{G}$, so ist die Abbildung $\mathcal{G} \rightarrow \mathcal{G}$ gemäß $g_i \mapsto gg_i$ $(i = 1, ..., n)$ eine Bijektion.*

Beweis. Für jedes $h \in \mathcal{G}$ ist das Produkt $g^{-1} \cdot h$ ein Element aus $\mathcal{G}$, also g_j für irgendein $j = 1, ..., n$ und damit $h = g \cdot g_j$ (d.h., $\mathcal{G} \rightarrow \mathcal{G}$ ist eine Abbildung auf $\mathcal{G}$). Da aus $gg_i = gg_j$ sofort $g_i = g^{-1}gg_i = g^{-1}gg_j = g_j$ folgt, ist $\mathcal{G} \rightarrow \mathcal{G}$ auch eineindeutig und damit eine Bijektion über $\mathcal{G}$. ∎

Definition 5.19 (***Ordnung einer endlichen Gruppe***)
Eine Gruppe $\mathcal{G}$, die endlich viele Elemente $g_1, ..., g_n$ umfasst heißt endlich. Die Anzahl $n = |\mathcal{G}|$ bezeichnet man als Ordnung von $\mathcal{G}$.

Der folgende Satz bringt zum Ausdruck, dass die Anzahl aller $\mathcal{M}-$Automorphismen einer endlichen Untergruppe der Gruppe aller Automorphismen $\mathcal{L} \rightarrow \mathcal{L}$ gleich dem Grad der Körpererweiterung $\mathcal{L} : \mathcal{M}$ ist. Wegen der Bedeutung dieser Aussage, wollen wir diesen Satz auch ausführlich beweisen. Trotz seiner Länge ist dieser Beweis sehr konstruktiv angelegt und sollte deshalb problemlos nachvollziehbar sein.

Satz 5.20 (*Körpererweiterungsgrad = Gruppenordnung*)
Es sei $\mathcal{L} : \mathcal{M}$ eine Körpererweiterung ($\mathcal{M} \subseteq \mathcal{L} \subseteq \mathbb{C}$) und $\mathcal{G}$ die endliche Untergruppe aller $\mathcal{M}-$Automorphismen $\mathcal{L} \to \mathcal{L}$ in der Gruppe aller Automorphismen $\mathcal{L} \to \mathcal{L}$. Dann ist der Grad der Körpererweiterung gleich der Ordnung von $\mathcal{G}$:

$$[\mathcal{L} : \mathcal{M}] = |\mathcal{G}| . \tag{5.4}$$

Beweis. Die Gruppe $\mathcal{G}$ bestehe aus den $\mathcal{M}-$Automorphismen $\sigma_1, ..., \sigma_n$ über $\mathcal{L}$, wobei $\sigma_1 = \mathrm{Id}_{\mathcal{L}}$ die Identität sein soll ($|\mathcal{G}| = n$). Der Beweis gliedert sich in zwei Schritte, in denen gezeigt wird, dass einerseits $[\mathcal{L} : \mathcal{M}] < |\mathcal{G}|$ und andererseits $[\mathcal{L} : \mathcal{M}] > |\mathcal{G}|$ nicht möglich sind.

1. Angenommen wird $[\mathcal{L} : \mathcal{M}] = m < n$ und wir betrachten $\mathcal{L}$ als Vektorraum über $\mathcal{M}$ mit der Basis $\mathbf{g}_1, ..., \mathbf{g}_m$ ($\mathbf{g}_i \in \mathcal{L}$). Zu jedem Basiselement wird folgende Linearkombination gebildet:

$$y_1 \sigma_1(\mathbf{g}_i) + ... + y_n \sigma_n(\mathbf{g}_i) = 0 \qquad (i = 1, ..., m) . \tag{1}$$

Die Gesamtheit dieser Gleichungen bildet wegen $m < n$ ein homogenes unterbestimmtes lineares Gleichungssystem für $y_1, ..., y_n$. Dieses System besitzt wenigstens eine nicht triviale Lösung (siehe Abschn. 2.4), d.h., nicht alle der Lösungskomponenten $y_1, ..., y_n$, die (1) erfüllen, verschwinden.
Jedes $\mathbf{x} \in \mathcal{L}$ hat die Darstellung

$$\mathbf{x} = \alpha_1 \mathbf{g}_1 + ... + \alpha_m \mathbf{g}_m, \qquad \text{wobei } \alpha_1, ..., \alpha_m \in \mathcal{M}.$$

Mit einer nicht trivialen Lösung zu (1) gibt es damit für jedes $\mathbf{x} \in \mathcal{L}$ die Gleichung:

$$y_1 \sigma_1(\mathbf{x}) + ... + y_n \sigma_n(\mathbf{x})$$
$$= y_1 \sigma_1(\alpha_1 \mathbf{g}_1 + ... + \alpha_m \mathbf{g}_m) + ... + y_n \sigma_n(\alpha_1 \mathbf{g}_1 + ... + \alpha_m \mathbf{g}_m)$$
$$= \alpha_1 [y_1 \sigma_1(\mathbf{g}_1) + ... y_n \sigma_n(\mathbf{g}_1)] + ... + \alpha_m [y_1 \sigma_1(\mathbf{g}_m) + ... y_n \sigma_n(\mathbf{g}_m)]$$
$$= 0 \quad \text{(nach einsetzen der Gleichungen (1))}.$$

Folglich sind die Automorphismen $\sigma_1, ..., \sigma_n$ im Widerspruch zu Lemma 5.17 linear abhängig. Deshalb muss $m \geqq n$ sein.

2. Wir nehmen $[\mathcal{L} : \mathcal{M}] = m > n$ an. Dann gibt es in $\mathcal{L}$ zumindest $n + 1$ Elemente $\mathbf{h}_1, ..., \mathbf{h}_{n+1}$, die über $\mathcal{M}$ linear unabhängig sind. Mit jedem Automorphismus σ_j können folgende Linearkombinationen gebildet werden:

$$y_1 \sigma_j(\mathbf{h}_1) + ... + y_{n+1} \sigma_j(\mathbf{h}_{n+1}) = 0 \qquad (j = 1, ... n) . \tag{2}$$

Diese Gleichungen bilden wieder ein homogenes unterbestimmtes Gleichungssystem mit einer nicht trivialen Lösung $y_1, ..., y_{n+1}$. Ohne Einschränkung der Allgemeinheit gehen wir davon aus, dass System (2) so geordnet ist, dass die Lösungskomponenten $y_{r+1}, ..., y_{n+1}$ verschwinden und $y_1, ..., y_r \neq 0$ sind. Aus (2) folgt dann:

$$y_1 \sigma_j(\mathbf{h}_1) + ... + y_r \sigma_j(\mathbf{h}_r) = 0 \qquad (j = 1, ... n) . \tag{3}$$

Auf diese Gleichung lassen wir einen Automorphismus $\sigma \in \mathcal{G}$ wirken, womit folgendes Gleichungssystem entsteht (Beachte: $\sigma(y_i \sigma_j) = \sigma(y_i) \sigma \sigma_j$ für $i = 1, ..., r$)

$$\sigma(y_1) \sigma \sigma_j(\mathbf{h}_1) + ... + \sigma(y_r) \sigma \sigma_j(\mathbf{h}_r) = 0 \qquad (j = 1, ... n) .$$

Nach Lemma 5.18 ist dieses System äquivalent zu

$$\sigma(y_1) \sigma_j(\mathbf{h}_1) + ... + \sigma(y_r) \sigma_j(\mathbf{h}_r) = 0 \qquad (j = 1, ... n) . \tag{4}$$

Nach Multiplikation von (3) mit $\sigma(y_1)$ und (4) mit y_1 wird die Differenz der resultierenden Gleichungen gebildet:

$[\sigma(y_1) y_2 - y_1 \sigma(y_2)] \sigma_j(\mathbf{h}_2) + ... + [\sigma(y_1) y_r - y_1 \sigma(y_r)] \sigma_j(\mathbf{h}_r) = 0 \quad (j = 1, ...n)$.
Dieses Gleichungssystem entspricht (2) jedoch mit $r - 1 \leqq n$ Komponenten (die Komponentenanzahl ist kleiner oder höchstens gleich der Gleichungsanzahl !). Unter diesen Bedingungen besitzt dieses homogene Gleichungssystem nur die triviale Lösung $\sigma(y_1) y_i - y_1 \sigma(y_i) = 0$ für $i = 1, ..., r$. Unter Beachtung von $\sigma(y_1) \sigma\left(y_1^{-1}\right) = \sigma(1) = 1$ und dass die Multiplikation in Zahlenkörpern kommutativ ist, folgt daraus für alle $\sigma \in \mathcal{G}$:
$$y_i y_1^{-1} = \sigma\left(y_i y_1^{-1}\right) \quad \text{für } i = 1, ..., r \quad (\text{zusammen mit } y_1 y_1^{-1} = \sigma\left(y_1 y_1^{-1}\right) = 1).$$
Da σ ein $\mathcal{M}$–Automorphismus ist, bedeutet dies, dass $y_i y_1^{-1} \in \mathcal{M}$. Mit $k = y_1 \neq 0$ existieren demzufolge Elemente $z_1, ..., z_r \in \mathcal{M}$ mit $y_i = k z_i$. Mit diesen Zahlen und der Identität $\sigma_1 = \mathbf{Id}_{\mathcal{L}}$ erhält man aus (3):
$$k z_1 \mathbf{h}_1 + ... + k z_r \mathbf{h}_r = 0 \text{ bzw., da } k \neq 0: \ z_1 \mathbf{h}_1 + ... + z_r \mathbf{h}_r = 0.$$
Nach dieser Gleichung sind $\mathbf{h}_1, ..., \mathbf{h}_r$ als Teil einer Basis linear abhängig, was ein Widerspruch ist.
Aus 1. und 2. folgt, dass $[\mathcal{L} : \mathcal{M}]$ weder größer noch kleiner als n sein kann und damit $[\mathcal{L} : \mathcal{M}] = n = |\mathcal{G}|$ sein muss. ∎

Bemerkung 5.21 (*Körpergrade und Gruppenordnungen*)
Ist $Gal\,(\mathcal{L} : \mathcal{K})$ *die Galois-Gruppe der endlichen Körpererweiterung* $\mathcal{L} : \mathcal{K}$ *(siehe Def. 5.2) und* $\mathcal{H}$ *eine endliche Untergruppe von* $Gal\,(\mathcal{L} : \mathcal{K})$, *so gilt:*

$$\left[\mathcal{H}^\dagger : \mathcal{K}\right] = \frac{[\mathcal{L} : \mathcal{K}]}{|\mathcal{H}|} \tag{5.5}$$

($\mathcal{H}^\dagger$ *ist Zwischenkörper zu* $\mathcal{H}$, *siehe Formel (5.1) und* **3.** *in Abschn. 5.1).*
Formel (5.5) folgt sofort aus vorstehendem Satz. Dazu bilden wir
$[\mathcal{L} : \mathcal{K}] = \left[\mathcal{L} : \mathcal{H}^\dagger\right]\left[\mathcal{H}^\dagger : \mathcal{K}\right]$, *woraus nach Umformung folgt:*
$$\left[\mathcal{H}^\dagger : \mathcal{K}\right] = \frac{[\mathcal{L} : \mathcal{K}]}{[\mathcal{L} : \mathcal{H}^\dagger]}.$$
Mit $\mathcal{M} = \mathcal{H}^\dagger$ *und* $\mathcal{G} = \mathcal{H}$ *folgt (5.5) aus Formel (5.4).*

$\mathcal{K}$–Monomorphismen

Zur Berechnung der Ordnung einer Galois-Gruppe ist die Anzahl der sie umfassenden Automorphismen zu ermitteln. Dazu wird das Konzept der $\mathcal{K}$–Automorphismen auf $\mathcal{K}$–Monomorphismen erweitert. D.h., die Abbildungen bleiben weiterhin injektiv, lediglich der Bereich in dem die Bilder sich befinden muss nicht vollständig ausgeschöpft werden (siehe dazu Satz 2.13).

Definition 5.22 (*$\mathcal{K}$–Monomorphismus*)
Der Körper $\mathcal{K}$ *sei in den Teilkörpern* $\mathcal{M}$ *und* $\mathcal{L}$ *von* $\mathbb{C}$ *enthalten* ($\mathcal{K} \subseteq \mathcal{M}, \mathcal{L} \subseteq \mathbb{C}$).
Ein $\mathcal{K}$–*Monomorphismus von* $\mathcal{M}$ *in* $\mathcal{L}$ *ist ein Körpermonomorphismus* $\phi : \mathcal{M} \to \mathcal{L}$,
so dass $\phi(a) = a$ *für jedes* $a \in \mathcal{K}$.

Beispiel 5.23 (*zu* $\mathcal{K}-$*Monomorphismus*)
Zu den rationalen Zahlen $\mathcal{K} = \mathbb{Q}$ *wird die Kubikwurzel* α *aus 2 (d.h.* $\alpha^3 = 2$*) adjungiert, was zur Körpererweiterung* $\mathcal{M} = \mathbb{Q}(\alpha)$ *führt. Jedes Element* β *aus* $\mathcal{M}$ *hat dann die Form:*

$\beta = b_1 + b_2\alpha + b_3\alpha^2 \quad mit \quad b_1, b_2, b_3 \in \mathbb{Q}.$

Wir führen den $\mathcal{K}-$*Monomorphismus* $\phi_1 : \mathcal{M} \to \mathcal{L} = \mathbb{C}$ *ein, der durch* $\phi_1(\alpha) = \alpha\omega$ *mit der 3-ten Einheitswurzel* $\omega = \zeta_1 = \exp(2\pi i/3)$ *(siehe Formel (1.10) mit* $k = 1$ *und* $n = 3$*) gegeben ist. Zu* $\beta \in \mathcal{M}$ *erhält man das Bild* $\phi_1(\beta) = b_1 + b_2\alpha\omega + b_3\alpha^2\omega^2$. *Neben* ϕ_1 *gibt es noch die Identität* $\phi_0(\alpha) = \alpha$ *auf* $\mathcal{M}$ *und die durch* $\phi_2(\alpha) = \alpha\omega^2$ *definierte Abbildung mit* $\phi_2(\beta) = b_1 + b_2\alpha\omega^2 + b_3\alpha^2\omega$ *(beachte* $\omega^4 = \omega$*). Beide sind ebenfalls* $\mathcal{K}-$*Monomorphismen* $\mathcal{M} \to \mathcal{L}$. *Die Elemente* α, $\alpha\omega$ *und* $\alpha\omega^2$ *haben das gleiche Minimalpolynom* $\mathbf{m}(X) = X^3 - 2$ *(sind Nullstellen von* $\mathbf{m}$*).*

Ist $\mathcal{K} \subseteq \mathcal{M} \subseteq \mathcal{L}$, so ist jeder $\mathcal{K}-$Automorphismus über $\mathcal{L}$, eingeschränkt auf $\mathcal{M}$, auch ein $\mathcal{K}-$Monomorphismus $\mathcal{M} \to \mathcal{L}$. Der folgende Satz gibt eine Bedingung an, unter der auch die Umkehrung möglich ist:

Satz 5.24 ($\mathcal{K}-$*Monomorphismus* $\Rightarrow$ $\mathcal{K}-$*Automorphismus*)
Es sei $\mathcal{L} : \mathcal{K}$ *eine endliche normale Körpererweiterung (*$\mathcal{K} \subseteq \mathcal{M} \subseteq \mathcal{L}$*) und* ϕ *ein* $\mathcal{K}-$*Monomorphismus* $\mathcal{M} \to \mathcal{L}$. *Dann gibt es einen* $\mathcal{K}-$*Automorphismus* ψ *über* $\mathcal{L}$, *so dass die Einschränkung von* ψ *auf* $\mathcal{M}$ *gleich* ϕ *ist:* $\psi|_{\mathcal{M}} = \phi$.

Beweis. Nach Satz 5.11 ist $\mathcal{L}$ der Zerfällungskörper über $\mathcal{K}$ zu einem Polynom $\mathbf{p} \in \mathcal{K}[X]$. Damit ist $\mathcal{L}$ auch Zerfällungskörper über $\mathcal{M}$ für $\mathbf{p}$ und darüber hinaus auch vom Bild $\phi(\mathcal{M})$ für $\phi(\mathbf{p})$. Da $\phi|_{\mathcal{K}}$ die Identität ist, folgt $\phi(\mathbf{p}) = \mathbf{p}$.
Nach Satz 5.7 mit $\mathcal{K}_1 = \mathcal{M}$, $\mathcal{K}_2 = \phi(\mathcal{M})$, dem Isomorphismus $\mathcal{M} \to \phi(\mathcal{M}) \subseteq \mathcal{L}$ und $\mathcal{L}$ als Zerfällungskörper über $\mathcal{M}$ zu $\mathbf{p}$ sowie über $\phi(\mathcal{M})$ zu $\phi(\mathbf{p}) = \mathbf{p}$ existiert ein Isomorphismus $\psi : \mathcal{L} \to \mathcal{L}$, wobei $\psi|_{\mathcal{M}} = \phi$. Folglich ist ψ ein Automorphismus über $\mathcal{L}$, und da $\psi|_{\mathcal{K}} = \phi|_{\mathcal{K}}$ die Identität ist, bildet ψ einen $\mathcal{K}-$Automorphismus über $\mathcal{L}$. ∎
Mit dieser Aussage lassen sich $\mathcal{K}-$Automorphismen wie folgt konstruieren:

Satz 5.25 (*Konstruktion von* $\mathcal{K}-$*Automorphismen*)
Es sei $\mathcal{L} : \mathcal{K}$ *eine endliche normale Körpererweiterung und* α, $\beta \in \mathcal{L}$ *Nullstellen eines über* $\mathcal{K}$ *irreduziblen Polynoms* $\mathbf{p}$. *Dann gibt es einen* $\mathcal{K}-$*Automorphismus* ψ *über* $\mathcal{L}$ *mit* $\psi(\alpha) = \beta$.

Beweis. $\mathcal{K}(\alpha) : \mathcal{K}$ und $\mathcal{K}(\beta) : \mathcal{K}$ sind einfache Körpererweiterungen mit α und β zum Minimalpolynom $\mathbf{p}$. Nach Satz 3.56 existiert mit der Zuordnung $\phi(\alpha) = \beta$ ein Isomorphismus $\mathcal{K}(\alpha) \to \mathcal{K}(\beta)$, wobei $\phi|_{\mathcal{K}} = \mathbf{Id}_{\mathcal{K}}$ die Identität ist. Mit $\mathcal{M} = \mathcal{K}(\alpha)$ ist ϕ ein $\mathcal{K}-$Monomorphismus $\mathcal{K}(\alpha) \to \mathcal{L}$ ($\mathcal{K}(\beta) \subseteq \mathcal{L}$!), und aus Satz 5.24 folgt die Existenz eines $\mathcal{K}-$Automorphismus ψ über $\mathcal{L}$ mit $\psi|_{\mathcal{K}(\alpha)} = \phi$ und damit $\psi(\alpha) = \beta$.
∎

Körpererweiterungen, die nicht normal sind, können komplettiert werden. Damit ist der Begriff des normalen Abschlusses verbunden.

Normaler Abschluss

Definition 5.26 (*normaler Abschluss*)
$\mathcal{L}$ sei eine endliche Erweiterung des Körpers $\mathcal{K}$. Der normale Abschluss von $\mathcal{L} : \mathcal{K}$ ist eine Körpererweiterung $\mathcal{N}$ zu $\mathcal{L}$, so dass gilt:
a) $\mathcal{N} : \mathcal{K}$ ist normal.
b) Ist $\mathcal{L} \subseteq \mathcal{M} \subseteq \mathcal{N}$ und die Erweiterung $\mathcal{M} : \mathcal{K}$ normal, dann folgt $\mathcal{M} = \mathcal{N}$.
D.h., $\mathcal{N}$ ist der kleinste Erweiterungskörper, so dass $\mathcal{N} : \mathcal{K}$ normal ist.

Im Folgenden zeigen wir, dass es zu jeder Körpererweiterung im Bereich der komplexen Zahlen stets einen eindeutig bestimmten normalen Abschluss gibt. Mit einigen weiteren vorbereitenden Aussagen gelingt es, die Ordnung der Galois-Gruppe eines endlichen normalen Abschlusses zu bestimmen.

Satz 5.27 (*Existenz und Eindeutigkeit des normalen Abschlusses*)
Zu einer endlichen Körpererweiterung $\mathcal{L} : \mathcal{K}$ im Bereich der komplexen Zahlen $\mathbb{C}$ existiert stets ein eindeutig bestimmter normaler Abschluss $\mathcal{N} \subseteq \mathbb{C}$ zu $\mathcal{L} : \mathcal{K}$, der eine endliche Körpererweiterung zu $\mathcal{K}$ ist.

Beweis. Wir betrachten $\mathcal{L}$ als Vektorraum über $\mathcal{K}$ mit der Basis $\alpha_1, ..., \alpha_r$. Die Basiselemente $\alpha_i \in \mathcal{L}$ sind algebraisch über $\mathcal{K}$ mit den Minimalpolynomen $\mathbf{m}_i$ zu α_i über $\mathcal{K}$ ($i = 1, ..., r$). Mit $\mathcal{N}$ wird der Zerfällungskörper zum Polynom $\mathbf{p} = \mathbf{m}_1 \cdot ... \cdot \mathbf{m}_r$ über $\mathcal{L}$ bezeichnet. $\mathcal{N}$ ist dann auch Zerfällungskörper für $\mathbf{p}$ über $\mathcal{K}$. Folglich ist nach Satz 5.11 die Erweiterung $\mathcal{N} : \mathcal{K}$ endlich und normal. Gesetzt den Fall, ein weiterer Körper $\mathcal{P}$ mit $\mathcal{L} \subseteq \mathcal{P} \subseteq \mathcal{N}$ existiere, so dass die Erweiterung $\mathcal{P} : \mathcal{K}$ normal ist. Jedes der Polynome $\mathbf{m}_i$ besitzt dann eine Nullstelle α_i in $\mathcal{P}$, so dass auf Grund der Normalität das Polynom $\mathbf{p}$ über $\mathcal{P}$ in Linearfaktoren zerfällt. Mit $\mathcal{N}$ ist jedoch ein Zerfällungskörper gegeben, so dass $\mathcal{P} = \mathcal{N}$ sein muss.
Um die Erfüllung der Bedingung b) aus Def. 5.26 zu zeigen, wird davon ausgegangen, dass $\mathcal{M}$ und $\mathcal{N}$ beides normale Abschlüsse sind. Das eingeführte Polynom $\mathbf{p}$ zerfällt dann sowohl in $\mathcal{M}$ als auch in $\mathcal{N}$, so dass beide den Zerfällungskörper zu $\mathbf{p}$ über $\mathcal{K}$ enthalten. Dieser Körper enthält $\mathcal{L}$, ist normal über $\mathcal{K}$ und muss folglich mit $\mathcal{M}$ und $\mathcal{N}$ übereinstimmen. ∎

Beispiel 5.28 (*zum normalen Abschluss*)
Die in Beispiel 5.23 eingeführte Körpererweiterung $\mathbb{Q}(\alpha) : \mathbb{Q}$ mit der reellwertigen Kubikwurzel α aus 2 ist nicht normal. Denn der Zerfällungskörper $\mathbb{Q}(\alpha, \omega)$ zum Minimalpolynom $\mathbf{m}(X) = X^3 - 2$ über $\mathbb{Q}$ enthält die 3−te Einheitswurzel $\omega = \exp(2\pi i/3)$. Der normale Abschluss zu $\mathbb{Q}(\alpha) : \mathbb{Q}$ ist deshalb $\mathbb{Q}(\alpha, \omega) = \mathbb{Q}(\alpha, \alpha\omega, \alpha\omega^2)$. In diesem Beispiel erhält man also den normalen Abschluss durch Hinzufügen der Nullstellen des Minimalpolynoms.

Der normale Abschluss einer Körpererweiterung ermöglicht es, den Bildbereich eines Monomorphismus einzuschränken.

> **Satz 5.29** (*Monomorphismenbilder gehören zum normalen Abschluss*)
> *Gegeben sei eine Folge von Körperinklusionen: $\mathcal{K} \subseteq \mathcal{L} \subseteq \mathcal{N} \subseteq \mathcal{M}$, wobei $\mathcal{L} : \mathcal{K}$ eine endliche Körpererweiterung und $\mathcal{N}$ der normale Abschluss zu $\mathcal{L} : \mathcal{K}$ sind. Das Bild eines jeden $\mathcal{K}-$Monomorphismus $\phi : \mathcal{L} \to \mathcal{M}$ ist dann in $\mathcal{N}$ enthalten, d.h. $\phi(\mathcal{L}) \subseteq \mathcal{N}$.*

Beweis. Wir gehen von einem Element $\alpha \in \mathcal{L}$ und dessen Minimalpolynom $\mathbf{m}$ zu α über $\mathcal{K}$ aus. Dann ist $\mathbf{m}(\alpha) = 0$ und somit auch $\phi(\mathbf{m}(\alpha)) = 0$. Für eine strukturerhaltende Abbildung, die ein $\mathcal{K}-$Monomorphismus ist, rechnet man aus: $\phi(\mathbf{m}(\alpha)) = \mathbf{m}(\phi(\alpha))$. Wir erhalten also $\mathbf{m}(\phi(\alpha)) = 0$, d.h., $\phi(\alpha)$ ist ebenfalls eine Nullstelle von $\mathbf{m}$. Deshalb und wegen der Normalität von $\mathcal{N} : \mathcal{K}$ ist $\phi(\alpha)$ ein Element aus $\mathcal{N}$, also $\phi(\mathcal{L}) \subseteq \mathcal{N}$. ∎

Das Ergebnis dieses Satzes legt es nahe, den Bildbereich von Monomorphismen über Körpererweiterungen auf den normalen Abschluss zu beschränken.

> **Satz 5.30** (*normale Abschlüsse und $\mathcal{K}-$Automorphismen*)
> *Die folgenden Aussagen sind für eine endliche Körpererweiterung $\mathcal{L} : \mathcal{K}$ untereinander äquivalent:*
> *(1) $\mathcal{L} : \mathcal{K}$ ist normal.*
> *(2) Es gibt eine endliche, $\mathcal{L}$ enthaltende normale Erweiterung $\mathcal{N}$ zu $\mathcal{K}$, so dass jeder $\mathcal{K}-$Monomorphismus $\phi : \mathcal{L} \to \mathcal{N}$ auch ein $\mathcal{K}-$Automorphismus über $\mathcal{L}$ ist.*
> *(3) Für jede endliche Körpererweiterung $\mathcal{M}$ zu $\mathcal{K}$, die $\mathcal{L}$ enthält, ist jeder $\mathcal{K}-$Monomorphismus $\phi : \mathcal{L} \to \mathcal{M}$ auch ein $\mathcal{K}-$Automorphismus über $\mathcal{L}$.*

Beweis. Aus (1) $\Rightarrow$ (3):
Ist $\mathcal{L} : \mathcal{K}$ normal, so bildet $\mathcal{L}$ auch den normalen Abschluss $\mathcal{N}$ von $\mathcal{L} : \mathcal{K}$, und nach vorstehendem Satz 5.29 ist das Bild $\phi(\mathcal{L})$ jedes $\mathcal{K}-$Monomorphismus $\phi : \mathcal{L} \to \mathcal{M}$ in $\mathcal{N} = \mathcal{L}$ enthalten. ϕ ist eine lineare Abbildung auf dem endlich-dimensionalen Vektorraum $\mathcal{L}$ über $\mathcal{K}$ und als Monomorphismus injektiv, deshalb besitzt $\phi(\mathcal{L})$ die gleiche Dimension wie der Vektorraum $\mathcal{L}$. Folglich müssen beide Räume gleich sein: $\phi(\mathcal{L}) = \mathcal{L}$. ϕ bildet $\mathcal{L}$ injektive wieder auf ganz $\mathcal{L}$ ab, d.h., ist ein $\mathcal{K}-$Automorphismus über $\mathcal{L}$.
Aus (3) $\Rightarrow$ (2):
Nach Satz 5.27 gibt es einen normalen Abschluss $\mathcal{N}$ zur Erweiterung $\mathcal{L} : \mathcal{K}$, so dass $\phi : \mathcal{L} \to \mathcal{N}$ auch ein $\mathcal{K}-$Automorphismus über $\mathcal{L}$ ist.
Aus (2) $\Rightarrow$ (1):
Wir nehmen an, $\mathbf{p}$ sei ein irreduzibles Polynom über $\mathcal{K}$ mit der Nullstelle $\alpha \in \mathcal{L}$. Dann zerfällt $\mathbf{p}$ über dem normalen Abschluss $\mathcal{N}$ zu $\mathcal{L}$ in Linearfaktoren. Ist β irgendeine Nullstelle von $\mathbf{p}$ in $\mathcal{N}$, dann gibt es nach Satz 5.25 (mit $\mathcal{L} = \mathcal{N}$) einen Automorphismus ψ über $\mathcal{N}$ mit $\beta = \psi(\alpha)$. Die Einschränkung von ψ auf $\mathcal{L}$ ist natürlich auch ein Monomorphismus $\mathcal{L} \to \mathcal{N}$, was nach (2) wiederum nach sich zieht, dass ψ ein $\mathcal{K}-$Automorphismus über $\mathcal{L}$ ist. Demzufolge ist $\beta = \psi(\alpha) \in \mathcal{L}$, und $\mathbf{p}$ zerfällt über $\mathcal{L}$ in Linearfaktoren, d.h. $\mathcal{L} : \mathcal{K}$ ist normal. ∎

> **Satz 5.31** (*Existenz und Anzahl von $\mathcal{K}$–Monomorphismen*)
> *Es sei $\mathcal{L} : \mathcal{K}$ eine endliche Körpererweiterung vom Grade $m = [\mathcal{L} : \mathcal{K}]$. Dann gibt es genau m paarweise verschiedene $\mathcal{K}$–Monomorphismen von $\mathcal{L}$ in den normalen Abschluss $\mathcal{N}$ zu $\mathcal{L} : \mathcal{K}$ und damit in jede beliebige normale Erweiterung $\mathcal{M}$ von $\mathcal{K}$, die $\mathcal{L}$ enthält.*

Beweis. Wir führen den Beweis durch Induktion bezüglich des Grades $[\mathcal{L} : \mathcal{K}]$.
Im Falle $[\mathcal{L} : \mathcal{K}] = 1$ ist $\mathcal{L} = \mathcal{K}$, und mit der Identität $\mathbf{Id}_{\mathcal{L}} : \mathcal{L} \to \mathcal{L} \subseteq \mathcal{N}$ existiert genau ein Monomorphismus $\mathcal{L} \to \mathcal{N}$.
Als Induktionshypothese nehmen wir an, der Satz sei richtig für alle Erweiterungen $\mathcal{L} : \mathcal{K}$ mit $[\mathcal{L} : \mathcal{K}] < k$. Es sei jetzt $[\mathcal{L} : \mathcal{K}] = k > 1$ und α ein Element aus $\mathcal{L}$, das nicht $\mathcal{K}$ angehört. Zu α gehöre das Minimalpolynom $\mathbf{m}$ vom Grade r, dann gilt:
$$\mathrm{grad}\,(\mathbf{m}) = [\mathcal{K}\,(\alpha) : \mathcal{K}] = r > 1 \quad \text{und} \quad \mathbf{m}\,(\alpha) = 0.$$
Wir stellen weiter fest, dass $\mathbf{m}$ als irreduzibles Polynom über dem Teilkörper $\mathcal{K}$ von $\mathbb{C}$ eine Nullstelle α im normalen Abschluss $\mathcal{N}$ hat, über $\mathcal{N}$ in Linearfaktoren zerfällt und dessen Nullstellen $\alpha_1, ..., \alpha_r$ paarweise verschieden sind. Nach Satz 5.25 gibt es dann r ($r \geq 2$) paarweise verschiedene $\mathcal{K}$–Automorphismen $\boldsymbol{\sigma}_1, ..., \boldsymbol{\sigma}_r$ über $\mathcal{N}$, wobei $\boldsymbol{\sigma}_i\,(\alpha) = \alpha_i$.
Über die Gradformel erhält man
$$[\mathcal{L} : \mathcal{K}] = [\mathcal{L} : \mathcal{K}\,(\alpha)]\,[\mathcal{K}\,(\alpha) : \mathcal{K}] \quad \text{und damit} \quad s = [\mathcal{L} : \mathcal{K}\,(\alpha)] = k/r < k.$$
Nach der Induktionshypothese gibt es genau s voneinander verschiedene $\mathcal{K}\,(\alpha)$–Monomorphismen $\boldsymbol{\rho}_1, ..., \boldsymbol{\rho}_s : \mathcal{L} \to \mathcal{N}$. Die Komposition der Abbildungen $\boldsymbol{\rho}_j$ und $\boldsymbol{\sigma}_i$ führt zu den $\mathcal{K}$–Monomorphismen
$$\boldsymbol{\varphi}_{ij} = \boldsymbol{\sigma}_i \boldsymbol{\rho}_j : \mathcal{L} \to \mathcal{N} \qquad i = 1, ..., r; \quad j = 1, ..., s.$$
Die Monomorphismen $\boldsymbol{\rho}_j$ werden durch ihre Wirkung auf α definiert und bilden über $\mathcal{K}\,(\alpha)$ die Identität, woraus man ableitet, dass die $rs = k$ Abbildungen $\boldsymbol{\varphi}_{ij}$ paarweise verschieden sind. Mit den $\boldsymbol{\varphi}_{ij}$ werden auch alle $\mathcal{K}$–Monomorphismen $\mathcal{L} \to \mathcal{N}$ erfasst (siehe Theorem 11.10 in [Stew], S. 248). ∎

Bemerkung 5.32 (*$\mathcal{K}$–Automorphismenanzahl in* $Gal\,(\mathcal{L} : \mathcal{K})$)
Ist $\mathcal{L} : \mathcal{K}$ eine endliche normale Körpererweiterung in $\mathbb{C}$, dann existieren genau $[\mathcal{L} : \mathcal{K}]$ paarweise verschiedene $\mathcal{K}$–Automorphismen über $\mathcal{L}$ und es gilt:

$$|Gal\,(\mathcal{L} : \mathcal{K})| = [\mathcal{L} : \mathcal{K}]\,.$$

Siehe Def. 5.2 in Verbindung mit den Sätzen 5.31 und 5.24.

Bemerkung 5.33 (*Anzahl der $\mathcal{K}$–Monomorphismen $\mathcal{L} \to \mathcal{M}$*)
Unter der Annahme $\mathcal{K} \subseteq \mathcal{L} \subseteq \mathcal{M}$ und einer endlichen Körpererweiterung $\mathcal{M} : \mathcal{K}$ ist die Anzahl verschiedener $\mathcal{K}$–Monomorphismen $\mathcal{L} \to \mathcal{M}$ höchstens $[\mathcal{L} : \mathcal{K}]$.
Das sieht man wie folgt: Ist $\mathcal{N}$ ein normaler Abschluss zu $\mathcal{M} : \mathcal{K}$, dann ist die Menge der $\mathcal{K}$–Monomorphismen $\mathcal{L} \to \mathcal{M}$ in der Menge der $\mathcal{K}$–Monomorphismen $\mathcal{L} \to \mathcal{N}$ enthalten, und nach Satz 5.31 gibt es genau $[\mathcal{L} : \mathcal{K}]$ davon.

Satz 5.34 *Es sei $\mathcal{L}$ ein Körper und $\mathcal{G}$ eine endliche Gruppe von Automorphismen über $\mathcal{L}$ mit dem Fixkörper $\mathcal{K}$, dann ist die Körpererweiterung $\mathcal{L} : \mathcal{K}$ endlich und normal mit der Galois-Gruppe $\mathcal{G} = Gal\,(\mathcal{L} : \mathcal{K})$.*

Beweis. Nach Satz 5.20 (Formel (5.4)) und Satz 5.31 gibt es genau $m = [\mathcal{L} : \mathcal{K}] = |\mathcal{G}|$ voneinander verschiedene $\mathcal{K}$−Monomorphismen $\mathcal{L} \to \mathcal{L}$, die aufgrund der Injektivität Automorphismen sind und die Elemente der Galois-Gruppe $\mathcal{G}$ bilden.

Die Normalität von $\mathcal{L} : \mathcal{K}$ wird anhand von Satz 5.30 bewiesen. $\mathcal{N}$ sei eine Erweiterung von $\mathcal{K}$, die $\mathcal{L}$ enthält, und σ ein $\mathcal{K}$−Monomorphismus $\mathcal{L} \to \mathcal{N}$. Da jedes Element der Galois-Gruppe von $\mathcal{L} : \mathcal{K}$ einen $\mathcal{K}$−Monomorphismus $\mathcal{L} \to \mathcal{N}$ definiert, liefert die Galois-Gruppe m verschiedene $\mathcal{K}$−Monomorphismen $\mathcal{L} \to \mathcal{N}$, und diese sind Automorphismen über $\mathcal{L}$. Nach Bem. 5.33 gibt es jedoch höchstens m verschiedene $\mathcal{K}$−Monomorphismen $\mathcal{L} \to \mathcal{N}$, also muss σ einer dieser Monomorphismen und damit ein Automorphismus über $\mathcal{L}$ sein. Nach Satz 5.30 ist dann $\mathcal{L} : \mathcal{K}$ normal. ∎

5.5 Normalteiler und Faktorgruppe

Eine Gruppe ist ein sehr einfaches Konstrukt, bestehend aus einer Menge mit Verknüpfungen, dem neutralen Element, inversen Elementen und der Forderung nach Assoziativität der Verknüpfung. Mit sich herausbildenden Teilstrukturen, den über strukturerhaltende Abbildungen zustande kommenden Verbindungen zu anderen Strukturen und der Einführung weiterführender Begriffe entstand jedoch ein umfangreicher algebraischer Werkzeugbestand, auf dessen Grundlage tiefergehende Einsichten über die Zusammenhänge von Gruppen- und Körperstrukturen in Polynomringen möglich sind. In diesem Abschnitt werden gruppenspezifische Erkenntnisse zusammengestellt, mit denen wir die fundamentalen Ergebnisse der Galois-Theorie und deren Anwendung bei der Beantwortung von Fragen nach der Lösbarkeit von Polynomgleichungen formulieren und beweisen können.

Ist U eine Untergruppe der Gruppe $\mathcal{G}$, so bezeichnet man die Menge der Verknüpfungen (Produkte) aller Elemente aus U mit einem Element h aus $\mathcal{G}$ als **Nebenklasse**

$$hU = \{h \circ u, \text{ für alle } u \in U\}$$

von $\mathcal{G}$ nach U. Eine Gruppe $\mathcal{G}$ kann mit ihren Nebenklassen vollständig überdeckt werden, so dass jedes Gruppenelement in genau einer Nebenklasse enthalten ist. Dass eine solche Überdeckung von $\mathcal{G}$ möglich ist, wollen wir in zwei Schritten zeigen.

1. hU und gU sind genau dann gleich, wenn $h^{-1} \circ g$ ein Element von U ist:

$$hU = gU \text{ genau dann, wenn } h^{-1} \circ g \in U.$$

Es sei $hU = gU$, dann folgt $g = g \circ e \in hU$ (e− neutrales Element). Demzufolge gibt es ein $u \in U$, so dass $g = h \circ u$ und weiter $h^{-1} \circ g = u \in U$.

Ist andererseits $u = h^{-1} \circ g \in U$, so folgt $g = h \circ u \in hU$ und damit $gU \subseteq hU$ (da $g = g \circ e \in gU$).

Ebenso folgt aus $h = g \circ u^{-1} \in gU$, dass $hU \subseteq gU$. Folglich ist $hU = gU$.

2. Verschiedene Nebenklassen haben keine gemeinsamen Elemente.

Angenommen hU und gU haben ein Element u gemeinsam, dann gibt es Elemente $v, w \in U$ mit $u = g \circ v = h \circ w$. Nach 1. ist dann aber $hU = gU$.

Ein Nebenklassenpaar besteht also entweder aus zwei identischen Klassen oder diese haben keine gemeinsamen Elemente. Man sagt, die Menge aller Nebenklassen hU einer Gruppe $\mathcal{G}$ bildet eine Partition (Überdeckung) von $\mathcal{G}$ und spricht davon, dass $\mathcal{G}$ mit den Nebenklassen partitioniert, d.h., mit paarweise disjunkten Mengen vollständig überdeckt wird.

Von Interesse ist die Frage: Kann der Nebenklassenmenge eine Struktur gegeben werden? Es zeigt sich, dass mit einer Bedingung an die Untergruppe U diese Frage positiv beantwortet werden kann.

Definition 5.35 (*normale Untergruppe (Normalteiler)*)

*Eine Untergruppe $U \subseteq \mathcal{G}$ heißt **Normalteiler** oder **normale Untergruppe** von $\mathcal{G}$, wenn für jedes $h \in \mathcal{G}$ gilt, dass die Menge $h^{-1}Uh$ gleich der Menge U ist:*

$$hUh^{-1} = \{h \circ u \circ h^{-1} \text{ für alle } u \in U\} \overset{!}{=} U.$$

Ist U Normalteiler von $\mathcal{G}$, so bringt man dies durch $U \trianglelefteq \mathcal{G}$ zum Ausdruck.

Diese Definition kann durch folgende Äquivalenz beschrieben werden:

U ist genau dann ein Normalteiler von $\mathcal{G}$, wenn für jedes $h \in \mathcal{G}$ gilt: $hU = Uh$.

Davon überzeugt man sich, indem beide Seiten von $hU = Uh$ mit h^{-1} verknüpft werden: $U = hUh^{-1}$. Wird hU als Links-Nebenklasse und Uh als Rechts-Nebenklasse bezeichnet, so ist U genau dann ein Normalteiler, wenn für alle $h \in \mathcal{G}$ Links- und Rechtsnebenklassen übereinstimmen.

Die Menge aller Nebenklassen von $\mathcal{G}$ nach U wird jetzt wie folgt bezeichnet:

$$\mathcal{G}/U = \{hU \ \text{ für alle } h \in \mathcal{G}\}.$$

Lemma 5.36 (*Faktorgruppe $\mathcal{G}/U$*)

Ist U ein Normalteiler der Gruppe $\mathcal{G}$, dann bildet $\mathcal{G}/U$ mit der Verknüpfung

$$(hU) \cdot (gU) = hgU$$

*eine (multiplikative) Gruppe. Die Gruppe $\mathcal{G}/U$ trägt die Bezeichnung **Faktorgruppe** (oder **Quotientengruppe**) von $\mathcal{G}$ nach U.*

Beweis. Gezeigt werden muss vor allem die Eindeutigkeit der Verknüpfung. D.h., sind $hU = h'U$ mit $h, h' \in \mathcal{G}$ und $gU = g'U$ mit $g, g' \in \mathcal{G}$, so ist zu zeigen, dass $hgU = h'g'U$. Zunächst leitet man aus $hU = h'U$ ab: $h = h' \circ u \in U$. Aus $gU = g'U$ folgt ebenso $g = g' \circ v \in U$ (für gewisse $u, v \in U$). Daraus ergibt sich:

$$h \circ g = h' \circ u \circ g' \circ v.$$

Da U ein Normalteiler ist, existiert für g' ein $w \in U$, so dass $u \circ g' = g' \circ w$ (denn $g'U = Ug'$!). Folglich ist $h \circ g = h' \circ g' \circ w \circ v$, und $h \circ g$ unterscheidet sich von $h' \circ g'$ nur durch ein Element $w \circ v \in U$. Damit ist aber $hgU = h'g'U$.

In $\mathcal{G}/U$ ist $eU = U$ das neutrale Element, und zu jeder Klasse hU existiert die inverse Klasse $h^{-1}U$. Dass die Verknüpfung "$\cdot$" assoziativ ist, ergibt sich sofort aus der Assoziativität der Verknüpfung "$\circ$" in $\mathcal{G}$. ∎

Bemerkung 5.37 (*Ordnung endlicher Gruppen*)

*Nach Def. 5.19 versteht man unter der Ordnung $|\mathcal{G}|$ einer endlichen Gruppe $\mathcal{G}$ die Anzahl ihrer Elemente. Ist U eine Untergruppe von $\mathcal{G}$, so ist diese selbstverständlich auch endlich. Es besteht ein interessanter Zusammenhang zwischen den Ordnungen $|\mathcal{G}|$, $|U|$ und der Anzahl der Nebenklassen bezüglich U in $\mathcal{G}$, der in folgendem **Satz von Lagrange** zum Ausdruck kommt:*

Es sei $\mathcal{G}$ eine endliche Gruppe und U eine Untergruppe von $\mathcal{G}$, dann gilt:

$$|\mathcal{G}| = |U| \cdot (\text{Anzahl der Nebenklassen zu } U).$$

Das erkennt man wie folgt: Unterschiedliche Nebenklassen haben keine gemeinsamen Elemente. Da jedes Element von $\mathcal{G}$ aber einer Nebenklasse angehört, überdecken diese Klassen ganz $\mathcal{G}$. Außerdem ist die Abbildung von U auf eine Nebenklasse gU ($g \in \mathcal{G}$) bijektiv. Daraus folgt, dass alle Nebenklassen die gleiche Elementanzahl haben, nämlich die von U. Deshalb ist die Menge der Nebenklassen eine Zerlegung (Partition) von $\mathcal{G}$ in Mengen der gleichen Mächtigkeit $|U|$. Was man auch wie folgt ausdrücken kann:

$$|\mathcal{G}| = (\text{Anzahl der Nebenklassen}) \cdot (\text{Anzahl der Elemente pro Nebenklasse}).$$

Aus diesem Satz liest man ab: Die Ordnung einer jeden Untergruppe $U \subseteq \mathcal{G}$ ist ein Teiler der Ordnung von $\mathcal{G}$. Demzufolge gibt es in einer Gruppe $\mathcal{G}$, deren Ordnung $|\mathcal{G}| = p$ eine Primzahl ist, nur die trivialen Untergruppen $\mathcal{G}$ und $\{e\}$. Das betrifft z.B. alle Restklassenkörper $\mathbb{Z}/p\mathbb{Z}$ (bzw. $\mathbb{Z}_p$) modulo einer Primzahl p (siehe Abschn. 2.1, Restklassenringe).

Beispiel 5.38 (*Faktorgruppen*)

1. Jede Untergruppe einer abelschen (kommutativen) Gruppe ist auch Normalteiler dieser Gruppe, was sofort aus $h \circ u \circ h^{-1} = h \circ h^{-1} \circ u = u$ für alle $u \in U$ folgt. In einer abelschen Gruppe kann also zu jeder Untergruppe eine Faktorgruppe gebildet werden.

2. Im Abschn. 2.1 (Permutationen) haben wir die symmetrische Gruppe $\mathbb{S}_n$ und deren (alternierende) Untergruppe $\mathbb{A}_n$ eingeführt. $\mathbb{A}_n$ besteht aus allen geraden Permutationen. Verknüpft man $\mathbb{A}_n$ mit einer geraden Permutation, so ist das Ergebnis wieder die Gruppe $\mathbb{A}_n$. Wird hingegen $\mathbb{A}_n$ mit einer ungeraden Permutation verknüpft, so erhält man die Komplementärmenge $\mathbb{S}_n - \mathbb{A}_n$. Bezüglich der alternierenden Gruppe $\mathbb{A}_n$ bilden $\mathbb{A}_n$ und $\mathbb{S}_n - \mathbb{A}_n$ eine Partition für $\mathbb{S}_n$. Da zu jeder geraden (ungeraden) Permutation $\boldsymbol{\alpha}$ auch deren inverse Permutation $\boldsymbol{\alpha}^{-1}$ gerade (ungerade) ist, führt die Verknüpfung $\boldsymbol{\alpha} \circ \boldsymbol{\beta} \circ \boldsymbol{\alpha}^{-1}$ mit einer geraden Permutation $\boldsymbol{\beta}$ wieder zu einer geraden Permutation. D.h., $\boldsymbol{\alpha} \circ \mathbb{A}_n \circ \boldsymbol{\alpha}^{-1} = \mathbb{A}_n$ für alle Permutationen $\boldsymbol{\alpha} \in \mathbb{S}_n$, womit $\mathbb{A}_n$ Normalteiler von $\mathbb{S}_n$ ist. Die Faktorgruppe $\mathbb{S}_n/\mathbb{A}_n$ besteht folglich aus zwei Klassen: $\mathbb{S}_n/\mathbb{A}_n = \{\mathbb{A}_n, \mathbb{S}_n - \mathbb{A}_n\}$.

3. Untergruppen in der (additiven) Gruppe $(\mathbb{Z}, +)$ haben die Form

$$m\mathbb{Z} = \{mk \text{ mit } k \in \mathbb{Z}\} \quad (m \in \mathbb{N}) \quad (\text{siehe Abschn. 2.1}).$$

Jede Untergruppe $m\mathbb{Z}$ ist in $\mathbb{Z}$ ein Normalteiler, denn für alle $n \in \mathbb{Z}$ ist

$$n + m\mathbb{Z} + (-n) = m\mathbb{Z}.$$

Mit den Restklassen $[l]_m = \{...l - 2m, \ l - m, \ l, \ l + m, \ l + 2m, ...\}$ modulo m bildet $\mathbb{Z}/m\mathbb{Z} = \{[0]_m, \ [1]_m, \ ..., [m-1]_m\}$ die Faktorgruppe zum Normalteiler $m\mathbb{Z}$.

Bemerkung 5.39 (*Kern und Bild eines Gruppen-Homomorphismus*)
Im Abschnitt 2.2 erwähnten wir Gruppen-Homomorphismen:
Sind $(\mathcal{G}, \circ)$ und $(\mathcal{H}, \diamond)$ Gruppen, so heißt eine Abbildung $\psi : \mathcal{G} \to \mathcal{H}$
Gruppen-Homomorphismus, wenn für alle $g, h \in \mathcal{G}$ gilt: $\psi(g \circ h) = \psi(g) \diamond \psi(h)$.
Kern eines Gruppen-Homomorphismus ist die Menge aller der $g \in \mathcal{G}$, die durch ψ
auf das neutrale Element e_H in $\mathcal{H}$ abgebildet werden:
$$\ker(\psi) = \{ alle\ g \in \mathcal{G}\ \ mit\ \ \psi(g) = e_H \} .$$
Das Bild von $\psi : \mathcal{G} \to \mathcal{H}$ besteht aus allen $h \in \mathcal{H}$, für die es ein $g \in \mathcal{G}$ gibt, so dass
$h = \psi(g)$:
$$\mathrm{Im}(\psi) = \{ alle\ h \in \mathcal{H},\ wobei\ ein\ g \in \mathcal{G}\ \ mit\ \ \psi(g) = h\ existiert \} .$$
Der Kern von ψ bildet eine Untergruppe in $\mathcal{G}$. Denn aus $g, g' \in \ker(\psi)$ folgt
$$\psi(g \circ g') = \psi(g) \diamond \psi(g') = e_H \diamond e_H = e_H, \quad also \ \ g \circ g' \in \ker(\psi) .$$
Mit $e_G \in \ker(\psi)$ ist auch $g^{-1} \in \ker(\psi)$, wenn $g \in \ker(\psi)$.
Ähnlich weist man nach, dass $\mathrm{Im}(\psi)$ eine Untergruppe in $\mathcal{H}$ ist.

Lemma 5.40 ($\ker(\psi)$ *ist Normalteiler,* $\mathcal{G}/\ker(\psi)$ *ist Faktorgruppe*)
Der Kern $\ker(\psi)$ eines Gruppen-Homomorphismus $\psi : \mathcal{G} \to \mathcal{H}$ ist ein Normalteiler
von $\mathcal{G}$, und die Menge aller Nebenklassen $h\ker(\psi)$ $(h \in \mathcal{G})$ bildet die Faktorgruppe
$\mathcal{G}/\ker(\psi)$ über $\mathcal{G}$.

Beweis. Es muss gezeigt werden, dass zu jedem $g \in \ker(\psi)$ (d.h. $\psi(g) = e_H$) und
jedem $h \in \mathcal{G}$ auch $h \circ g \circ h^{-1} \in \ker(\psi)$. Zunächst stellen wir fest:

Aus $e_H = \psi(e_G) = \psi(h \circ h^{-1}) = \psi(h) \diamond \psi(h^{-1})$ folgt sofort $\psi(h^{-1}) = (\psi(h))^{-1}$.
Mit diesem Zusammenhang erhält man:
$$\psi(h \circ g \circ h^{-1}) = \psi(h) \diamond \psi(g) \diamond \psi(h^{-1}) = \psi(h) \diamond e_H \diamond \psi(h^{-1})$$
$$= \psi(h) \diamond \psi(h^{-1}) = \psi(h) \diamond (\psi(h))^{-1} = e_H \quad \Rightarrow h \circ g \circ h^{-1} \in \ker(\psi). \quad \blacksquare$$
Die Faktorgruppe $\mathcal{G}/\ker(\psi)$ ist nicht gut vorstellbar. Es gibt aber einen Isomorphismus
dieser Gruppe zum Bild $\mathrm{Im}(\psi)$, über den man die Nebenklassen mit den Bildelementen
von ψ identifizieren kann.

Satz 5.41 (*Gruppen-Homomorphiesatz (Erstes Isomorphie-Theorem)*)
Zu einem Gruppen-Homomorphismus $\psi : \mathcal{G} \to \mathcal{H}$ ist die Abbildung
$$\Phi : \mathcal{G}/\ker(\psi) \to \mathrm{Im}(\psi) \quad gemäß\ \ h\ker(\psi) \mapsto \psi(h)$$
ein Isomorphismus zwischen den Gruppen $\mathcal{G}/\ker(\psi)$ und $\mathrm{Im}(\psi)$, d.h., beide Grup-
pen sind isomorph zueinander:

$$\mathcal{G}/\ker(\psi) \simeq \mathrm{Im}(\psi) .$$

Beweis. Zunächst muss gezeigt werden, dass
$$h\ker(\psi) = g\ker(\psi) \quad genau\ dann\ gilt,\ wenn\ \ \psi(h) = \psi(g),$$
womit die Eindeutigkeit der Zuordnung gesichert ist. Über die folgende Kette logisch

äquivalenter Zuweisungen wird klar, dass Φ eine eindeutig definierte Abbildung ist.

$$h \ker(\psi) = g \ker(\psi) \Leftrightarrow h^{-1} \circ g \in \ker(\psi)$$

$$\Leftrightarrow e_{\mathcal{H}} = \psi(h^{-1} \circ g) = \psi(h^{-1}) \diamond \psi(g) = (\psi(h))^{-1} \diamond \psi(g) \Leftrightarrow \psi(h) = \psi(g).$$

Zu jedem $b \in \text{Im}(\psi)$ gibt es ein $g \in \mathcal{G}$, so dass $\psi(g) = b$ und damit eine Klasse $g \ker(\psi)$, d.h., Φ ist surjektiv. Die Injektivität von Φ ist aus folgender Zuweisungskette ablesbar:

$$\Phi(h \ker(\psi)) = \Phi(g \ker(\psi)) \Leftrightarrow \psi(h) = \psi(g) \Leftrightarrow$$

$$e_{\mathcal{H}} = (\psi(h))^{-1} \diamond \psi(g) = \psi(h^{-1} \circ g) \Leftrightarrow h^{-1} \circ g \in \ker(\psi) \Leftrightarrow h \ker(\psi) = g \ker(\psi).$$

Φ ist also bijektiv und auch ein Homomorphismus:

$$\Phi(h \ker(\psi) \cdot g \ker(\psi)) = \Phi(hg \ker(\psi)) = \psi(h \circ g) = \psi(h) \diamond \psi(g)$$
$$= \Phi(h \ker(\psi)) \cdot \Phi(g \ker(\psi)).$$

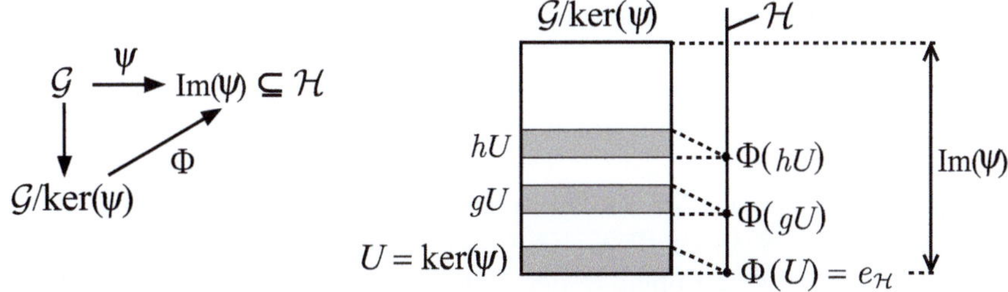

Abb. 5.2: Bildliche Veranschaulichung zum Homomorphiesatz

Die Aussage dieses Satzes drückt man kurz und einprägsam wie folgt aus:

Bild von ψ = (Urbild von ψ) modulo (Kern von ψ).

Beispiel 5.42 *(Isomorphismus zum Betrag komplexer Zahlen)*
Wir führen die Mengen

$$\mathbb{C}^* = \mathbb{C} - \{0\} = \{z \in \mathbb{C} \text{ mit } z \neq 0\} \quad \text{und} \quad \mathbb{R}^+ = (0, \infty) = \{r \in \mathbb{R} \text{ mit } r > 0\} \text{ ein.}$$

Mit der in $\mathbb{C}$ und $\mathbb{R}$ üblichen Multiplikation als Verknüpfungsoperation bilden diese Mengen (multiplikative) Gruppen. Die Abbildung

$$|\cdot| : \mathbb{C}^* \to \mathbb{R}^+ \quad \text{gemäß} \quad z \in \mathbb{C}^* \mapsto |z| \in \mathbb{R}^+,$$

die jeder nicht verschwindenden komplexen Zahl z ihren Betrag $|z|$ zuweist, bildet einen surjektiven Gruppen-Homomorphismus. Aus Formel (1.6) zum Betrag des Produktes komplexer Zahlen z_1, z_2 folgt: $|z_1 \cdot z_2| = |z_1||z_2|$. Woraus sofort die Eigenschaft eines Homomorphismus ablesbar ist.

In $\mathbb{R}^+$ ist die Zahl 1 das neutrale Element, demzufolge bilden alle komplexen Zahlen z mit dem Betrag $|z| = 1$, d.h. alle Zahlen des Einheitskreises

$$K_1 = \{z \in \mathbb{C}^* \text{ mit } |z| = 1\},$$

den Kern des Homomorphismus $|\cdot|$: $\ker(|\cdot|) = K_1$.
Die Faktorgruppe $\mathbb{C}^*/K_1$ besteht aus allen Kreisen $K_r = rK_1$ in $\mathbb{C}$ mit dem Mittelpunkt im Ursprung $0 \in \mathbb{C}$ und positivem Radius $r > 0$. Das Produkt der Nebenklassen (Kreise) rK_1 und sK_1 $(r, s > 0)$ ist die Nebenklasse (der Kreis) $(r \cdot s) K_1$. Die Abbildung, die jeder Nebenklasse K_r den Radius r des Kreises rK_1 zuordnet, ist ein Isomorphismus:

$$\mathbb{C}^*/K_1 \to \mathbb{R}^+ \quad \text{gemäß} \quad rK_1 \mapsto r \in \mathbb{R}^+.$$

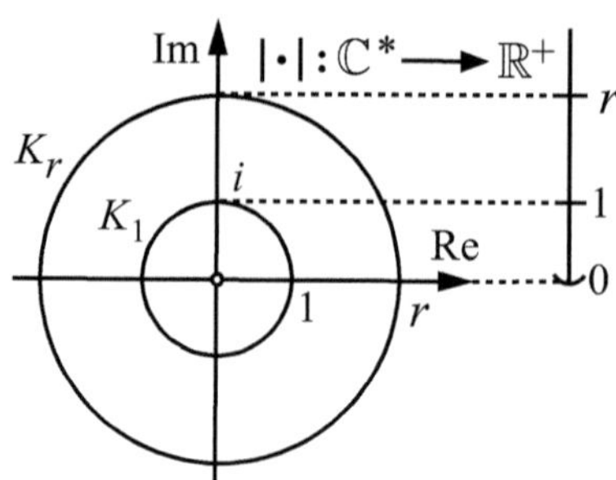

Abb. 5.3: Isomorphismus zwischen allen Zentrikreisen in $\mathbb{C}^*$ und $\mathbb{R}^+$

5.6 Fundamentalsatz

Wir sind jetzt in der Lage, die Einzelergebnisse der vorangegangenen Abschnitte in
einer fundamentalen Aussage zur Galois-Theorie zu vereinen. Zusammengefasst kann
von folgenden Resultaten ausgegangen werden. Zu einer Körpererweiterung $\mathcal{L} : \mathcal{K}$ mit
den Körpern $\mathcal{K} \subseteq \mathcal{L} \subseteq \mathbb{C}$ werden alle Zwischenkörper in einer Menge
$$\mathfrak{K} = \{\text{Zwischenkörper } \mathcal{M} \text{ zu } \mathcal{L} : \mathcal{K} \quad (\mathcal{K} \subseteq \mathcal{M} \subseteq \mathcal{L})\}$$
vereinigt. Sämtliche Untergruppen $\mathcal{H}$ der Galois-Gruppe $Gal\,(\mathcal{L} : \mathcal{K})$ finden ebenfalls
ihren Platz in einer Menge
$$\mathfrak{G} = \{\text{Untergruppen } \mathcal{H} \subseteq Gal\,(\mathcal{L} : \mathcal{K})\}\,.$$
Einem Zwischenkörper $\mathcal{M}$ wird die Untergruppe $\mathcal{H} = Gal\,(\mathcal{L} : \mathcal{M})$ zugeordnet. $\mathcal{H}$ enthält alle Automorphismen σ über $\mathcal{L}$, die jedes Element aus $\mathcal{M}$ fixieren, d.h., $\sigma \in \mathcal{H}$
wenn gilt $\sigma\,(a) = a$ für alle $a \in \mathcal{M}$. Da $\mathcal{K}$ in $\mathcal{M}$ enthalten ist, fixiert σ auch jedes
Element aus $\mathcal{K}$, weshalb $Gal\,(\mathcal{L} : \mathcal{M})$ tatsächlich eine Untergruppe von $Gal\,(\mathcal{L} : \mathcal{K})$
darstellt. Wir kommen so zur schon eingeführten Abbildung (siehe Formel (5.3))
$$* : \mathfrak{K} \longrightarrow \mathfrak{G} \qquad \text{gemäß} \qquad \mathcal{M} \in \mathfrak{K} \mapsto \mathcal{M}^* = \mathcal{H} = Gal\,(\mathcal{L} : \mathcal{M}) \in \mathfrak{G}.$$
Um die Verbindung zwischen Körper $\mathcal{M}$ und Gruppe $\mathcal{H}$, deren Automorphismen $\mathcal{M}$
fixieren, herauszustellen, bezeichnet man $\mathcal{M}$ als **Fixkörper** zu $\mathcal{H}$ und drückt dies mit
$\mathcal{M} = Fix\,(\mathcal{H})$ aus.
Daneben haben wir die Abbildung, die jeder Untergruppe $\mathcal{H} = Gal\,(\mathcal{L} : \mathcal{M})$ dieser
ihren Fixkörper $\mathcal{H}^\dagger = Fix\,(\mathcal{H})$ zuordnet:
$$\dagger : \mathfrak{G} \longrightarrow \mathfrak{K} \qquad \text{gemäß} \qquad \mathcal{H} \in \mathfrak{G} \mapsto \mathcal{H}^\dagger = Fix\,(\mathcal{H}) \in \mathfrak{K}.$$
Die Abbildungen $*$ und $\dagger$ beschreiben, wie die Untergruppen $\mathcal{H} \subseteq Gal\,(\mathcal{L} : \mathcal{K})$ mit
den Fixkörpern $\mathcal{H}^\dagger = Fix\,(\mathcal{H})$ interagieren. Man spricht deshalb von der Galois-
Korrespondenz zur Körpererweiterung $\mathcal{L} : \mathcal{K}$. Im Überblick dargestellt, bestehen zwischen den Untergruppen $\mathcal{H}$ und deren Fixkörper $\mathcal{M} = Fix\,(\mathcal{H})$ folgende Beziehungen:

(i) Für alle Zwischenkörper (Fixkörper) $\mathcal{M}_1, \mathcal{M}_2 \in \mathfrak{K}$ gilt:
         Aus $\mathcal{M}_1 \subseteq \mathcal{M}_2$ folgt $Gal\,(\mathcal{L} : \mathcal{M}_1) \supseteq Gal\,(\mathcal{L} : \mathcal{M}_2)\,.$

(ii) Für alle Untergruppen $\mathcal{H}_1, \mathcal{H}_2 \in \mathfrak{G}$ gilt:
         Aus $\mathcal{H}_1 \subseteq \mathcal{H}_2$ folgt $Fix\,(\mathcal{H}_1) \supseteq Fix\,(\mathcal{H}_2)\,.$

(iii) Für alle Zwischenkörper $\mathcal{M} \in \mathfrak{K}$ und Untergruppen $\mathcal{H} \in \mathfrak{G}$ gilt:
         $\mathcal{M} \subseteq Fix\,(\mathcal{H})$ genau dann, wenn $\mathcal{H} \subseteq Gal\,(\mathcal{L} : \mathcal{M})\,.$

(iv) Für jedes $\mathcal{M} \in \mathfrak{K}$ gilt $\mathcal{M} \subseteq Fix\,(Gal\,(\mathcal{L} : \mathcal{M}))\,.$
         Für jedes $\mathcal{H} \in \mathfrak{G}$ gilt $\mathcal{H} \subseteq Gal\,(\mathcal{L} : Fix\,(\mathcal{H}))\,.$

Aus diesen Relationen wird die schon in Abschn. 5.1 getroffene Feststellung bekräftigt:
Je umfangreicher die Zwischenkörper (Fixkörper) $\mathcal{M}$ werden, umso kleiner werden die
zugeordneten Untergruppen $\mathcal{H} = Gal\,(\mathcal{L} : \mathcal{M})$, denn von den Automorphismen wird
verlangt, dass diese ausgedehntere Körper fixieren. Andererseits, je umfangreicher die
Untergruppen $\mathcal{H}$ sind, desto kleiner werden die zu fixierenden Körper $\mathcal{M} = Fix\,(\mathcal{H})$,
weil es für die Elemente aus $\mathcal{L}$ schwieriger wird, durch alle Automorphismen in $\mathcal{H}$ fixiert
zu werden. Dieses umgekehrte Verhältnis ist in folgender Graphik zusammen mit der
beide Seiten verbindenden Galois-Korrespondenz dargestellt:

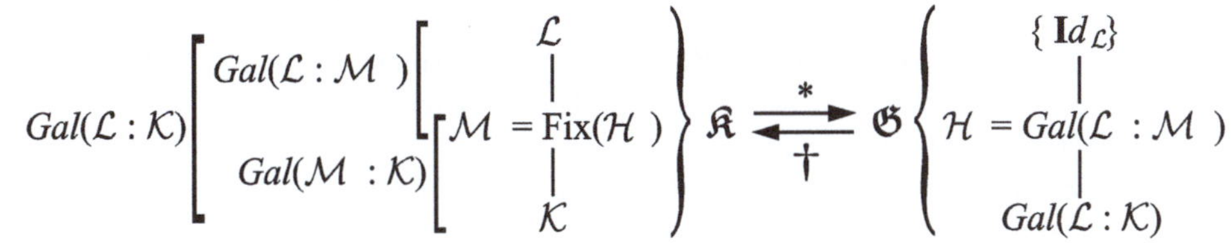

$$
Gal(\mathcal{L} : \mathcal{K})
\begin{bmatrix}
Gal(\mathcal{L} : \mathcal{M}) \\
\\
Gal(\mathcal{M} : \mathcal{K})
\end{bmatrix}
\left.\begin{bmatrix}
\mathcal{L} \\
| \\
\mathcal{M} = Fix(\mathcal{H}) \\
| \\
\mathcal{K}
\end{bmatrix}\right\}
\mathfrak{K}
\underset{\dagger}{\overset{*}{\rightleftarrows}}
\mathfrak{G}
\left\{\begin{array}{c}
\{\,\mathbf{Id}_{\mathcal{L}}\} \\
| \\
\mathcal{H} = Gal(\mathcal{L} : \mathcal{M}) \\
| \\
Gal(\mathcal{L} : \mathcal{K})
\end{array}\right.
$$

Abb. 5.4: Korrespondenz von Untergruppen $\mathcal{H} = Gal\,(\mathcal{L} : \mathcal{M})$ und Fixkörpern
  $\mathcal{M} = Fix\,(\mathcal{H})$

Von einer Korrespondenz im eigentlichen Sinne spricht man, wenn die Abbildungen
$*$ und $\dagger$ zueinander wechselseitig invers sind, d.h., wenn in (iv) für alle $\mathcal{M} \in \mathfrak{K}$ und
$\mathcal{H} \in \mathfrak{G}$ die Gleichheit gilt:
  $\mathcal{M} = Fix\,(Gal\,(\mathcal{L} : \mathcal{M}))$ und $\mathcal{H} = Gal\,(\mathcal{L} : Fix\,(\mathcal{H}))$.
Dass diese Bijektivität nicht selbstverständlich ist, zeigt das folgende Beispiel.

Beispiel 5.43 (*zu* $*$ *und* $\dagger$ *sind nicht invers zueinander*)
Die Körpererweiterung $\mathbb{Q}\left(\sqrt[3]{2}\right) : \mathbb{Q}$ *ist nicht normal, aber endlich mit dem Grad*
$\left[\mathbb{Q}\left(\sqrt[3]{2}\right) : \mathbb{Q}\right] = 3$ *(siehe Bsp.* 5.3 **3.** *und Bsp.* 3.66 *2).*
Der Grad ist damit eine Primzahl, deshalb können nach Satz 3.68 *(Gradformel* (3.11)*)*
keine Zwischenkörper existieren. D.h., $\mathfrak{K}$ *enthält nur die trivialen Körper:*
  $\mathfrak{K} = \left\{\mathbb{Q}\left(\sqrt[3]{2}\right), \mathbb{Q}\right\}$.
Wie in Bsp. 5.3 **3.** *gezeigt wurde, besteht die Galois-Gruppe lediglich aus der identischen*
Abbildung, d.h. $Gal\left(\mathbb{Q}\left(\sqrt[3]{2}\right), \mathbb{Q}\right) = \left\{\mathbf{Id}\left(\mathbb{Q}\left(\sqrt[3]{2}\right)\right)\right\}$. $\mathfrak{K}$ *enthält zwei und* $\mathfrak{G}$ *nur ein*
Element, folglich ist zwischen beiden Mengen keine eineindeutige Beziehung herstellbar.
Der Fixkörper zu $Gal\left(\mathbb{Q}\left(\sqrt[3]{2}\right), \mathbb{Q}\right)$ *ist* $\mathbb{Q}\left(\sqrt[3]{2}\right)$ *(denn die Galois-Gruppe besteht nur*
aus der Identität) und nicht $\mathbb{Q}$*:*
  $Fix\left(Gal\left(\mathbb{Q}\left(\sqrt[3]{2}\right), \mathbb{Q}\right)\right) = \mathbb{Q}\left(\sqrt[3]{2}\right) \supset \mathbb{Q}$.

Das folgende Lemma wird später zum Nachweis der Normalität von Untergruppen der
Galois-Gruppe benötigt. Es wird Bezug zu einem $\mathcal{K}-$Automorphismus σ über $\mathcal{L}$ genommen. Für jeden Zwischenkörper $\mathcal{M}$ ist die Gruppe $(\sigma\,(\mathcal{M}))^* = Gal\,(\mathcal{L}, \sigma\,(\mathcal{M}))$ aller
$\sigma\,(\mathcal{M})-$Automorphismen über $\mathcal{L}$ gleich der gemäß $\sigma \mathcal{M}^* \sigma^{-1}$ transformierten Gruppe
$\mathcal{M}^* = Gal\,(\mathcal{L}, \mathcal{M})$ aller $\mathcal{M}-$Automorphismen über $\mathcal{L}$.

Lemma 5.44 (*Automorphismen über Zwischenkörper*)
Es sei $\mathcal{L} : \mathcal{K}$ *eine Körpererweiterung,* $\mathcal{M}$ *ein Zwischenkörper* ($\mathcal{K} \subseteq \mathcal{M} \subseteq \mathcal{L}$) *und* σ
ein $\mathcal{K}-$*Automorphismus über* $\mathcal{L}$*. Dann ist*

$$(\sigma\,(\mathcal{M}))^* = \sigma \mathcal{M}^* \sigma^{-1}$$

($\mathcal{M}^*$ (*bzw.* $(\sigma\,(\mathcal{M}))^*$) *ist die Gruppe aller*
$\mathcal{M}-$ *bzw.* $\sigma\,(\mathcal{M}) -$*Automorphismen über* $\mathcal{L}$*.*).

Beweis. Es sei $\mathcal{M}_\sigma = \sigma\,(\mathcal{M})$, $\eta \in \mathcal{M}^*$ ein $\mathcal{M}-$Automorphismus über $\mathcal{L}$ und $\beta_1 \in \mathcal{M}_\sigma$.
Dann gibt es ein $\beta \in \mathcal{M}$, so dass $\sigma\,(\beta) = \beta_1$. Damit berechnet man:
$\quad (\sigma \eta \sigma^{-1})\,(\beta_1) = \sigma \eta\,(\beta) = \sigma\,(\beta) = \beta_1$.
Folglich ist $\sigma \eta \sigma^{-1}$ ein $\mathcal{M}_\sigma-$Automorphismus über $\mathcal{L}$ für alle $\mathcal{M}-$Automorphismen η
über $\mathcal{L}$, d.h. $\sigma \mathcal{M}^* \sigma^{-1} \subseteq (\mathcal{M}_\sigma)^*$. $\qquad\qquad$ (1)
Ist andererseits $\theta \in (\mathcal{M}_\sigma)^*$ ein $\mathcal{M}_\sigma-$Automorphismus über $\mathcal{L}$ und $\gamma_1 \in \mathcal{M}$, dann gibt
es ein $\gamma \in \mathcal{M}_\sigma$, so dass $\sigma^{-1}\,(\gamma) = \gamma_1$. Man berechnet:
$\quad (\sigma^{-1} \theta \sigma)\,(\gamma_1) = \sigma^{-1} \theta\,(\gamma) = \sigma^{-1}\,(\gamma) = \gamma_1$.
D.h., $(\sigma^{-1} \theta \sigma)$ ist ein $\mathcal{M}-$Automorphismus über $\mathcal{L}$ für alle $\mathcal{M}_\sigma-$Automorphismen θ
über $\mathcal{L}$ und damit $\sigma^{-1}(\mathcal{M}_\sigma)^* \sigma \subseteq \mathcal{M}^*$. Rechts bzw. links mit σ^{-1} bzw. σ komponiert,
ergibt: $(\mathcal{M}_\sigma)^* \subseteq \sigma \mathcal{M}^* \sigma^{-1}$. $\qquad\qquad$ (2)
Aus (1) und (2) mit $(\mathcal{M}_\sigma)^* = (\sigma\,(\mathcal{M}))^*$ ergibt sich $(\sigma\,(\mathcal{M}))^* = \sigma \mathcal{M}^* \sigma^{-1}$. $\blacksquare$
Sind $*$ und $\dagger$ zueinander wechselseitig invers, dann besteht ein eineindeutiger Zusammenhang von Zwischenkörpern $\mathcal{M}$ der Erweiterung $\mathcal{L} : \mathcal{K}$ mit den Untergruppen $\mathcal{H}$
der Galois-Gruppe. Der Fundamentalsatz der Galois-Theorie bringt unter anderem zum
Ausdruck, dass dieser Fall eintritt, wenn die Erweiterung $\mathcal{L} : \mathcal{K}$ normal, endlich und
separabel ist. Für Körpererweiterungen im Bereich der komplexen Zahlen, auf die wir
uns beschränken, ist die Separabilität von vornherein gegeben (siehe Abschn. 5.3).

Satz 5.45 (*Fundamentalsatz der Galois-Theorie*)
$\mathcal{L} : \mathcal{K}$ *sei eine endliche, normale Körpererweiterung im Bereich der komplexen Zahlen und* $G \equiv Gal\,(\mathcal{L} : \mathcal{K})$ *die Galois-Gruppe dieser Erweiterung. Sind die Mengen*
$\mathfrak{K}$*,* $\mathfrak{G}$ *und die Abbildungen* $*$*,* $\dagger$ *wie oben definiert, so gilt:*
(1) *Die Ordnung der Galois-Gruppe G ist gleich dem Grad der Körpererweiterung:*
$\quad |G| = [\mathcal{L} : \mathcal{K}]$ *.*
(2) *Die Abbildungen* $*$ *und* $\dagger$ *sind invers zueinander und bilden eine ordnungsumkehrende Eins-zu-Eins-Entsprechung zwischen den Mengen* $\mathfrak{K}$ *und* $\mathfrak{G}$*.*
(3) *Ist $\mathcal{M}$ ein Zwischenkörper ($\mathcal{K} \subseteq \mathcal{M} \subseteq \mathcal{L}$), so gilt für die Ordnung der Gruppe*
$\quad \mathcal{M}^* = \mathcal{H} = Gal\,(\mathcal{L} : \mathcal{M})$

$$|\mathcal{M}^*| = [\mathcal{L} : \mathcal{M}] \quad und \quad \frac{|G|}{|\mathcal{M}^*|} = [\mathcal{M} : \mathcal{K}] \,.$$

(4) *Ein Zwischenkörper $\mathcal{M}$ ist genau dann eine normale Erweiterung von $\mathcal{K}$, wenn*
$\quad \mathcal{M}^* = \mathcal{H} = Gal\,(\mathcal{L} : \mathcal{M})$ *eine normale Untergruppe von G ist.*

(5) *Ist der Zwischenkörper $\mathcal{M}$ eine normale Erweiterung von $\mathcal{K}$, so ist die Galois-Gruppe $Gal\,(\mathcal{M}:\mathcal{K})$ isomorph zur Faktorgruppe*
$G/M^* = Gal\,(\mathcal{L}:\mathcal{K})\,/Gal\,(\mathcal{L}:\mathcal{M}):$

$$Gal\,(\mathcal{M}:\mathcal{K}) \simeq \frac{Gal\,(\mathcal{L}:\mathcal{K})}{Gal\,(\mathcal{L}:\mathcal{M})}.$$

Beweis. (1) folgt direkt aus Bem. 5.32.

(2) Es sei $\mathcal{M}$ ein Zwischenkörper und $[\mathcal{L}:\mathcal{M}] = d$, dann ist nach Satz 5.20 (siehe Formel (5.4)) die Ordnung der Untergruppe $\mathcal{M}^* = \mathcal{H} = Gal\,(\mathcal{L}:\mathcal{M})$ ebenfalls d: $|\mathcal{M}^*| = d$. Hat andererseits eine Untergruppe $\mathcal{H}$ von G die Ordnung d, so folgt aus Bem. 5.32 für den Grad der Erweiterung $\mathcal{L}:\mathcal{H}^{\dagger}$ mit $\mathcal{H}^{\dagger} = Fix\,(\mathcal{H})$: $\left[\mathcal{L}:\mathcal{H}^{\dagger}\right] = d$. Da es sich hier um endliche Mengen (Gruppen) handelt und wegen $|\mathcal{H}| = |\mathcal{M}^*| = d$, folgt aus den Kompositionen $\mathcal{M} = (\mathcal{M}^*)^{\dagger}$ und $\mathcal{H} = \left(\mathcal{H}^{\dagger}\right)^*$, dass die Abbildungen $*$ und $\dagger$ wechselseitig invers zueinander sind.

(3) $\mathcal{L}:\mathcal{M}$ ist normal und nach Bem. 5.32:
$|Gal\,(\mathcal{L}:\mathcal{M})| = |\mathcal{M}^*| = [\mathcal{L}:\mathcal{M}]$ und
$|G| = |Gal\,(\mathcal{L}:\mathcal{K})| = [\mathcal{L}:\mathcal{K}] = [\mathcal{L}:\mathcal{M}]\,[\mathcal{M}:\mathcal{K}] = |\mathcal{M}^*|\,[\mathcal{M}:\mathcal{K}]$.

(4) Es sei $\mathcal{M}:\mathcal{K}$ eine normale Körpererweiterung und $\sigma \in G$. Dann ist die Einschränkung $\sigma|_{\mathcal{M}}$ ein $\mathcal{K}-$Monomorphismus $\mathcal{M} \to \mathcal{L}$ und nach Satz 5.30 (vertausche im Beweis von (1) $\to$ (3) die Körperbezeichnungen $\mathcal{M}$ und $\mathcal{L}$!) auch ein $\mathcal{K}-$Automorphismus über $\mathcal{M}$, d.h. $\sigma\,(\mathcal{M}) = \mathcal{M}$. Aus Lemma 5.44 folgt dann $\mathcal{M}^* = \sigma\mathcal{M}^*\sigma^{-1}$, d.h., die Gruppe $\mathcal{M}^* = Gal\,(\mathcal{L}:\mathcal{M})$ aller $\mathcal{M}-$Automorphismen über $\mathcal{L}$ ist ein Normalteiler (eine normale Untergruppe) der Galois-Gruppe $G = Gal\,(\mathcal{L}:\mathcal{K})$.

Ist andererseits $\mathcal{M}^*$ normale Untergruppe von G und τ ein $\mathcal{K}-$Monomorphismus $\mathcal{M} \to \mathcal{L}$, so gibt es nach Satz 5.24 einen $\mathcal{K}-$Automorphismus σ über $\mathcal{L}$ mit der Einschränkung $\sigma|_{\mathcal{M}} = \tau$. Da $\mathcal{M}^*$ eine normale Untergruppe ist, gilt $\mathcal{M}^* = \sigma\mathcal{M}^*\sigma^{-1} = (\sigma\,(\mathcal{M}))^*$. Nach (2) sind $*$ und $\dagger$ zueinander invers und damit
$\mathcal{M} = (\mathcal{M}^*)^{\dagger} = ((\sigma\,(\mathcal{M}))^*)^{\dagger} = \sigma\,(\mathcal{M})$.
Folglich ist auch $\tau\,(\mathcal{M}) = \mathcal{M}$ (denn $\sigma|_{\mathcal{M}} = \tau$). D.h., τ ist ein $\mathcal{K}-$Automorphismus über $\mathcal{M}$, und aus Satz 5.30 (vertausche im Beweis von (3) $\to$ (1) die Körperbezeichnungen $\mathcal{M}$ und $\mathcal{L}$!) folgt die Normalität der Körpererweiterung $\mathcal{M}:\mathcal{K}$.

(5) $Gal\,(\mathcal{M}:\mathcal{K})$ ist die Galois-Gruppe zur Erweiterung $\mathcal{M}:\mathcal{K}$. Wir führen die Abbildung
$\Psi : G \to Gal\,(\mathcal{M}:\mathcal{K})$ gemäß $\sigma \in G \mapsto \Psi\,(\sigma) = \sigma|_{\mathcal{M}}$
ein. Diese Zuordnung ist ein Homomorphismus $G \to Gal\,(\mathcal{M}:\mathcal{K})$ und nach Satz 5.30 die Einschränkung $\sigma|_{\mathcal{M}}$ ein $\mathcal{K}-$Automorphismus über $\mathcal{M}$. Nach Satz 5.24 ist Ψ eine Abbildung auf, d.h. $Im\,(\Psi) = Gal\,(\mathcal{M}:\mathcal{K})$. Der Kern von Ψ, d.h., alle Automorphismen aus G, die auf das neutrale Element in $Gal\,(\mathcal{M}:\mathcal{K})$ (d.h. auf die Identität) abgebildet werden, ist $\mathcal{M}^*$ ($=$ alle $\mathcal{M}-$Automorphismen über $\mathcal{L}$): $\ker\,(\Psi) = \mathcal{M}^*$. Nach Lemma 5.40 ist der Kern eines Gruppen-Homomorphismus ein Normalteiler, d.h., die Untergruppe $\mathcal{M}^* = Gal\,(\mathcal{L}:\mathcal{M})$ ist ein Normalteiler der Galois-Gruppe G. Nach dem Gruppen-Homomorphiesatz (siehe Satz 5.41) ist
$Gal\,(\mathcal{M}:\mathcal{K}) = Im\,(\Psi) \simeq G/\ker\,(\Psi) = Gal\,(\mathcal{L}:\mathcal{K})\,/Gal\,(\mathcal{L}:\mathcal{M})$.   ∎

Beispiel 5.46 (*Galois-Korrespondenz zu* $\mathbf{p}(X) = (X^2 - 2)(X^2 - 3)$)

$\mathbf{p}$ *ist ein Polynom aus dem Ring* $\mathbb{Q}[X]$, *weshalb vom Koeffizientenkörper* $\mathcal{K} = \mathbb{Q}$ *ausgegangen wird. Mit den Nullstellen* $x_{1,2} = \pm\sqrt{2}$ *und* $x_{3,4} = \pm\sqrt{3}$ *zu* $\mathbf{p}$ *ergibt sich der Zerfällungskörper* $\mathcal{L} = \mathbb{Q}\left(\sqrt{2}, \sqrt{3}\right)$ *(siehe auch Bsp. 3.69).* $\mathcal{L}$ *als Vektorraum, über* $\mathcal{K}$ *betrachtet, besteht aus folgenden Zahlen:*

$$\mathcal{L} = \left\{ a + b\sqrt{2} + c\sqrt{3} + d\sqrt{6} \quad \text{mit beliebigen rationalen Zahlen, } a,b,c,d \in \mathbb{Q} \right\}.$$

Damit hat $\mathcal{L}$ *die Dimension 4 und die Erweiterung* $\mathcal{L} : \mathcal{K}$ *den Grad:* $[\mathcal{L} : \mathcal{K}] = 4$.

Zur Ermittlung der $\mathcal{K}-$*Automorphismen* σ *über* $\mathcal{L}$ *stellen wir folgende Überlegungen an:* σ *muss die Nullstellen von* $X^2 - 2$ *wieder auf die Nullstellen von* $X^2 - 2$ *abbilden, so dass* $\sigma\left(\sqrt{2}\right) = \pm\sqrt{2}$, *und ebenso sind die Nullstellen von* $X^2 - 3$ *auf die Nullstellen von* $X^2 - 3$ *abzubilden, d.h.* $\sigma\left(\sqrt{3}\right) = \pm\sqrt{3}$. *Die Wurzeln* $\sqrt{2}$ *und* $\sqrt{3}$ *sind unabhängig voneinander und bestimmen die* $\mathcal{K}-$*Automorphismen über* $\mathcal{L}$ *vollständig. Es ergeben sich damit folgende Abbildungen:*

$$\sigma_0 \left(a + b\sqrt{2} + c\sqrt{3} + d\sqrt{6}\right) = a + b\sqrt{2} + c\sqrt{3} + d\sqrt{6} = \mathbf{Id}_{\mathcal{L}}$$
$$\sigma_1 \left(a + b\sqrt{2} + c\sqrt{3} + d\sqrt{6}\right) = a - b\sqrt{2} + c\sqrt{3} - d\sqrt{6}$$
$$\sigma_2 \left(a + b\sqrt{2} + c\sqrt{3} + d\sqrt{6}\right) = a + b\sqrt{2} - c\sqrt{3} - d\sqrt{6}$$
$$\sigma_3 \left(a + b\sqrt{2} + c\sqrt{3} + d\sqrt{6}\right) = a - b\sqrt{2} - c\sqrt{3} + d\sqrt{6}.$$

Diese werden in der Galois-Gruppe zur Erweiterung $\mathcal{L} : \mathbb{Q}$ *zusammengefasst:*

$$Gal\left(\mathcal{L} : \mathcal{K}\right) = \left\{\sigma_0 = \mathbf{Id}_{\mathcal{L}},\, \sigma_1,\, \sigma_2,\, \sigma_3\right\}.$$

Folglich ist $|Gal\left(\mathcal{L} : \mathcal{K}\right)| = [\mathcal{L} : \mathcal{K}] = 4$.

Neben $\mathcal{M}_0 = \mathcal{K}$ *und* $\mathcal{M}_4 = \mathcal{L}$, *gibt es folgende (echte) Zwischenkörper*

$$\mathcal{M}_1 = \mathbb{Q}\left(\sqrt{2}\right),\ \mathcal{M}_2 = \mathbb{Q}\left(\sqrt{3}\right),\ \mathcal{M}_3 = \mathbb{Q}\left(\sqrt{6}\right).$$

Neben $\mathcal{H}_0 = Gal\left(\mathcal{L} : \mathcal{K}\right)$ *und* $\mathcal{H}_4 = \{\mathbf{Id}_{\mathcal{L}}\}$ *identifizieren wir als Untergruppen der Galois-Gruppe:*

$$\mathcal{H}_1 = \{\mathbf{Id}_{\mathcal{L}}, \sigma_2\},\ \mathcal{H}_2 = \{\mathbf{Id}_{\mathcal{L}}, \sigma_1\},\ \mathcal{H}_3 = \{\mathbf{Id}_{\mathcal{L}}, \sigma_3\}.$$

Zwischen den Mengen

$$\mathfrak{K} = \{\mathcal{M}_0, ..., \mathcal{M}_4\} \quad \mathfrak{G} = \{\mathcal{H}_0, ..., \mathcal{H}_4\}$$

bestehen die Korrespondenzen:

$$\left(\mathcal{M}_i\right)^* = \mathcal{H}_i = Gal\left(\mathcal{L} : \mathcal{M}_i\right) \quad \text{und} \quad \left(\mathcal{H}_i\right)^\dagger = Fix\left(\mathcal{H}_i\right) = \mathcal{M}_i \quad (i = 0, ..., 4).$$

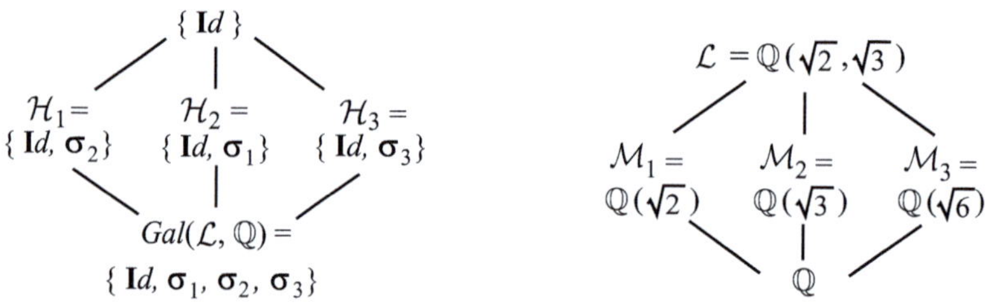

Abb. 5.5: Gruppen- und Körperstruktur zu $\mathbf{p}(X) = (X^2 - 2)(X^2 - 3)$

Mit den Aussagen des Fundamentalsatzes leitet man außerdem ab:

$$|\mathcal{H}_i| = |\mathcal{M}_i^*| = [\mathcal{L} : \mathcal{M}_i] = 2$$

$$Gal\left(\mathcal{M}_i : \mathcal{K}\right) \simeq \frac{Gal\left(\mathcal{L} : \mathcal{K}\right)}{Gal\left(\mathcal{L} : \mathcal{M}_i\right)} \simeq \mathbb{Z}/2\mathbb{Z} \qquad \text{für } i = 1, 2, 3.$$

Beispiel 5.47 (***Galois-Korrespondenz zu*** $\mathbf{p}(X) = X^3 - 5$)

$\mathbf{p}(X) \in \mathbb{Q}[X]$ *besitzt die Nullstellen* $x_k = \sqrt[3]{5}\zeta^k$ ($k = 0, 1, 2$) *mit der 3. Einheitswurzel* $\zeta = \frac{1}{2}\left(-1 + \sqrt{3}i\right)$ *(siehe Abschn.* 1.6*)*

Bezüglich $\mathcal{K} = \mathbb{Q}$ *ergibt sich der Zerfällungskörper* $\mathcal{L} = \mathbb{Q}\left(\sqrt[3]{5}, \zeta\right)$*, wobei* $\mathcal{L}$*, als Vektorraum über* $\mathbb{Q}$ *betrachtet, alle Linearkombinationen folgender Form umfasst:*

$$\begin{aligned} z = \ &= a + b\sqrt[3]{5} + \left(c + d\sqrt[3]{5}\right)\zeta + \left(e + f\sqrt[3]{5}\right)\zeta^2 \\ &= a + b\sqrt[3]{5} + c\zeta + d\sqrt[3]{5}\zeta + e\zeta^2 + f\sqrt[3]{5}\zeta^2 \ , \quad \text{mit } a, b, c, d, e, f \in \mathbb{Q}. \end{aligned}$$

Damit hat $\mathcal{L}$ *die Dimension 6 und die Erweiterung* $\mathcal{L} : \mathcal{K}$ *den Grad:*

$$[\mathcal{L} : \mathcal{K}] = \left[\mathbb{Q}\left(\sqrt[3]{5}, \zeta\right), \mathbb{Q}\right] = \left[\mathbb{Q}\left(\sqrt[3]{5}, \zeta\right), \mathbb{Q}\left(\sqrt[3]{5}\right)\right]\left[\mathbb{Q}\left(\sqrt[3]{5}\right) : \mathbb{Q}\right] = 2 \cdot 3 = 6.$$

Die $\mathcal{K}-$*Automorphismen über* $\mathcal{L}$ *ergeben sich aus den Vertauschungen der Nullstellen von* $\mathbf{p}(X)$*, d.h. alle Permutationen von* $\sqrt[3]{5}$*,* $\sqrt[3]{5}\zeta$ *und* $\sqrt[3]{5}\zeta^2$*:*

σ	*Abbildung*		*Ordnung*	*Geometrische Deutung*
σ_0	$\sqrt[3]{5} \mapsto \sqrt[3]{5},$	$\zeta \mapsto \zeta$	1	
σ_2	$\sqrt[3]{5} \mapsto \sqrt[3]{5}\zeta,$	$\zeta \mapsto \zeta$	3	*Rotationen*
σ_4	$\sqrt[3]{5} \mapsto \sqrt[3]{5}\zeta^2,$	$\zeta \mapsto \zeta$	3	
σ_1	$\sqrt[3]{5} \mapsto \sqrt[3]{5},$	$\zeta \mapsto \zeta^2$	2	
σ_3	$\sqrt[3]{5} \mapsto \sqrt[3]{5}\zeta,$	$\zeta \mapsto \zeta^2$	2	*Reflexionen*
σ_5	$\sqrt[3]{5} \mapsto \sqrt[3]{5}\zeta^2,$	$\zeta \mapsto \zeta^2$	2	

Ausführlich formuliert, lauten die $\mathcal{K}-$*Automorphismen:*

$$\begin{aligned} \sigma_0(z) &= \ a + b\sqrt[3]{5} + c\zeta + d\sqrt[3]{5}\zeta + e\zeta^2 + f\sqrt[3]{5}\zeta^2 = \text{Id}_{\mathcal{L}} \\ \sigma_1(z) &= \ a + b\sqrt[3]{5} + c\zeta^2 + d\sqrt[3]{5}\zeta^2 + e\zeta + f\sqrt[3]{5}\zeta \\ \sigma_2(z) &= \ a + b\sqrt[3]{5}\zeta + c\zeta + d\sqrt[3]{5}\zeta^2 + e\zeta^2 + f\sqrt[3]{5} \\ \sigma_3(z) &= \ a + b\sqrt[3]{5}\zeta + c\zeta^2 + d\sqrt[3]{5} + e\zeta + f\sqrt[3]{5}\zeta^2 \\ \sigma_4(z) &= \ a + b\sqrt[3]{5}\zeta^2 + c\zeta + d\sqrt[3]{5} + e\zeta^2 + f\sqrt[3]{5}\zeta \\ \sigma_5(z) &= \ a + b\sqrt[3]{5}\zeta^2 + c\zeta^2 + d\sqrt[3]{5}\zeta + e\zeta + f\sqrt[3]{5} \end{aligned}$$

Zusammengefasst bilden diese die Galois-Gruppe

$$Gal(\mathcal{L} : \mathcal{K}) = \{\sigma_0, \sigma_1, \sigma_2, \sigma_3, \sigma_4, \sigma_5\}.$$

$Gal(\mathcal{L} : \mathcal{K})$ *ist folglich isomorph zur symmetrischen Gruppe* $\mathbb{S}_3$*.* $\mathbb{S}_3$ *wiederum ist isomorph zur Symmetriegruppe eines gleichseitigen Dreiecks (siehe Abschn.* 2.1 *Permutationen), der Diedergruppe* $\mathbb{D}_3$*. Damit ergeben sich die angegebenen geometrischen Deutungen der Automorphismen als Drehungen und Reflexionen. Anhand der ausführlichen Darstellungen rechnet man aus, dass:*

$$\sigma_1 \circ \sigma_1 = \sigma_3 \circ \sigma_3 = \sigma_5 \circ \sigma_5 = \sigma_2 \circ \sigma_4 = \sigma_0 = \text{Id}_{\mathcal{L}}.$$

Mit diesen Kompositionen ist erkennbar, welche Automorphismen zu Untergruppen von $Gal(\mathcal{L} : \mathcal{K})$ *zusammengefasst werden können und welche Ordnungen diese besitzen. Neben* $\mathcal{H}_0 = \{\sigma_0 = \text{Id}_{\mathcal{L}}\}$ *und* $\mathcal{H}_5 = Gal(\mathcal{L} : \mathcal{K})$ *ergeben sich folgende (echte) Untergruppen:*

$$\mathcal{H}_1 = \{\sigma_0, \ \sigma_1\}, \ \mathcal{H}_2 = \{\sigma_0, \ \sigma_3\}, \ \mathcal{H}_3 = \{\sigma_0, \ \sigma_5\}, \ \mathcal{H}_4 = \{\sigma_0, \ \sigma_2, \sigma_4\}$$

Die Strategie zum Auffinden der Zwischenkörper $\mathcal{M}_j$*, zu den Untergruppen* $\mathcal{H}_j$*, erläutern wir anhand der Ermittlung von* $\mathcal{M}_1 = Fix(Gal(\mathcal{L} : \mathcal{M}_1))$*. Da* $\mathcal{H}_1$ *neben der identischen Abbildung nur* σ_1 *enthält, besteht* $\mathcal{M}_1$ *lediglich aus den* $z \in \mathcal{L}$*, für die gilt* $\sigma_1(z) = z$*. Aus der Gegenüberstellung*

$$\begin{aligned} \sigma_1(z) &= \ a + b\sqrt[3]{5} + c\zeta^2 + d\sqrt[3]{5}\zeta^2 + e\zeta + f\sqrt[3]{5}\zeta \\ z &= \ a + b\sqrt[3]{5} + c\zeta + d\sqrt[3]{5}\zeta + e\zeta^2 + f\sqrt[3]{5}\zeta^2 \ , \quad \text{mit } a, b, c, d, e, f \in \mathbb{Q}, \end{aligned}$$

ergibt sich, dass z *durch* σ_1 *genau dann fixiert wird, wenn*

$$a = a, \quad b = b, \quad c = e, \quad d = f, \quad e = c, \quad f = d.$$

Deshalb können a und b beliebig sein, während $c = e$ und $d = f$ sein müssen. Demzufolge bildet σ_1 alle

$$
\begin{aligned}
z_1 &= a + b\sqrt[3]{5} + c\zeta + d\sqrt[3]{5}\zeta + c\zeta^2 + d\sqrt[3]{5}\zeta^2 \\
&= a + b\sqrt[3]{5} + \left(c + d\sqrt[3]{5}\right)\zeta + \left(c + d\sqrt[3]{5}\right)\zeta^2 \qquad (A)
\end{aligned}
$$

wieder auf z_1 ab: $\sigma_1(z_1) = z_1$. Wie aus (A) abzulesen ist, bildet die Menge aller dieser Zahlen den Körper

$$\mathcal{M}_1 = \mathbb{Q}\left(\sqrt[3]{5}\right) = \left\{ z_1 = a + b\sqrt[3]{5} + \left(c + d\sqrt[3]{5}\right)\zeta + \left(c + d\sqrt[3]{5}\right)\zeta^2; \ a,b,c,d \in \mathbb{Q} \right\}.$$

Auf analoge Weise können die restlichen Fixkörper ermittelt werden:

$$\mathcal{M}_2 = \mathbb{Q}\left(\sqrt[3]{5}\zeta^2\right), \quad \mathcal{M}_3 = \mathbb{Q}\left(\sqrt[3]{5}\zeta\right), \quad \mathcal{M}_4 = \mathbb{Q}\left(\zeta\right).$$

Die Verbände der Untergruppen und deren Fixkörper (Zwischenkörper) bekommen in den folgenden Diagrammen eine anschauliche Darstellung.

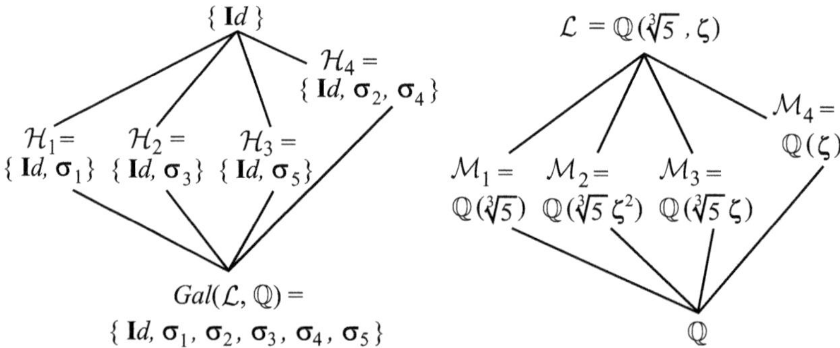

Abb. 5.6: Gruppen- und Körperstruktur zu $\mathbf{p}(X) = X^3 - 5$

Wie diese sehr einfachen Beispiele zeigen, kann die Ermittlung aller Automorphismen einer konkret vorliegenden Körpererweiterung, die Aufstellung der Galois-Gruppe mit allen Untergruppen und das Auffinden der entsprechenden Fixkörper ein aufwendiger Prozess sein. Mit Bleistift und Papier durchgeführt, sind die Berechnungen sehr mühsam und zeitaufwendig. Unter Einbeziehung von Methoden der linearen Algebra gelingt es, den Berechnungsprozess zu algorithmisieren. Diese Möglichkeiten bieten Computeralgebrasysteme wie Maple, Mathematica und insbesondere Sage.
Die Ergebnisse der Galois-Theorie, die wir hier als fundamental ausweisen, sind sehr abstrakt. Es werden im Grunde Verbindungen (Korrespondenzen) zwischen gewissen Körpererweiterungen und Gruppen hergestellt, deren Elemente spezielle Automorphismen über diese Erweiterungen sind. Mancher Leser hatte vielleicht eine andere Erwartungshaltung, die sich mit der Hoffnung verband, direkte Antworten auf Fragen zur Darstellung von Lösungen polynomialer Gleichungen in Form von Formeln zu bekommen. Diese Antworten sind, jedoch sehr versteckt, in den entwickelten algebraischen Strukturen schon vorhanden. Mit den gewonnenen Erkenntnissen über Körper und Gruppen müssen wir den Weg wieder zurück zu den konkreten Objekten, den Polynomen verfolgen, und dieser wird nicht weniger steinig sein. Gegenstand der noch verbleibenden Abschnitte ist es, Aussagen und Kriterien zu enwickeln, unter denen es möglich ist, Lösungen von Polynomgleichungen in Form von Radikalen auszudrücken.

Darüber hinaus gehen wir im nachfolgenden Kapitel noch auf die Lösung der allgemeinen Kreisteilungsgleichung ein, die im engen Zusammenhang mit der Konstruierbarkeit regelmäßiger Vielecke steht.

5.7 Aufgaben

5.1 Gib zum Polynom $\mathbf{p}(X) = X^3 - 5$ über $\mathbb{Q}$ den Zerfällungskörper an.

5.2 Zeige die Gleichheit der Körpererweiterungen $\mathbb{Q}\left(i, \sqrt{2}\right) : \mathbb{Q}$ und $\mathbb{Q}(\zeta_8) : \mathbb{Q}$ mit $\zeta_8 = \exp(i\pi/4)$. Ermittle die Galois-Gruppe zu $\mathbb{Q}(\zeta_8)$ und das Minimalpolynom zu $\mathbb{Q}(\zeta_8)$ über $\mathbb{Q}$.

5.3 Gegeben ist die Körpererweiterung $\mathbb{Q}\left(i, \sqrt{5}\right) : \mathbb{Q}$. Zu bestimmen sind:

a) Der Grad dieser Erweiterung.

b) Eine Basis im Vektorraum $\mathbb{Q}\left(i, \sqrt{5}\right)$ über $\mathbb{Q}$.

c) Die Galois-Gruppe zu $\mathbb{Q}\left(i, \sqrt{5}\right)$ mit allen Untergruppen und den zugehörigen Fixkörpern.

5.4 Zur Körpererweiterung $\mathbb{Q}\left(i, \sqrt{28}\right) : \mathbb{Q}$ ist die Galois-Gruppe zusammen mit allen Untergruppen und den zugehörigen Fixkörpern zu bestimmen.

5.5 Ermittle die Galois-Gruppe zum Polynom $X^4 + X^2 - 1..$

5.6 Welche der folgenden Körpererweiterung sind normal?

$a)$ $\mathbb{Q}\left(i, \sqrt[4]{2}\right) : \mathbb{Q}(i)$

$b)$ $\mathbb{Q}\left(\sqrt[4]{2}\right) : \mathbb{Q}\left(\sqrt{2}\right)$

$c)$ $\mathbb{Q}\left(\sqrt[4]{2}\right) : \mathbb{Q}.$

5.7 Ermittle den normalen Abschluss zur Körpererweiterung $\mathbb{Q}\left(\sqrt{2}, \sqrt[3]{2}\right) : \mathbb{Q}$.

5.8 Finde alle Untergruppen der Galois-Gruppe $Gal\left(\mathbb{Q}\left(\sqrt[4]{2}, i\right) : \mathbb{Q}\right)$ und die entsprechenden Fixkörper.

6 Radikale

$$x^3 + ax^2 + bx + c = 0$$

$$x = y - \frac{a}{3} \quad \Longrightarrow \quad y^3 + py + q = 0$$

$$p = \frac{-a^2 + 3b}{3} \qquad q = \frac{2a^3 - 9ab + 27c}{27}$$

$$y = \sqrt[3]{u} + \sqrt[3]{v} \quad \Longrightarrow \quad y^3 = u + v + 3\sqrt[3]{u}\,\sqrt[3]{v}\,(\sqrt[3]{u} + \sqrt[3]{v})$$

$$y^3 + py + q = (u + v + q) + (\sqrt[3]{u} + \sqrt[3]{v})(3\sqrt[3]{u}\,\sqrt[3]{v} + p) = 0$$

$$\Longrightarrow \qquad u + v = -q$$

$$uv = -\frac{p^3}{27}$$

$$u(u + v) - uv = -qu + \frac{p^3}{27} \quad \Longrightarrow \quad u^2 + qu - \frac{p^3}{27} = 0$$

$$u = -\frac{q}{2} \pm \sqrt{\frac{q^2}{4} + \frac{p^3}{27}} \qquad v = -\frac{q}{2} \mp \sqrt{\frac{q^2}{4} + \frac{p^3}{27}}$$

$$(u + v = -q\,!)$$

Cardano's Formel:

$$y = \sqrt[3]{-\frac{q}{2} + \sqrt{\frac{q^2}{4} + \frac{p^3}{27}}} + \sqrt[3]{-\frac{q}{2} - \sqrt{\frac{q^2}{4} + \frac{p^3}{27}}}$$

$$x^4 + ax^3 + bx^2 + cx + d = 0$$

$$x = y - \frac{a}{4} \quad \Longrightarrow \quad y^4 + py^2 + qy + r = 0$$

$$p = b - \frac{3a^2}{8} \qquad q = c - \frac{ab}{2} + \frac{3a}{48} \qquad r = d - \frac{ac}{4} + \frac{a^2 b}{8} - \frac{3a^4}{256}$$

$$\left(y^2 + \frac{p}{2} + u\right)^2 = \left(y^2 + \frac{p}{2}\right)^2 + 2\left(y^2 + \frac{p}{2}\right)u + u^2$$

$$= -qy - r + \frac{p^2}{4} + 2uy^2 + pu + u^2$$

$$u \text{ so, dass } \stackrel{!}{=} \left(\sqrt{2u}\,y - \frac{q}{2\sqrt{2u}}\right)^2 \qquad (*)$$

$$\Longrightarrow \quad -r + \frac{p^2}{4} + pu + u^2 = \frac{q^2}{8u}$$

$$8u^3 + 8pu^2 + (2p^2 - 8r)u - q^2 = 0$$

$$(\text{ kubisch in } u \longrightarrow \text{ nach Cardano } \longrightarrow u)$$

$$\text{Aus } (*) \longrightarrow \quad y^2 + \frac{p}{2} + u = \pm\left(\sqrt{2u}\,y - \frac{q}{2\sqrt{2u}}\right)$$

6.1 Auflösbare, zyklische und einfache Gruppen

Für Anwendungen der Ergebnisse zur Galois-Theorie müssen wir noch mehr Konzepte über Gruppen in Erfahrung bringen. Dazu gehören Aussagen über Zusammenhänge ähnlich strukturierter Gruppenkomplexe, die in sogenannten Isomorphie-Theoremen ihren Ausdruck finden. Zunächst gehen wir auf die Bildung des Produktes von Untergruppen ein (siehe dazu auch Abschnitt 5.5). Sind U und V Untergruppen einer Gruppe $\mathcal{G}$, so bezeichnet man als Produkt $U \cdot V$ (kurz: UV) die Menge aller Produkte der Elemente aus U und V:

$$U \cdot V = \{uv \in \mathcal{G},\ \text{wobei } u \in U \text{ und } v \in V\}.$$

Im folgenden Lemma zeigen wir, dass im Falle, wenn U und/oder V normale Untergruppen sind, auch UV die Struktur einer (normalen) Untergruppe besitzt.

Lemma 6.1 *($U \cdot V$ ist (normale) Untergruppe von $\mathcal{G}$)*
U und V seien Untergruppen der Gruppe $\mathcal{G}$, dann gilt:
1. Ist V eine normale Untergruppe von $\mathcal{G}$ ($V \trianglelefteq \mathcal{G}$), so ist $U \cdot V$ Untergruppe von $\mathcal{G}$.
2. Sind sowohl U als auch V normale Untergruppen von $\mathcal{G}$ ($U \trianglelefteq \mathcal{G}$ und $V \trianglelefteq \mathcal{G}$), so ist auch $U \cdot V$ eine normale Untergruppe von $\mathcal{G}$ ($U \cdot V \trianglelefteq \mathcal{G}$).

Beweis. Zu 1.: Es genügt zu zeigen, dass $U \cdot V$ unter der Multiplikation und der Bildung von Inversen abgeschlossen ist. Mit $u \in U$ und $v \in V$ erhält man

$$(uv)^{-1} = v^{-1}u^{-1} = u^{-1} \cdot (uv^{-1}u^{-1}) \in U \cdot V,$$

denn $u^{-1} \in U$, und da V eine normale Untergruppe ist, folgt mit $v^{-1} \in V$ auch $uv^{-1}u^{-1} \in V$ für alle $u \in U \subset \mathcal{G}$ (siehe Def. 5.35).
Sind $u_1, u_2 \in U$ und $v_1, v_2 \in V$, so ist das Produkt

$$(u_1v_1) \cdot (u_2v_2) = u_1u_2 \cdot \left(\left(u_2^{-1}v_1u_2\right)v_2\right) \in U \cdot V,$$

denn $u_1u_2 \in U$ und mit $v_2 \in V$ sowie $u_2^{-1}v_1u_2 \in V$ (V ist normal !) ist auch das Produkt beider ein Element aus $U \cdot V$.
Zu 2.: Sind U und V normale Untergruppen von $\mathcal{G}$, so gilt:

$$g \cdot U \cdot V = U \cdot g \cdot V = U \cdot V \cdot g \quad \text{für alle } g \in \mathcal{G}.$$

D.h., nach Def. 5.35 ist $U \cdot V$ normale Untergruppe von $\mathcal{G}$. ∎
Das Produkt $U \cdot V$ ist die kleinste (normale) Untergruppe von $\mathcal{G}$, die U und V enthält. Der Durchschnitt $U \cap V$ ist die größte, sowohl in U als auch in V enthaltene Untergruppe in $\mathcal{G}$. Dass $U \cap V$ eine Gruppe bildet, ist sofort erkennbar, denn mit $w_1, w_2 \in U \cap V$ ist auch $w_1, w_2 \in U$ und $w_1, w_2 \in V$ folglich auch $w_1 \cdot w_2 \in U \cap V$. Mit $w \in U \cap V$ ist $w \in U$ und $w \in V$, damit auch $w^{-1} \in U$ und $w^{-1} \in V$, d.h. $w^{-1} \in U \cap V$. Ist V normale Untergruppe zu $\mathcal{G}$, so ist $U \cap V \subseteq V$ eine normale Untergruppe zu $U \subseteq \mathcal{G}$ ($U \cap V \trianglelefteq U$).
Mit dem Homomorphiesatz (siehe Satz 5.41) wurde schon deutlich, dass zu jeder Gruppe $\mathcal{G}$ und einer normalen Untergruppe $U \subset \mathcal{G}$ stets ein natürlicher Homomorphismus $\Psi : \mathcal{G} \to \mathcal{G}/U$ gemäß $g \in \mathcal{G} \mapsto gU \in \mathcal{G}/U$ existiert, dessen Kern $\ker(\Psi) = U$ ist. Auf derartigen Homomorphismen bauen die nachfolgenden Isomorphie-Theoreme auf, was auch in den Beweisen sichtbar wird.

Satz 6.2 (*Zweites Isomorphie-Theorem*)
U sei Untergruppe und V normale Untergruppe einer Gruppe $\mathcal{G}$ ($U \subseteq \mathcal{G}$, $V \trianglelefteq \mathcal{G}$).
Dann sind die Faktorgruppen $U/(U \cap V)$ und $(U \cdot V)/V$ isomorph zueinander.

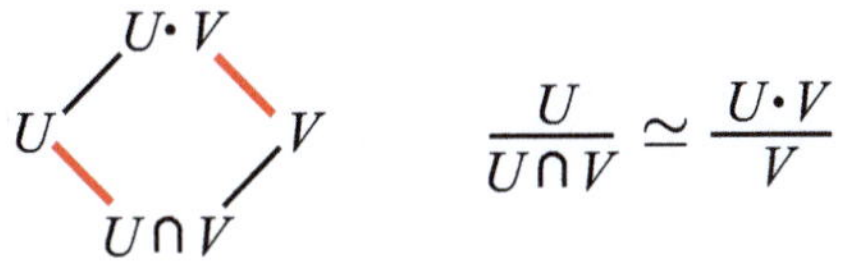

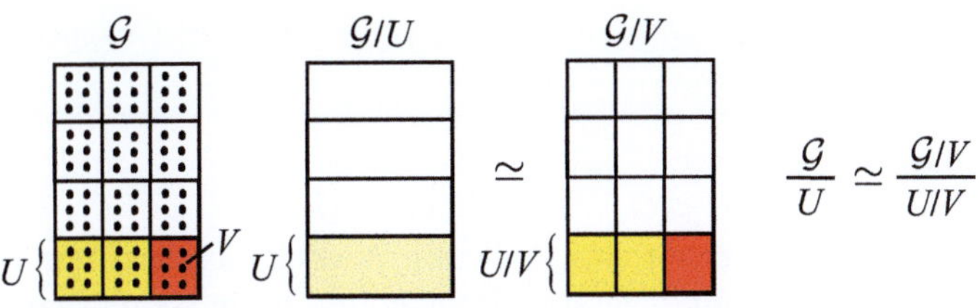

Abb. 6.1: Isomorphismus zwischen $U/(U \cap V)$ und $(U \cdot V)/V$

Beweis. Es wird die natürliche Inklusion

$$\Psi : U \to (U \cdot V)/V \quad \text{gemäß} \quad h \in U \mapsto hV \in (U \cdot V)/V$$

eingeführt Da V normale Untergruppe von $\mathcal{G}$, ist V selbstverständlich auch normale Untergruppe zu $U \cdot V$ und die Faktorgruppe $(U \cdot V)/V$ wohl definiert. Ψ bildet jedes $h \in U$ auf die Nebenklasse hV ab und ist ein Homomorphismus $U \to (U \cdot V)/V$. Eine Nebenklasse $N \in (U \cdot V)/V$ hat die Form $N = hvV = hV$ mit $v \in V$ und $h \in U$. Womit sofort folgt, dass Ψ surjektiv ist. Gehört $h \in U$ zum Kern von Ψ, so ist $hV = V$ das neutrale Element in $(U \cdot V)/V$ und deshalb $h \in V$ und folglich auch $h \in U \cap V$. Damit ist $\ker(\Psi) = U \cap V$. Über das Erste Isomorphie-Theorem (siehe Satz 5.41) erhalten wir das Ergebnis: Die Abbildung

$$U/\ker(\Psi) = U/(U \cap V) \to (U \cdot V)/V \text{ ist ein Isomorphismus.} \quad \blacksquare$$

Satz 6.3 (*Drittes Isomorphie-Theorem*)
U und V seien normale Untergruppen der Gruppe $\mathcal{G}$. Ist $V \subseteq U$, so sind die Faktorgruppen $\mathcal{G}/U$ und $(\mathcal{G}/V)/(U/V)$ isomorph zueinander.

Abb. 6.2: Isomorphismus zwischen $\mathcal{G}/U$ und $(\mathcal{G}/V)/(U/V)$

Beweis. Da $V \trianglelefteq \mathcal{G}$, folgt für alle $u \in U$ und jedes $g \in \mathcal{G}$:

$$(gV) \cdot (uV) \cdot (gV)^{-1} = g \cdot (V \cdot uV) \cdot g^{-1}V = u'V \quad \text{für ein gewisses } u' \in U.$$

Dabei wurden folgende Zusammenhänge benutzt:

$$(gV)^{-1} = (Vg)^{-1} = g^{-1}(eV)^{-1} = g^{-1}V,$$

da $V \subseteq U$ ist $V \cdot uV \in U$ und wegen $U \trianglelefteq \mathcal{G}$ ist $g \cdot (V \cdot uV) \cdot g^{-1} = u' \in U$.
Aus $(gV) \cdot (uV) \cdot (gV)^{-1} = u'V$ liest man ab, dass die Faktorgruppe U/V normale Untergruppe der Faktorgruppe $\mathcal{G}/V$ ist: $U/V \trianglelefteq \mathcal{G}/V$.
Es seien jetzt $g, h \in \mathcal{G}$. Wenn $gh^{-1}V \in U/V$, dann folgt $gh^{-1}V = uV$ für ein gewisses $u = gh^{-1} \in U$. Daraus leitet man ab:

$\quad gh^{-1} \in U \quad$ genau dann, wenn $gh^{-1}V \in U/V \quad$ für alle $g, h \in \mathcal{G}$,

und weiter

$\quad gU = hU \quad$ genau dann, wenn $\quad (gV) \cdot U/V = (hV) \cdot U/V$ für alle $g, h \in \mathcal{G}$.

D.h., zwischen $\mathcal{G}/U$ und $(\mathcal{G}/V)/(U/V)$ besteht eine eineindeutige (bijektive) Beziehung, und die Abbildung

$\quad \mathcal{G}/U \to (\mathcal{G}/V)/(U/V) \quad$ gemäß $\quad gU \in \mathcal{G}/U \mapsto (gV) \cdot U/V$

ist ein Isomorphismus. Daraus folgt die Aussage des Satzes. $\blacksquare$

Auflösbare Gruppen

Der Fundamentalsatz der Galois-Theorie besagt unter anderem, dass ein Zwischenkörper $\mathcal{M}$ zu einer Körpererweiterung $\mathcal{L} : \mathcal{K}$ genau dann normal über $\mathcal{K}$ ist, wenn die korrespondierende Untergruppe der Galois-Gruppe normal ist (siehe Satz 5.45, (4) und (5)). Deshalb ist es naheliegend, zur Analyse endlicher Körpererweiterungen die Untergruppen und insbesondere die Normalteiler von $Gal\,(\mathcal{L} : \mathcal{K})$ zu untersuchen. Auf der Grundlage dieser Idee erhält man besonders wertvolle Ergebnisse zu Eigenschaften von Körpererweiterungen, wenn die Galois-Gruppe auflösbar ist. Der Begriff "auflösbare Gruppe" wurde deshalb so gewählt, weil diese Gruppen eine Schlüsselrolle zur Beantwortung von Fragen nach der Lösbarkeit von Polynomgleichungen in Form von Radikalen spielen.

> **Definition 6.4 (auflösbare Gruppe)**
> *Eine Gruppe $\mathcal{G}$ heißt auflösbar, wenn es eine endliche Folge von Untergruppen*
> $$\{e\} = G_0 \subseteq G_1 \subseteq \ldots \subseteq G_i \subseteq G_{i+1} \subseteq \ldots \subseteq G_r = \mathcal{G}$$
> *gibt, so dass folgende Bedingungen erfüllt sind:*
> *1. Für jedes $i = 0, \ldots, r - 1$ ist die Untergruppe G_i normal zu G_{i+1}:*
> $\quad G_i \triangleleft G_{i+1} \quad$ *für alle $i = 0, \ldots, r - 1$.*
> *2. Alle Faktorgruppen G_{i+1}/G_i sind abelsche (kommutative) Gruppen.*

Man beachte, dass in der Kette
$$\{e\} = G_0 \triangleleft G_1 \triangleleft \ldots \triangleleft G_i \triangleleft G_{i+1} \triangleleft \ldots \triangleleft G_r = \mathcal{G}$$
die Untergruppen keine Normalteiler in $\mathcal{G}$ sein müssen, sondern nur zur darauf folgenden Gruppe. In einer weit gefassten Interpretation sind auflösbare Gruppen als Zusammenfassung der Faktorgruppen G_{i+1}/G_i oder als Aufspaltung in kommutative Anteile vorstellbar.

Beispiel 6.5 (auflösbare Gruppen)
1. Jede abelsche Gruppe $\mathcal{G}$ ist auflösbar, denn jede Untergruppe von $\mathcal{G}$ ist ein Normalteiler (siehe Bsp. 5.38), deshalb kann in diesem Fall die triviale Kette $\{e\} \trianglelefteq \mathcal{G}$ genommen werden.

2. Die symmetrische Gruppe $\mathbb{S}_3$ (siehe Abschn. 2.1, Permutationen und Bsp. 5.38) ist auflösbar. In der Kette $\{\mathbf{Id}\} \lhd \mathbb{A}_3 \lhd \mathbb{S}_3$ sind $\mathbb{A}_3$ (bestehend aus 3 Elementen) und $\mathbb{S}_3/\mathbb{A}_3$ (bestehend aus 2 Elementen) zyklische Gruppen von Primzahlordnung und folglich abelsch (Zu diesen Begriffen kommen wir in den nachfolgenden Ausführungen über zyklische Gruppen.).

Die Eigenschaft einer Gruppe, auflösbar zu sein, setzt sich auf Untergruppen und Normalteiler fort. Das wird in folgendem Satz gezeigt, zu dessen Beweis die Isomorphie-Theoreme wesentlich Eingang finden. Dazu bemerken wir, dass die Kommutativität einer Gruppe sich auf jede zu ihr isomorphen Gruppe überträgt.

> **Satz 6.6** (*Eigenschaften auflösbarer Gruppen*)
> *$\mathcal{G}$ sei eine Gruppe, U eine Untergruppe und V ein Normalteiler von $\mathcal{G}$, dann gilt:*
> *1. Ist $\mathcal{G}$ auflösbar, so ist auch die Untergruppe U auflösbar.*
> *2. Ist $\mathcal{G}$ auflösbar, so ist auch die Faktorgruppe $\mathcal{G}/V$ auflösbar.*
> *3. Sind V und $\mathcal{G}/V$ auflösbar, so ist auch $\mathcal{G}$ auflösbar.*

Beweis. Zu 1.: Zur auflösbaren Gruppe $\mathcal{G}$ gibt es die Kette
$$\{e\} = G_0 \lhd G_1 \lhd \ldots \lhd G_i \lhd G_{i+1} \lhd \ldots \lhd G_r = \mathcal{G} \qquad (A)$$
mit den abelschen Faktorgruppen G_{i+1}/G_i. Die Untergruppen $U_i = G_i \cap U$ ordnen wir als Kette der Untergruppe U zu:
$$\{e\} = U_0 \lhd U_1 \lhd \ldots \lhd U_i \lhd U_{i+1} \lhd \ldots \lhd U_r = U. \qquad (B)$$
Zu zeigen ist, dass die Faktorgruppen U_{i+1}/U_i abelsch sind. Das ergibt sich über eine Folge einfacher Schlüsse unmittelbar aus dem Zweiten Isomorphie-Theorem (siehe Satz 6.2):
$$\frac{U_{i+1}}{U_i} = \frac{G_{i+1} \cap U}{G_i \cap U} = \frac{G_{i+1} \cap U}{G_i \cap (G_{i+1} \cap U)} \simeq \frac{G_i \, (G_{i+1} \cap U)}{G_i}.$$
Die ganz rechts stehende Faktorgruppe ist eine Untergruppe der abelschen Gruppe G_{i+1}/G_i und deshalb ebenfalls abelsch. Alle Faktorgruppen zur Kette (B) sind damit abelsch und U auflösbar.

Zu 2.: Die Gruppe $\mathcal{G}$ sei wie unter **1.** mit der Kette (A) verbunden. Der Faktorgruppe $\mathcal{G}/V$ kann die Kette
$$V/V = G_0 V/V \lhd G_1 V/V \lhd \ldots \lhd G_i V/V \lhd G_{i+1} V/V \lhd \ldots \lhd G_r V/V = \mathcal{G}/V$$
mit den Faktorgruppen $\dfrac{G_{i+1} V/V}{G_i V/V}$ zugeordnet werden. Wieder über einfach nachvollziehbare Schlüsse folgt mit den Isomorphie-Theoremen (Sätze 6.2 und 6.3):
$$\frac{G_{i+1} V}{G_i V} = \frac{G_{i+1} (G_i V)}{G_i V} \overset{\text{2. Iso-Th.}}{\simeq} \frac{G_{i+1}}{G_{i+1} \cap (G_i V)} \overset{\text{3. Iso-Th.}}{\simeq} \frac{G_{i+1}/G_i}{(G_{i+1} \cap (G_i V)) / G_i}.$$
Der rechts stehende Ausdruck ist ein "Quotient" der abelschen Gruppe G_{i+1}/G_i und folglich auch abelsch, woraus man wieder die Auflösbarkeit der Faktorgruppe $\mathcal{G}/V$ schlussfolgert.

Zu 3.: Wir gehen von folgenden Ketten für V und $\mathcal{G}/V$ mit abelschen Faktorgruppen aus:
$$\{e\} = V_0 \lhd V_1 \lhd \ldots \lhd V_r = V$$
$$V/V = \widehat{G}_0/V \lhd \widehat{G}_1/V \lhd \ldots \lhd \widehat{G}_r/V = \mathcal{G}/V.$$

Diese Ketten können wie folgt zusammengefügt werden:
$$\{e\} = V_0 \lhd V_1 \lhd \ldots \lhd V_r = V = \widehat{G}_0 \lhd \widehat{G}_1 \lhd \ldots \lhd \widehat{G}_r = \mathcal{G}.$$
Die Faktorgruppen V_{i+1}/V_i sind nach Voraussetzung abelsch und die Quotienten $\widehat{G}_{i+1}/\widehat{G}_i$ isomorph zu den ebenfalls nach Voraussetzung abelschen Gruppen $\left(\widehat{G}_{i+1}/V\right) / \left(\widehat{G}_i/V\right)$. Womit die Auflösbarkeit von $\mathcal{G}$ sich ergibt. $\blacksquare$

Nach den Aussagen dieses Satzes ist die Klasse der auflösbaren Gruppen abgeschlossen bezüglich der Bildung von Untergruppen, Faktorgruppen und Erweiterungen, wobei unter Letzterem zu verstehen ist, dass mit auflösbaren Substrukturen V und $\mathcal{G}/V$ auch die übergeordnete Gruppe $\mathcal{G}$ auflösbar ist (siehe 3. des Satzes).

Zyklische Gruppen

Ist g Element einer Gruppe $(\mathcal{G}, \circ)$, so können durch wiederholte Verknüpfung von g mit sich selbst Potenzen gebildet werden. $g^n = g \circ g \circ \ldots \circ g$ ist das Produkt von n Faktoren g. Ebenso sind Produkte von g^{-1} erzeugbar. Setzt man $g^0 = e$ (neutrales Element in $\mathcal{G}$), so bilden diese ganzzahligen Potenzen von g eine Untergruppe von $\mathcal{G}$. Diese Gruppe bezeichnet man mit $\langle g \rangle$ und spricht von g als **Erzeuger** einer **zyklischen Gruppe der Ordnung** n:
$$\langle g \rangle = \{g^n \text{ , wobei } n \in \mathbb{Z}\} .$$
Im Falle additiver Gruppen entsprechen den Potenzen ganzzahlige Vielfache des erzeugenden Elementes.

Definition 6.7 (*Ordnung eines Gruppenelementes*)
Es sei $\mathcal{G}$ eine Gruppe mit dem neutralen Element e und $g \in \mathcal{G}$. Die kleinste natürliche Zahl n, für die gilt $g^n = e$, heißt Ordnung des Gruppenelementes g. Die Ordnung eines Gruppenelementes ist gleich der Elementanzahl der von g erzeugten Gruppe:
$$\langle g \rangle = \{e = g^n, g, g^2, \ldots, g^{n-1}\} .$$

Da es sich stets um die Verknüpfung von Potenzen ein und desselben Elementes handelt, ist $g^n \circ g^m = g^m \circ g^n$, d.h., zyklische Gruppen sind kommutativ (abelsch).

Zu jedem positiven Teiler d der Gruppenordnung n einer zyklischen Gruppe $\mathcal{G}$ gibt es genau eine Untergruppe $\left\langle g^{n/d} \right\rangle$ der Ordnung d, die ebenfalls zyklisch ist. Die Untergruppenstruktur endlicher zyklischer Gruppen ist damit vollständig durch die Primfaktorzerlegung der Gruppenordnung festgelegt.

Beispiel 6.8 (*zyklische Gruppen*)
1. Die ganzen Zahlen $\mathbb{Z}$ mit der Addition als Verknüpfung bilden eine von $1 \in \mathbb{Z}$ erzeugte zyklische Gruppe: $\mathbb{Z} = \langle 1 \rangle$. In der multiplikativen Gruppe $\mathbb{Q}^*$ aller von Null verschiedenen rationalen Zahlen ist die von $g = 2$ erzeugte Gruppe $\langle 2 \rangle$ aller geraden Zahlen mit der Multiplikation als Verknüpfung ebenfalls zyklisch. Während diese beiden Untergruppen zyklisch von unendlicher Ordnung sind, ist z.B. die von $g = -1$ in $\mathbb{Q}^*$ erzeugte zyklische Gruppe $\langle -1 \rangle = \{1, -1\}$ von endlicher Ordnung.
2. Alle Lösungen $\{\zeta^0, \zeta^1, \ldots, \zeta^{n-1}\}$ der Kreisteilungsgleichung $X^n - 1 = 0$ (siehe Abschn. 1.6, Formel (1.10)) bilden eine zyklische Gruppe der Ordnung n.

3. Die von $m \in \mathbb{Z}$ erzeugte Gruppe $\langle m \rangle = m\mathbb{Z}$ aller Vielfachen von m ist unendlich zyklisch. Der Restklassenring modulo m bildet mit der Addition als Verknüpfung die zyklische Gruppe

$$\mathbb{Z}/m\mathbb{Z} = \{[0]_m\, ,\ [1]_m\, , ..., [m-1]_m\}\, ,$$

die von der Restklasse $[1]_m$ erzeugt wird (siehe Abschn. 2.1, Restklassenring modulo m).

Im Allgemeinen hat eine zyklische Gruppe mehrere Erzeuger. Das folgende Lemma liefert ein einfaches Kriterium, um Gruppenelemente als Erzeuger ausfindig zu machen.

Lemma 6.9 (*Gruppenerzeuger*)
a) In der Gruppe $\mathcal{G}$ sei g ein Element der endlichen Ordnung n, dann hat für jedes $k \in \mathbb{Z}$ die $k-$te Potenz von g die Ordnung:

$$\frac{n}{ggT(n,k)} \qquad (1)$$

b) Es sei $\mathcal{G} = \langle g \rangle$ eine vom Gruppenelement g erzeugte zyklische Gruppe der endlichen Ordnung n. Dann ist g^k für jedes zu n teilerfremde $k \in \mathbb{Z}$ ein Erzeuger von $\mathcal{G}$, bzw. ist der größte gemeinsame Teiler von n und k gleich 1, so ist g^k Erzeuger von $\mathcal{G}$:

$$\mathcal{G} = \langle g^k \rangle \quad \text{genau dann, wenn}\quad ggT(n,k) = 1.$$

Beweis. Zu a): Es sei m die Ordnung von g^k, d.h. $g^{km} = e$ und folglich n ein Teiler von km. Mit $d = ggT(n,k)$ ist dann auch $\frac{n}{d}$ ein Teiler von $m\frac{k}{n}$ und weiter $\frac{n}{d}$ ein Teiler von m (denn im Falle $d = ggT(n,k)$ sind $\frac{n}{d}$ und $\frac{k}{d}$ teilerfremd !). Einerseits ist $\frac{n}{d} \leq m$, andererseits wegen $\left(g^k\right)^{n/d} = (g^n)^{k/d} = e$ aber auch $m \leq \frac{n}{d}$, weil die Ordnung m von g^k die kleinste aller natürlichen Zahlen q ist, für die $\left(g^k\right)^q = e$ gilt. Also ist $m = \frac{n}{d}$ und damit auch Formel (1) gültig.

Zu b): Folgt sofort aus a). ∎

Die Anzahl der Erzeuger einer zyklischen Gruppe ergibt sich nach diesem Lemma allein aus der Gruppenordnung. Es erweist sich als zweckmäßig, für die Anzahl dieser Erzeuger eine von der Gruppenordnung n abhängige Funktion einzuführen.

Definition 6.10 (*Euler'sche $\varphi-$Funktion*)
Die Funktion $\varphi(n)$, die zu jeder natürlichen Zahl n die Anzahl der zu n teilerfremden Zahlen $k \leq n$ angibt, heißt Euler'sche $\varphi-$Funktion:

$$\varphi(n) = |\{k \in \mathbb{N}\ \text{mit}\ 1 \leq k \leq n\ \text{und}\ ggT(n,k) = 1\}|\, .$$

Die Euler'sche $\varphi-$Funktion zählt nur die Anzahl der zu n teilerfremden natürlichen Zahlen und ist deshalb lediglich als Abkürzung für einen längeren Satz anzusehen. Zusammen mit dem Ergebnis aus Lemma 6.9 b) stellt man fest, dass $\varphi(n)$, die Anzahl der erzeugenden Elemente einer zyklischen Gruppe der Ordnung n angibt.

Beispiel 6.11 (*Erzeugende, Euler'sche φ–Funktion*)

1. Zu ausgewählten natürlichen Zahlen erhält man:

$\quad \varphi(2) = 1, \ \varphi(4) = 2, \ \varphi(5) = 4, \ \varphi(10) = 4, \ \varphi(17) = 16, \ \varphi(21) = 12.$

Zu einer Primzahl p ist $\varphi(p) = p - 1$.

2. Der Restklassenring $\mathbb{Z}/9\mathbb{Z} = \{[0]_9, [1]_9, ..., [8]_9\}$ modulo 9 hat die Erzeuger

$\quad \mathbb{Z}/9\mathbb{Z} = \langle [1]_9 \rangle = \langle [2]_9 \rangle = \langle [4]_9 \rangle = \langle [5]_9 \rangle = \langle [7]_9 \rangle = \langle [8]_9 \rangle \,.$

Zyklische Gruppen sind sehr einfach und lassen sich vollständig klassifizieren. Jede zyklische Gruppe kann auf die Gruppe $(\mathbb{Z}, +)$ oder $(\mathbb{Z}/m\mathbb{Z}, +)$ zurückgeführt werden - ist isomorph zu diesen Gruppen.

Satz 6.12 (*zyklische Gruppen sind isomorph zu $\mathbb{Z}$ bzw. $\mathbb{Z}/m\mathbb{Z}$*)

1. Jede unendliche zyklische Gruppe ist zu $(\mathbb{Z}, +)$ isomorph.

2. Jede endliche zyklische Gruppe der Ordnung m ist zu $(\mathbb{Z}/m\mathbb{Z}, +)$ isomorph.

Beweis. Die Gruppe $\mathcal{G} = \langle g \rangle$ sei zyklisch. Die Abbildung

$\quad \phi : \mathbb{Z} \to \mathcal{G} \quad$ gemäß $\ k \in \mathbb{Z} \mapsto \phi(k) = g^k \in \mathcal{G}$

ist wegen

$\quad \phi(k + l) = g^{k+l} = g^k g^l = \phi(k) \circ \phi(l) \qquad$ für alle $k, l \in \mathbb{Z}$

ein surjektiver Gruppen-Homomorphismus.

Jede Untergruppe U von $(\mathbb{Z}, +)$ ist von der Form $U = \{0\}$ oder $U = m\mathbb{Z}$ $(m \geq 1)$. Letzteres sieht man wie folgt: Ist m die kleinste natürliche Zahl in U und $n \in U$ beliebig, so ergibt eine Division mit Rest: $n = mq + r$ $(q, r \in \mathbb{Z}, 0 \leq r < m)$. Mit n und m liegt auch $n - mq = r$ in U. Wegen $r < m$ und da m minimal, ist das nur für $r = 0$ möglich. Folglich muss $n = mq$ sein und damit $U = m\mathbb{Z}$.

Der Kern von ϕ nimmt deshalb nur die Formen $\{0\}$ oder $m\mathbb{Z}$ an. Im Falle $\ker(\phi) = \{0\}$ ist ϕ ein Isomorphismus, d.h. $\mathcal{G} \simeq \mathbb{Z}$. Ist $\ker(\phi) = m\mathbb{Z}$, so folgt aus dem Homomorphiesatz (siehe Satz 5.41) $\mathcal{G} \simeq \mathbb{Z}/m\mathbb{Z}$ und von der Ordnung m. $\blacksquare$

Aus diesem Satz folgt: Jede Untergruppe einer zyklischen Gruppe ist zyklisch.

Lemma 6.13 (*Gruppen von Primzahlordnung sind zyklisch*)

Eine Gruppe $\mathcal{G}$ mit Primzahlordnung p, d.h., eine Gruppe, die aus p Elementen besteht, ist zyklisch und isomorph zu $\mathbb{Z}/p\mathbb{Z}$. Jedes Element $g \in \mathcal{G}$, verschieden vom neutralen Element, erzeugt $\mathcal{G}$.

Zum Beweis dieser Aussage genügt der Hinweis auf den Satz von Lagrange (siehe Bem. 5.37), nach dem die Ordnung jeder Untergruppe $U \subseteq \mathcal{G}$ Teiler der Ordnung von $\mathcal{G}$ ist. Hat $\mathcal{G}$ Primzahlordnung, so gibt es keine echten Untergruppen, und neben $\{e\}$ kommt nur $\mathcal{G}$ als triviale Untergruppe infrage. Die von einem Element g $(g \neq e)$ erzeugte Untergruppe kann deshalb nur die gesamte Gruppe $\mathcal{G}$ sein.

Ein "Ableger" des Restklassenrings $\mathbb{Z}/m\mathbb{Z}$ modulo m wird in Verbindung zur Automorphismengruppe der Kreisteilungspolynome (siehe Abschn. 7.1) noch von Bedeutung sein.

Definition 6.14 (*prime Restklassengruppe* $(\mathbb{Z}/m\mathbb{Z})^*$ *modulo* m)
Die aus dem Restklassenring $\mathbb{Z}/m\mathbb{Z} = \{[0]_m,\ [1]_m,...,[m-1]_m\}$ modulo m hervorgehende Struktur

$$(\mathbb{Z}/m\mathbb{Z})^* = \{[k]_m \quad mit \quad ggT(m,k) = 1\} \tag{6.1}$$

aller Restklassen $[k]_m$, wobei k und m teilerfremd sind ($ggT(k,m) = 1$), heißt prime Restklassengruppe modulo m.

Lemma 6.15 ($((\mathbb{Z}/m\mathbb{Z})^*,\cdot)$ *ist eine multiplikative Gruppe*)
$((\mathbb{Z}/m\mathbb{Z})^*,\cdot)$ *bildet bezüglich der Multiplikation $[k]_m \cdot [l]_m = [k \cdot l]_m$ eine kommutative multiplikative Gruppe.*

Beweis. Es muss gezeigt werden, dass $((\mathbb{Z}/m\mathbb{Z})^*,\cdot)$ bezüglich der Multiplikation abgeschlossen ist. Sind $[k]_m$, $[l]_m \in (\mathbb{Z}/m\mathbb{Z})^*$, d.h. $ggT(m,k) = 1$ und $ggT(m,l) = 1$, so ist zu zeigen, dass $[kl]_m \in (\mathbb{Z}/m\mathbb{Z})^*$ bzw. $ggT(m,kl) = 1$. Angenommen wird das Gegenteil: $ggT(m,kl) = d > 1$. Ist p ein Primteiler von d, so ist p auch Teiler von kl und von m. Folglich ist p Teiler von k oder von l und weiter, p ist Teiler von k und m oder p ist Teiler von l und m. Dann wäre aber p Teiler von $ggT(m,k)$ oder Teiler von $ggT(m,l)$. Wegen $ggT(m,k) = 1 = ggT(m,l) = 1$ ergibt sich ein Widerspruch. Folglich ist $ggT(m,kl) = 1$ und damit $[kl]_m \in (\mathbb{Z}/m\mathbb{Z})^*$.
Wegen $ggT(m,1) = 1$ existiert mit $[1]_m$ ein neutrales Element.
Um zu zeigen, dass es zu jedem $[k]_m \in (\mathbb{Z}/m\mathbb{Z})^*$ auch ein inverses Element gibt, gehen wir davon aus, dass zu jedem Paar k,m ganze Zahlen s,r existieren, so dass
$$ggT(m,k) = 1 = sk + rm \quad \text{(siehe Satz 1.4 Formel (1.2))}.$$
Diese Gleichung wird in die entsprechende modulo m Darstellung überführt und beachtet, dass $[m]_m = [0]_m$:
$$[1]_m = [s]_m [k]_m + [r]_m [m]_m = [s]_m [k]_m.$$
Daraus liest man ab, dass $[s]_m$ die zu $[k]_m$ inverse Restklasse in $\mathbb{Z}/m\mathbb{Z}$ ist. Zu zeigen bleibt, dass $[s]_m \in (\mathbb{Z}/m\mathbb{Z})^*$, d.h $ggT(m,s) = 1$. Wäre $ggT(m,s) = t > 1$, so könnte man t in der obigen Beziehung ausklammern:
$$1 = sk + rm = t(s'k + rm') \quad \text{mit } s = ts' \text{ und } m = tm'.$$
Was bedeutet, dass t im Ring $(\mathbb{Z},+,\cdot)$ ein inverses Element besitzt, deshalb kommt nur $t = 1$ infrage und damit $[s]_m \in (\mathbb{Z}/m\mathbb{Z})^*$ ∎
Die prime Restklassengruppe steht in einer isomorphen Beziehung zur Automorphismengruppe einer zyklischen Gruppe. Diesen Zusammenhang wollen wir offenlegen.
Es sei $\mathcal{G}$ eine vom Element g erzeugte zyklische Gruppe der Ordnung n: $\mathcal{G} = \langle g \rangle$ und $g^n = e$. Für jedes $k \in \mathbb{Z}$ werden folgende Abbildungen eingeführt:
$$\varphi_k : \mathcal{G} \to \mathcal{G} \text{ gemäß } a \in \mathcal{G} \mapsto a^k \in \mathcal{G}.$$
φ_k ordnet jedem Element aus $\mathcal{G}$ dessen k–te Potenz $a^k \in \mathcal{G}$ zu. Aus der Beziehung
$$\varphi_k(a \cdot b) = (a \cdot b)^k = a^k \cdot b^k = \varphi_k(a) \cdot \varphi_k(b) \text{ für alle } a,b \in \mathcal{G}$$
liest man ab, dass die Zuordnungen φ_k Gruppen-Homomorphismen über $\mathcal{G}$ sind.
Jeder beliebige Homomorphismus $\varphi : \mathcal{G} \to \mathcal{G}$ ist wegen $\varphi(g^m) = \varphi(g)^m$ schon vollständig durch das Bild $\varphi(g)$ des Erzeugers g bestimmt. Mit

$\varphi\left(g\right)=g^{k}$ ist $\varphi\left(g^{m}\right)=\varphi\left(g\right)^{m}=g^{km}=\left(g^{m}\right)^{k}$,
woraus folgt, dass φ gleich dem Homomorphismus φ_{k} ist. Mit
$k=qn+r\in\mathbb{Z}$ $(0\le r\le n-1)$ ist $g^{k}=\left(g^{n}\right)^{q}g^{r}=eg^{r}=g^{r}$ und damit $\varphi_{k}=\varphi_{r}$.
Zusammengefasst stellt man fest: Die Menge der Homomorphismen $\mathcal{G}\to\mathcal{G}$ ist auf
$$\left\{\varphi_{0},\ \varphi_{1},...,\varphi_{n-1}\right\}$$
beschränkt. Aus diesen sortieren wir die Automorphismen heraus. Dabei ist die Tatsache hilfreich, dass eine Abbildung über einer endlichen Menge genau dann bijektiv ist, wenn sie surjektiv ist. Diese Bedingung ist genau dann erfüllt, wenn ein Element a^{k} Erzeuger von $\mathcal{G}$ ist, wenn also $\mathcal{G}=\varphi_{k}\left(\mathcal{G}\right)=\left\langle a^{k}\right\rangle$. Das wiederum ist der Fall, wenn k und n teilerfremd sind: $ggT\left(k,n\right)=1$ (siehe Lemma 6.9). Die Automorphismengruppe zu $\mathcal{G}$ hat damit folgende Darstellung:
$$Aut\left(\mathcal{G}\right)=\left\{\varphi_{k}\ ,\ \text{wobei}\ ggT\left(k,n\right)=1\right\}.$$

Satz 6.16 (***Isomorphismus*** $\left(\mathbb{Z}/n\mathbb{Z}\right)^{*}\simeq Aut\left(\mathcal{G}\right)$)
Es sei $\mathcal{G}$ eine endliche zyklische Gruppe der Ordnung n. Die Automorphismengruppe $Aut\left(\mathcal{G}\right)$ ist isomorph zur primen Restklassengruppe $\left(\mathbb{Z}/n\mathbb{Z}\right)^{*}$, d.h. $\left(\mathbb{Z}/n\mathbb{Z}\right)^{*}\simeq Aut\left(\mathcal{G}\right)$. Beide Gruppen sind kommutativ und haben die mit der Euler'schen Funktion gegebene Ordnung $\varphi\left(n\right)$.

Beweis. Wir zeigen, dass die Abbildung
$\Phi:\left(\mathbb{Z}/n\mathbb{Z}\right)^{*}\to Aut\left(\mathcal{G}\right)$ gemäß $[k]_{n}\in\left(\mathbb{Z}/n\mathbb{Z}\right)^{*}\mapsto\Phi\left([k]_{n}\right)=\varphi_{k}\in Aut\left(\mathcal{G}\right)$
ein Isomorphismus ist. Zunächst folgt für alle $[k]_{n},[l]_{n}\in\left(\mathbb{Z}/n\mathbb{Z}\right)^{*}$:
$$\Phi\left([kl]_{n}\right)=\varphi_{kl}=\varphi_{k}\circ\varphi_{l}=\Phi\left([k]_{n}\right)\cdot\Phi\left([l]_{n}\right).$$
Woraus folgt, dass Φ ein Homomorphismus ist. Aus den Schlüssen
$[k]_{n}=[l]_{n}$ genau dann, wenn $k=l+qn$ $(q\in\mathbb{Z})$ genau dann, wenn $\varphi_{k}=\varphi_{l+qn}=\varphi_{l}$, folgt die Injektivität von Φ. Die Surjektivität ergibt sich direkt aus der Definition von $Aut\left(\mathcal{G}\right)$.
Die Kommutativität beider Gruppen ist letztlich auf die Vertauschbarkeit der Potenzen $a^{k}a^{l}=a^{l}a^{k}$ für alle $a\in\mathcal{G}$ und der Produkte $kl=lk$ für alle $l,k\in\mathbb{Z}$ zurückführbar. ∎
Zusammenfassend halten wir fest:

Jede endliche zyklische Gruppe $\mathcal{G}$ der Ordnung n ist isomorph zu $\left(\mathbb{Z}/n\mathbb{Z},+\right)$, und die Automorphismengruppe $Aut\left(\mathcal{G}\right)$ zu $\mathcal{G}$ ist isomorph zur primen Restklassengruppe $\left(\left(\mathbb{Z}/n\mathbb{Z}\right)^{*},\cdot\right)$. In $Aut\left(\mathcal{G}\right)$ gibt es für $n>1$ stets weniger Automorphismen als $\mathcal{G}$ Elemente hat.

Einfache Gruppen

Eine Gruppe, die keine echten Normalteiler enthält, d.h., in der außer $\{e\}$ und der Gruppe selbst keine normalen Untergruppen existieren, nennt man einfach. Einfache Gruppen sind in sofern interessant, da diese in gewissem Sinne "Bausteine" zur Klassifizierung endlicher Gruppen darstellen.

Definition 6.17 (*einfache Gruppe*)
Eine Gruppe $\mathcal{G}$ heißt einfach, wenn in $\mathcal{G}$ außer $\{e\}$ und $\mathcal{G}$ selbst keine weiteren normalen Untergruppen enthalten sind.

Jede endliche Gruppe von Primzahlordnung ($|\mathcal{G}| = p$) und damit jede zu $\mathbb{Z}/p\mathbb{Z}$ isomorphe Gruppe ist einfach. Insbesondere ist jede zyklische Gruppe von Primzahlordnung einfach und kommutativ (abelsch), womit sofort deren Auflösbarkeit folgt. Es gilt auch die Umkehrung. Beides wird in folgendem Satz zusammengefasst:

Satz 6.18 (*einfach und auflösbar $\Leftrightarrow$ zyklisch von Primzahlordnung*)
Eine auflösbare Gruppe ist genau dann einfach, wenn diese zyklisch von Primzahlordnung ist.

Beweis. Es sei $\mathcal{G}$ eine einfache auflösbare Gruppe mit der Kette
$$\{e\} = G_0 \lhd G_1 \lhd \dots \lhd G_{r-1} \lhd G_r = \mathcal{G} \quad \text{mit} \quad G_{i+1} \neq G_i.$$
Dann ist G_{r-1} ein echter Normalteiler von $\mathcal{G}$. $\mathcal{G}$ ist jedoch einfach, weshalb $G_{r-1} = \{e\}$ und $\mathcal{G} = G_r/G_{r-1}$ abelsch (weil $\mathcal{G}$ auflösbar). Da jede Untergruppe einer abelschen Gruppe normal ist und jedes Element von $\mathcal{G}$ eine zyklische Untergruppe erzeugt, muss $\mathcal{G}$ zyklisch sein und darf keine nicht trivialen echten Untergruppen enthalten. Daher hat $\mathcal{G}$ eine Primzahlordnung.
Die Umkehrung, dass eine zyklische (und damit abelsche) Gruppe von Primzahlordnung auch auflösbar und einfach ist, folgt sofort. ∎

6.2 Radikale Körpererweiterung

Das lateinische Wort Radikal bezeichnet in der Mathematik (unter anderem) Wurzelausdrücke. Eine im Allgemeinen komplexe Zahl wollen wir als Radikal bezeichnen, wenn diese aus rationalen Zahlen über die vier Grundrechenarten (Addition, Subtraktion, Multiplikation, Division) und die Berechnung n-ter Wurzeln ($n \in \mathbb{N}$, $n > 1$) sukzessive entstanden ist. Zu verstehen sind darunter beispielsweise arithmetische Ausdrücke der folgenden Form:

$$z = \frac{3\sqrt[3]{17} - \sqrt{5 + \sqrt[5]{8 + \sqrt{13}}}}{1 + 11\sqrt[3]{5}}. \tag{6.2}$$

Der Gebrauch von Wurzelausdrücken ist problematisch und zu überdenken. Wie wir wissen (siehe Abschn. 1.6), werden im Bereich der komplexen Zahlen einer n-ten Wurzel über eine rationale, reelle oder komplexe Zahl a verschiedene Werte zugewiesen. Ausdrücke der Form $\sqrt[n]{a}$ oder $a^{1/n}$ sind also mehrdeutig und ergeben, streng betrachtet, keinen Sinn. Beschränkt man sich auf nichtnegative reelle Zahlen $\mathbb{R}^+$, so gilt für ein $a > 0$ gewöhnlich die Konvention, dass $\sqrt[n]{a}$ unter den n verschiedenen Werten die eindeutig bestimmte reelle positive Wurzelzahl entspricht. Für einen Wurzelausdruck $\sqrt[n]{z}$ aus einer allgemein komplexwertigen Zahl z gibt es derartige Vereinbarungen nicht, folglich sind alle n-ten Wurzeln von z gleichberechtigt zu behandeln. Wir vermeiden

es deshalb, Bezeichnungen wie $\sqrt[n]{z}$ oder $z^{1/n}$ zu verwenden, und beziehen uns künftig beim Studium radikaler Ausdrücke auf den kleinsten Teilkörper $\mathbb{Q}^{rad}$ der komplexen Zahlen, der bezüglich der Bildung von Wurzelzahlen abgeschlossen ist. D.h., dass aus
$$\alpha^n \in \mathbb{Q}^{rad} \text{ für ein gewisses } n \geq 1 \text{ stets folgt } \alpha \in \mathbb{Q}^{rad}.$$
Wir nennen ein komplexe Zahl **radikal**, wenn diese $\mathbb{Q}^{rad}$ angehört. Damit ist jede rationale Zahl radikal, jede n–te Wurzel aus einer radikalen Zahl ist radikal, Summe, Produkt, Differenz und Quotient radikaler Zahlen führen wieder zu radikalen Zahlen. Äquivalent dazu drücken wir diese Deklaration anstelle von $\mathbb{Q}$, bezogen auf einen Teilkörper $\mathcal{K}$ der komplexen Zahlen, etwas allgemeiner durch eine Körpererweiterung aus:

Definition 6.19 (*radikale Körpererweiterung*)
*Eine **Körpererweiterung** $\mathcal{L} : \mathcal{K}$ heißt **radikal**, wenn $\mathcal{L} = \mathcal{K}(\alpha_1, ..., \alpha_m)$ und zu jedem $j = 1, ..., m$ ein $n_j \in \mathbb{N}$ existiert, so dass*

$$\alpha_j^{n_j} \in \mathcal{K}(\alpha_1, ..., \alpha_{j-1}) \qquad (j > 1).$$

*Man sagt, die Zahlen α_j bilden eine **radikale Folge** zu $\mathcal{L} : \mathcal{K}$ und bezeichnet den Exponenten n_j als **radikalen Grad** von α_j.*

Als Beispiel beziehen wir uns auf den obigen radikalen Ausdruck (6.2) und führen folgende Zahlen ein:
$$\alpha_1^3 = 17,\ \alpha_2^2 = 13,\ \alpha_3^5 = 8 + \alpha_2,\ \alpha_4^2 = 5 + \alpha_3,\ \alpha_5^3 = 5.$$
Der mit z bezeichnete Ausdruck (6.2) ist dann enthalten in der radikalen Körpererweiterung $\mathcal{L} : \mathbb{Q}$ mit $\mathcal{L} = \mathbb{Q}(\alpha_1, \alpha_2, \alpha_3, \alpha_4, \alpha_5)$ und der radikalen Folge
$$\alpha_1 = \sqrt[3]{17},\ \alpha_2 = \sqrt{13},\ \alpha_3 = \sqrt[5]{8 + \alpha_2},\ \alpha_4 = \sqrt{5 + \alpha_3},\ \alpha_5 = \sqrt[3]{5}.$$

Definition 6.20 (*Polynome, lösbar durch Radikale*)
Ein Polynom $\mathbf{p} \in \mathcal{K}[X]$ über dem Teilkörper $\mathcal{K}$ der komplexen Zahlen mit dem Zerfällungskörper $\mathcal{L}$ über $\mathcal{K}$ heißt lösbar durch Radikale, wenn ein $\mathcal{L}$ enthaltender Körper $\mathcal{M}$ existiert, so dass $\mathcal{M} : \mathcal{K}$ eine radikale Körpererweiterung ist.

Nicht explizit aber indirekt enthält diese Definition die Forderung, dass $\mathbf{p}$ durch Radikale lösbar ist, wenn **alle Nullstellen** durch radikale Ausdrücke darstellbar sind. Vom Zerfällungskörper $\mathcal{L}$ wird nicht verlangt dass dieser radikal ist, denn durch wiederholtes Hinzufügen von Wurzelausdrücken entstehen in der Regel mehr Folgenglieder, als für die endgültige Darstellung der Nullstellen nötig sind. Wir stellen aber fest:

Lemma 6.21 (*$\mathcal{L} : \mathcal{K}$ radikal $\Rightarrow$ normaler Abschluss ist radikal*)
Ist $\mathcal{L} : \mathcal{K}$ in $\mathbb{C}$ eine radikale Erweiterung und $\mathcal{N}$ der normale Abschluss von $\mathcal{L} : \mathcal{K}$, so ist auch die Erweiterung $\mathcal{N} : \mathcal{K}$ radikal.

Beweis. Es sei $\mathcal{L} = \mathcal{K}(\alpha_1, ..., \alpha_r)$ mit $\alpha_j^{n_j} \in \mathcal{K}(\alpha_1, ..., \alpha_{j-1})$ und $\mathbf{m}_j$ Minimalpolynom zu α_j über $\mathcal{K}$. Dann ist $\mathcal{N}$ der Zerfällungskörper des Polynoms $\mathbf{m}_1 \cdot ... \cdot \mathbf{m}_j \cdot ... \cdot \mathbf{m}_r$ und $\mathcal{L} \subseteq \mathcal{N}$. Zu jeder Nullstelle β_{ji} von $\mathbf{m}_j$, die es neben α_j gibt, existiert nach Satz 3.56 ein Isomorphismus $\varphi : \mathcal{K}(\alpha_j) \to \mathcal{K}(\beta_{ji})$. der nach Satz 5.25 zu einem Automorphismus $\tau : \mathcal{N} \to \mathcal{N}$ erweitert werden kann. Da α_j ein Glied einer Radikalfolge zu einem Teilkörper von $\mathcal{N}$ ist, ist es auch β_{ji}. Durch Vereinigung der Folgen erhält man eine Radikalfolge für $\mathcal{N}$. $\blacksquare$

Bemerkung 6.22 (*radikale Folgen mit primen Wurzelausdrücken*)
Radikale Körpererweiterungen können durch Hinzunahme weiterer Element zu einer radikalen Folge so dargestellt werden, dass alle auftretenden Wurzeln prim sind, d.h. eine Primzahl als Wurzelexponenten besitzen. Das ist wie folgt realisierbar:
Wir beziehen uns zunächst auf die einfache Körpererweiterung
$$\mathcal{K}(\alpha) \quad \text{mit} \quad \alpha = \sqrt[n]{\beta} \quad \text{bzw.} \quad \alpha^n = \beta \in \mathcal{K}, \quad n \in \mathbb{N}.$$
Mit der Primfaktorzerlegung $n = p_1 \cdot ... \cdot p_s$ definieren wir:
$$\beta_k = \alpha^{p_{k+1} \cdot ... \cdot p_s} \quad (0 \leq k < s), \qquad \beta_s = \alpha$$
Dann gilt: $\beta_0 = \alpha^n \in \mathcal{K}$ und $\beta_k^{p_k} = (\alpha^{p_{k+1} \cdot ... \cdot p_s})^{p_k} = \beta_{k-1} \in \mathcal{K}(\beta_{k-1})$
1. *Jedes β_k wird durch eine entsprechende Potenz von α ausgedrückt.*
2. *$\mathcal{K}(\alpha) = \mathcal{K}(\beta_1, ..., \beta_s)$.*
Auf diese Weise ist jedes Folgenglied einer nicht einfachen radikalen Körpererweiterung zerlegbar.

Die einfachsten Beispiele für Polynome, deren Lösungen durch Radikale darstellbar sind, haben die Form: $X^n - a$ mit $a \in \mathbb{Q}$. Unser angestrebtes Ziel ist es zu zeigen, dass in Radikalen lösbare Polynome mit auflösbaren Galois-Gruppen in Verbindung stehen. Wenn dem so ist, müssen die Galois-Gruppen zu Körpererweiterungen für Polynome $X^n - a$ auflösbar sein. Dazu genügt der Nachweis, dass die entsprechenden Gruppen abelsch (kommutativ) sind. Das wollen wir als Nächstes zeigen.

Lemma 6.23 (*Galois-Gruppe zu $X^p - 1$ ist abelsch*)
Über dem Teilkörper $\mathcal{K}$ der komplexen Zahlen sei $\mathcal{L}$ der Zerfällungskörper zum Polynom $X^p - 1$ mit Primzahlgrad p. Dann ist die Galois-Gruppe $\mathrm{Gal}(\mathcal{L} : \mathcal{K})$ abelsch.

Beweis. Das Polynom $\mathbf{p}(X) = X^p - 1$ und dessen Ableitung $D\mathbf{p}(X) = pX^{p-1}$ haben keine nicht trivialen gemeinsamen Teiler. Nach Lemma 5.14 besitzt deshalb $\mathbf{p}$ im Körper $\mathcal{L}$ keine mehrfachen Nullstellen. Die Nullenstellen bilden eine multiplikative Gruppe von Primzahlordnung, die zyklisch ist und von jedem Element der Gruppe erzeugt wird (siehe Lemma 6.13). Ist ω ein derartiger Erzeuger, so ist $\mathcal{L} = \mathcal{K}(\omega)$ und jeder $\mathcal{K}$−Automorphismus eindeutig durch seine Wirkung auf ω bestimmt. Jeder $\mathcal{K}$−Automorphismus permutiert die Nullstellen von $\mathbf{p}$ (siehe Lemma 5.16). Folglich ist ein $\mathcal{K}$−Automorphismus φ_k auf $\mathcal{L}$ schon eindeutig durch die Zuordnung von ω zu einer Potenz ω^k bestimmt: $\varphi_k(\omega) = \omega^k$. Ist $\varphi_j(\omega) = \omega^j$ ein weiterer Automorphismus, so folgt für die Komposition

$$\left(\varphi_k \circ \varphi_j\right)(\omega) = \varphi_k\left(\omega^j\right) = \left(\varphi_k\left(\omega\right)\right)^j = \left(\omega^k\right)^j = \omega^{k\cdot j} = \omega^{j\cdot k} = \left(\varphi_j \circ \varphi_k\right)(\omega).$$

Damit ist $\varphi_k \circ \varphi_j = \varphi_j \circ \varphi_k$, d.h., die Galois-Gruppe $Gal\left(\mathcal{L}:\mathcal{K}\right)$ ist abelsch. $\blacksquare$

Lemma 6.24 (**Galois-Gruppe zu** $X^n - a$ **ist abelsch**)
Das Polynom $X^n - 1$ *zerfalle über dem Teilkörper* $\mathcal{K}$ *der komplexen Zahlen. Zum Polynom* $X^n - a$ *mit* $a \in \mathcal{K}$ *und Zerfällungskörper* $\mathcal{L}$ *ist die Galois-Gruppe* $Gal\left(\mathcal{L}:\mathcal{K}\right)$ *abelsch.*

Beweis. Es sei β eine Nullstelle von $X^n - a$. Da $X^n - 1$ in $\mathcal{K}$ zerfällt, sind die Nullstellen zu $X^n - a$ von der Form $\beta\omega$ mit den Nullstellen $\omega \in \mathcal{K}$ von $X^n - 1$. Die $\mathcal{K}$–Automorphismen über der Erweiterung $\mathcal{L} = \mathcal{K}\left(\beta\right)$ sind durch die Zuordnungen von β bestimmt. Es seien $\phi, \psi \in Gal\left(\mathcal{L}:\mathcal{K}\right)$. Da $\phi\left(\beta\right)$ eine Nullstelle von $X^n - a$ ist, muss $\phi\left(\beta\right)/\beta \in \mathcal{K}$ sein. Damit ergibt sich (Man beachte, dass die $\mathcal{K}$–Automorphismen auf $\mathcal{K}$ Identitäten sind !):

$$\left(\psi \circ \phi\right)\left(\beta\right) = \psi\left(\frac{\phi\left(\beta\right)}{\beta}\cdot\beta\right) = \frac{\phi\left(\beta\right)}{\beta}\cdot\psi\left(\beta\right) = \frac{\phi\left(\beta\right)\psi\left(\beta\right)}{\beta}.$$

Genau so leitet man $\left(\phi \circ \psi\right)\left(\beta\right) = \dfrac{\phi\left(\beta\right)\psi\left(\beta\right)}{\beta}$ ab. Folglich ist $\left(\psi \circ \phi\right)\left(\beta\right) = \left(\phi \circ \psi\right)\left(\beta\right)$ auf $\mathcal{K}\left(\beta\right)$ und damit $\psi \circ \phi = \phi \circ \psi$, d.h., $Gal\left(\mathcal{L}:\mathcal{K}\right)$ ist abelsch $\blacksquare$

Lemma 6.25 ($\mathcal{L}:\mathcal{K}$ **normal und radikal** $\Rightarrow$ $Gal\left(\mathcal{L}:\mathcal{K}\right)$ **ist auflösbar**)
$\mathcal{K}$ *sei ein Teilkörper der komplexen Zahlen und* $\mathcal{L}:\mathcal{K}$ *eine normale radikale Erweiterung, dann ist die Galois-Gruppe* $Gal\left(\mathcal{L}:\mathcal{K}\right)$ *auflösbar.*

Beweis. Wir gehen davon aus, dass $\mathcal{L}:\mathcal{K}$ normal und radikal, d.h., $\mathcal{L} = \mathcal{K}\left(\alpha_1, ..., \alpha_r\right)$ mit $\alpha_j^{p_j} \in \mathcal{K}\left(\alpha_1, ..., \alpha_{j-1}\right)$, wobei für alle j die Exponenten p_j Primzahlen sind (siehe Bem. 6.22). Insbesondere sei $\alpha_1^p \in \mathcal{K}$.
Bewiesen wird der Satz durch Induktion bezüglich der radikalen Folgenlänge r. Die Induktion beginnt mit $r = 0$, was dem Fall $\mathcal{L} = \mathcal{K}$ entspricht, in dem die Aussage des Satzes trivialerweise mit $Gal\left(\mathcal{L}:\mathcal{K}\right) = \{\mathbf{Id}_\mathcal{L}\}$ erfüllt ist.
Die Induktionshypothese ist, dass zur Erweiterung $\mathcal{L} = \mathcal{K}\left(\alpha_2, ..., \alpha_r\right)$ mit radikaler Folgenlänge $r - 1$ eine auflösbare Gruppe $Gal\left(\mathcal{L}:\mathcal{K}\right)$ gehört.
Es sei $\alpha_1 \notin \mathcal{K}$ und $\mathbf{m}$ das Minimalpolynom zu α_1 über $\mathcal{K}$. Aus der Normalität von $\mathcal{L}:\mathcal{K}$ folgt, dass $\mathbf{m}$ in $\mathcal{L}$ zerfällt und keine mehrfachen Nullstellen besitzt (siehe Satz 5.15). Da α_1 kein Element von $\mathcal{K}$ ist, muss $\mathbf{m}$ wenigstens vom Grade 2 sein. Neben α_1 hat $\mathbf{m}$ deshalb eine weitere, von α_1 verschiedene Nullstelle β. Wir setzen $\omega = \alpha_1/\beta$. Dann ist $\omega \neq 1$ und $\omega^p = 1$, was bedeutet, dass ω in der multiplikativen Gruppe zu $\mathcal{L}$ von primer Ordnung p ist und die Elemente $1, \omega, ..., \omega^{p-1}$ die untereinander verschiedenen Lösungen der Gleichung $X^p - 1 = 0$ in $\mathcal{L}$ sind (siehe Abschn. 1.6, Formel (1.10)). Folglich zerfällt $X^p - 1$ in $\mathcal{L}$. Der Zerfällungskörper zu $X^p - 1$ über $\mathcal{K}$ wird mit $\mathcal{M}$ bezeichnet, und es ist $\mathcal{M} = \mathcal{K}\left(\omega\right) \subseteq \mathcal{L}$.
Zusammengefasst haben wir folgende Kette von ineinander geschachtelten Teilräumen

konstruiert: $\mathcal{K} \subseteq \mathcal{M} \subseteq \mathcal{M}(\alpha_1) \subseteq \mathcal{L}$. Übersichtlich angeordnet liegt damit folgendes Schema vor:

$$\mathcal{K} \quad \subseteq \quad \mathcal{M} \quad \subseteq \quad \mathcal{M}(\alpha_1) \quad \subseteq \quad \mathcal{L}$$

$$\uparrow \qquad\qquad \uparrow \qquad\qquad \uparrow$$

$Gal\,(\mathcal{M}:\mathcal{K})$	$Gal\,(\mathcal{M}(\alpha_1):\mathcal{M})$	$Gal\,(\mathcal{L}:\mathcal{M}(\alpha_1))$
abelsch nach	abelsch nach	auflösbar nach
Lemma 6.23	Lemma 6.24	Induktions-
		hypothese

Der Rest des Beweises besteht darin, die in dieser Übersicht enthaltenen Aussagen zu bestätigen. Zunächst stellen wir fest, dass mit $\mathcal{L}:\mathcal{K}$ auch $\mathcal{L}:\mathcal{M}$ eine endliche normale Erweiterung ist und damit die Voraussetzungen zur Anwendung des Fundamentalsatzes 5.45 für diese Körpererweiterungen erfüllt sind.

Da $X^p - 1$ in $\mathcal{M}$ zerfällt und $\alpha_1^p \in \mathcal{M}$, folgt aus dem Beweis von Lemma 6.24, dass $\mathcal{M}(\alpha_1)$ der Zerfällungskörper von $X^p - \alpha_1^p$ über $\mathcal{M}$ ist. Die Erweiterung $\mathcal{M}(\alpha_1):\mathcal{M}$ ist normal, und aus Lemma 6.24 folgt, dass $Gal\,(\mathcal{M}(\alpha_1):\mathcal{M})$ abelsch ist. Angewendet auf die Erweiterung $\mathcal{L}:\mathcal{M}$ leitet man aus dem Fundamentalsatz 5.45 (5) ab:

$$Gal\,(\mathcal{M}(\alpha_1):\mathcal{M}) \simeq \frac{Gal\,(\mathcal{L}:\mathcal{M})}{Gal\,(\mathcal{L}:\mathcal{M}(\alpha_1))}. \qquad (A)$$

Die Erweiterung

$$\mathcal{L}:\mathcal{M}(\alpha_1) \quad \text{mit} \quad \mathcal{L} = \mathcal{M}(\alpha_1)(\alpha_2,...,\alpha_r)$$

ist eine normale radikale Erweiterung über $\mathcal{M}(\alpha_1)$ und nach der Induktionshypothese die Galois-Gruppe $Gal\,(\mathcal{L}:\mathcal{M}(\alpha_1))$ auflösbar. Da auch $Gal\,(\mathcal{M}(\alpha_1):\mathcal{K})$ auflösbar (da abelsch), folgt aus Satz 6.6 3. und der Isomorphie (A) die Auflösbarkeit von $Gal\,(\mathcal{L}:\mathcal{M})$.

$\mathcal{M} = \mathcal{K}(\omega)$ ist der Zerfällungskörper zu $X^p - 1$ über $\mathcal{K}$ und deshalb die Erweiterung $\mathcal{M}:\mathcal{K}$ normal. Außerdem folgt aus Lemma 6.23 die Auflösbarkeit von $Gal\,(\mathcal{M}:\mathcal{K})$ (da $Gal\,(\mathcal{M}:\mathcal{K})$ abelsch). Wieder aus dem Fundamentalsatz 5.45 (5), angewendet auf die Erweiterung $\mathcal{L}:\mathcal{K}$, folgt die Isomorphie:

$$Gal\,(\mathcal{M}:\mathcal{K}) \simeq \frac{Gal\,(\mathcal{L}:\mathcal{K})}{Gal\,(\mathcal{L}:\mathcal{M})}. \qquad (B)$$

Aus Satz 6.6 3. folgt mit der Auflösbarkeit von $Gal\,(\mathcal{M}:\mathcal{K})$ und $Gal\,(\mathcal{L}:\mathcal{M})$ schließlich, dass auch $Gal\,(\mathcal{L}:\mathcal{K})$ auflösbar ist. ∎

Die Aussagen der vorstehenden Lemmata werden in einem Satz zusammengefasst. Dieser Satz sichert ab, dass zu einer radikalen Körpererweiterung die Galois-Gruppe eines Zwischenkörpers auflösbar ist.

Satz 6.26 ($\mathcal{K} \subseteq \mathcal{L} \subseteq \mathcal{M}$ **und** $\mathcal{M}:\mathcal{K}$ **radikal** $\Rightarrow Gal\,(\mathcal{L}:\mathcal{K})$ **auflösbar**)
Es seien $\mathcal{K}$ ein Teilkörper der komplexen Zahlen und $\mathcal{K} \subseteq \mathcal{L} \subseteq \mathcal{M} \subseteq \mathbb{C}$ entsprechende Körpererweiterungen. Wenn $\mathcal{M}:\mathcal{K}$ eine radikale Erweiterung ist, so ist $Gal\,(\mathcal{L}:\mathcal{K})$ auflösbar.

Beweis. Wir definieren den Fixkörper $\mathcal{K}_0$ zur gesamten Galois-Gruppe $Gal\,(\mathcal{L}:\mathcal{K})$ (siehe Abschn. 5.1 und Formel (5.2)):

$$\mathcal{K}_0 = (\mathcal{K}^*)^\dagger = \{\alpha \in \mathcal{L}, \text{ wobei für alle } \sigma \in Gal\,(\mathcal{L}:\mathcal{K}) \text{ gilt: } \sigma\,(\alpha) = \alpha\} \supseteq \mathcal{K}.$$

Zum normalen Abschluss $\mathcal{N} : \mathcal{M}$ von $\mathcal{M} : \mathcal{K}_0$ gehört die Kette

$\quad \mathcal{K} \subseteq \mathcal{K}_0 \subseteq \mathcal{L} \subseteq \mathcal{M} \subseteq \mathcal{N}.$

Da neben $\mathcal{M} : \mathcal{K}$ auch $\mathcal{M} : \mathcal{K}_0$ radikal ist, folgt aus Lemma 6.21, dass $\mathcal{N} : \mathcal{K}_0$ eine normale radikale Erweiterung ist, und aus Lemma 6.25 die Auflösbarkeit von $Gal\,(\mathcal{N} : \mathcal{K}_0)$. Nach Satz 5.34 ist die Erweiterung $\mathcal{L} : \mathcal{K}_0$ normal, und aus dem Fundamentalsatz 5.45 (5) (setze $\mathcal{M} = \mathcal{L}$, $\mathcal{L} = \mathcal{N}$ und $\mathcal{K} = \mathcal{K}_0$) folgt:

$$Gal\,(\mathcal{L} : \mathcal{K}_0) \simeq \frac{Gal\,(\mathcal{N} : \mathcal{K}_0)}{Gal\,(\mathcal{N} : \mathcal{L})}.$$

Da $Gal\,(\mathcal{N} : \mathcal{K}_0)$ auflösbar, folgt aus Satz 6.6 2. auch die Auflösbarkeit von $Gal\,(\mathcal{L} : \mathcal{K}_0)$. Mit $(\mathcal{K}_0)^* = Gal\,(\mathcal{L} : \mathcal{K})$ und da die Abbildungen $*$ und $\dagger$ invers zueinander sind (siehe Abschn. 5.1 und 5.6), ergibt sich:

$$Gal\,(\mathcal{L} : \mathcal{K}) = (\mathcal{K}_0)^* = \left((\mathcal{K}^*)^{\dagger}\right)^* = \mathcal{K}^* = Gal\,(\mathcal{L} : \mathcal{K}_0).$$

Womit auch $Gal\,(\mathcal{L} : \mathcal{K})$ auflösbar ist. ∎

Um das Resultat des letzten Satzes abzuleiten, war ein nicht unerheblicher beweistechnischer Aufwand notwendig. Der Gedanke, Körper durch sukzessives Hinzufügen (Adjunktion) von Wurzelausdrücken zu erweitern, war aber erfolgreich und führte zu Korrespondenzen mit auflösbaren Gruppen. Um daraus leicht überprüfbare Aussagen über die Lösbarkeit von Polynomgleichungen in Radikalen zu bekommen, sind Verbindungen der Galois-Gruppen zu den mit den Körpererweiterungen verknüpften Polynomen herzustellen.

Wenn wir künftig von der Galois-Gruppe eines Polynoms $\mathbf{p}$ sprechen, dessen Koeffizienten einem Körper $\mathcal{K} \subseteq \mathbb{C}$ angehören, d.h. $\mathbf{p} \in \mathcal{K}\,[X]$, so ist damit die Gruppe $Gal\,(\mathcal{L} : \mathcal{K})$ über der Körpererweiterung $\mathcal{L} : \mathcal{K}$ mit dem Zerfällungskörper $\mathcal{L}$ bezüglich $\mathcal{K}$ gemeint.

Darüber hinaus interpretieren wir jetzt die Automorphismen der Galois-Gruppe wieder als Permutationen über den Nullstellen des betreffenden Polynoms. Nach Lemma 5.16 besteht ein injektiver Gruppen-Homomorphismus von $Gal\,(\mathcal{L} : \mathcal{K})$ zu einer Untergruppe der symmetrischen Gruppe $\mathbb{S}_n$. Wir können deshalb Satz 6.26 wie folgt umformulieren:

Satz 6.27 (*Lösbarkeit eines Polynoms in Radikalen*)
Es sei $\mathbf{p}$ ein Polynom über dem Teilkörper $\mathcal{K}$ der komplexen Zahlen ($\mathbf{p} \in \mathcal{K}\,[X]$). Wenn alle Nullstellen von $\mathbf{p}$ in Radikalen darstellbar sind, dann ist die Galois-Gruppe zu $\mathbf{p}$ auflösbar.

Es gilt auch die Umkehrung der Aussage dieses Satzes:
Ist die Galois-Gruppe eines Polynoms $\mathbf{p}$ auflösbar, so sind alle Nullstellen von $\mathbf{p}$ in Radikalen darstellbar. Auf den Beweis verzichten wir, da im Weiteren dieser Zusammenhang nicht zur Sprache kommt (einen Beweis findet man z.B. in [Stew] Kap. 18 oder in [Karp] Kap. 31).
Wohl aber ist die Negation der Formulierung in Satz 6.27 von Interesse:

Ist die Galois-Gruppe eines Polynoms nicht auflösbar, so sind nicht alle Nullstellen dieses Polynoms in Radikalen darstellbar.

Um also zu zeigen, dass bestimmte Polynome nicht in Radikalen lösbar sind, muss man Galois-Gruppen finden, die nicht auflösbar sind. Dieser Aufgabe wenden wir uns im folgenden Abschnitt zu.

6.3 Nicht radikal lösbare Polynome

Die Galois-Gruppe eines Polynoms ist nicht einfach berechenbar. Deshalb bedarf es schon einiger Ideen und Rechentricks, um nicht radikal lösbare Polynome aufzuspüren. Vorab benötigen wir einige Erkenntnisse über die Erzeugung der symmetrischen Gruppe $\mathbb{S}_n$ und deren Untergruppe, der alternierenden Gruppe $\mathbb{A}_n$ (siehe dazu Abschn. 2.1 Permutationsgruppen).
Die Beweise der folgenden Lemmata sind ausführlich und deshalb relativ umfangreich. Der geübte Leser kann längere Beweisschritte übergehen, anderenfalls kann man den rechnerischen Umgang mit Permutationen auch als Übung ansehen.

Lemma 6.28 (*Erzeugung der Gruppe* $\mathbb{S}_n$)
Es sei $\mathcal{G}$ eine Untergruppe der symmetrischen Gruppe $\mathbb{S}_n$, die den n–Zyklus $(1\ 2\ ...\ n)$ und die Transposition $(1\ 2)$ enthält, dann ist $\mathcal{G}$ gleich $\mathbb{S}_n$: $\mathcal{G} = \mathbb{S}_n$.

Beweis. Zu zeigen ist, dass sich jede Permutation in $\mathbb{S}_n$ durch Kompositionen der beiden Permutationen

$$\sigma = (1\ 2\ ...\ n) = \begin{pmatrix} 1\ 2\ 3\ ...\ (n-1)\ & n \\ 2\ 3\ 4\ \ ...\ n\ & 1 \end{pmatrix} \quad \text{und} \quad \tau = (1\ 2) = \begin{pmatrix} 1\ 2\ 3\ ...\ & n \\ 2\ 1\ 3\ ...\ & n \end{pmatrix}$$

darstellen lässt. Als Untergruppe von $\mathbb{S}_n$ enthält $\mathcal{G}$ natürlich auch die inverse Permutation zu σ:

$$\sigma^{-1} = (n\ ...\ 2\ 1) = \begin{pmatrix} 2\ 3\ 4...\ & n & 1 \\ 1\ 2\ 3...\ (n-1)\ & n \end{pmatrix} = \begin{pmatrix} 1\ 2\ 3...\ (n-1) & n \\ n\ 1\ 2...\ (n-2) & (n-1) \end{pmatrix}.$$

Damit ist folgende Komposition möglich:

$$\sigma \circ (1\ 2) \circ \sigma^{-1}$$

$$= \begin{pmatrix} 1\ 2\ 3...\ (n-1) & n \\ 2\ 3\ 4\ \ ...\ n & 1 \end{pmatrix} \circ \begin{pmatrix} 1\ 2\ 3\ ...\ & n \\ 2\ 1\ 3\ ...\ & n \end{pmatrix} \circ \begin{pmatrix} 1\ 2\ 3...\ (n-1) & n \\ n\ 1\ 2...\ (n-2) & (n-1) \end{pmatrix}$$

$$= \begin{pmatrix} 1\ 2\ 3...\ (n-1) & n \\ 2\ 3\ 4\ \ ...\ n & 1 \end{pmatrix} \circ \begin{pmatrix} 1\ 2\ 3\ 4\ 5...\ (n-1) & n \\ n\ 2\ 1\ 3\ 4...\ (n-2) & (n-1) \end{pmatrix}$$

$$= \begin{pmatrix} 1\ 2\ 3\ 4\ 5...\ (n-1) & n \\ 1\ 3\ 2\ 4\ 5\ ...\ (n-1) & n \end{pmatrix} = (2\ 3).$$

Mit der berechneten Transposition kann dieser Prozess sukzessive fortgesetzt werden: Aus $(2\ 3) \to (3\ 4) \to (4\ 5) \to ... \to ((n-1)\ n)$. Allgemein also

$$\sigma \circ ((k-1)\ k) \circ \sigma^{-1} = (k\ (k+1)) \qquad \text{für}\ \ k = 2, ..., n-1.$$

Diese Kompositionsreihe endet bei

$$\sigma \circ (n-1\ n) \circ \sigma^{-1}$$

$$= \begin{pmatrix} 1\ 2\ 3...\ (n-1) & n \\ 2\ 3\ 4\ \ ...\ n & 1 \end{pmatrix} \circ \begin{pmatrix} 1\ 2\ 3\ 4\ ...\ (n-2)\ (n-1) & n \\ 1\ 2\ 3\ 4\ ...\ (n-2)\ \ n & (n-1) \end{pmatrix} \circ \sigma^{-1}$$

$$= \begin{pmatrix} 1\ 2\ 3...\ (n-1) & n \\ 2\ 3\ 4\ \ ...\ n & 1 \end{pmatrix} \circ \begin{pmatrix} 1 & 2\ 3\ 4\ 5...\ (n-1)\ n \\ (n-1) & 1\ 2\ 3\ 4...\ (n-2)\ \ n \end{pmatrix}$$

$$= \begin{pmatrix} 1\ 2\ 3\ 4\ 5...\ (n-1)\quad n \\ n\ 2\ 3\ 4\ 5\ ...(n-1)\quad 1 \end{pmatrix} = (1\ n)\,.$$

Jetzt ist folgende Komposition berechenbar:

$(1\ 2) \circ (2\ 3) \circ (1\ 2)$

$$= \begin{pmatrix} 1\ 2\ 3\ 4...\ n \\ 2\ 1\ 3\ 4...\ n \end{pmatrix} \circ \begin{pmatrix} 1\ 2\ 3\ 4...\ n \\ 1\ 3\ 2\ 4...\ n \end{pmatrix} \circ \begin{pmatrix} 1\ 2\ 3\ 4...\ n \\ 2\ 1\ 3\ 4...\ n \end{pmatrix}$$

$$= \begin{pmatrix} 1\ 2\ 3\ 4...\ n \\ 2\ 1\ 3\ 4...\ n \end{pmatrix} \circ \begin{pmatrix} 1\ 2\ 3\ 4...\ n \\ 3\ 1\ 2\ 4...\ n \end{pmatrix} = \begin{pmatrix} 1\ 2\ 3\ 4...\ n \\ 3\ 2\ 1\ 4...\ n \end{pmatrix} = (1\ 3)\,.$$

Nach diesem Vorbild ergeben sich sukzessive die Transpositionen:

$(1\ 3) \to (1\ 4) \to (1\ 5) \to ... \to (1\ n)$ und allgemein

$(1\ k) \circ (k\ (k+1)) \circ (1\ k) = (1\ (k+1))$ für $k = 2, ..., n-1$.

Alle Transpositionen der Form $(1\ m)$ für $m = 1, ..., n$ können folglich durch Kompositionen von $\boldsymbol{\sigma}$ und $\boldsymbol{\tau}$ erzeugt werden. Mit $(1\ m)$ und $(1\ s)$ für $1 < m < s$ sind weiter auch alle Transpositionen $(m\ s)$ durch Kompositionen von $\boldsymbol{\sigma}$ und $\boldsymbol{\tau}$ erzeugbar:

$(1\ m) \circ (1\ s) \circ (1\ m)$

$$= \begin{pmatrix} 1\ 2\ ...\ m\ ...\ s\ ... \\ m\ 2\ ...\ 1\ ...\ s\ ... \end{pmatrix} \circ \begin{pmatrix} 1\ 2\ ...m...\ s\ ... \\ s\ 2\ ...m...\ 1\ ... \end{pmatrix} \circ \begin{pmatrix} 1\ 2\ ...\ m\ ...\ s\ ... \\ m\ 2\ ...\ 1\ ...\ s\ ... \end{pmatrix}$$

$$= \begin{pmatrix} 1\ 2\ ...\ m\ ...\ s\ ... \\ 1\ 2\ ...\ s\ ...\ m\ ... \end{pmatrix} = (m\ s)\,.$$

Da jede Permutation durch endlich viele Transpositionen $(m\ s)$ erzeugt werden kann, wird auch die gesamte Gruppe $\mathbb{S}_n$ durch $\boldsymbol{\sigma}$ und $\boldsymbol{\tau}$ erzeugt, womit zwangsläufig $\mathcal{G} = \mathbb{S}_n$ ist. ∎

Alle geraden Permutationen bilden die Untergruppe $\mathbb{A}_n$ der symmetrischen Gruppe $\mathbb{S}_n$, die den Namen alternierende Gruppe trägt. Ab $n = 5$ ist diese Gruppe einfach:

Lemma 6.29 *Für alle $n \geq 5$ ist die alternierende Gruppe $\mathbb{A}_n$ eine einfache Gruppe.*

Beweis. Nach Def. 6.17 ist zu zeigen, dass für $n \geq 5$ $\mathbb{A}_n$ nur die trivialen Normalteiler $\mathbb{A}_n$ und $\{\mathbf{I}d\}$ besitzt. Der Beweis führt über mehrere Stufen.

1. Zunächst zeigen wir, dass die alternierende Gruppe $\mathbb{A}_n$ für alle $n \geq 3$ von der Menge aller 3$-$Zyklen erzeugt wird.

$\mathbb{A}_n$ wird von Transpositionen hergestellt, also auch von Produkten der Form $(k\ l) \circ (m\ n)$ (Dieses Produkt bildet stets eine gerade Permutation !).

Ist $k = m$ und $l = n$, so ist das Produkt die Identität. Im Falle $k = m$ und paarweise verschiedenen Zahlen k, l, n ist

$(k\ l) \circ (k\ n)$

$$= \begin{pmatrix} ...k\ ...l...n... \\ ...l\ ...k...n... \end{pmatrix} \circ \begin{pmatrix} ...k...l...n... \\ ...n...l...k... \end{pmatrix}$$

$$= \begin{pmatrix} ...k\ ...l...n... \\ ...n\ ...k...l... \end{pmatrix} = (k\ n\ l)$$

also ein 3$-$Zyklus. Sind k, l, m, n alle voneinander verschieden, so erhält man

$(k\ l) \circ (m\ n) = [(k\ l) \circ (k\ m)] \circ [(m\ k) \circ (m\ n)] = (k\ m\ l) \circ (m\ n\ k)$.

Mit $(k\ m) \circ (m\ k) = \mathbf{I}d$ wurde die Identität zwischen den "Faktoren" $(k\ l)$ und $(m\ n)$ eingebettet, womit nach dem vorangegangenen Fall ein Produkt aus zwei 3$-$Zyklen entsteht. Damit ist die Erzeugung von $\mathbb{A}_n$ durch 3–Zyklen gezeigt.

2. Es wird jetzt davon ausgegangen, dass $\mathbb{A}_n$ einen Normalteiler $\mathcal{N}$ mit $\{\mathbf{Id}\} \neq \mathcal{N} \lhd \mathbb{A}_n$ besitzt, d.h., dass gilt: $\mathcal{N} = \sigma \circ \mathcal{N} \circ \sigma^{-1}$ für alle Permutationen $\sigma \in \mathbb{A}_n$ (siehe Def. 5.35). Wir nehmen zunächst an, dass $\mathcal{N}$ einen 3–Zyklus enthält, der ohne Einschränkung der Allgemeinheit $\beta = (1\ 2\ 3)$ sein soll. Aus β lässt sich durch Produktbildungen mit Transpositionen für jedes $k > 3$ die gerade Permutation

$$(3\ 2\ k) = \beta \circ (1\ 2) \circ (1\ 3) \circ (3\ k) \circ (2\ 3) \in \mathbb{A}_n$$

herstellen. Dann folgt aus dem Produkt

$$(3\ 2\ k) \circ \beta \circ (3\ 2\ k)^{-1} = (3\ 2\ k) \circ \beta \circ (2\ 3\ k)$$

$$= \begin{pmatrix} 1\ 2\ 3...k... \\ 1\ k\ 2...3... \end{pmatrix} \circ \begin{pmatrix} 1\ 2\ 3...k... \\ 2\ 3\ 1...k... \end{pmatrix} \circ \begin{pmatrix} 1\ 2\ 3...k... \\ 1\ 3\ k...2... \end{pmatrix}$$

$$= \begin{pmatrix} 1\ 2\ 3...k... \\ 1\ k\ 2...3... \end{pmatrix} \circ \begin{pmatrix} 1\ 2\ 3...k... \\ 2\ 1\ k...3... \end{pmatrix} = \begin{pmatrix} 1\ 2\ 3...k... \\ k\ 1\ 3...2... \end{pmatrix} = (1\ k\ 2)\,,$$

dass der 3–Zyklus $(1\ k\ 2) = (3\ 2\ k) \circ \beta \circ (3\ 2\ k)^{-1}$ dem Normalteiler $\mathcal{N}$ angehört und damit für alle $k \geq 3$ auch

$$(1\ k\ 2)^2 = \begin{pmatrix} 1\ 2\ 3...k... \\ 2\ k\ 3...1... \end{pmatrix} = (1\ 2\ k) \in \mathcal{N}.$$

Wir beweisen jetzt, dass $\mathbb{A}_n$ von allen 3–Zyklen der Form $(1\ 2\ k)$ erzeugt wird. Wenn $n = 3$, so sind mit $(1\ 2\ k)$, $(1\ 2\ k)^2 = (1\ k\ 2)$ und $(1\ 2\ k)^{-1} \circ (1\ 2\ k) = \mathbf{Id}$ alle Elemente aus $\mathbb{A}_3$ erfasst, und wir sind fertig. Im Fall $n > 3$ existieren Zahlen $a, b > 2$, und die Produkte $(1\ a) \circ (2\ b)$ bilden gerade Permutationen, gehören also $\mathbb{A}_n$ an. Für $k \neq a, b$ sind alle Produkte

$$((1\ a)\,(2\ b)) \circ (1\ 2\ k) \circ ((1\ a)\,(2\ b))^{-1}$$

$$= \begin{pmatrix} 1\ 2..k..a..b.. \\ a\ b..k..1..2.. \end{pmatrix} \circ \begin{pmatrix} 1\ 2..k..a..b.. \\ 2\ k..1..a..b.. \end{pmatrix} \circ \begin{pmatrix} 1\ 2..k..a..b.. \\ a\ b..k..1..2.. \end{pmatrix}$$

$$= \begin{pmatrix} 1\ 2..k..a..b.. \\ a\ b..k..1..2.. \end{pmatrix} \circ \begin{pmatrix} 1\ 2..k..a..b.. \\ a\ b..1..2..k.. \end{pmatrix} = \begin{pmatrix} 1\ 2..k..a..b.. \\ 1\ 2..a..b..k.. \end{pmatrix}$$

$$= (k\ a\ b)$$

aus $\mathbb{A}_n$ und darüber hinaus auch aus $\mathcal{N}$. Mit $(k\ a\ b)$ werden alle 3–Zyklen in $\mathbb{A}_n$ beschrieben. Da nach **1.** $\mathbb{A}_n$ von allen 3–Zyklen generiert wird, ist $\mathcal{N} = \mathbb{A}_n$. D.h., unter der getroffenen Voraussetzung gibt es keine nicht triviale Untergruppen in $\mathbb{A}_n$, weshalb $\mathbb{A}_n$ einfach ist (siehe Def. 6.17). Zu bestätigen ist jedoch noch die Gültigkeit der Annahme, dass in $\mathcal{N}$ wenigstens ein 3–Zyklus existiert. Was wir mit den folgenden Fallunterscheidungen zeigen wollen:

a) Angenommen wird, dass in $\mathcal{N}$ eine Permutation $\sigma = \alpha\ \beta\ \gamma...$ existiert, wobei $\alpha, \beta, \gamma,...$ disjunkte (d.h. sich nicht überschneidende) Zyklen sind und α ein m–Zyklus $(m \geq 4)$ der Form

$$\alpha = (a_1\ a_2\ ...\ a_m) \quad \text{ist.}$$

Mit dem 3–Zyklus $t = (a_1\ a_2\ a_3)$ ist die Permutation $t \circ \sigma \circ t^{-1}$ ein Element aus $\mathcal{N}$ ($\mathcal{N}$ ist Normalteiler in $\mathbb{A}_n$!). t und t^{-1} sind disjunkt zu den Zyklen $\beta, \gamma,...$ und kommutieren folglich mit diesen, weshalb

$$t \circ \sigma \circ t^{-1} = (t \circ \alpha \circ t^{-1}) \circ (\beta\ \gamma...)\,.$$

Wir berechnen das Produkt $t \circ \alpha \circ t^{-1}$:

$$t \circ \alpha \circ t^{-1} = (a_1\ a_2\ a_3) \circ (a_1\ a_2\ ...\ a_m) \circ (a_1\ a_3\ a_2)$$

$$= \begin{pmatrix} a_1 \ a_2 \ a_3..a_{m-1} \ a_m \\ a_2 \ a_3 \ a_1..a_{m-1} \ a_m \end{pmatrix} \circ \begin{pmatrix} a_1 \ a_2 \ a_3..a_{m-1} \ a_m \\ a_2 \ a_3 \ a_4.. \ a_m \ \ \ \ a_1 \end{pmatrix} \circ \begin{pmatrix} a_1 \ a_2 \ a_3..a_{m-1} \ a_m \\ a_3 \ a_1 \ a_2..a_{m-1} \ a_m \end{pmatrix}$$

$$= \begin{pmatrix} a_1 \ a_2 \ a_3..a_{m-1} \ a_m \\ a_2 \ a_3 \ a_1..a_{m-1} \ a_m \end{pmatrix} \circ \begin{pmatrix} a_1 \ a_2 \ a_3 \ a_4..a_{m-1} \ a_m \\ a_4 \ a_2 \ a_3 \ a_5.. \ a_m \ \ \ \ a_1 \end{pmatrix}$$

$$= \begin{pmatrix} a_1 \ a_2 \ a_3 \ a_4..a_{m-1} \ a_m \\ a_4 \ a_3 \ a_1 \ a_5..a_m \ \ \ \ a_2 \end{pmatrix} = (a_2 a_3 a_1 a_4 a_5 ... a_m).$$

Neben σ sind σ^{-1} und $t \circ \sigma \circ t^{-1}$ und folglich auch das Produkt beider Elemente in $\mathcal{N}$ enthalten. Bei der Berechnung dieses Produktes kommt wieder zum Tragen, dass die disjunkten Zyklen untereinander vertauschbar und $\beta \circ \beta^{-1}$, $\gamma \circ \gamma^{-1}, ...$ Identitäten sind:

$$t \circ \sigma \circ t^{-1} \circ \sigma^{-1} = t \circ \alpha \circ t^{-1} \circ \alpha^{-1} = (a_2 a_3 a_1 a_4 a_5 ... a_m) \circ \alpha^{-1}$$

$$= \begin{pmatrix} a_1 \ a_2 \ a_3..a_{m-1} \ a_m \\ a_4 \ a_3 \ a_1..a_m \ \ \ \ a_2 \end{pmatrix} \circ \begin{pmatrix} a_1 \ a_2 \ a_3 \ a_4.. \ a_{m-1} \ \ a_m \\ a_m \ a_1 \ a_2 \ a_3..a_{m-2} \ a_{m-1} \end{pmatrix}$$

$$= \begin{pmatrix} a_1 \ a_2 \ a_3 \ a_4..a_{m-1} \ a_m \\ a_2 \ a_4 \ a_3 \ a_1..a_{m-1} \ a_m \end{pmatrix} = (a_1 \ a_2 \ a_4).$$

Wir stellen fest: Enthält $\mathcal{N}$ Permutationen der Form σ, so auch einen 3−Zyklus $(a_1 \ a_2 \ a_4)$.

b) Angenommen wird jetzt, dass in $\mathcal{N}$ eine Permutation σ existiert, die wenigstens zwei 3−Zyklen enthält. Ohne Einschränkung der Allgemeinheit benennen wir diese mit $(1 \ 2 \ 3)$ und $(4 \ 5 \ 6)$ und stellen σ in folgender Form dar:

$\sigma = (1 \ 2 \ 3) \, (4 \ 5 \ 6) \, \beta$,

wobei β ein Produkt von Zyklen sein kann, die zu den beiden 3−Zyklen disjunkt sind. Mit $t = (2 \ 3 \ 4) \in \mathbb{A}_n$ und $t^{-1} = (2 \ 4 \ 3)$ ist auch das Produkt

$$\sigma^{-1} \circ (t \circ \sigma \circ t^{-1}) = ((1 \ 3 \ 2) \, (4 \ 6 \ 5)) \, ((2 \ 3 \ 4) \circ ((1 \ 2 \ 3) \, (4 \ 5 \ 6)) \circ (2 \ 4 \ 3))$$
$$= (1 \ 2 \ 4 \ 3 \ 6)$$

eine Permutation aus $\mathcal{N}$ und von der Form, für die unter Punkt **a)** gezeigt wurde, dass in $\mathcal{N}$ ein 3−Zyklus existiert.

c) $\mathcal{N}$ enthalte jetzt eine Permutation der Form $\sigma = (i \ j \ k) \, \gamma$, wobei γ ein Produkt von Transpositionen ist, die untereinander und zu $(i \ j \ k)$ disjunkt sind. Dann ist wegen $\gamma^2 = \mathbf{I}d$ auch $\sigma^2 = (i \ j \ k)^2 = (i \ k \ j)$ ein in $\mathcal{N}$ vorhandener 3−Zyklus.

d) Ein Element σ aus $\mathcal{N}$ bestehe jetzt aus wenigstens zwei disjunkten Transpositionen und sei von der Form $\sigma = (1 \ 2) \, (3 \ 4) \, \kappa$, wobei κ disjunkt zu den Transpositionen ist. Mit $t = (2 \ 3 \ 4)$ und $t^{-1} = (2 \ 4 \ 3)$ bilden wir die in $\mathcal{N}$ enthaltene Permutation

$$\lambda = (t \circ \sigma \circ t^{-1}) \circ \sigma^{-1} = ((2 \ 3 \ 4) \circ ((1 \ 2) \, (3 \ 4)) \circ (2 \ 4 \ 3)) \circ ((1 \ 2) \, (3 \ 4))$$
$$= ((1 \ 3) \, (2 \ 4)) \circ ((1 \ 2) \, (3 \ 4)) = (1 \ 4) \, (2 \ 3).$$

Dann ist auch die "Transformation" dieser Permutation mit $s = (1 \ 4 \ 5)$ gemäß

$$\mu = s \circ ((t \circ \sigma \circ t^{-1}) \circ \sigma^{-1}) \circ s^{-1} = (1 \ 4 \ 5) \circ ((1 \ 4) \, (2 \ 3)) \circ (1 \ 5 \ 4)$$
$$= (4 \ 5) \, (2 \ 3)$$

ein Element aus $\mathcal{N}$ und das Produkt

$$\lambda \circ \mu = ((1 \ 4) \, (2 \ 3)) \circ ((4 \ 5) \, (2 \ 3)) = (1 \ 4 \ 5) \in \mathcal{N}$$

der angestrebte 3−Zyklus.

Damit haben wir vollständig bewiesen, dass jedes Element aus $\mathcal{N}$ durch 3−Zyklen generiert wird, d.h. $\mathcal{N} = \mathbb{A}_n$, d.h., $\mathbb{A}_n$ ist eine einfache Gruppe. ∎

Lemma 6.30 ($\mathbb{S}_n$ *ist für* $n \geqq 5$ *nicht auflösbar*)
Die symmetrische Gruppe $\mathbb{S}_n$ *der Ordnung* n *ist für* $n \geq 5$ *nicht auflösbar.*

Beweis. Wäre die Gruppe $\mathbb{S}_n$ auflösbar, so wäre nach Satz 6.6 ihre normale Untergruppe $\mathbb{A}_n$ auch auflösbar und nach Lemma 6.29 für $n \geq 5$ einfach. Nach Satz 6.18 müsste dann $\mathbb{A}_n$ von Primzahlordnung sein, aber die Ordnung von $\mathbb{A}_n$ ist $|\mathbb{A}_n| = \frac{1}{2}n!$, also für $n \geq 5$ keine Primzahl. $\blacksquare$

Die vorstehenden Hilfssätze bilden das Gerüst zum Aufspüren einer Klasse von Polynomgleichungen, die keine in Radikalen darstellbaren Lösungen besitzen.

Satz 6.31 (*Galois-Gruppe isomorph zur symmetrischen Gruppe* $\mathbb{S}_p$)
Es sei $\mathbf{p} \in \mathbb{Q}[X]$ *ein über* $\mathbb{Q}$ *irreduzibles Polynom vom Grade* p*, wobei* p *eine Primzahl ist* ($\mathrm{grad}\,(\mathbf{p}) = p$). *Unter der Voraussetzung, dass* $\mathbf{p}$ *genau zwei nicht reellwertige Nullstellen in* $\mathbb{C}$ *besitzt, ist die Galois-Gruppe über* $\mathbb{Q}$ *isomorph zur symmetrischen Gruppe* $\mathbb{S}_p$*.*

Beweis. Es seien $\alpha_1, \alpha_2, ..., \alpha_{p-2}$ die reellwertigen und α_{p-1}, α_p die beiden zueinander konjugiert komplexwertigen Nullstellen von $\mathbf{p}$. Dann ist $\mathcal{L} = \mathbb{Q}(\alpha_1, ..., \alpha_p) \subseteq \mathbb{C}$ der Zerfällungskörper zu $\mathbf{p}$ über $\mathbb{Q}$. Nach Satz 5.15 sind alle Nullstellen untereinander verschieden, und nach Lemma 5.16 ist die Galois-Gruppe $G = Gal\,(\mathcal{L} : \mathbb{Q})$ eine Untergruppe von $\mathbb{S}_p$, d.h., es besteht ein injektiver Gruppenhomomorphismus von G auf eine Untergruppe $\mathbb{S}\,(\mathfrak{R})$ der Gruppe aller Permutationen über $\mathfrak{R} = \{\alpha_1, ..., \alpha_p\}$. Zwischenkörper $\mathbb{Q}\,(\alpha_i)$ zum Zerfällungskörper $\mathcal{L}$, die mit einer Nullstelle α_i gebildet werden, haben den Grad $[\mathbb{Q}\,(\alpha_i) : \mathbb{Q}] = p$, weshalb p ein Teiler der Ordnung der Galois-Gruppe G ist. Es gibt dann in der zu G isomorphen Untergruppe $\mathbb{S}\,(\mathfrak{R})$ ein Element der Ordnung p, das durch einen einzigen p–Zyklus $(1\ 2...p)$ erzeugt wird (Diese Schlussfolgerung basiert auf einem Satz von Cauchy - siehe [Stew] S. 166.).
Aus der Irreduzibilität von $\mathbf{p}$ über $\mathbb{Q}$ folgt, dass $\mathbf{p}$ für jede Nullstelle das Minimalpolynom ist, womit alle Nullstellen zueinander konjugiert sind (siehe Def. 3.57). Nach Satz 3.56 gibt es deshalb zu je zwei Nullstellen α_i und α_j einen Isomorphismus (einen $\mathbb{Q}$–Automorphismus) φ mit $\varphi\,(\alpha_i) = \alpha_j$. Die beiden zueinander konjugiert komplexen Nullstellen α_{p-1}, α_p induzieren einen $\mathbb{Q}$–Automorphismus, der α_{p-1} und α_p ineinander überführt und alle anderen reellwertigen Nullstellen unverändert lässt. Als Permutation betrachtet, entspricht dieser Automorphismus damit einer Transposition in $\mathbb{S}\,(\mathfrak{R})$. Zusammenfassend stellen wir fest, dass $\mathbb{S}\,(\mathfrak{R})$ einen p–Zyklus und eine Transposition enthält. Nach Lemma 6.28 ist dann $\mathbb{S}\,(\mathfrak{R})$ schon die gesamte Gruppe $\mathbb{S}_p$ und die Galois-Gruppe von $\mathbf{p}$ damit isomorph zu $\mathbb{S}_p$. $\blacksquare$

Beispiel 6.32 (*nicht radikal lösbare Polynomgleichung*)
Wir überprüfen, ob für das Polynom
$$\mathbf{p}\,(X) = X^5 - 8X + 2$$
über $\mathbb{Q}$ *die Voraussetzungen von Satz 6.31 erfüllt sind. Nach dem Eisensteinschen Irreduzibilitätskritrium (siehe Satz 3.32) mit* $p = 2$ *folgt sofort, dass* $\mathbf{p}$ *über* $\mathbb{Q}$ *irreduzibel*

ist. Die Anzahl der reellwertigen Nullstellen ist aus der hier beigefügten Abbildung 6.3 erkennbar. Die Anstiege des Graphen in den die Nullstellen markierenden Schnittpunkten mit der $x-$Achse, sind deutlich von Null verschieden, so dass mehrfache Nullstellen nicht auftreten. Außerhalb des Intervalls $(-2.\ 2)$ hat die Kurve einen monotonen, gegen $\pm\infty$ strebenden Verlauf. $\mathbf{p}\,(X)$ hat deshalb genau drei reellwertige und zwei zueinander konjugiert komplexe Nullstellen. Die Galois-Gruppe zu $\mathbf{p}$ ist damit isomorph zu $\mathbb{S}_5$, und nach Aussage der vorstehenden Sätze sind die Nullstellen von $\mathbf{p}$ nicht in Radikalen darstellbar.

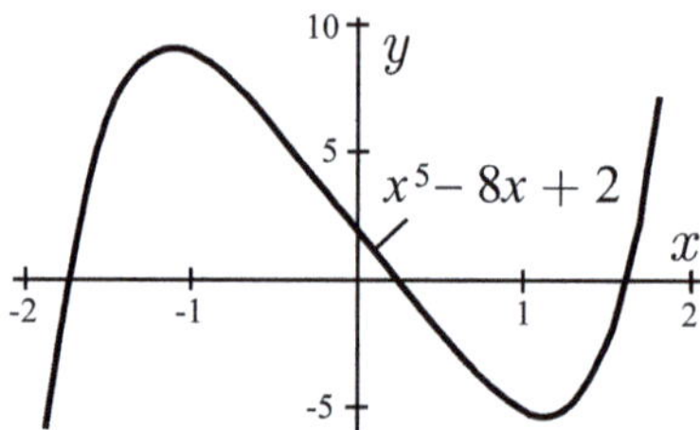

Abb. 6.3: Reellwertige Nullstellen des Polynoms $\mathbf{p}\,(X) = X^5 - 8X + 2$

Weitere Beispiele nicht radikal lösbarer Polynome 5. Grades sind leicht konstruierbar. Beispielsweise zeigt man auf gleichem Wege wie in Bsp. (6.32), dass alle Polynome der Form $\mathbf{p}\,(X) = X^5 - p^2 X^2 - p$, wobei p eine Primzahl ist, nicht radikal lösbar sind (siehe Aufgabe 6.4). In [Jaco], S. 107/108 findet man eine Vorschrift zur Konstruktion nicht radikal lösbarer Polynome beliebigen Grades ≥ 5.

Schon ein nicht radikal lösbares "Beispiel-Polynom" vom Grade 5 genügt zum Nachweis, dass Polynome von beliebigem Grade $n \geq 5$ existieren, deren Nullstellen nicht alle durch radikale Ausdrücke darstellbar sind. Das ist die Aussage des folgenden Satzes von Abel und Ruffini (Niels Henrik Abel (1802-1829), norwegischer Mathematiker; Paolo Ruffini (1765-1822), italienischer Mathematiker):

Satz 6.33 (*Satz von Abel/Ruffini*)
Für $n \geq 5$ gibt es über den rationalen Zahlen polynomiale Gleichungen vom Grade n, deren Nullstellen nicht sämtlich in Radikalen darstellbar sind.
Zum Beweis genügen folgende Bemerkungen: Für $n = 5$ gibt es Beispiele. Im Falle $n \geq 6$ ist das Produkt eines "nicht auflösbaren" Polynoms 5. Grades mit einem beliebigen Polynom vom Grade $n - 5$ ebenfalls "nicht auflösbar".

Es erweist sich, dass mit wachsendem n die Zahl der Polynome zunimmt, deren Galois-Gruppe zur entsprechenden symmetrischen Gruppe $\mathbb{S}_n$ isomorph ist und die daher nicht auflösbar sein können. Man stellt sogar fest, dass der Quotient aus der Anzahl nicht auflösbaren Polynomen zur Anzahl aller Polynomen eines bestimmten Grades n mit wachsendem n gegen 1 strebt.

Aus praktischer Sicht sind unsere Aussagen über die Lösbarkeit in Radikalen von geringem Wert. Der Fundamentalsatz der Algebra sichert die Existenz von genau n Lösungen für polynomiale Gleichungen vom Grade n, die, ob nun reell- oder komplexwertig, mittels stabiler numerischer Methoden mit einer beliebig vorgegebenen Genauigkeit berechenbar sind. Aus algebraischer Sicht bieten aber numerische Verfahren keine tiefen Einblicke in die Beschaffenheit polynomialer Gleichungen. Es geht deshalb darum, die gewonnenen algebraischen Erkenntnisse an anderer Stelle bei der strukturellen Erschließung mathematischer Zusammenhänge nützlich einzubringen. Z.B. bei der Beantwortung von Fragen nach der Konstruierbarkeit regelmäßiger Polygone.

6.4 Aufgaben

6.1 Finde alle Elemente der primen Restklassengruppe $(\mathbb{Z}/28\mathbb{Z})^*$, d.h. alle Primitivwurzeln modulo 28.

6.2 Zeige, dass die Erweiterung $\mathbb{Q}\left(\sqrt[5]{1-\sqrt{2}}, \sqrt[3]{1-\sqrt{3}}\right) : \mathbb{Q}$ radikal ist.

6.3 Zeige, dass für eine konstruierbare Zahl $z \in \mathbb{C}$ die Erweiterung $\mathbb{Q}(z) : \mathbb{Q}$ eine Radikalerweiterung ist.

6.4 Zeige, dass für eine Primzahl p die Gleichung $\mathbf{p}(x) = x^5 - p^2 x - p = 0$ über $\mathbb{Q}$ nicht in Radikalen lösbar ist.
Hinweis: Führe eine Kurvendiskussion durch.

6.5 Zeige, dass nicht alle Nullstellen des Polynoms
$\mathbf{p}(X) = X^6 - 3X^5 - 4X^2 + 14X - 6$
in Form von Radikalen darstellbar sind.

6.6 Gib Formeln für die Nullstellen der biquadratischen Gleichung
$ax^4 + bx^2 + c = 0 \quad (a, b, c \in \mathbb{Q})$ an.

6.7 Das Polynom $\mathbf{p}(X) = X^n + aX^{n-1} + b \ (a, b \in \mathbb{Q}, n \in \mathbb{N})$ habe die Nullstellen $x_1, x_2, ..., x_n$. Zeige, dass die Summe $x_1 + x_2 + ... + x_n$ und das Produkt $x_1 \cdot x_2 \cdot ... \cdot x_n$ aller Nullstellen rationale Zahlen sind.

6.8 Zeige, dass die Polynomgleichung $x^6 - 2x^3 - 8 = 0$ in Radikalen über $\mathbb{Q}$ lösbar ist.

7 Polygone

7.1 Kreisteilungspolynome

Die Polynome $\mathbf{p}(X) = X^n - 1$ haben eine einfache, sehr detailliert beschreibbare Struktur. Sie bilden zudem die Schlüsselobjekte für alle Fragen, die sich um die Konstruierbarkeit regelmäßiger Vielecke ranken. Sämtliche Nullstellen ζ von $X^n - 1$, die n–te Einheitswurzel genannt werden, fassen wir in der Menge

$$W_n = \left\{ \zeta \in \overline{\mathbb{Q}} \text{ , wobei } \zeta^n - 1 = 0 \right\} = \{\zeta_0, \zeta_1, \zeta_2, ..., \zeta_{n-1}\}$$

zusammen. Diese Menge bildet mit der Multiplikation als Verknüpfung eine zyklische Gruppe der Ordnung n. Ein erzeugendes Element ist z.B. ζ_1, denn alle Einheitswurzeln gehen aus ζ_1 hervor: $\zeta_k = (\zeta_1)^k$ für $k = 0, 1, ..., n - 1$. Neben ζ_1 (siehe Formel (1.10)) kann es noch weitere Erzeuger für W_n geben. Eine Einheitswurzel heißt **primitive n–te Einheitswurzel**, wenn diese von der Ordnung n und damit ein Erzeuger von W_n ist. Die Bedingung dafür erhalten wir aus Lemma 6.9 b):

Jede Einheitswurzel ζ_k^* mit k und n teilerfremd, d.h. $ggT(k, n) = 1$, ist eine primitive Einheitswurzel. Alle primitiven n–ten Einheitswurzeln vereinigen wir in der Menge

$$W_n^* = \left\{ \zeta_k^* \in W_n \quad \text{mit} \quad ggT(k, n) = 1 \right\} = \left\{ \zeta_1^*, \zeta_2^*, ..., \zeta_{\varphi(n)}^* \right\}.$$

W_n^* hat mit der Multiplikation als Verknüpfung ebenfalls die Struktur einer Gruppe und wird **Gruppe der primitiven n–ten Einheitswurzeln** genannt. Die Ordnung von W_n^* ist mit der Euler'schen Funktion $\varphi(n)$ gegeben (siehe Def. 6.10). Es gilt stets $\varphi(n) < n$ und im Fall einer Primzahl $n = p$ ist $\varphi(p) = p - 1$.

W_n ist isomorph zur (additiven) Restklassengruppe $(\mathbb{Z}/n\mathbb{Z}, +)$ (siehe Satz 6.12). Ebenso besteht zwischen W_n^* und der primitiven Restklassengruppe $(\mathbb{Z}/n\mathbb{Z})^*$ ein Isomorphismus, der sich schon aus Def. 6.14 und Formel (6.1) ergibt. Außerdem folgt über $(\mathbb{Z}/n\mathbb{Z})^*$ auch die Isomorphie zwischen W_n^* und der Automorphismengruppe $Aut(W_n)$. Diese Zusammenhänge haben wir in etwas allgemeinerer Form bereits im Abschnitt 6.1 über zyklische Gruppen besprochen und verweisen deshalb ergänzend auf die dortigen Aussagen.

Von zentraler Bedeutung bei der Erforschung der Körperstruktur über dem Polynom $X^n - 1$ sind Kreisteilungpolynome.

Definition 7.1 (_Kreisteilungspolynom_)

Zu einer Zahl $n \in \mathbb{N}$ und den primitiven n–ten Einheitswurzeln $\zeta_1^*, ..., \zeta_k^*, ..., \zeta_{\varphi(n)}^*$ heißt

$$\Phi_n(X) = (X - \zeta_1^*) \cdot ... \cdot (X - \zeta_k^*) \cdot ... \cdot \left(X - \zeta_{\varphi(n)}^*\right) = \prod_{\zeta_k^* \in W_n^*} (X - \zeta_k^*) \qquad (7.1)$$

n–tes Kreisteilungspolynom. $\Phi_n(X)$ ist das Produkt aller Linearfaktoren $(X - \zeta_k^*)$, wobei $\zeta_k^* \in W_n^*$ eine der insgesamt $\varphi(n)$ primitiven n–ten Einheitswurzeln ist. Mit dem rechts stehenden Symbol $\prod$ wird das Produkt über alle Faktoren $(X - \zeta_k^*)$ zu $\zeta_k^* \in W_n^*$ in komprimierter Form dargestellt.

Kreisteilungspolynome stehen im engen Zusammenhang mit der Faktorisierung von $X^n - 1$ und besitzen einige bemerkenswerte Eigenschaften, die wir in folgendem Satz zusammenfassen.

Satz 7.2 (*Eigenschaften der Kreisteilungspolynome* $\Phi_n(X)$)
Mit Bezug auf eine natürliche Zahl n gilt:
a) $\Phi_n(X)$ ist vom Polynomgrad $\varphi(n)$: $\mathrm{grad}\,(\Phi_n) = \varphi(n)$.
b) $\mathbf{p}(X) = X^n - 1$ ist als Produkt der Kreisteilungspolynome $\Phi_d(X)$ darstellbar, wobei d ein Teiler von n ist:

$$\mathbf{p}(X) = \prod_{d/n} \Phi_d(X). \tag{7.2}$$

Das Produkt erstreckt sich über alle Polynome $\Phi_d(X)$, deren Grad d ein Teiler von n ist.
Der Grad von $\mathbf{p}$ steht mit der Euler'schen $\varphi-$Funktion in der Verbindung:
$n = \mathrm{grad}\,(\mathbf{p}) = |W_n| = \sum\limits_{d/n} |W_d^*| = \sum\limits_{d/n} \varphi(d)$.

c) $\Phi_n(X)$ ist normiert und hat ganzzahlige Koeffizienten: $\Phi_n \in \mathbb{Z}[X]$.

Beweis. Zu a): $\mathrm{grad}\,(\Phi_n) = \varphi(n)$ folgt sofort aus Formel (7.1).
Zu b): Die Menge W_n ist als Vereinigung durchschnittsfremder Untermengen W_d^* darstellbar, wobei d ein Teiler von n ist:

$$W_n = \bigcup_{d/n} W_d^* \qquad \begin{aligned} W_d^* &= \{\ \zeta_k^* \in W_d \quad \text{mit}\quad ggT(k,d) = 1\ \} \\ &\text{(Menge der primen } d - \text{ten Einheitswurzeln).}\end{aligned}$$

Aus dieser durchschnittsfremden Aufteilung aller $n-$ten Einheitswurzeln ergibt sich für
$\mathbf{p}(X) = (X - \zeta_0) \cdot \ldots \cdot (X - \zeta_{n-1})$ die Produktdarstellung (7.2).
Zusammen mit a) schließt man auch auf die Gradformel für $\mathbf{p}$.
Zu c): Für $n = 1$ ist offensichtlich $\Phi_1(X) = (X - 1) = \mathbf{p}_1(X)$. Wir führen den Beweis mit vollständiger Induktion durch und nehmen an, dass die Aussage für Kreisteilungspolynome bis zu einem gewissen Grad $n-1$ gültig ist. Aus b) leitet man für Φ_n folgende Darstellung ab:

$$\Phi_n(X) = \frac{X^n - 1}{\prod\limits_{d/n\ d<n} \Phi_d(X)}. \tag{7.3}$$

 Nach Induktionsannahme ist der Nenner in diesem Ausdruck normiert und hat ganzzahlige Koeffizienten. Wird die Division mit dem Algorithmus zur Polynomdivision (siehe Abschn. 3.1) durchgeführt, so teilt man jeweils durch den führenden Koeffizienten, der nach Annahme 1 ist, ansonsten kommen nur die Rechenoperationen Addition, Subtraktion und Multiplikation, nicht die Division zum Einsatz. Folglich ist das Ergebnis der Division ein normiertes Polynom aus $\mathbb{Z}[X]$. $\blacksquare$

Beispiel 7.3 (*primitive Einheitswurzeln*)
  $W_1^* = \{1\}, \quad W_2^* = \{-1\}, \quad W_3^* = \{\zeta_1^* = \exp(2\pi i/3),\ \zeta_2^* = \exp(4\pi i/3)\}$
  $W_4^* = \{\zeta_1^* = \exp(2\pi i/4) = i,\ \zeta_3^* = \exp(3\pi i/2) = -i\}$
  $W_5^* = \left\{\zeta_1^* = \exp(2\pi i/5),\ \zeta_k^* = (\zeta_1^*)^k,\ k = 1,2,3,4\right\}$
Im Fall einer Primzahl p ist
  $W_p^* = \left\{\zeta_k^* = \zeta_k = \exp(2\pi k i/p),\ \zeta_k^* = (\zeta_1^*)^k,\ k = 1,...,p-1\right\}$
  und $\quad \left|W_p^*\right| = \varphi(p) = p - 1.$
Die Zahl $n = 18$ ist durch $d = 1,\ 2,\ 3,\ 6,\ 9,\ 18$ ohne Rest teilbar. Die Euler'sche

φ-Funktion nimmt für diese Zahlen folgende Werte an:

$$\varphi(1) = 1,\ \varphi(2) = 1,\ \varphi(3) = 2,\ \varphi(6) = 2,\ \varphi(9) = 6,\ \varphi(18) = 6.$$

Zur Kontrolle bilden wir die Summe:

$$n = \varphi(1) + \varphi(2) + \varphi(3) + \varphi(6) + \varphi(9) + \varphi(18) = 1 + 1 + 2 + 2 + 6 + 6 = 18.$$

Beispiel 7.4 (*Kreisteilungspolynome*)

Formel (7.3) kann als Grundlage zur rekursiven Berechnung der Kreisteilungspolynome dienen. Sind alle Kreisteilungspolynome Φ_k für $k = 1, ..., n-1$ bekannt, so erhält man Φ_n nach Division von $\mathbf{p}(X) = X^n - 1$ durch das Produkt aller Kreisteilungspolynome Φ_d, für die $d < n$ ein Teiler von n ist. Auf diese Weise entstehen z.B.:

$$\Phi_1 = X - 1,$$

$$\Phi_2 = \frac{X^2 - 1}{\Phi_1} = \frac{X^2 - 1}{X - 1} = X + 1,$$

$$\Phi_3 = \frac{X^3 - 1}{\Phi_1} = \frac{X^3 - 1}{X - 1} = X^2 + X + 1,$$

$$\Phi_4 = \frac{X^4 - 1}{\Phi_1 \cdot \Phi_2} = \frac{X^4 - 1}{(X - 1)(X + 1)} = X^2 + 1,$$

$$\Phi_5 = \frac{X^5 - 1}{\Phi_1} = \frac{X^5 - 1}{X - 1} = X^4 + X^3 + X^2 + X + 1,$$

$$\Phi_6 = \frac{X^6 - 1}{\Phi_1 \cdot \Phi_2 \cdot \Phi_3} = \frac{X^6 - 1}{(X - 1)(X + 1)(X^2 + X + 1)} = X^2 - X + 1.$$

Insbesondere gilt für eine Primzahl p:

$$\Phi_p = \frac{X^p - 1}{\Phi_1} = \frac{X^p - 1}{X - 1} = X^{p-1} + X^{p-2} + ... + X + 1. \tag{7.4}$$

Durch Umstellung dieser Formeln erhält man wieder $X^n - 1$ als Produkt von Kreisteilungspolynomen.

Lemma 7.5 (*Irreduzibilität der Kreisteilungspolynome Φ_n*)

Für jedes $n \in \mathbb{N}$ sind die Kreisteilungspolynome Φ_n über $\mathbb{Q}$ irreduzibel.

Beweis. Einen Beweis des Lemmas für alle $n \in \mathbb{N}$ findet man z.B. in [Karp] Abschn. 30.2. Wir beschränken uns hier auf den Fall, dass $n = p$ eine Primzahl ist.

Ausgegangen wird von der in (7.4) gegebenen Darstellung für Φ_p. Es wird Bezug zum Eisensteinschen Irreduzibilitätskriterium genommen (siehe Satz 3.32). Dieses Kriterium ist jedoch nicht direkt auf $\Phi_p(X)$ anwendbar. Die Variablentransformation $X \to 1 + Z$ führt zur Darstellung

$$\Phi_p(X) \; = \; \frac{X^p - 1}{X - 1} = \frac{(1 + Z)^p - 1}{Z} = \mathbf{p}(1 + Z), \quad \text{mit}$$

$$\mathbf{p}(1 + Z) \; = \; \binom{p}{p} Z^{p-1} + \binom{p}{p-1} Z^{p-2} + ... + \binom{p}{2} Z + \binom{p}{1}$$

und den ganzzahligen Binomialkoeffizienten

$$\binom{p}{k} = \frac{p \cdot (p - 1) \cdot ... \cdot (p - (k - 1))}{1 \cdot 2 \cdot ... \cdot k}.$$

Diese Koeffizienten haben folgende Teilbarkeitseigenschaften:

a) p ist kein Teiler von $\binom{p}{p} = 1$

b) p ist Teiler von $\binom{p}{k}$ für $k = 1, ..., p - 1$

c) p^2 ist kein Teiler von $\binom{p}{1} = p$.

Mit diesen Feststellungen ist $\mathbf{p}(1 + Z)$ in Z nach dem Eisensteinschen Kriterium über $\mathbb{Q}$ irreduzibel. Auf Grund der Bijektivität der Transformation $X \leftrightarrow 1 + Z$ folgt auch die Irreduzibilität von $\Phi_p(X)$ über $\mathbb{Q}$. $\blacksquare$

Aus der Irreduzibilität der Kreisteilungspolynome und der Darstellung eines Polynoms $\mathbf{p}(X) = X^n - 1$ als Produkt von Kreisteilungspolynomen folgt mit Formel (7.2) die Primfaktorzerlegung von $\mathbf{p}$.

Ist ζ_n^* eine primitive n−te Einheitswurzel, so enthält der aus $\mathbb{Q}$ durch Erweiterung hervorgehende Körper $\mathbb{Q}(\zeta_n^*)$ alle n−ten Einheitswurzeln, d.h. alle Nullstellen des Polynoms $\mathbf{p}(X) = X^n - 1 \in \mathbb{Q}[X]$, und ist folglich der Zerfällungskörper zu $\mathbf{p}$ über $\mathbb{Q}$.

Definition 7.6 (*Kreisteilungskörper*)

Es sei ζ_n^* eine primitive n−te Einheitswurzel ($n \geq 3$). In der Körpererweiterung $\mathbb{Q}(\zeta_n^*) : \mathbb{Q}$ trägt $\mathbb{Q}(\zeta_n^*)$ die Bezeichnung n−ter **Kreisteilungskörper***.*

Wir sind jetzt in der Lage, die Körper- und Gruppenstruktur sowie deren Korrespondenz zu Polynomen $X^n - 1$ vollständig zu beschreiben.

Satz 7.7 (*Körper- und Gruppenstruktur zu $X^n - 1$*)

Es sei $n \in \mathbb{N}$ ($n \geq 3$) und $\mathbf{p}(X) = X^n - 1$.

1. Die Körpererweiterung $\mathbb{Q}(\zeta_n^*) : \mathbb{Q}$ mit einer primitiven n−ten Einheitswurzel ζ_n^* ist endlich ud normal.

2. Es gilt: $[\mathbb{Q}(\zeta_n^*) : \mathbb{Q}] = |Gal(\mathbb{Q}(\zeta_n^*) : \mathbb{Q})| = \varphi(n)$.

3. Jeder $\mathbb{Q}$−Automorphismus $\boldsymbol{\sigma} \in Gal(\mathbb{Q}(\zeta_n^*) : \mathbb{Q})$ induziert durch Einschränkung einen Automorphismus über der Gruppe W_n der n−ten Einheitswurzeln. Die Abbildung

$$\Psi : \quad Gal(\mathbb{Q}(\zeta_n^*) : \mathbb{Q}) \to Aut(W_n) \qquad gemäß \quad \boldsymbol{\sigma} \mapsto \boldsymbol{\sigma}|_{W_n}$$

ist ein Gruppen-Monomorphismus (ein injektiver Gruppen-Homomorphismus). $Gal(\mathbb{Q}(\zeta_n^*) : \mathbb{Q})$ ist abelsch und (im eingeschränkten Sinne) isomorph zur Automorphismengruppe $Aut(W_n)$.

4. Die Abbildung

$$Gal(\mathbb{Q}(\zeta_n^*) : \mathbb{Q}) \stackrel{\sim}{\to} (\mathbb{Z}/n\mathbb{Z})^* \simeq Aut(W_n)$$

$$gemäß \quad [k]_n \mapsto \left(\phi_k : W_n \to W_n \quad mit \quad \zeta \mapsto \zeta^k\right)$$

der multiplikativen Gruppe $(\mathbb{Z}/n\mathbb{Z})^*$ zur Automorphismengruppe $Aut(W_n)$ ist ein (kanonischer) Isomorphismus.

Beweis. Zu 1.: Als Zerfällungskörper von $X^n - 1$ über $\mathbb{Q}$ ist $\mathbb{Q}(\zeta_n^*)$ normal und endlich (siehe Satz 5.11).

Zu 2.: Das n–te Kreisteilungspolynom Φ_n ist normiert, irreduzibel und besitzt über $\mathbb{Q}$ die Nullstelle ζ_n^*. Damit ist $\Phi_n \in \mathbb{Z}[X]$ Minimalpolynom zu ζ_n^*.

Wegen $\mathrm{grad}(\Phi_n) = \varphi(n)$ hat die primitive n–te Einheitswurzel ζ_n^* ebenfalls den Grad $\varphi(n)$ (siehe Def. 3.60). Womit man sofort schließt $[\mathbb{Q}(\zeta_n^*) : \mathbb{Q}] = \varphi(n)$. Aus dem Fundamentalsatz 5.45 1. folgt, dass die Ordnung der Galois-Gruppe $Gal(\mathbb{Q}(\zeta_n^*) : \mathbb{Q})$ gleich dem Grad der Körpererweiterung ist.

Zu 3.: Jeder Automorphismus $\boldsymbol{\sigma} \in Gal(\mathbb{Q}(\zeta_n^*) : \mathbb{Q})$ permutiert die Nullstellen von $X^n - 1$, bildet also diese wieder auf sich ab. Außerdem ist $\boldsymbol{\sigma}$ multiplikativ (d.h. $\boldsymbol{\sigma}(\zeta_l \cdot \zeta_k) = \boldsymbol{\sigma}(\zeta_l) \cdot \boldsymbol{\sigma}(\zeta_k)$) und injektiv. Folglich ist die Einschränkung von $\boldsymbol{\sigma}|_{W_n}$ ein Automorphismus über der endlichen Gruppe W_n. Was letztlich bedeutet, dass die Zuordnung $\boldsymbol{\sigma} \mapsto \boldsymbol{\sigma}|_{W_n}$ einen Gruppen-Homomorphismus $Gal(\mathbb{Q}(\zeta_n^*) : \mathbb{Q}) \to Aut(W_n)$ definiert. Die Injektivität ergibt sich daraus, dass $\boldsymbol{\sigma}|_{W_n}$ die Identität ist, d.h. $\boldsymbol{\sigma}(\zeta_k) = \zeta_k$. (siehe auch Satz 5.16).

4. W_n ist zyklisch von der Ordnung n und nach Satz 6.12 isomorph zu $(\mathbb{Z}/n\mathbb{Z})$ und nach Satz 6.16 $(\mathbb{Z}/n\mathbb{Z})^*$ isomorph zu $Aut(W_n)$. Daraus folgt alles.

Da $(\mathbb{Z}/n\mathbb{Z})^*$ abelsch ist (siehe Lemma 6.15), sind auch die dazu isomorphen Gruppen abelsch. ■

Beispiel 7.8 (*zur Struktur von* $\mathbb{Q}(\zeta_5^*)$ *und* $\mathbb{Q}(\zeta_9^*)$)

1. Zur Primzahl $p = 5$ mit der 5. Einheitswurzel $\zeta_5^* = \exp(2\pi i/5)$ erhält man die Faktorisierung
$$\mathbf{p}(X) = X^5 - 1 = \Phi_1(X)\Phi_5(X) = (X - 1)(X^4 + X^3 + X^2 + X + 1).$$
Die Körpererweiterung $\mathbb{Q}(\zeta_5^*) : \mathbb{Q}$ hat damit den Grad
$$[\mathbb{Q}(\zeta_5^*) : \mathbb{Q}] = \mathrm{grad}(\Phi_5(X)) = \varphi(5) = 4.$$
Die Gruppe der primitiven Einheitswurzeln
$$W_5^* = \left\{ (\zeta_5^*)^k = \exp(2\pi i k/5) \quad \text{für} \quad k = 1, 2, 3, 4 \right\}$$
ist isomorph zur primen Restklassengruppe $(\mathbb{Z}/5\mathbb{Z})^* = \{[1]_5, [2]_5, [3]_5, [4]_5\}$, und diese wiederum ist isomorph zur Galois-Gruppe $Gal(\mathbb{Q}(\zeta_5^*) : \mathbb{Q}) = \{\sigma_1, \sigma_2, \sigma_3, \sigma_4\}$. Wird dem Automorphismus σ_k die Restklasse $[k]_5$ zugeordnet, so ergibt sich für σ_k folgende Abbildung:
$$\sigma_k : \mathbb{Q}(\zeta_5^*) \to \mathbb{Q}(\zeta_5^*) \quad \text{und} \quad \sigma_k\left((\zeta_5^*)^l\right) = (\zeta_5^*)^m$$
$$\text{mit } m = kl \bmod 5 \quad \text{für} \quad k = 1, 2, 3, 4, \quad l \in \mathbb{Z}.$$
2. Für $n = 9$ und der 9. Einheitswurzel $\zeta_9^* = \exp(2\pi i/9)$ erhält man die Faktorisierung
$$\mathbf{p}(X) = X^9 - 1 = \Phi_1(X)\Phi_3(X)\Phi_9(X) = (X - 1)(X^2 + X + 1)(X^6 + X^3 + 1).$$
Die Körpererweiterung $\mathbb{Q}(\zeta_9^*) : \mathbb{Q}$ hat den Grad
$$[\mathbb{Q}(\zeta_9^*) : \mathbb{Q}] = \mathrm{grad}(\Phi_9(X)) = \varphi(9) = 6,$$
und die Gruppe der primitiven 9. Einheitswurzeln enthält die Elemente:
$$W_9^* = \left\{ \zeta_9^*, \ (\zeta_9^*)^2, \ (\zeta_9^*)^4, \ (\zeta_9^*)^5, \ (\zeta_9^*)^7, \ (\zeta_9^*)^8 \right\}.$$
W_9^* ist isomorph zu $(\mathbb{Z}/9\mathbb{Z})^* = \{[1]_9, [2]_9, [4]_9, [5]_9, [7]_9, [8]_9\}$ und zur Galois-Gruppe $Gal(\mathbb{Q}(\zeta_9^*) : \mathbb{Q}) = \{\sigma_1, \sigma_2, \sigma_4, \sigma_5, \sigma_7, \sigma_8\}$ mit den Zuordnungen
$$\sigma_k\left((\zeta_9^*)^l\right) = (\zeta_9^*)^m, \ \text{wobei } m = kl \bmod 9 \text{ für } k = 1, 2, 4, 5, 7, 8, \quad l \in \mathbb{Z}.$$

7.2 Regelmäßige Vielecke

Die im Kap. 4 begonnenen Überlegungen zu Konstruktionen mit Zirkel und Lineal werden jetzt mit den schärferen Werkzeugen der Galois-Theorie fortgesetzt. Konkret geht es um die zeichnerische Darstellung regelmäßiger Vielecke (Polygone) allein mit dem genannten Instrumentarium. Unter einem regulären Polygon soll hier ein ebenes konvexes, polygonal berandetes Gebiet verstanden werden, dessen Rand aus gleichlangen Seiten besteht und benachbarte Seiten stets den gleichen Innenwinkel einschließen. Ein reguläres Polygon kann in einen Kreis so eingebettet werden, dass alle Eckpunkte sich auf der Kreisperipherie befinden und alle Winkel gleich sind, die vom Kreismittelpunkt als Scheitelpunkt und Schenkeln gebildet werden, die durch benachbarte Polygonpunkte verlaufen. D.h., die Eckpunkte eines regulären Polygons sind auf der Kreisperipherie gleichmäßig verteilt. Ein derartiges Polygon ist durch die Angabe seiner Eckpunkte bestimmt. Man spricht von einem regulären $n-$Eck, wenn der Polygonrand genau n Eckpunkte (bzw. n gleichlange Seiten) enthält.

Schon im Altertum erkannte man, dass nicht für jede Eckenanzahl regelmäßige Vielecke auf die gewünschte Art und Weise zeichnerisch darstellbar sind. Es blieb für lange Zeit offen, unter welchen Voraussetzungen an die Eckenanzahl solche Konstruktionen möglich sind. Den Durchbruch schaffte schließlich C.F. Gauss 1796 mit der Konstruktion des regelmäßigen Siebzehnecks und der Bekanntgabe einer notwendigen und hinreichenden Bedingung, unter der regelmäßige $n-$Ecke mit Zirkel und Lineal konstruierbar sind. Ziel dieses Abschnittes ist es, mit den im Kap. 4 schon zusammengetragenen Erkenntnissen sowie den Aussagen der Galois-Theorie, diese Bedingungen zu entwickeln.

Zur analytischen Beschreibung der Eckpunkte eines Polygons können wir davon ausgehen, dass sich diese auf der Peripherie des in der Gauss'schen Zahlenebene liegenden Einheitskreises befinden. Jede andere Lage kann über eine Ähnlichkeitstransformation berechnet werden. Unter diesen Bedingungen beschreiben die komplexen Einheitswurzeln

$$\zeta_k = \exp\left(\frac{2\pi k}{n}i\right) = \cos\left(\frac{2\pi k}{n}\right) + i\sin\left(\frac{2\pi k}{n}\right) \qquad k = 0, 1, ..., n-1 \qquad (7.5)$$

die Eckpunkte eines regelmäßigen $n-$Ecks (siehe Abschn. 1.6 und Formel (1.10)).

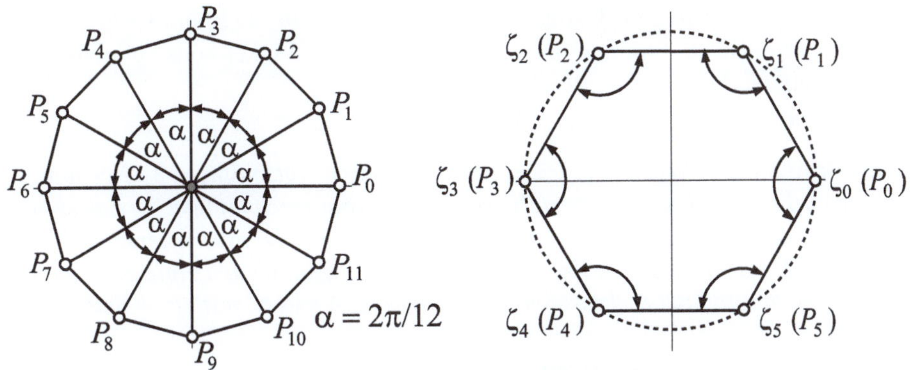

Abb. 7.1: Lage der Einheitswurzeln regelmäßiger 12$-$Ecke und 6$-$Ecke

Ist der sich mit

$$\zeta_1 = \exp\left(\frac{2\pi}{n}i\right) = \cos\left(\frac{2\pi}{n}\right) + i\sin\left(\frac{2\pi}{n}\right)$$

ergebende Eckpunkt P_1 eine konstruierbare Zahl, so ist auch das entsprechende $n-$Eck konstruierbar. Zusammen mit $\zeta_0 = 1$, d.h. dem Punkt $P_0 = (1,0)$, ist jeder weitere Eckpunkt durch Abtragen der Strecke $\overline{P_0P_1}$ auf der Kreisperipherie konstruierbar (siehe Abb. 7.1).

Zunächst ergeben sich aus rein geometrischen Überlegungen und über Teilbarkeitsregeln folgende elementare Zusammenhänge zwischen konstruierbaren regelmäßigen Vielecken.

Lemma 7.9 (*elementar konstruierbare regelmäßige* $n-$*Ecke*)

a) Das regelmäßig 2^n-Eck ist für $n \geq 2$ konstruierbar.

b) Ist das regelmäßige $n-$Eck mit $n = mk$ konstruierbar, so sind auch das regelmäßige $m-$Eck und das regelmäßige $k-$Eck konstruierbar.

c) Sind m und k teilerfremd und das regelmäßige $m-$Eck und $k-$Eck konstruierbar, so ist auch das regelmäßige $mk-$Eck konstruierbar.

Beweis. Zu a) Ausgehend von einem offensichtlich konstruierbaren regelmäßigen Viereck (verbinde in der Gauss'schen Zahlenebene die Schnittpunkte der $x-$ und $y-$Achse mit dem Einheitskreis durch Geradenstücke !) konstruiert man durch Halbierung der Zentriwinkel (Mittelpunktswinkel) zwischen aufeinander folgenden Punkten des Vierecks ein regelmäßiges Achteck. Allgemein entsteht aus einem regelmäßigen $2^{n-1}-$Eck durch Halbierung aller Zentriwinkel, die von aufeinder folgenden Punkten des $2^{n-1}-$Ecks eingeschlossen werden, ein regelmäßiges 2^n-Eck.

Zu b) Da das $mk-$Eck konstruierbar ist, bilden alle aufeinander folgenden $m-$ten (bzw. $k-$ten) Eckpunkte die Ecken eines regelmäßigen $m-$Ecks (bzw. $k-$Ecks).

Zu c) Sind m und k teilerfremd, dann gibt es natürliche Zahlen r und s, so dass $rm + sk = 1$ (siehe Satz 1.4 und Formel (1.2)) und nach Umformung:

$$\frac{1}{mk} = s\frac{1}{m} + r\frac{1}{k}.$$

Da die Winkel $2\pi/m$ und $2\pi/k$ konstruierbar sind (denn $m-$Eck und $k-$Eck sind konstuierbar), ist auch die Summe von Mehrfachen dieser Winkel konstruierbar. Daraus folgt die Konstuierbarkeit des $mk-$Ecks. ∎

Bemerkung 7.10 *Neben dem leicht konstruierbaren regelmäßigen $3-$Eck und, wie wir noch sehen werden, dem ebenfalls konstruierbaren regelmäßigen $5-$Eck sind auf Grundlage des vorstehenden Lemmas regelmäßige Vielecke mit Seitenanzahl $2^k \cdot 3$, $2^k \cdot 5$ oder $2^k \cdot 3 \cdot 5$ konstruierbar. Da es sich bei 3 und 5 um Primzahlen handelt, liegt die Vermutung nahe, dass sich möglicherweise Vielecke mit einer Seitenanzahl der Form*

$$n = 2^k p_1^{m_1}...p_k^{m_k}...p_r^{m_r} \text{ konstruieren lassen,}$$

wobei die p_k untereinander verschiedene (ungerade) Primzahlen sind. Wenn jedes *regelmäßige Vieleck mit einer Eckenanzahl $p_k^{m_k}$ konstruierbar ist, so wäre auch ein $n-$Eck, dessen Eckenanzahl gleich dem Produkt der $p_k^{m_k}$ ist, konstruierbar. Folglich konzentriert sich die Suche nach konstruierbaren regelmäßigen Vielecken auf jene, deren Eckenanzahl eine Primzahlpotenz ist.*

Mit ausschließlich geometrischen Betrachtungen kommen wir jetzt nicht mehr weiter und greifen deshalb auf unseren algebraischen Schatz zu. Zunächst werden, bezogen auf regelmäßige $n-$Ecke, die in den Sätzen 4.5 und 4.6 festgehaltenen Hauptergebnisse über konstruierbare Zahlen mit den Erkenntnissen aus der Galois-Theorie formuliert:

Satz 7.11 (***Konstruierbarkeit eines regelmäßigen $n-$Ecks***)

Zu einem $n \in \mathbb{N}$ ($n \geq 3$) sind folgende Aussagen äquivalent

a) Das reguläre $n-$Eck ist konstruierbar.

b) Die $n-$te Einheitswurzel $\zeta_1 = \exp\left(2\pi i/n\right) = \cos\left(2\pi/n\right) + i\sin\left(2\pi/n\right)$ ist konstruierbar.

c) Es gibt einen Körperturm

$$\mathbb{Q} = \mathbb{Q}_0 \subset \mathbb{Q}_1 \subset ... \subset \mathbb{Q}_m = \mathbb{Q}\left(\zeta_n^*\right),$$

wobei $\zeta_n^* \in W_n^*$ eine primitive $n-$te Einheitswurzel bezeichnet, und jede Körpererweiterung $\mathbb{Q}_k : \mathbb{Q}_{k-1}$ vom Grade 2 ist: $[\mathbb{Q}_k : \mathbb{Q}_{k-1}] = 2$, ($k = 1, ..., m$).

Satz 7.12 (***Gauss: Konstruktion regelmäßiger $n-$Ecke***)

Ein regelmäßiges $n-$Eck ist genau dann mit Zirkel und Lineal konstruierbar, wenn

$$n = 2^d p_1 ... p_s.$$

Dabei ist $d \geq 0$ eine natürliche Zahl, und $p_1, ..., p_s$ sind untereinander verschiedene (ungerade) Primzahlen der folgenden Form:

$$p_j = 2^{2^{r_j}} + 1 , \quad j = 1, ..., s \text{ und } r_j \in \mathbb{N}. \tag{7.6}$$

Beweis. 1. Wir gehen davon aus, dass für ein gegebenes n in der Primfaktorzerlegung $n = 2^d p_1^{m_1} ... p_s^{m_s}$ mit untereinander verschiedenen (ungeraden) Primzahlen $p_1, ..., p_s$ das entsprechende $n-$Eck konstruierbar ist. Nach Lemma 7.9 b) ist dann auch jedes $p_j^{m_j}-$Eck und insbesondere jedes p_j^2-Eck konstruierbar. Aus Satz 7.11 folgt, dass der Grad des Minimalpolynoms einer primitiven p^2-Einheitswurzel ζ über $\mathbb{Q}$ eine Potenz von 2 sein muss. Wir zeigen, dass dieser Fall nicht eintreten kann.

Wegen $\zeta^{p^2} - 1 = 0$, $\zeta^p - 1 \neq 0$ und

$$\mathbf{h}\left(X\right) = \frac{X^{p^2} - 1}{X^p - 1} = \frac{\left(X^p\right)^p - 1}{X^p - 1} = 1 + X^p + ... + \left(X^p\right)^{p-1}$$

ist $\mathbf{h}\left(\zeta\right) = 0$. Zunächst weisen wir nach, dass $\mathbf{h}\left(X\right)$ irreduzibel über $\mathbb{Q}$ und damit Minimalpolynom zu ζ ist. Wie im Lemma 7.5 wird in $\mathbf{h}$ die Variablentransformation $X \to 1 + Z$ durchgeführt.

$$\mathbf{h} = 1 + (1 + Z)^p + \dots + \left((1 + Z)^p\right)^{p-1} \qquad (A)$$

Andererseits erhält man nach Ausmultiplizieren der binomischen Ausdrücke:

$$\mathbf{h} = \frac{(1 + Z)^{p^2} - 1}{(1 + Z)^p - 1} = \frac{Z^{p^2} + pu(Z)}{Z^p + pv(Z)} = Z^{p(p-1)} + \frac{pu(Z) - pZ^{p(p-1)}v(Z)}{Z^p + pv(Z)}.$$

$u(Z)$ und $v(Z)$ sind Polynome vom Grade: grad $(u) < p^2 - 1$ und grad $(v) < p - 1$, folglich ist im rechts stehenden Quotienten der Grad des Zählers kleiner als p^2 und der Grad des Nenners gleich p. Da $\mathbf{h}$ ein Polynom in Z ist, muss folglich dieser Quotient ein Polynom vom Grade kleiner als $p(p-1)$ sein. Außerdem ist der Zähler des Quotienten durch p teilbar, aber dessen Nenner nicht, so dass der Quotient in der Form $p\mathbf{g}(Z)$ mit einem Polynom $\mathbf{g}$ vom Grade kleiner als $p(p-1)$ darstellbar ist. Damit ergibt sich für $\mathbf{h}$ der Ausdruck:

$$\mathbf{h} = p\mathbf{g}(Z) + Z^{p(p-1)}.$$

Ein Vergleich mit der Darstellung (A) zeigt, dass der konstante Term (der nicht von Z abhängige Term !) p ist. Die Irreduzibilität von $\mathbf{h}(Z)$ folgt nun mit p als Indikator aus dem Eisensteinschen Kriterium (siehe Satz 3.32). Mit $\mathbf{h}(Z)$ ist auch $\mathbf{h}(X)$ irreduzibel über $\mathbb{Q}$ und damit Minimalpolynom zur primitiven p^2-Einheitswurzel ζ.

Jetzt kommt die entscheidende Feststellung: Wegen grad $(\mathbf{h}) = p(p-1)$ und da Primzahlen $p > 2$ ungerade sind, ist auch der Grad des Minimalpolynom zu ζ keine Potenz von 2. Das wiederum bedeutet, dass die Körpererweiterung $\mathbb{Q}(\zeta)$ vom Grade $[\mathbb{Q}(\zeta) : \mathbb{Q}] = p(p-1)$ ebenfalls keine Potenz von 2 ist. Was im Widerspruch dazu steht, dass die primitive p^2-te Einheitswurzel ζ konstruierbar ist. Folglich sind regelmäßige Vielecke mit einer Eckenanzahl p^m und $m > 1$ nicht mit Zirkel und Lineal konstruierbar.

Im Falle $m = 1$ erhält man als Minimalpolynom einer $p-$ten primitiven Einheitswurzel ζ das $p-$te Kreisteilungspolynom Φ_p (siehe Formel (7.4)) vom Grade $p-1$. Wir schlussfolgern also, dass $p - 1$ eine Potenz von 2 sein muss. Davon ausgehend, sei $p = 2^k + 1$ mit $k = 2^r t$ und $t > 1$ ungerade. Mit der Bezeichnung $w = 2^{2^r}$ berechnet man:

$$p = w^t + 1 = (w + 1)\left(w^{t-1} - w^{t-2} + \dots - w + 1\right).$$

Eine derartige Produktdarstellung ist für die Primzahl p aber nicht möglich. Deshalb hat der Exponent k keinen ungeraden Faktor t, womit sich für p die Form $p = 2^{2^r} + 1$ ergibt. Zusammengefasst stellt man also fest: Wenn $n = 2^d p_1 ... p_s$ konstruierbar ist, dann ist jede Primzahl von der Form (7.6).

2. Umgekehrt wird jetzt davon ausgegangen, dass $n = 2^d p_1 ... p_s$, wobei $p_j = 2^{2^{r_j}} + 1$. Zu zeigen ist, dass ein Vieleck mit dieser Eckenanzahl konstruierbar ist. Man kann sich auf den Nachweis beschränken, dass jedes der Vielecke mit Eckenzahlen 2^d, p_1, ..., p_s konstruierbar ist.

Nach Lemma 7.9 a) sind 2^d-Ecke über aufeinander folgende Winkelhalbierungen konstruierbar. Sei also ζ eine primitive $p-$te Einheitswurzel, dann gilt für den Grad der Körpererweiterung $\mathbb{Q}(\zeta)$:

$$[\mathbb{Q}(\zeta) : \mathbb{Q}] = \text{grad}(\Phi_p) = p - 1 = 2^m \quad \text{mit } m = 2^r.$$

$\mathbb{Q}(\zeta)$ ist der Zerfällungskörper zum Kreisteilungspolynom $\Phi_p(X)$ (siehe Formel (7.4)) und damit die Erweiterung $\mathbb{Q}(\zeta) : \mathbb{Q}$ normal.

Die zugehörige Galois-Gruppe $G_0 = Gal\left(\mathbb{Q}(\zeta) : \mathbb{Q}\right)$ (genauer, die Einschränkung $G_0|_{W_n}$) ist isomorph zur primen Restklassengruppe $(\mathbb{Z}/p\mathbb{Z})^*$ und abelsch (siehe Satz 7.7), zyklisch und von der Ordnung 2^m. Zyklische Gruppen besitzen zu jedem Teiler der Gruppenordnung eine Untergruppe. Wegen $|G_0| = 2^m$ existiert zu jeder Zweier-Potenz eine Untergruppe G_k mit der Ordnung $|G_k| = 2^{m-k}$ $(k = 0, 1, ..., m)$, und damit ist $|G_{k-1}| / |G_k| = 2$. Diese Untergruppen bilden eine Kette

$$G_0 \triangleright G_1 \triangleright ... \triangleright G_k \triangleright ... \triangleright G_m = \{\mathbf{Id}\}.$$

Nach dem Fundamentalsatz (siehe Satz 5.45) gehört zu jeder Gruppe G_k ein Fixkörper $\mathbb{Q}_k = \mathbb{Q}(\alpha_k)$. Diese Zwischenkörper bilden einen Körperturm

$$\mathbb{Q}_0 = \mathbb{Q} \subset \mathbb{Q}_1 \subset ... \subset \mathbb{Q}_k \subset ... \subset \mathbb{Q}_m = \mathbb{Q}(\zeta), \text{ wobei } [\mathbb{Q}_{k+1} : \mathbb{Q}_k] = 2.$$

Gemäß Satz 7.11 ist ζ und damit auch das $p-$Eck konstruierbar.

Mit der Aussage von Lemma 7.9 c) ergibt sich: Ein $n-$Eck ist konstruierbar, wenn zu jeder Primzahl p_j $(j = 1, ..., s)$ das entsprechende p_j-Eck konstruiert werden kann. ∎

Bemerkung 7.13 (*Fermat'sche Primzahlen*)

*Zahlen der Form $F_m = 2^{2^m} + 1$ nennt man **Fermat-Zahlen**, benannt nach dem französischen Mathematiker Pierre de Fermat (1609(?) -1659), der vermutete, dass diese Zahlen für alle $m \geqq 0$ Primzahlen sind. Was sich jedoch als falsch erwies. Tatsächlich konnte man bis zum jetzigen Zeitpunkt (2025) nur nachweisen, dass für $m = 0, 1, 2, 3, 4$ sich Primzahlen ergeben:*

$$F_0 = 3, \ F_1 = 5, \ F_2 = 17, \ F_3 = 257, \ F_4 = 65537.$$

*Diese Zahlen nennt man **Fermat'sche Primzahlen**. Wenn es also um die Konstruktion regelmäßiger Polygone mit Zirkel und Lineal geht, deren Eckenanzahl eine Primzahl ist, so kommen (bis zum jetzigen Zeitpunkt) dafür nur die Fermat'schen Primzahlen $F_0, ..., F_4$ infrage. Insgesamt ist die Anzahl elementar konstruierbarer $n-$Ecke mit $n = 2^m F_0 F_1 F_2 F_3 F_4$ bedeutend größer. Unter den ersten 100 regelmäßigen Vielecken sind jene mit Zirkel und Lineal konstruierbar, die folgende Anzahl an Ecken besitzen:*

$$n = 3, 4, 5, 6, 8, 10, 12, 15, 16, 17, 20, 24, 30, 32, 34, 40, 48, 51, 60, 64, 68, 80, 85, 96.$$

Konstruktion regelmäßiger Vielecke

Für die Durchführung von Konstruktionen zu regelmäßigen Vielecken fassen wir das Vorstehende zusammen, wobei es genügt, sich auf Vielecke zu beschränken, deren Eckenanzahl eine Fermat'sche Primzahl ist. Mit den Aussagen von Lemma 7.9 können dann Vorschriften für alle weiteren konstruierbaren Vielecke zusammengestellt werden. Zu konstruieren ist ein regelmäßiges $n-$Eck $(n = F_0, ..., F_4$ - Fermat'sche Primzahl !), dessen Eckpunkte sich auf der Peripherie des Einheitskreises in der Gauss'schen Zahlenebene befinden. Es genügt, den Eckpunkt $P_1 \equiv \zeta = \zeta_1 = \exp(2\pi i/n)$ zu bestimmen. Alle weiteren Eckpunkte ergeben sich durch aufeinander folgendes Abtragen der Distanz $\overline{P_0 P_1}$ $(P_0 = (1, 0))$ auf der Kreisperipherie.

Zu entwickeln ist die Körpererweiterung $\mathbb{Q}(\zeta) : \mathbb{Q}$, deren Grad

$$[\mathbb{Q}(\zeta) : \mathbb{Q}] = \varphi(n) = n - 1 = 2^m \text{ eine Potenz von 2 ist.}$$

Die Ordnung der zugehörigen Galois-Gruppe $G_0 = Gal(\mathbb{Q}(\zeta) : \mathbb{Q})$ ist ebenfalls $\varphi(n) = 2^m$. Zunächst ist es sinnvoll, die Wurzeln ζ^k $(k = 1, ..., 2^m)$ so in ihrer Reihenfolge zu ordnen, dass Untergruppen von G_0 leicht erkennbar sind. Dazu muss ein erzeugendes Element für G_0 bzw. ein erzeugendes Element der zu G_0 isomorphen primen Restklassengruppe $(\mathbb{Z}/n\mathbb{Z})^*$, eine sogenannte **Primitivwurzel modulo** n, gefunden werden (siehe Bem. 7.14). Für zyklische Gruppen $\mathbb{Z}/n\mathbb{Z}$ von Primzahlordnung existieren derartige Primitivwurzeln. Wir gehen davon aus, dass $[q]_n = q + n\mathbb{Z}$ eine derartige Primitivwurzel ist, d.h., die Potenzen $([q]_n)^k$ mod n ($k = 1, ..., 2^m$) erzeugen alle Restklassen aus $(\mathbb{Z}/n\mathbb{Z})^*$ und $([q]_n)^n = [q]_n$. Aus der Isomorphie zu G_0 folgt, dass der Automorphismus $\tau \in G_0$ mit $\tau(\zeta) = \zeta^q$ ein erzeugendes Element zu G_0 ist, d.h. jeder Automorphismus σ_k wird durch $\sigma_k = \tau^k$ mit $\sigma_k(\zeta) = (\tau(\zeta))^k = (\zeta^q)^k = \zeta^s$ und $s = q^k$ mod n generiert. Aus dieser Darstellungsform sind die erzeugenden Elemente der insgesamt m Untergruppen $G_1, G_2, ..., G_{m-1}, G_m = \{\mathbf{Id}\}$ der Galois-Gruppe $G_0 = \langle \tau \rangle$ erkennbar:

$$G_1 = \langle \tau^2 \rangle,\ G_2 = \langle \tau^4 \rangle,\ ..., G_k = \left\langle \tau^{2^k} \right\rangle,\ ...,\ G_{m-1} = \left\langle \tau^{2^{m-1}} \right\rangle.$$

Diese Untergruppen bilden die Kette

$$G_0 \rhd G_1 \rhd G_2 \rhd ... \rhd G_k \rhd ... \rhd G_{m-1} \rhd G_m = \{\mathbf{Id}\}$$

und haben die Ordnungen $|G_1| = 2^{m-1}$, ..., $|G_{m-1}| = 2$, womit $|G_{k+1}| / |G_k| = 2$. Ausgehend davon, ist ein Körperturm

$$\mathbb{Q} = \mathbb{Q}_0 \subset \mathbb{Q}_1 \subset \mathbb{Q}_2 \subset ... \subset \mathbb{Q}_k ... \subset \mathbb{Q}_{m-1} \subset \mathbb{Q}_m = \mathbb{Q}(\zeta) \text{ zu konstruieren,}$$

wobei $\mathbb{Q}_{k+1} = \mathbb{Q}_k(\omega_{k+1})$ mit $\omega_{k+1} \notin \mathbb{Q}_k$ und $[\mathbb{Q}_{k+1} : \mathbb{Q}_k] = 2$ für $k = 0, 1, ... m - 1$. Zu bestimmen sind die den Untergruppen G_k zugeordneten Fixkörper $\mathbb{Q}_k$. Aus der vom $\mathbb{Q}-$Automophismus τ mit $\tau(\zeta) = \zeta^q$ erzeugten Galois-Gruppe

$$G_0 = Gal\left(\mathbb{Q}(\zeta) : \mathbb{Q}_0\right) = \left\{ \tau, \tau^2, \tau^3, ..., \tau^{2l}, ..., \tau^{2^m-1}, \tau^{2^m} \right\}$$

liest man die von τ^2 mit $\tau^2(\zeta) = \zeta^{q^2}$ erzeugte Untergruppe

$$G_1 = Gal\left(\mathbb{Q}(\zeta) : \mathbb{Q}_1\right) = \left\{ \tau^2, \tau^4, \tau^6, ..., \tau^{2l}, ..., \tau^{2^m-2}, \tau^{2^m} \right\}$$

ab. Die Exponenten sind Restklassen mod n. Z.B. ist

$$\tau^2(\zeta) = \zeta^{q^2} \equiv \zeta^{[q^2]_n} \text{ mit } [q^2]_n = q^2 \text{ mod } n$$

und $\tau^{2^m} \equiv \tau^{[2^m]_n}$ mit $[2^m]_n = 2^m$ mod n,

wobei $[q^2]_n, [2^m]_n$ Restklassen aus $(\mathbb{Z}/n\mathbb{Z})^*$ sind. Im rechnerischen Umgang wählt man Repräsentanten dieser Klassen. Hier und im Weiteren soll diese vereinfachte Bezeichnung zur besseren Lesbarkeit beitragen.

Zu jedem Automorphismus $\tau^{2l} \in G_1$ wird $\tau^{2l}(\zeta) = \zeta^s$ mit $s = q^{2l}$ mod n berechnet und die Summe

$$\omega_1 = \tau^2(\zeta) + \tau^4(\zeta) + \tau^6(\zeta) + ... + \tau^{2l}(\zeta) + ... + \tau^{2^m-2}(\zeta) + \tau^{2^m}(\zeta)$$

gebildet. Da G_1 als Gruppe abgeschlossen ist, verändert jeder Automorphismus $\tau^{2l} \in G_1$ dieses Element nicht, d.h. $\tau^{2l}(\omega_1) = \omega_1$. Außerdem ist

$$\widehat{\omega}_1 = \tau(\omega_1)$$
$$= \tau(\zeta) + \tau^3(\zeta) + \tau^5(\zeta) + ... + \tau^{2l-1}(\zeta) + ... + \tau^{2^m-3}(\zeta) + \tau^{2^m-1}(\zeta) \neq \omega_1$$

und damit kein Element aus dem Fixkörper $\mathbb{Q}_0$ zu G_0 ($\omega_1 \notin \mathbb{Q}_0$). Rechnet man alle Potenzen aus und bildet die Summe von ω_1 und $\widehat{\omega}_1$, so ergibt sich:

$$\omega_1 + \widehat{\omega}_1 = \zeta^{2^m} + \zeta^{2^m-1} + ... + \zeta^2 + \zeta = \Phi_n(\zeta) - 1 = -1. \qquad (7.7)$$

Dabei ist Φ_n das $n-$te Kreisteilungspolynom, welches Minimalpolynom zu $X^n - 1$ ist und ζ als Nullstelle besitzt ($\Phi_n(\zeta) = 0$).

Zusammenfassend stellen wir fest: Das Element ω_1 gehört wegen $\tau^{2l}(\omega_1) = \omega_1$ dem Fixkörper $\mathbb{Q}_1$ zur Untergruppe G_1 an. Durch Adjunktion von ω_1 zu $\mathbb{Q}_0$ entsteht $\mathbb{Q}_1 = \mathbb{Q}_0(\omega_1)$ mit $[\mathbb{Q}_1 : \mathbb{Q}_0] = 2$. Als Vektorraum betrachtet, wird $\mathbb{Q}_1$ z.B. von der Basis $\{1, \omega_1\}$ aufgespannt. Da $\widehat{\omega}_1 = -1 - \omega_1 \in \mathbb{Q}_1$ wird $\mathbb{Q}_1$ auch von ω_1 und $\widehat{\omega}_1$ aufgespannt. Eine längere Rechnung zeigt, dass

$$\omega_1 \cdot \widehat{\omega}_1 = -2^{m-2}. \qquad (7.8)$$

ω_1 und $\widehat{\omega}_1$ sind algebraisch über $\mathbb{Q}_0$ und Nullstellen des Minimalpolynoms
$$\mathbf{m}_{\mathbb{Q}_0} = (X - \omega_1)\,(X - \widehat{\omega}_1) = X^2 - (\omega_1 + \widehat{\omega}_1)\,X + \omega_1 \cdot \widehat{\omega}_1 = X^2 + X - 2^{m-2}.$$
Als Lösungen der quadratischen Gleichung $x^2 + x - 2^{m-2} = 0$ erhält man:
$$\omega_1, \widehat{\omega}_1 = -\frac{1}{2} \pm \frac{1}{2}\sqrt{1 + 2^2 2^{m-2}} = -\frac{1}{2} \pm \frac{1}{2}\sqrt{n}.$$
Den positiven Wurzelwert ordnen wir ω_1 zu und setzen:

$$\omega_1 = \frac{1}{2}\left(\sqrt{n} - 1\right), \qquad \widehat{\omega}_1 = -\frac{1}{2}\left(\sqrt{n} + 1\right). \tag{7.9}$$

Festzuhalten bleibt, dass ω_1 und $\widehat{\omega}_1$ konstruierbare Zahlen sind.

Auf diese Weise können die Fixkörper $\mathbb{Q}_k$ zu allen weiteren Untergruppen G_k ermittelt werden. Beginnend mit
$$G_k = \left\{ \tau^{2^k}, \tau^{2 \cdot 2^k}, \tau^{3 \cdot 2^k}, ..., \tau^{2^k l}, ..., \tau^{2^m - 2^k}, \tau^{2^m} \right\}$$
bildet man die Elemente
$$\omega_k = \tau^{2^k}\,(\zeta) + \tau^{2 \cdot 2^k}\,(\zeta) + \tau^{3 \cdot 2^k}\,(\zeta) + ... + \tau^{2^k \cdot l}\,(\zeta) + ... + \tau^{2^m - 2^k}\,(\zeta) + \tau^{2^m}\,(\zeta)$$
$$\widehat{\omega}_k = \tau^{2^{k-1}}\,(\omega_k) = \tau^{2^{k-1}}\,(\zeta) + \tau^{3 \cdot 2^{k-1}}\,(\zeta) + \tau^{5 \cdot 2^{k-1}}\,(\zeta) + ...$$
$$... + \tau^{2^{k-1} \cdot (2l-1)}\,(\zeta) + ... + \tau^{2^m - 3 \cdot 2^{k-1}}\,(\zeta) + \tau^{2^m - 2^{k-1}}\,(\zeta).$$
Zu denen man feststellt:
$$\omega_k \notin \mathbb{Q}_{k-1}, \quad \mathbb{Q}_k = \mathbb{Q}_{k-1}\,(\omega_k), \quad \omega_k + \widehat{\omega}_k = \omega_{k-1} \in \mathbb{Q}_{k-1} \text{ und } \omega_k \cdot \widehat{\omega}_k = \alpha_k \in \mathbb{Q}_{k-1}.$$
ω_k und $\widehat{\omega}_k$ sind algebraisch über $\mathbb{Q}_{k-1}$ und Nullstellen des Minimalpolynoms
$$\mathbf{m}_{\mathbb{Q}_{k-1}} = (X - \omega_k)\,(X - \widehat{\omega}_k) = X^2 - \omega_{k-1}X + \alpha_k.$$
Die quadratische Gleichung $x^2 - \omega_{k-1}x + \alpha_k = 0$ liefert konstruierbare Darstellungen zu ω_k und $\widehat{\omega}_k$.

Die letzte nicht triviale Untergruppe ist
$$G_{m-1} = \left\{ \tau^{2^{m-1}}, \tau^{2^m} \right\}.$$
Die Elemente
$$\omega_{m-1} = \tau^{2^{m-1}}\,(\zeta) + \tau^{2^m}\,(\zeta) \quad \text{und} \quad \widehat{\omega}_{m-1} = \tau^{2^{m-2}}\,(\omega_{m-1}) = \tau^{2^{m-2}}\,(\zeta) + \tau^{3 \cdot 2^{m-2}}\,(\zeta)$$
sind algebraisch über $\mathbb{Q}_{m-2}$. Durch Adjunktion von ω_{m-1} zu $\mathbb{Q}_{m-2}$ entsteht
$$\mathbb{Q}_{m-1} = \mathbb{Q}_{m-2}\,(\omega_{m-1}).$$
ω_{m-1} und $\widehat{\omega}_{m-1}$ sind Lösungen des Minimalpolynoms
$$\mathbf{m}_{\mathbb{Q}_{m-2}} = (X - \omega_{m-1})\,(X - \widehat{\omega}_{m-1}) = X^2 - \omega_{m-2}X + \omega_{m-1} \cdot \widehat{\omega}_{m-1},$$
dessen Nullstellen konstruierbar sind.

Die Kette der Untergruppen endet bei $G_m = \left\{ \tau^{2^m} = \mathbf{Id}_{\mathbb{Q}_m} \right\}$. Die Elemente
$$\omega_m = \tau^{2^m}\,(\zeta) = \zeta = \cos\,(2\pi/n) + i\sin\,(2\pi/n) \quad \text{und}$$
$$\widehat{\omega}_m = \tau^{2^{m-1}}\,(\zeta) = \zeta^{-1} = \cos\,(2\pi/n) - i\sin\,(2\pi/n),$$
gehören dem Zerfällungskörper $\mathbb{Q}_m = \mathbb{Q}_{m-1}\,(\omega_m) = \mathbb{Q}\,(\zeta)$ zu $X^n - 1$ an.

Mit $\omega_m + \widehat{\omega}_m = \zeta + \zeta^{-1} = 2\,\mathrm{Re}\,(\zeta) = 2\cos\,(2\pi/n) = \omega_{m-1}$ und $\omega_m \cdot \widehat{\omega}_m = \zeta \cdot \zeta^{-1} = \zeta^0 = 1$ folgt, dass $\omega_m = \zeta$ Nullstelle des Minimalpolynoms
$$\mathbf{m}_{\mathbb{Q}_{m-1}}\,(X) = (X - \zeta)\,(X - \zeta^{-1}) = X^2 - \omega_{m-1}X + 1$$
zur Körpererweiterung $\mathbb{Q}\,(\zeta) : \mathbb{Q}_{m-1}$ ist. Aus $x^2 - \omega_{m-1}x + 1 = 0$ erhält man die Lösungen:
$$\zeta, \zeta^{-1} = \frac{1}{2}\left(\omega_{m-1} \pm i\sqrt{4 - \omega_{m-1}^2}\right).$$
Wir entscheiden uns für das "+"− Zeichen, womit sich aus der konstruierbaren Zahl

ω_{m-1} die ebenfalls konstruierbare $n-$te primitive Einheitswurzel ergibt:

$$\zeta = \frac{1}{2}\left(\omega_{m-1} + i\sqrt{4 - \omega_{m-1}^2}\right)$$
$$= \cos\left(2\pi/n\right) + i\sin\left(2\pi/n\right) = \exp\left(2\pi i/n\right). \tag{7.10}$$

Anstelle des Punktes $P_1 \equiv \zeta$ kann auch die Länge L der Strecke $\overline{P_0 P_1}$ konstruiert werden. $L = \left|\overline{P_0 P_1}\right|$ steht in einer einfachen Beziehung zu $\omega_{m-1} = 2\cos\left(2\pi/n\right)$. Mit den Bezeichnungen aus Abb. 7.2 und unter Nutzung des Satzes von Pythagoras leitet man ab:

$$L^2 = \left|\overline{P_1 Q}\right|^2 + \left|\overline{P_0 Q}\right|^2 = \sin^2\left(2\pi/n\right) + \left(1 - \cos\left(2\pi/n\right)\right)^2$$
$$= 2 - 2\cos\left(2\pi/n\right) = 2 - \omega_{m-1}.$$

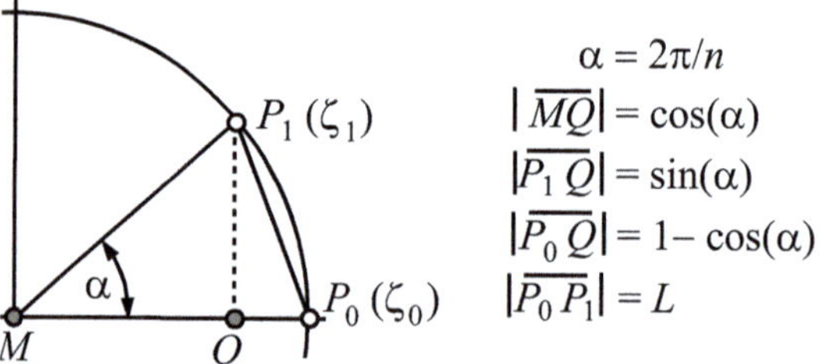

Abb. 7.2: Zusammenhang zwischen $2\cos\left(2\pi/n\right)$ und Seitenlänge $L = \left|\overline{P_0 P_1}\right|$

Wir halten fest: Die Seitenlänge eines regelmäßigen $n-$Ecks ist:

$$L = \sqrt{2 - \omega_{m-1}}. \tag{7.11}$$

Bemerkung 7.14 (*Primitivwurzel modulo n*)

Einen Erzeuger der (multiplikativen) primen Restklassengruppe $(\mathbb{Z}/m\mathbb{Z})^*$ nennt man Primitivwurzel modulo m. Eine ganze Zahl q ist eine Primitivwurzel modulo m, wenn die Restklasse $[q]_m = q + m\mathbb{Z}$ alle Elemente (alle Restklassen) von $(\mathbb{Z}/m\mathbb{Z})^*$ erzeugt, d.h., wenn jedes Element der primen Restklassengruppe sich als Potenz von $[q]_m$ darstellen lässt. Die Ordnung von $(\mathbb{Z}/m\mathbb{Z})^*$ ist damit gleich der Ordnung von $[q]_m$. Es existieren genau dann Primitivwurzeln modulo m, wenn $(\mathbb{Z}/m\mathbb{Z})^*$ eine zyklische Gruppe ist. Für Primzahlen m ist das beispielsweise der Fall. Für relativ kleine Zahlen m können Primitivwurzeln einfach durch Ausprobieren ermittelt werden. In der folgenden Tabellen sind die Primitivwurzeln modulo m für alle Primzahlen $m < 20$ aufgelistet:

m	Primitivwurzeln modulo m
2	1
3	2
5	2, 3
7	3, 5
11	2, 6, 7, 8
13	2, 6, 7, 11
17	3, 5, 6, 7, 10, 11, 12, 14
19	2, 3, 10, 13, 14, 15

Primitivwurzeln interessieren hier nur im Zusammenhang mit der Anordnung von Automorphismen der Galois-Gruppe, aus der sich leicht Untergruppen identifizieren lassen. Weit mehr Bedeutung haben diese aber in kryptographischen Verfahren, z.B. beim sogenannten Schlüsselaustausch (siehe z.B. [Boem] S.230 ff).

Beispiel 7.15 (***Konstruktion des regelmäßigen* 3−*Ecks***)

Zu konstruieren ist $\zeta = \exp(2\pi i/3)$, was zum Erweiterungskörper $\mathbb{Q}(\zeta)$ führt. Da ζ und $\zeta^2 = \zeta^{-1}$ nicht $\mathbb{Q}$ angehören, wird $\mathbb{Q}(\zeta)$, als Vektorraum über $\mathbb{Q}$ aufgefasst, von der Basis $\{\zeta, \zeta^2\}$ aufgespannt. Folglich ist $[\mathbb{Q}(\zeta):\mathbb{Q}] = \varphi(3) = 2$ und es existieren keine Zwischenkörper. Die Galois-Gruppe besteht aus den $\mathbb{Q}$−Automorphismen:

$$\sigma_1(\zeta) = \zeta \ \text{(Identität) und} \ \sigma_2(\zeta) = \zeta^2.$$

Mit dem Kreisteilungspolynom $\Phi_3(X) = X^2 + X + 1$ ist das Minimalpolynom zu ζ über $\mathbb{Q}$ gegeben. ζ und ζ^{-1} sind dementsprechend Nullstellen von Φ_3, d.h. Lösungen der quadratischen Gleichung

$$x^2 + x + 1 = 0. \quad \textit{Daraus folgt: } \zeta, \zeta^{-1} \equiv x_{1,2} = \frac{1}{2}\left(-1 \pm i\sqrt{3}\right).$$

ζ und ζ^{-1} sind als Punkte auf dem Einheitskreis in der Gauss'schen Zahlenebene mit senkrecht aufeinander stehenden x− und y−Achsen wie folgt konstruierbar:

1. Zeichne einen Kreis vom Radius 1 mit Mittelpunkt im Ursprung.

2. Errichte die Mittelsenkrechte g über der Strecke, die mit den Punkten $A = (0,0)$ und $B = (-1,0)$ gegeben ist. Die Schnittpunkte von g mit dem Einheitskreis markieren die Zahlen ζ und ζ^{-1}. Zusammen mit $\zeta_0 = (1.0)$ bilden ζ und ζ^{-1} die Eckpunkte eines regelmäßigen (gleichseitigen) Dreiecks.

Erwähnt sei noch, dass bei vorgegebener Seitenlänge (z.B. durch gegebene Punkte A und B auf einer Geraden) der dritte Punkt C eines gleichseitigen Dreiecks als Schnittpunkt zweier Kreisbögen mit dem Radius $|\overline{AB}|$ um die Punkte A und B konstruierbar ist.

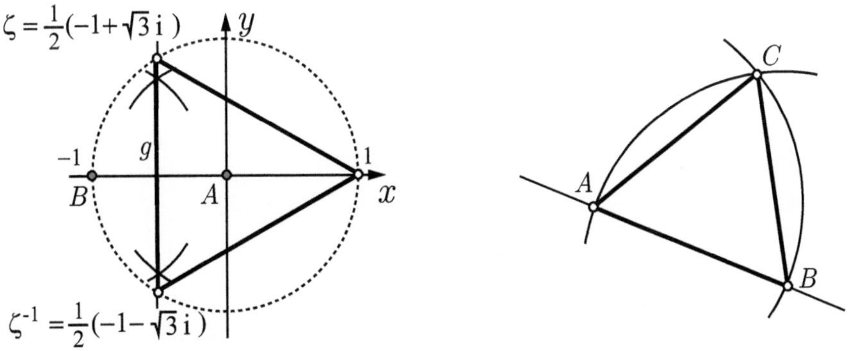

Abb. 7.3: Konstruktionen gleichseitiger Dreiecke

Beispiel 7.16 (***Konstruktion des regelmäßigen* 5−*Ecks***)

Die primitive 5−te Einheitswurzel $\zeta = \cos(2\pi/5) + i\sin(2\pi/5) = \exp(2\pi i/5)$ definiert den Erweiterungskörper $\mathbb{Q}(\zeta)$, der über $\mathbb{Q}$ von der Basis $\{\zeta, \zeta^2, \zeta^3, \zeta^4\}$ aufgespannt

wird. Diese Erweiterung hat den Grad:
$$[\mathbb{Q}(\zeta):\mathbb{Q}] = [\mathbb{Q}(\zeta):\mathbb{Q}(\omega_1)]\,[\mathbb{Q}(\omega_1):\mathbb{Q}] = \varphi(5) = 4$$
mit dem Zwischenkörper $\mathbb{Q}(\omega_1)$ vom Grade $[\mathbb{Q}(\omega_1):\mathbb{Q}] = 2$.
Die Galois-Gruppe $G_0 = Gal(\mathbb{Q}(\zeta):\mathbb{Q})$ ist isomorph zu $(\mathbb{Z}/5\mathbb{Z})^*$. Die Zahl 2 ist eine Primitivwurzel von $(\mathbb{Z}/5\mathbb{Z})^*$ (siehe Bem. 7.14), und es existiert ein Automorphismus τ mit $\tau(\zeta) = \zeta^2$, der G_0 erzeugt. Jeder Automorphismus σ_k $(k = 1, 2, 3, 4)$ wird durch $\sigma_k = \tau^k$ mit $\sigma_k(\zeta) = (\tau(\zeta))^k = (\zeta^2)^k = \zeta^s$ und $s = 2^k \bmod 5$ generiert. Damit ergeben sich folgende Zuordnungen:

k	1	2	3	4
$\sigma_k(\zeta) = \tau^k(\zeta)$	ζ^2	ζ^4	ζ^3	ζ

Wir folgen dem allgemeinen Schema, nach dem eine Kette ineinander gefügter Gruppen
$$G_0 = Gal(\mathbb{Q}(\zeta):\mathbb{Q}) \triangleright G_1 \triangleright G_2 = \{\mathbf{Id}\}$$
$$mit \quad G_0 = \langle\tau\rangle = \{\tau, \tau^2, \tau^3, \tau^4\} \quad und \quad G_1 = \langle\tau^2\rangle = \{\tau^2, \tau^4\} \quad existiert.$$
Der Fixkörper $\mathbb{Q}(\omega_1)$ zu G_1 entsteht durch Adjunktion von
$$\omega_1 = \tau^2(\zeta) + \tau^4(\zeta) = \zeta^4 + \zeta = \zeta^{-1} + \zeta = 2\cos(2\pi/5)$$
zum Grundkörper $\mathbb{Q}$. Zusammen mit
$$\widehat{\omega}_1 = \tau(\omega_1) = \tau^3(\zeta) + \tau(\zeta) = \zeta^3 + \zeta^2$$
erhält man mit dem Kreisteilungspolynom $\Phi_5(X)$ (siehe Bsp. 7.4) und wegen $\Phi_5(\zeta) = 0$:
$$\omega_1 + \widehat{\omega}_1 = \zeta^4 + \zeta^3 + \zeta^2 + \zeta = \Phi_5(\zeta) - 1 = -1.$$
Zusammen mit dem Produkt
$$\omega_1 \cdot \widehat{\omega}_1 = (\zeta^4 + \zeta) \cdot (\zeta^3 + \zeta^2) = \zeta^4 + \zeta^3 + \zeta^2 + \zeta = \Phi_5(\zeta) - 1 = -1$$
entsteht das Minimalpolynom $\mathbf{m}_{\mathbb{Q}}(X) = X^2 + X - 1$ über $\mathbb{Q}$, dessen Nullstellen ω_1 und $\widehat{\omega}_1$ konstruierbare Zahlen sind:
$$\omega_1, \widehat{\omega}_1 = \frac{1}{2}\left(\pm\sqrt{5} - 1\right).$$
Wir setzen $\omega_1 = \frac{1}{2}\left(\sqrt{5} - 1\right)$, womit sich nach Formel (7.10) die 5. Einheitswurzel
$$\zeta = \frac{1}{2}\left(\omega_1 + i\sqrt{4 - \omega_1^2}\right) = \frac{1}{4}\left(\sqrt{5} - 1 + i\sqrt{10 + 2\sqrt{5}}\right) \quad ergibt.$$
Mit Formel (7.11) erhält man für die Seitenlänge des regelmäßigen Fünfecks:
$$L = \sqrt{2 - \omega_1} = \sqrt{2 - \tfrac{1}{2}\left(\sqrt{5} - 1\right)} = \sqrt{\frac{5 - \sqrt{5}}{2}}.$$
Ausgehend von aufeinander senkrecht stehenden Koordinatenachsen in der Gauss'schen Zahlenebene, gliedert sich der Konstruktionsprozess für das regelmäßige $5-$Eck in folgende Schritte:

1. Zeichnen eines Kreises mit dem Mittelpunkt im Ursprung M und Radius $\left|\overline{P_0 M}\right| = 1$.

2. Errichtung der Mittelsenkrechten auf der Strecke $\overline{MB}$, die zum Punkt C auf $\overline{MB}$ führt.

3. Mit dem Radius $|P_0 C|$ wird um C ein Kreisbogen geschlagen, der die $y-$Achse im Punkt D schneidet.

4. Mit dem Radius $L = |P_0 D|$ schlage man um P_0 einen Kreisbogen, der die Kreisperipherie in den Punkten P_1 und P_4 schneidet.

5. Kreisbögen mit dem gleichen Radius um P_1 und P_4 führen zu Schnittpunkten mit der Kreislinie, die P_2 und P_3 markieren.

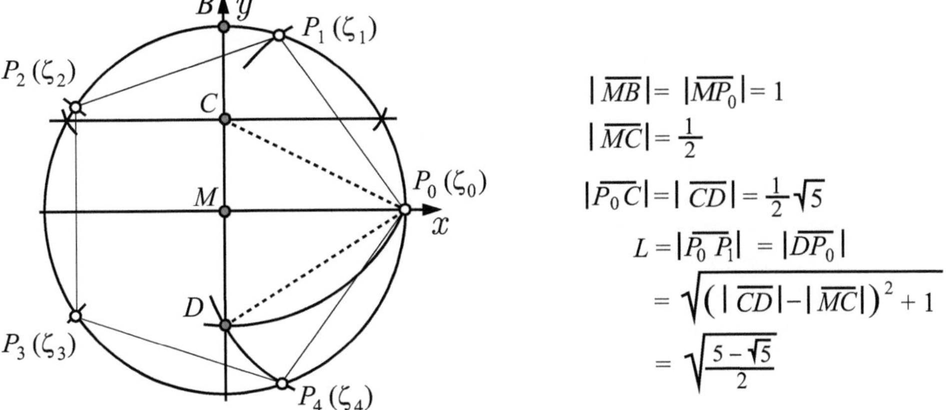

Abb. 7.4: Konstruktion eines regelmäßigen 5−Ecks

7.3 Das regelmäßige Siebzehneck

Die Konstruktion eines regelmäßigen Siebzehnecks mit Zirkel und Lineal galt lange als nicht durchführbar. Da es sich hier um eine Primzahl handelt und Vielecke mit der primen Eckenanzahl 7, 11 und 13 sich als nicht konstruierbar herausstellten, nahm man an, dass auch das 17−Eck sich einer nach griechischem Vorbild elementaren Konstruktion verweigert. C.F. Gauss bewies aber das Gegenteil. Er erkannte, dass es sich bei 17 um eine besondere, eine Fermat'sche Primzahl handelt, die in der Form $17 = 2^{2^2} + 1$ darstellbar ist. Damit fand er den Schlüssel zur Lösung des Konstruktionsproblems. In der Folgezeit durchleuchtete man mit algebraischen Methoden, insbesondere den Ideen Galois', die Problematik immer besser. Auf diesem Erkenntnisstand soll die im vorhergehenden Abschnitt beschriebene allgemeine Vorgehensweise zur zeichnerischen Darstellung regelmäßiger Vielecke konkret auf das 17−Eck Anwendung finden. Die Aufgabe beschränkt sich auf die Konstruktion der Zahl $\zeta = \exp\left(2\pi i/17\right)$ in der Gauss'schen Zahlenebene. Wie wir sehen werden, genügt es aber schon, eine Strecke der Länge $|\omega_3| = 2\cos\left(2\pi i/17\right)$ zeichnerisch zu bestimmen, alles Weitere folgt einem allgemeinen Schema.

Zu entwickeln ist die Körpererweiterung $\mathbb{Q}\left(\zeta\right) : \mathbb{Q}$ mit dem Grad

$$[\mathbb{Q}\left(\zeta\right) : \mathbb{Q}] = \varphi\left(17\right) = 17 - 1 = 2^4.$$

Die zugehörige Galois-Gruppe $G_0 = Gal\left(\mathbb{Q}\left(\zeta\right) : \mathbb{Q}\right)$ hat ebenfalls die Ordnung $\varphi\left(17\right) = 2^4$ und ist isomorph zur primen Restklassengruppe $(\mathbb{Z}/17\mathbb{Z})^*$. Als erzeugendes Element dieser Gruppe wählen wir die Restklasse $[q] = [3]_{17}$ (siehe Bem. 7.14) und ordnen die Wurzeln ζ^k $(k = 1, ..., 2^4)$ in ihrer Reihenfolge nach Potenzen von 3 mod 17. Aus der Isomorphie zu G_0 folgt, dass der Automorphismus $\tau \in G_0$ mit $\tau\left(\zeta\right) = \zeta^3$ ein erzeugendes Element für G_0 ist, d.h., jeder Automorphismus σ_k wird durch $\sigma_k = \tau^k$ mit $\sigma_k\left(\zeta\right) = \left(\tau\left(\zeta\right)\right)^k = \left(\zeta^3\right)^k = \zeta^s$ und $s = 3^k$ mod 17 generiert.:

k	1	2	3	4	5	6	7	8
$\tau^k(\zeta)$	ζ^3	ζ^{-8}	ζ^{-7}	ζ^{-4}	ζ^5	ζ^{-2}	ζ^{-6}	ζ^{-1}

k	9	10	11	12	13	14	15	16
$\tau^k(\zeta)$	ζ^{-3}	ζ^8	ζ^7	ζ^4	ζ^{-5}	ζ^2	ζ^6	ζ

Aus dieser Darstellungsform sind die Untergruppen $G_1, G_2, G_3, G_4 = \{\mathbf{I}d\}$ der Galois-Gruppe $G_0 = \langle \tau \rangle$ erkennbar:

$$G_1 = \langle \tau^2 \rangle = \{\tau^2, \tau^4, \tau^6, \tau^8, \tau^{10}, \tau^{12}, \tau^{14}, \tau^{16}\},$$
$$G_2 = \langle \tau^4 \rangle = \{\tau^4, \tau^8, \tau^{12}, \tau^{16}\},$$
$$G_3 = \langle \tau^8 \rangle = \{\tau^8, \tau^{16}\}.$$

Diese Untergruppen bilden die Kette

$$G_0 \rhd G_1 \rhd G_2 \rhd G_3 \rhd G_4 = \{\mathbf{I}d\}$$

und haben die Ordnungen $|G_1| = 2^3$, $|G_2| = 2^2$, $|G_3| = 2$.

Zu dieser Kette korrespondiert der Körperturm

$$\mathbb{Q} = \mathbb{Q}_0 \subset \mathbb{Q}_1 \subset \mathbb{Q}_2 \subset \mathbb{Q}_3 \subset \mathbb{Q}_4 = \mathbb{Q}(\zeta).$$

Die Elemente

$$\omega_1 = \zeta^{-8} + \zeta^{-4} + \zeta^{-2} + \zeta^{-1} + \zeta^8 + \zeta^4 + \zeta^2 + \zeta$$
$$\widehat{\omega}_1 = \tau(\omega_1) = \zeta^{-7} + \zeta^{-5} + \zeta^{-6} + \zeta^{-3} + \zeta^7 + \zeta^5 + \zeta^6 + \zeta^3$$
$$\omega_2 = \zeta^{-4} + \zeta^{-1} + \zeta^4 + \zeta$$
$$\widehat{\omega}_2 = \tau^2(\omega_2) = \zeta^{-2} + \zeta^8 + \zeta^2 + \zeta^{-8}$$
$$\omega_3 = \zeta^{-1} + \zeta$$
$$\widehat{\omega}_3 = \tau^4(\omega_3) = \zeta^{-4} + \zeta^4$$

spannen die Fixkörper

$$\mathbb{Q}_k = \mathbb{Q}_{k-1}(\omega_k) \text{ mit } \omega_k \notin \mathbb{Q}_{k-1} \text{ und } [\mathbb{Q}_k : \mathbb{Q}_{k-1}] = 2 \text{ für } k = 1, 2, 3 \text{ auf.}$$

Alle ω_k- und $\widehat{\omega}_k-$Größen sind Summen von Paaren der Form

$$\zeta^m + \zeta^{-m} = \exp(2\pi mi/17) + \exp(-2\pi mi/17) = 2\cos(2\pi m/17)$$

und nehmen daher reelle Werte an. Aus der Verteilung der jeweiligen Punkte längs der Peripherie des Einheitskreises und den Werten, die die cos$-$Funktion annimmt (siehe Abb. 7.5), schlussfolgert man, dass $\omega_k > 0$ und $\widehat{\omega}_k < \omega_k$ ($k = 1, 2, 3$).

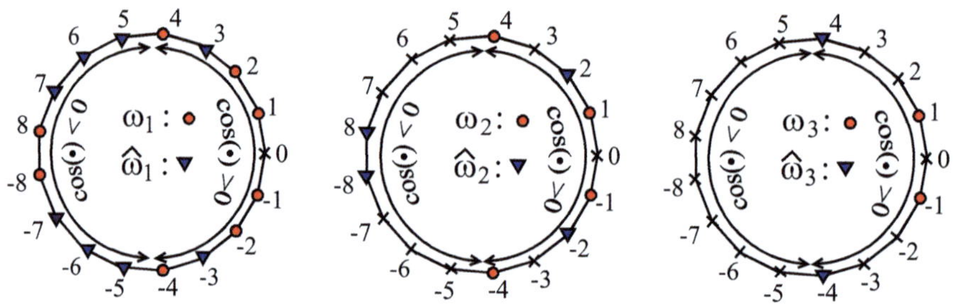

Abb. 7.5: Punkteverteilung längs der Peripherie des Einheitskreises und Werte der cos$-$Funktion

Wegen $\widehat{\omega}_k = \tau^{2^{k-1}}(\omega_k) \neq \omega_k$ ist auch $\widehat{\omega}_k$ kein Element aus $\mathbb{Q}_{k-1}$. Als Vektorraum über $\mathbb{Q}_{k-1}$ betrachtet, wird $\mathbb{Q}_k$ von ω_k und $\widehat{\omega}_k$ aufgespannt. Das Minimalpolynom zu den über $\mathbb{Q}_{k-1}$ algebraischen Zahlen ist deshalb quadratisch:

$$\mathbf{m}_{\mathbb{Q}_{k-1}}(X) = (X - \omega_k)(X - \widehat{\omega}_k) = X^2 - (\omega_k + \widehat{\omega}_k)X + \omega_k \cdot \widehat{\omega}_k.$$

Die Nullstellen ω_k und $\widehat{\omega}_k$ von $\mathbf{m}_{\mathbb{Q}_{k-1}}$ ergeben sich in einer Form, die mit Zirkel und Lineal erzeugt werden kann. Es läuft deshalb alles darauf hinaus, die Zahlen ω_k (bzw. $\widehat{\omega}_k$) aufeinander folgend zu berechnen. Am Ende dieser Schrittfolge erhält man für $\omega_3 = \zeta^{-1} + \zeta = 2\cos(2\pi i/17)$ einen Ausdruck, der in unserem Sinne konstruierbar ist. Die in jedem Schritt zu bewältigende Aufgabe besteht darin, die Koeffizienten $\omega_k + \widehat{\omega}_k$ und $\omega_k \cdot \widehat{\omega}_k$ von $\mathbf{m}_{\mathbb{Q}_{k-1}}$ ($k = 1, 2, 3$) durch schon konstruierte Zahlen, d.h. durch bekannte Elemente aus $\mathbb{Q}_{k-1}$, darzustellen.

1. Schritt $k = 1$:

Den Formeln (7.7) und (7.8) entnehmen wir:

$\omega_1 + \widehat{\omega}_1 = -1, \quad \omega_1 \cdot \widehat{\omega}_1 = -2^2 = -4.$

ω_1 und $\widehat{\omega}_1$ sind damit Lösungen von $x^2 + x - 4 = 0$ und als konstruierbare Zahlen in der Form

$$\omega_1 = \frac{1}{2}\left(\sqrt{17} - 1\right) \qquad \widehat{\omega}_1 = -\frac{1}{2}\left(\sqrt{17} + 1\right)$$

darstellbar (siehe Formel (7.9)).

Konstruktionsschritte:

1. Zeichne einen Kreisbogen vom Radius 1 und verbinde den Mittelpunkt M durch ein Geradenstück mit einem Punkt B auf der Kreisperipherie.

2. Errichte im Punkt B ein senkrecht auf der Strecke $\overline{MB}$ stehendes Geradenstück der Länge 4.

3. Verbinde die Punkte A und M mit der Strecke $\overline{AM}$, die den Kreisbogen im Punkt C schneidet.

4. Halbiere die Strecke $\overline{AC}$. Der entstehende Streckenmittelpunkt D definiert die Strecke $\overline{AD}$ der Länge ω_1.

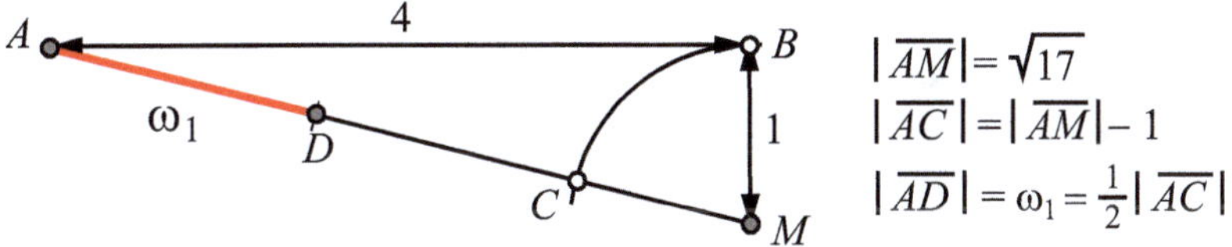

Abb. 7.6: Konstruktion der Strecke $\overline{AD}$ der Länge ω_1

2. Schritt $k = 2$:

Durch Ausrechnen (Addieren und Multiplizieren) der folgenden Ausdrücke

$$\omega_2 + \widehat{\omega}_2 = (\zeta^{-4} + \zeta^{-1} + \zeta^4 + \zeta) + (\zeta^{-2} + \zeta^8 + \zeta^2 + \zeta^{-8}) = \omega_1$$

$$\omega_2 \cdot \widehat{\omega}_2 = \sum_{k=1}^{16} \zeta^k = \Phi_{17}(\zeta) - 1 = -1 \quad (\Phi_{17}: \ 17.\ \text{Kreisteilungspolynom})$$

entstehen die Koeffizienten der quadratischen Gleichung

$x^2 - \omega_1 x - 1 = 0 \quad$ mit den Nullstellen:

$$\omega_2 = \frac{1}{2}\left(\omega_1 + \sqrt{\omega_1^2 + 4}\right) \qquad \widehat{\omega}_2 = \frac{1}{2}\left(\omega_1 - \sqrt{\omega_1^2 + 4}\right).$$

Mit ω_1, sind auch ω_2 und $\widehat{\omega}_2$ zeichnerisch darstellbar.

Konstruktionsschritte:

1. Zeichne einen Kreisbogen vom Radius ω_1 und verbinde den Mittelpunkt M durch ein Geradenstück mit einem Punkt F auf der Kreisperipherie.

2. Errichte in F ein senkrecht auf $\overline{MF}$ stehendes Geradenstück $\overline{AF}$ der Länge 2.

3. Verbinde Punkt A und Punkt B auf der Kreisperipherie mit einer durch M verlaufenden Strecke $\overline{AB}$.

4. Halbiere die Strecke $\overline{AB}$. Der entstehende Streckenmittelpunkt C definiert die Strecke $\overline{AC}$ der Länge ω_2.

5. Setze den Kreisbogen fort, so dass dieser die Strecke $\overline{AM}$ im Punkt E schneidet.

6. Halbiere die Strecke $\overline{AE}$. Der entstehende Streckenmittelpunkt D definiert die Strecke $\overline{AD}$ der Länge $|\widehat{\omega}_2|$.

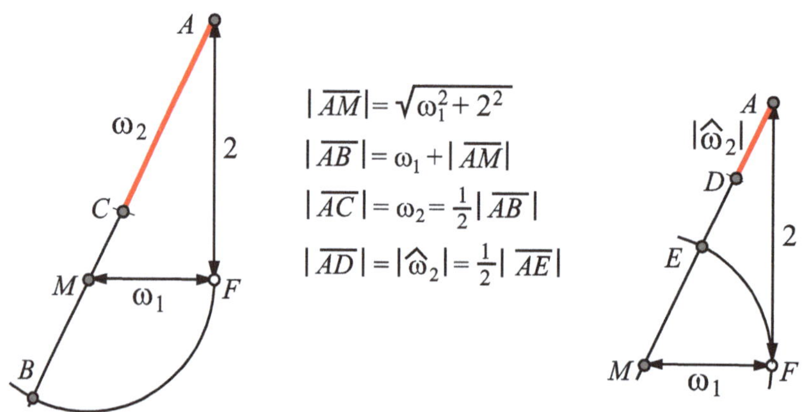

Abb. 7.7: Konstruktion der Strecken $\overline{AC}$ und $\overline{AD}$

3. Schritt $k = 3$:

$\omega_3 + \widehat{\omega}_3 = (\zeta^{-1} + \zeta) + (\zeta^{-4} + \zeta^4) = \omega_2$

$\omega_3 \cdot \widehat{\omega}_3 = (\zeta^{-1} + \zeta) \cdot (\zeta^{-4} + \zeta^4) = \zeta^{-5} + \zeta^3 + \zeta^{-3} + \zeta^5$

Diese Summe ist durch bekannte (bereits konstruierte) Größen darzustellen. Wir berechnen dazu ω_2^2 und ordnen die entstehenden Glieder:

$\omega_2^2 = (\zeta^{-4} + \zeta^{-1} + \zeta^4 + \zeta) \cdot (\zeta^{-4} + \zeta^{-1} + \zeta^4 + \zeta)$

$\quad = 2(\zeta^{-5} + \zeta^{-3} + \zeta^5 + \zeta^3) + (\zeta^{-8} + \zeta^{-2} + \zeta^8 + \zeta^2) + 4 = 2\omega_3 \cdot \widehat{\omega}_3 + \widehat{\omega}_2 + 4.$

Nach Umstellung entsteht:

$\quad \omega_3 \cdot \widehat{\omega}_3 = \frac{1}{2}(\omega_2^2 - \widehat{\omega}_2 - 4).$

ω_3 und $\widehat{\omega}_3$ sind Lösungen von $x^2 - \omega_2 x + \frac{1}{2}(\omega_2^2 - \widehat{\omega}_2 - 4) = 0$ und als konstruierbare Zahlen in folgender Form darstellbar:

$$\omega_3 = \frac{1}{2}\left(\omega_2 + \sqrt{8 + 2\widehat{\omega}_2 - \omega_2^2}\right), \quad \widehat{\omega}_3 = \frac{1}{2}\left(\omega_2 - \sqrt{8 + 2\widehat{\omega}_2 - \omega_2^2}\right).$$

Konstruktionsschritte:

1. Zeichne zwei im Abstand ω_2 parallel zueinander verlaufende Geraden g_1 und g_2.

2. Markiere auf g_1 im Abstand ω_2 die Punkte A und B.

3. Errichte im Punkt A eine senkrecht auf g_1 stehende Strecke $\overline{AC}$ der Länge 1.

4. Zeichne eine durch B und C verlaufende Gerade, die im Punkt D die Gerade g_2 schneidet.

5. Fälle von D aus das Lot auf die Gerade g_1, womit der Punkt E entsteht. Die Strecke $\overline{BE}$ hat dann die Länge ω_2^2 (denn: $\omega_2 : 1 = \omega_2^2 : \omega_2$).

6. Mit ω_2^2 und $\widehat{\omega}_2$ ist auf einer Geraden g_3 die Strecke $\overline{FG}$ der Länge $\lambda = 8 + 2\widehat{\omega}_2 - \omega_2^2$ abzutragen. Dieser Strecke füge auf g_3 die Strecke $\overline{GH}$ der Länge 1 bei.

7. Halbiere die Strecke FH und markiere den Halbierungspunkt M. Zeichne über $\overline{FH}$ einen Halbkreis mit Mittelpunkt M.

8. Errichte im Punkt G die Senkrechte, die den Halbkreis im Punkt K schneidet. Die Strecke $\overline{GK}$ hat dann die Länge $\sqrt{\lambda}$ (denn: $\sqrt{\lambda} : 1 = \lambda : \sqrt{\lambda}$).

9. Verbinde die Strecken der Längen ω_2 und $\sqrt{\lambda}$ zu einer Strecke $\overline{PQ}$. Die halbierte Strecke $\overline{PQ}$ hat die Länge $\omega_3 = 2\cos(2\pi/17)$.

10. Zeiche einen Kreis mit Radius 1 und markiere den Mittelpunkt M und Punkt P_0 auf der Kreisperipherie.

11. Markiere auf der Strecke $\overline{MP_0}$ im Abstand $\frac{1}{2}\omega_3$ von M den Punkt L.

12. Errichte in L die Senkrechte, die in den Punkten P_1 und P_{16} des Siebzehnecks die Kreisperipherie schneidet.

13. Die restlichen Eckpunkte des Siebzehnecks konstruiert man durch sukzessives Abtragen der Streckenlänge $|P_0P_1|$ auf der Kreisperipherie.

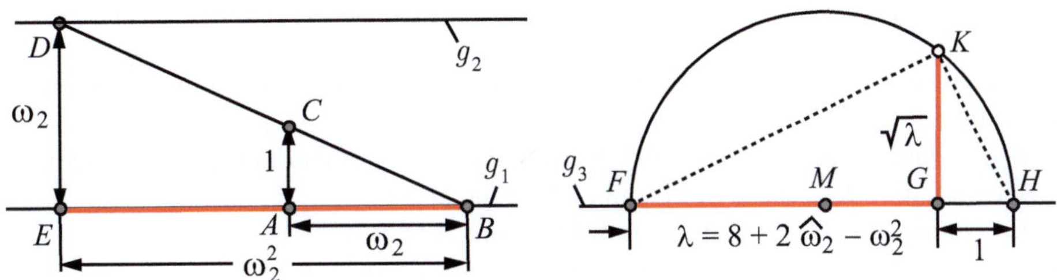

Abb. 7.8: Konstruktion der Strecke $\overline{GK}$ der Länge $\sqrt{\lambda}$ mit $\lambda = 8 + 2\widehat{\omega}_2 - \omega_2^2$

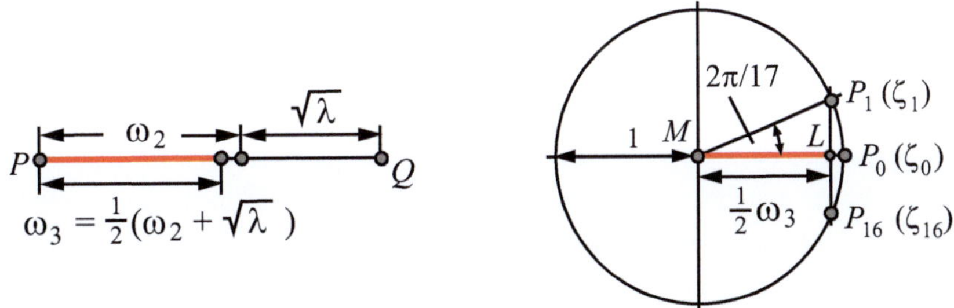

Abb. 7.9: Konstruktion der Strecke $\overline{ML}$ der Länge $\frac{1}{2}\omega_3 = \cos(2\pi/17)$

Mit gewähltem Zusammenfassen und Umformen der konstruierbaren Größen können kompaktere und auch genauere Konstruktionsvorschriften entwickelt werden. Hier geht es lediglich darum, das Prinzipielle hervorzuheben. Wer Interesse an alternativen Zugängen hat, dem sei z.B. [Wohl] S.265 ff empfohlen.

Mit aufeinander folgenden Substitutionen der Ausdrücke für ω_2, $\widehat{\omega}_2$ und ω_1 in ω_3 erhält man nach Zusammenfassung aller Glieder eine "hübsche" Formel für $\cos(2\pi/17)$, die schon C.F. Gauss kannte:

$$\cos\left(\frac{2\pi}{17}\right) = \frac{1}{16}\left(-1 + \sqrt{17} + \sqrt{34 - 2\sqrt{17}}\right.$$
$$\left. + \sqrt{68 + 12\sqrt{17} - 16\sqrt{34 + 2\sqrt{17}} - 2\left(1 - \sqrt{17}\right)\sqrt{34 - 2\sqrt{17}}}\right).$$

7.4 Aufgaben

7.1 Es sei $\mathbb{Q}\left(\zeta_n\right)$ der $n-$te Kreisteilungskörper (ζ_n eine $n-$te primitive Einheitswurzel). Gib in $\mathbb{Q}\left(\zeta_n\right)$ eine Basis an, wenn $n = p$ eine Primzahl ist.

7.2 ζ_n sei eine $n-$te primitive Einheitswurzel. Für welches $k \in \mathbb{N}$ ist der durch $\zeta_n \to \zeta_n^k$ festgelegte Automorphismus des Kreisteilungskörpers $\mathbb{Q}\left(\zeta_n\right)$ ein Erzeuger der Galois-Gruppe?

7.3 Es sei A_n der Flächeninhalt eines dem Einheitskreis eingeschriebenen regelmäßigen $n-$Ecks. Zu zeigen ist: Für $n \geq 3$ gilt: $A_n < A_{n+1}$.

7.4 Gib ein über $\mathbb{Q}\left[X\right]$ irreduzibles Polynom vom Grade 6 an, dessen Nullstellen in $\mathbb{C}$ von der Form $x, x^2, x^3, x^4, x^5, x^6$ sind.

7.5 Gib für ein regelmäßiges 12$-$Eck eine Konstruktionsvorschrift mittels Zirkel und Lineal an.

7.6 Zeige, dass es auf dem komplexen Einheitskreis C_2 unendlich viele konstruierbare Punkte gibt und dass diese auf C_2 überall dicht liegen.

7.7 Bestimme die Galois-Gruppe zum Polynom $X^{15} - 1$.

7.8 Gegeben sind ein mit Zirkel und Lineal konstruiertes regelmäßiges $n-$Eck ($n \in \mathbb{N}$) und konstruierbare Punkte P, Q, die eine Strecke $s = \overline{PQ}$ festlegen. Zu konstruieren ist ein regelmäßiges $n-$Eck, so dass s eine Kante dieses $n-$Ecks bildet.

8 Ausblicke

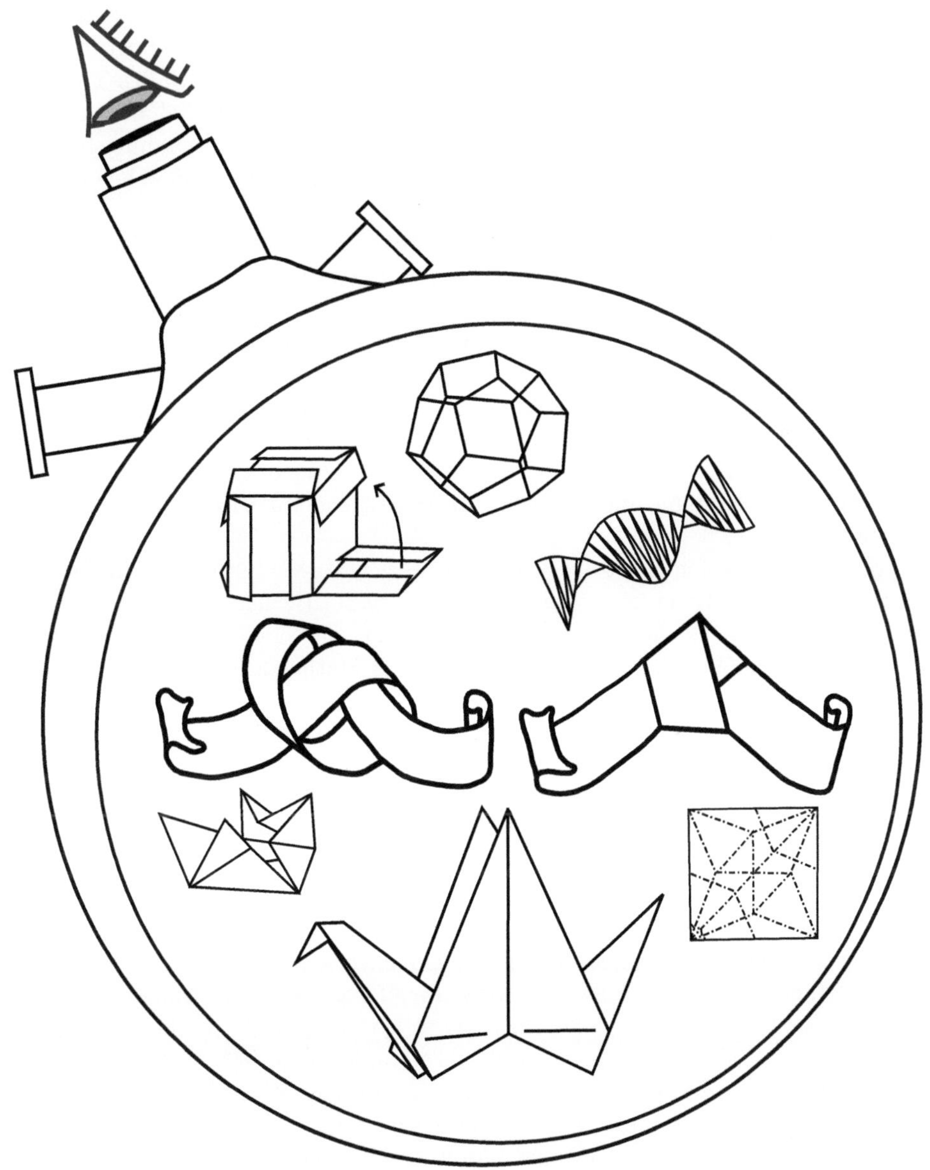

Am Ende des Weges durch die Anfangsgründe der Algebra und ersten Blicken auf die Theorie, deren Ursprung auf Ideen Evariste Galois' zurückgeht, hofft der Autor, dass es ihm gelungen ist, das gestellte Ziel, die Beantwortung von Fragen zur "formelmäßigen" Lösung von Polynomgleichungen und zu Konstruktionen mit Zirkel und Lineal, hinreichend ausführlich dargestellt zu haben. Die zur Sprache gekommenen Begriffe und die verwendete Symbolik wurden auf das Notwendigste beschränkt. Die Galois-Theory und die damit verbundenen algebraischen Disziplinen sind wesentlich vielfältiger. Es gibt eine Vielzahl an Veröffentlichungen, die von elementaren und anwendungsbezogenen Darstellungen bis zu Präsentationen reichen, die in einen allgemeineren mathematischen Rahmen eingebettet sind. Wer tiefer in diese faszinierenden Gebiete der Mathematik eindringen möchte oder Interesse an alternativen Zugängen hat, dem geben wir im Folgenden einige Hinweise auf Publikationen, die zu diesem Text ähnlich gelagert sind und weiterführende Themen zum Inhalt haben.

Zu nennen ist das als Klassiker der Literatur über die Galois-Theorie einzustufende Buch von Emil Artin [Artin]. Dieser sehr klar und eingängig verfasste, mit vielen verbalen Erläuterungen zu den symbolhaften Ausdrücken versehene Text sollte auch dem Lernenden den Einstieg in die Thematik erleichtern. Manchem Leser kommt es sicher entgegen, dass Artin's Zugang viele Bezüge zur linearen Algebra und zu Lösungsmengen linearer Gleichungssysteme aufweist. Diesem Ansatz sind wir auch in unserer Abhandlung gefolgt.

Ebenfalls sehr zu empfehlen ist die von Ian Stewart verfasste Einführung in die Galois-Theorie [Stew]. Der Leser findet hier viele historische Bezüge und erhält nicht nur Einblicke in das schicksalhafte Leben und die Ideen von Galois, sondern erfährt auch etwas über die Bemühungen und das Ringen anderer Mathematiker der damaligen Zeit, wie Lagrange, Abel oder Ruffini, um Klarheit zu erlangen. Der Autor dieser Zeilen verdankt dem methodisch sehr sorgsam verfassten Buch einige interessante Beweisideen und nimmt Bezug zu gut aufbereiteten Beispielen.

Für eine grundlegende Einarbeitung in die strukturelle Algebra sind die Lehrbücher von Bosch [Bosch], Karpfinger [Karp], Lorenz [Lore], Böhm [Boem] und Wüstholz [Wues] zu empfehlen. Neben systematischen Einführungen in die Gruppen-, Ring- und Körper-Theorie kommen nützliche Begriffe (z.B. der Begriff des Ideals) und spezielle Strukturen (z.B. Sylow-Gruppen) zur Sprache, die dann zu alternativen Interpretationen von Aussagen über Körpererweiterungen und der Galois-Theorie führen.

Mit der Betonung auf "für Einsteiger" bzw. für "fortgeschrittene Anfänger" im Titel der Bücher [Bewe] und [Wohl] soll dem Leser sicher ein gewisser Vorbehalt gegenüber den abstrakten Inhalten genommen werden. Die im lockeren Stil geschriebenen Texte vermitteln trotzdem mathematisch exakt und anspruchsvoll die grundlegenden Themen der Algebra und der "elementaren Galois-Theorie".

Gegenüber den meist konstruktiv und damit anschaulich gearteten Beweistechniken der Analysis, insbesondere der Infinitesimalrechnung, zielen Beweise zu Theoremen der Algebra überwiegend auf den Nachweis der Existenz, Eindeutigkeit oder bestimmter Eigenschaften math. Objekte ab, sind also abstrakter. Beim Lernenden entstehen daher oft Schwierigkeiten hinsichtlich des Verständnisses und der Entwicklung gewisser Vorstellungen. Dem will man in [Niep] mit einem konsequent konstruktiven Zugang entgegenwirken. Mit etwas mehr an analytischem Aufwand und längeren Beweisen gelingt dieses Vorhaben auch. Nach der Vorlage des Mathematikers Lindemann enthält das Buch einen konstruktiven Beweis der Transzendenz der Zahl π (siehe dazu auch [Stew], S. 289 ff).

Um von Anfang an etwas Konkretes vor Augen zu haben, kann es hilfreich sein, sich anhand von Beispielen in die Theorie einzuarbeiten. Nach diesem Schema geht der Autor des englischsprachigen Buches [Brze] vor, das an Hauptthemen, algebraische Gleichungen, Körpererweiterungen, Irreduzibilität, Automorphismengruppe, auflösbare Gruppen, Galois-Korrespondenz, geometrische Konstruktionen, ... umfasst. Jedem Komplex steht eine Zusammenfassung des theoretischen Hintergrundes vor, dem sich eine Vielzahl anspruchsvoller Beispiele und Aufgaben anschließt, die nachfolgend ausführlich dokumentiert und einer Lösung zugeführt werden. Wer an vielen Beispielen und einer umfassenden Einführung in die Galois-Theory interessiert ist, dem sei auch [Wein] empfohlen.

Schließlich sei noch auf das Tutorium Algebra [Modl] verwiesen, welches in die fundamentalen algebraischen Strukturen einführt. Wie im Untertitel zum Ausdruck kommt, ist es von Studenten für Studenten geschrieben.

Auf eine interessante Verbindung zwischen Körpererweiterungen und Galois-Theory zur japanischen Kunst des Papierfaltens, dem **Origami**, soll im Überblick noch eingegangen werden. Beim Wort Papierfalten denkt man vielleicht sofort an Papierhüte, Papierflieger oder Weihnachtssterne. Doch Origami ist weit mehr als nur ein spielerischer Zeitvertreib, neben der Kunst des Faltens hat sich auch eine Wissenschaft über das Falten herausgebildet, die sich intensiv mathematischer Methoden bedient. Neben dem Kartenfalten finden Origami-Techniken im Maschinenbau und in der Raumfahrt bei der Entfaltung großer Solarmodule im All Anwendung. In der Algebra gibt es zum Papierfalten analoge Methoden für die Lösung von Gleichungen. Was die mathematischen Grundlagen anbelangt, so bestehen zwischen Papierfalten und Konstruieren mit Zirkel und Lineal sehr viele Gemeinsamkeiten, deren Ursprünge in der Galois-Theorie liegen.

Zunächst legen wir die Rahmenbedingungen fest, unter denen Papier gefaltet werden soll. Das zu faltende Objekt ist ein ebenes, endlich begrenztes Blatt Papier. In der mathematischen Idealisierung betrachten wir dieses als eine (unendlich ausgedehnte) euklidische Ebene. Auf dieser sind zwei Punkte O und P so vorzugeben, dass deren Abstand die Einheit für alle Messungen auf der Papierebene festlegt. Origami-Konstruktionen bestehen aus einer endlichen Folge von Einzelfaltungen. Im Ergebnis einer Einzelfaltung entsteht eine Linie, die als Faltgerade auf dem Papier stets sichtbar bleibt. Schneiden sich zwei Faltungen, so entsteht ein Faltpunkt. Jede Faltung verläuft entweder durch schon vorhandene Punkte oder ist an vorhandenen Faltgeraden ausgerichtet. Vor jeder erneuten Faltung wird das Papier vollständig entfaltet, so dass alle bereits konstruierten Faltgeraden und Faltpunkte auf dem ebenen Blatt Papier sichtbar sind.

Jede Faltung ist auf sieben elementare Einzelfaltungen zurückführbar, die als Axiome des Origami bezeichnet werden:

A1: Zwei nicht identische Punkte P_1 und P_2 definieren eindeutig eine Faltgerade h.

A2: Gegeben sind Punkte P_1 und P_2. P_1 kann so auf P_2 gefaltet werden, dass die Faltgerade h Mittelsenkrechte zur Verbindungsstrecke $\overline{P_1 P_2}$ ist.

A3: Gegeben sind sich schneidende Faltgeraden g_1 und g_2. g_1 kann auf g_2 so gefaltet werden, dass der von g_1 und g_2 eingeschlossene Winkel durch die Faltgerade h halbiert wird.

A4: Gegeben sind ein Punkt P und eine Faltgerade g. Dann gibt es eine durch P verlaufende Faltgerade h, die zu g senkrecht angeordnet ist.

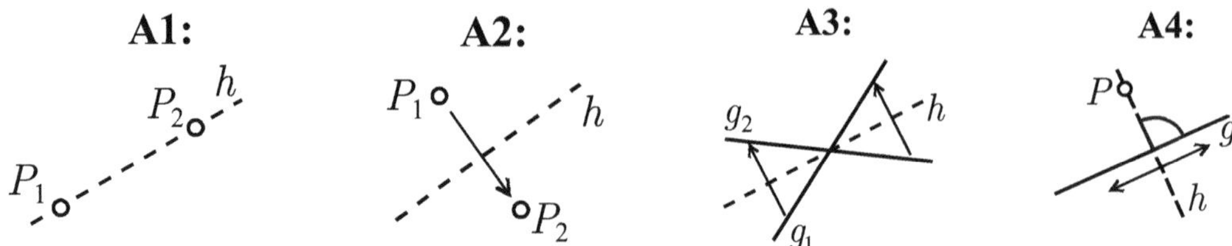

Abb. 8.1: Faltungen zu den Axiomen **A1** bis **A4**

A5: Gegeben sind Punkte P_1 und P_2 und eine Faltgerade g. Dann kann P_1 so auf g gefaltet werden, dass die entstehende Faltgerade h durch den Punkt P_2 verläuft.
A6: Gegeben sind Punkte P_1 und P_2 sowie Faltgeraden g_1 und g_2. Es gibt eine Faltgerade h, die P_1 auf g_1 und P_2 auf g_2 faltet.
A7: Gegeben sind ein Punkt P und Faltgeraden g_1 und g_2. Dann gibt es eine zu g_1 senkrecht angeordnete Faltgerade h, so dass P auf einen Punkt $\overline{P}$ auf g_2 gefaltet wird.

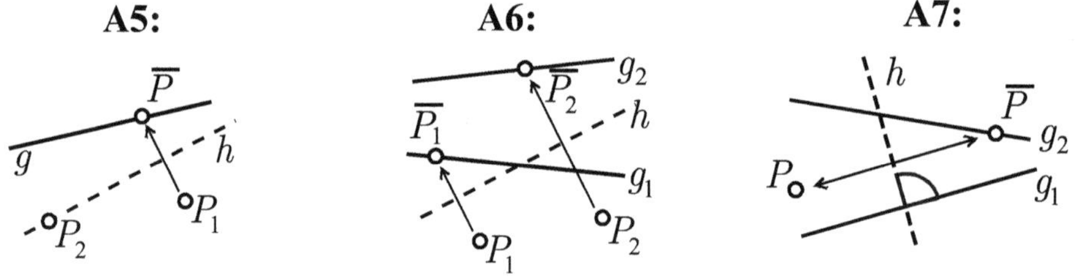

Abb. 8.2: Faltungen zu den Axiomen **A5** bis **A7**

Ausgehend von den Initialpunkten O und P entstehen durch Ausführung der Faltungen **A1-A7** neue Faltgeraden und Faltpunkte. Diese erzeugen weitere Faltlinien und Punkte, es entsteht ein Netz aus endlich vielen Linien und Punkten, was letztlich das Ergebnis der Faltung des Papierblattes darstellt. Darauf aufbauend kann durch Rückverfolgung der Faltungen eine dreidimensionale Figur entwickelt werden. Das ist jedoch nicht mehr Gegenstand der weiteren Betrachtungen. Abgesehen von den Punkten O und P ist jeder weitere Punkt ein Schnittpunkt zweier Schnittgeraden, die nach einer endlichen Anzahl von Schritten der Form **A1-A7** konstruiert wurden.

Beispiel 8.1 (*Konstruktion paralleler Faltungen*)
*Die Konstruktion einer zur gegebenen Faltgeraden g parallel verlaufenden Faltgeraden h, die durch einen ebenfalls schon vorhandenen Punkt P verläuft, ist mit zwei Anwendung von **A4** realisierbar. Zunächst faltet man die senkrecht zu g verlaufende und P enthaltende Gerade $\overline{h}$. Anschießend wird die zu $\overline{h}$ senkrecht angeordnete und P enthaltende Faltgerade h konstruiert, die dann parallel zu g verläuft.*

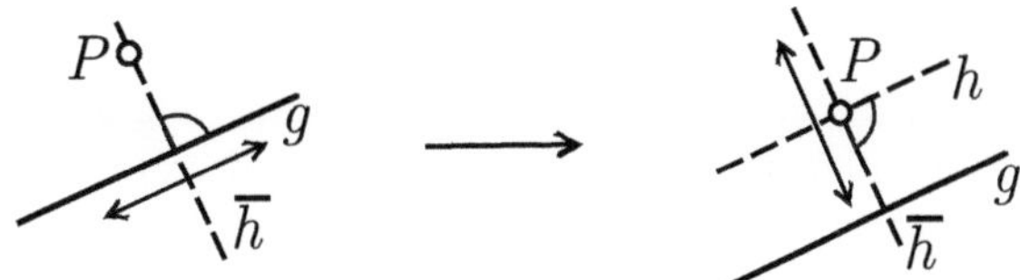

Abb. 8.3: Faltung einer Parallelen, zu einer gegebenen Faltung

Wir übersetzen jetzt die gefalteten Geraden und Punkte in äquivalente algebraische Objekte. Dazu sind die Positionen auf dem Papier durch Zahlen auszudrücken. Wir nennen eine reelle Zahl d faltbar, wenn über endlich vielen Faltungen zwei Punkte P_1 und P_2 konstruierbar sind, deren Verbindungsstrecke $\overline{P_1P_2}$ die Länge $d = \left|\overline{P_1P_2}\right|$ besitzt. Im Weiteren werden wir nicht zwischen faltbaren Längen und faltbaren reellen Zahlen unterscheiden. Ausgehend von den Initialpunkten O und P mit $\left|\overline{OP}\right| = 1$, wird auf dem ebenen Blatt Papier ein $xy-$Koordinatensystem erstellt, in dem O der Ursprung ist und P sich auf der $x-$Achse im Abstand 1 rechts vom Ursprung befindet. Die durch O und P verlaufende $x-$Achse wird nach Axiom **A1** und die dazu senkrechte, durch O verlaufende $y-$Achse nach Axiom **A4** konstruiert.

Zur Übertragung der Längeneinheit auf die $y-$Achse ist ein Punkt Q zu konstruieren, so dass $\left|\overline{OQ}\right| = 1$. Dazu sind folgende Faltungen durchzuführen:

1. Mit Axiom **A4** ist die zur $x-$Achse senkrecht angeordnete, durch P verlaufende, Faltgerade g_1 zu erzeugen.

2. Axiom **A5**, angewendet auf die Punkte O, P und die Gerade g_1, führt auf die Faltgerade g_2, die im Punkt Q die $y-$Achse schneidet.

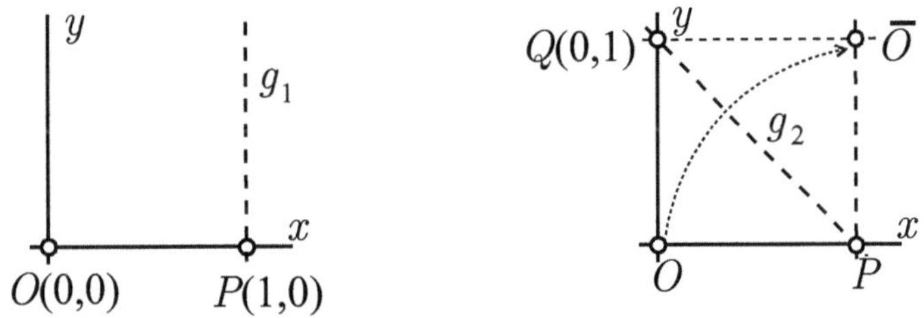

Abb. 8.4: Faltung eines $xy-$Koordinatensystems

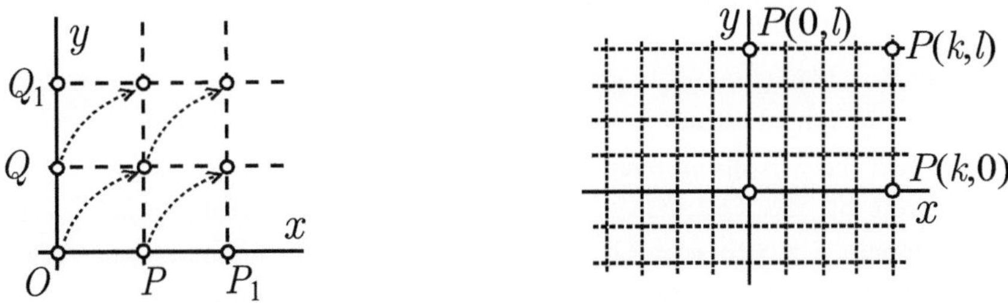

Abb. 8.5: Faltung von Punkten im $xy-$Koordinatensystems

Die Punkte O, P und Q haben dann die Koordinaten $(0,0)$, $(1,0)$ und $(0,1)$. Ausgehend von dieser Anordnung sind zur $x-$ und $y-$Achse parallel verlaufende Faltungen konstruierbar, die untereinander im Einheitsabstand entfernt sind. Das entstehende Netz aus aufeinander senkrecht stehenden Faltgeraden enthält Faltpunkte mit den Koordinaten (k,l), wobei $k.l \in \mathbb{Z}$. Wir nennen einen Punkt mit den Koordinaten (a,b) genau dann faltbar, wenn a und b faltbare reelle Zahlen sind. Nach den bisherigen Überlegungen sind alle Punkte, deren Koordinaten ganzzahlig sind, faltbar. Es gibt aber noch bedeutend mehr faltbare Punkte:

Lemma 8.2 (*Arithmetik faltbarer Zahlen*)
Sind a und b faltbare Zahlen (a, b Abstände zwischen gegebenen Faltpunkten), dann sind auch $a \pm b$, ab, a/b und $\sqrt{a}$ faltbare Zahlen, d.h., es sind Faltpunkte mit diesen Abständen konstruierbar.

Sind die Distanzen $a = \left|\overline{OP}\right|$ und $b = \left|\overline{OQ}\right|$ bekannt, so konstruiert man die Länge $a+b$ wie folgt: Zu den Strecken $\overline{OP}$ und $\overline{OQ}$ werden gemäß Bsp. 8.1 parallele Faltgeraden g und h konstruiert, die durch die Punkte P bzw. Q verlaufen. g und h schneiden sich im Punkt R. $OPRQ$ ist ein Parallelogramm und folglich $\left|\overline{QR}\right| = a$ und $\left|\overline{PR}\right| = b$. Mit Axiom **A3** wird die Gerade h auf die durch O und P verlaufende Gerade gefaltet. Die entstehende Faltgerade k schneidet Gerade g im Punkt S. Da k den Winkel zwischen h und der Strecke $\overline{OP}$ halbiert und g parallel zu $\overline{OP}$ verläuft, ist das Dreieck $\triangle PSR$ gleichschenklig und $\left|\overline{RS}\right| = b$. Folglich hat die Verbindungsstrecke zwischen den Punkten Q und S die Länge $\left|\overline{QS}\right| = a + b$.
Auf ähnliche Weise bzw. analog zu Konstruktionen mit Zirkel und Lineal (siehe Satz 4.2) faltet man die Längen $a - b$, ab und a/b.

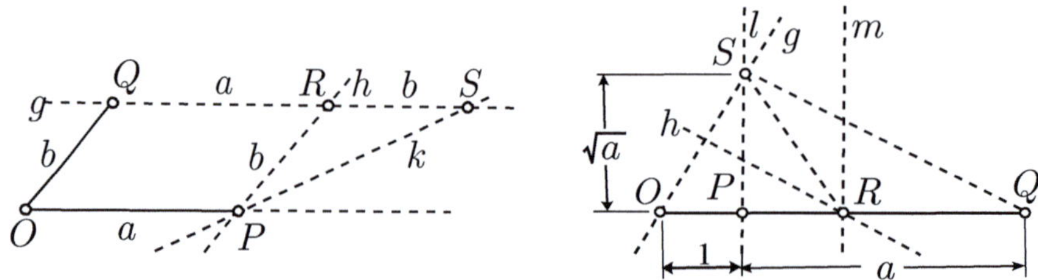

Abb. 8.6: Falten von Summe und Quadratwurzel zu faltbaren Zahlen

Zur Konstruktion von $\sqrt{a}$ sind folgende Faltungen auszuführen: Bei bekannter Länge a konstruiere man die Distanz $1 + a = \left|\overline{OQ}\right|$, wobei $\left|\overline{OP}\right| = 1$ und $\left|\overline{PQ}\right| = a$. Mit Axiom **A2** wird die Mittelsenkrechte m zur Strecke $\overline{OQ}$ gebildet, was zum Faltpunkt R führt, der die Strecke $\overline{OQ}$ halbiert, d.h $\left|\overline{OR}\right| = (1 + a)/2$. Im Punkt P wird nach **A4** die Senkrechte l zur Strecke $\overline{OQ}$ gefaltet. Als Nächstes benutzen wir Axiom **A5**, um die Gerade h zu konstruieren, die durch den Punkt R verläuft und Punkt O auf die Gerade l faltet. Anschließend wird nach **A4** die senkrecht auf h stehende und durch O verlaufende Gerade g gebildet. Es entsteht der Schnittpunkt S der Geraden g und

l, wobei $\left|\overline{OR}\right| = \left|\overline{RS}\right| = (1 + a)/2$. Wie bei der Konstruktion von $\sqrt{a}$ mit Zirkel und Lineal leitet man daraus ab, dass $\left|\overline{PS}\right| = \sqrt{a}$.

Zusammenfassend stellen wir fest, dass jede rationale Zahl faltbar ist und die Quadratwurzel aus jeder faltbaren Zahl ebenfalls gefaltet werden kann. Bezeichnet man die Menge der faltbaren Zahlen mit $\mathbb{Q}_F$, so besteht die Relation: $\mathbb{Q} \subset \mathbb{Q}_F \subset \mathbb{R}$. Es gilt folgende Aussage: $\mathbb{Q}_F$ ist unter Bildung der vier Grundrechenarten und von Quadratwurzeln abgeschlossen, d.h., bei Ausführung dieser Rechenoperationen in $\mathbb{Q}_F$ entsteht wieder eine faltbare Zahl, die $\mathbb{Q}_F$ angehört. Demzufolge sind alle mit Zirkel und Lineal konstruierbaren Zahlen (respektive Punkte) auch faltbare Zahlen (Punkte).

Es gilt aber noch mehr: Auf der Grundlage der Axiome **A1** - **A7** sind alle Nullstellen x_i ($i = 1, 2, 3$) eines Polynoms dritten Grades $\mathbf{p}_3(X) = a_3 X^3 + a_2 X^2 + a_1 X + a_0$, dessen Koeffizienten faltbare Zahlen sind ($a_0, a_1, a_2, a_3 \in \mathbb{Q}_F$), ebenfalls faltbare Zahlen ($x_i \in \mathbb{Q}_F$). Insbesondere ist zu jeder faltbaren Länge a auch die Länge b mit $b^3 = a$ eine faltbare Länge (Nullstelle von $\mathbf{p}_3(X) = X^3 - a$), und die Menge $\mathbb{Q}_F$ faltbarer Zahlen ist auch unter der Bildung von Kubikwurzeln aus faltbaren Zahlen abgeschlossen. Gegenüber Zahlen, die mit Zirkel und Lineal konstruierbar sind, gibt es mehr faltbare Zahlen, d.h., die Menge $\mathbb{Q}_F$ umfasst $\mathbb{Q}_K$. Ausführliche Beweise zu diesen Feststellungen findet man in [Hull] und [Lee]. Formuliert in der Sprache algebraischer Körpererweiterungen, lassen sind diese Erkenntnisse wie folgt ausdrücken:

Satz 8.3 (*faltbare Zahlen und Körpererweiterungen*)
Eine reelle Zahl ($a \in \mathbb{R}$) ist genau dann faltbar ($a \in \mathbb{Q}_F$), wenn es eine endliche Folge von Körpererweiterungen $\mathbb{Q} = \mathcal{K}_0 \subset \mathcal{K}_1 \subset ... \subset \mathcal{K}_j \subset ... \subset \mathcal{K}_n$ gibt, wobei $a \in \mathcal{K}_n$ und jede Körpererweiterung $\mathcal{K}_j : \mathcal{K}_{j-1}$ ($j = 1, ..., n$) vom Grade $[\mathcal{K}_j : \mathcal{K}_{j-1}] = 2$ oder 3 ist.

Beweis. 1. Es sei $a \in \mathbb{Q}_F$, dann wurde a über endlich viele, der in den Axiomen **A1** - **A7** formulierten Faltoperationen erzeugt. Aus algebraischer Sicht sind die auf diese Weise erzeugten Faltpunkte Lösungen linearer, quadratischer oder kubischer Polynomgleichungen. Mit jedem elementaren Faltschritt ist deshalb eine Körpererweiterung vom Grade kleiner gleich 3 verbunden. Ausgehend von den Initialpunkten O und P, gibt es damit eine endliche Folge von Körpern $\mathbb{Q} = \mathcal{K}_0 \subset \mathcal{K}_1 \subset ... \subset \mathcal{K}_n$ mit $a \in \mathcal{K}_n$ und $[\mathcal{K}_j : \mathcal{K}_{j-1}] = 2$ oder 3.

2. Gibt es eine Folge von Körpererweiterungen $\mathbb{Q} = \mathcal{K}_0 \subset ... \subset \mathcal{K}_j \subset ... \subset \mathcal{K}_n$ mit $a \in \mathcal{K}_n$ und $[\mathcal{K}_j : \mathcal{K}_{j-1}] = 2$ oder 3, so ist $\mathcal{K}_j = \mathcal{K}_{j-1}\left(\sqrt{d_j}\right)$ oder $\mathcal{K}_j = \mathcal{K}_{j-1}\left(\sqrt[3]{d_j}\right)$ für gewisse $d_j \in \mathcal{K}_{j-1}$. Ausgehend davon, dass alle rationalen Zahlen faltbar sind, nehmen wir per Induktion an, dass $\mathcal{K}_{j-1}$ aus faltbaren Zahlen besteht. Ist jede Zahl $d_j \in \mathcal{K}_{j-1}$ faltbar, dann sind nach unseren Feststellungen auch $\sqrt{d_j}$ und $\sqrt[3]{d_j}$ faltbar. Folglich ist auch jede Zahl aus $\mathcal{K}_j = \mathcal{K}_{j-1}\left(\sqrt{d_j}\right)$ bzw. $\mathcal{K}_j = \mathcal{K}_{j-1}\left(\sqrt[3]{d_j}\right)$ faltbar, und insbesondere $a \in \mathcal{K}_n$ ist faltbar. $\blacksquare$

Beispiel 8.4 (*Winkeldreiteilung*)
Das mit Zirkel und Lineal allgemein nicht lösbare Problem, einen Winkel zu dreiteilen,

gelingt jedoch auf dem Wege der Papierfaltung. Ausgegangen wird von einem quadratisch zugeschnittenen Blatt Papier. Die untere linke Ecke des Blattes sei der Scheitelpunkt P eines (beliebigen) Winkels θ $(0 < \theta < \pi/2)$, dessen eine Schenkellinie mit dem unteren Blattrand zusammenfällt. Der andere Schenkel g_1 ist mit einer Faltung durch den Punkt P gegeben (siehe Abb. 8.7). Auf der Grundlage von Axiom $\mathbf{A4}$ kann durch jeden faltbaren Punkt Q auf der linken Blattseite eine zu dieser Seite senkrechte Linie gefaltet werden. Gemäß Axiom $\mathbf{A2}$ falten wir Punkt P auf Q, womit die zum unteren Blattrand parallel verlaufende Faltlinie g_2 entsteht, die gleichzeitig Mittelsenkrechte zur Verbindungsstrecke $\overline{PQ}$ ist. Anschließend wendet man Axiom $\mathbf{A6}$ auf die Punkte P,Q und die Geraden g_1, g_2 an. Die entstehende Faltgerade h faltet P auf g_2 und Q auf g_1. Der Spiegelungspunkt $\overline{P}$ zu P an der Geraden h ist Schnittpunkt der Senkrechten zu h durch den Punkt P mit der Faltgeraden g_2. Ebenso ist die Spiegelung $\overline{Q}$ von Q an h zu interpretieren. Der untere Blattrand und die durch P und $\overline{P}$ verlaufende Linie schließen den Winkel $\beta = \theta/3$ ein.

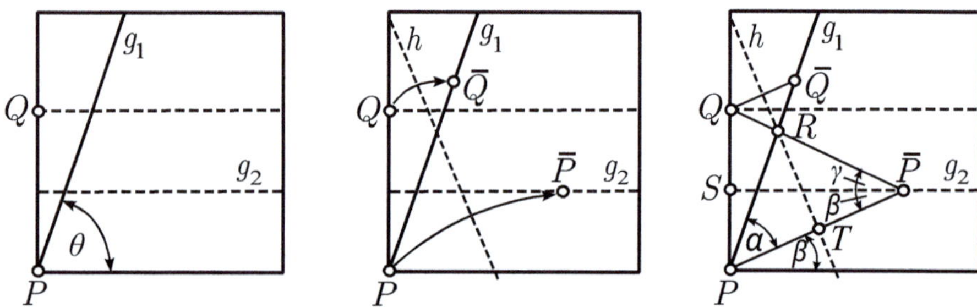

Abb. 8.7: Faltstufen zur Dreiteilung eines Winkels

Mit den in der rechten Skizze eingetragenen Punkten und Winkeln ist $\left|\overline{PS}\right| = \left|\overline{QS}\right|$ und das Dreieck $\triangle P\overline{P}Q$ gleichschenklig, womit für die Winkelgrößen β und γ folgt:

$$\beta = \gamma. \qquad (1)$$

Wegen $\left|\overline{PT}\right| = \left|\overline{\overline{P}T}\right|$ ist auch das Dreieck $\triangle P\overline{P}R$ gleichschenklig und damit der Basiswinkel α gleich $\beta + \gamma$:

$$\alpha = \beta + \gamma. \qquad (2)$$

Da g_2 und die untere Blattlinie zueinander parallel verlaufen, hat der von der Strecke $P\overline{P}$ und der unteren Blattlinie eingeschlossene Winkel den Wert β. Die Zwischenergebnisse (1) und (2) zusammengefasst, ergeben damit:

$$\theta = \alpha + \beta = \beta + \gamma + \beta = 3\beta, \quad \text{also} \quad \beta = \theta/3.$$

Beispiel 8.5 (*Würfelverdoppelung*)

Die Seitenlänge eines Würfels mit doppeltem Volumen bezüglich eines vorhandenen Würfels ist um den Faktor $\sqrt[3]{2}$ größer (siehe Abschn. 4.3). Diese Zahl ist faltbar. Auszugehen ist von einem quadratisch zugeschnittenen Blatt Papier, das zwei Faltgeraden enthält, die parallel zu einer Blattseite verlaufen und das Quadrat in drei flächengleiche Bereiche aufteilen. Die Faltung der beiden Geraden realisiert man wie folgt: Der untere rechte Eckpunkt wird auf den oberen linken Eckpunkt des Blattes gefaltet, womit die diagonale Faltgerade d_1 entsteht. Die Mitte der linken Blattseite wird durch *eine kurze Faltung angedeutet, die den Punkt T markiert. Durch den unteren rechten Eckpunkt und T verlaufe eine weitere Faltgerade d_2, die d_1 schneidet. In einem xy–Koordinatensystem werden bei auf 1 normierter Seitenlänge des Blattes die Geraden d_1 und d_2 durch die Gleichungen $y = x$ und $y = \frac{1}{2}(1 - x)$ beschrieben. Damit berechnet man deren Schnittpunkt $(1/3, 1/3)$. Die durch diesen Punkt parallel zur unteren Blattseite verlaufende Faltung, ebenso wie die Faltung der Gerade g_2, ergeben sich nach Axiom $\mathbf{A4}$ (siehe Abb. 8.8).*

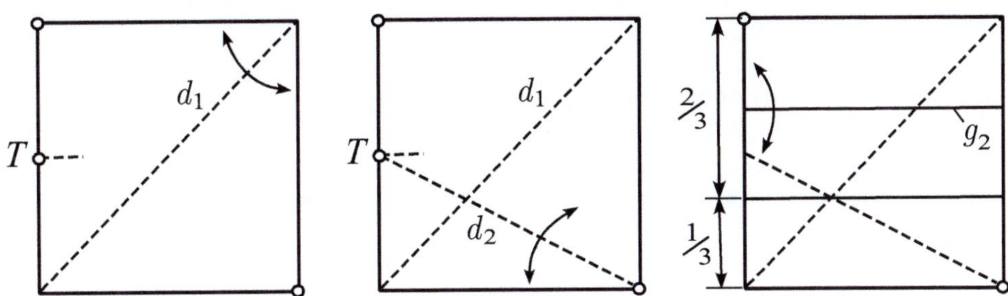

Abb. 8.8: Faltung eines quadratischen Blattes in drei gleiche Teile

Mit diesen Vorbereitungen faltet man nach Axiom $\mathbf{A6}$ die Punkte P_1 und P_2 auf die Geraden g_1 und g_2. Der entstehende Faltpunkt $\overline{P}_1$ teilt dann die Strecke $\overline{AB}$ im Verhältnis (siehe Abb. 8.9):

$$\left|\overline{B\overline{P}_1}\right| / \left|\overline{A\overline{P}_1}\right| = \sqrt[3]{2}.$$

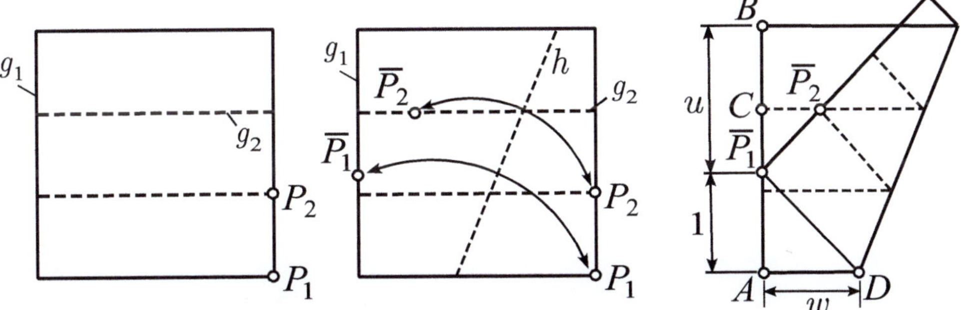

Abb. 8.9: Faltung der dritten Wurzel aus einer faltbaren Zahl

Das Dreieck $\triangle\overline{P}_1 AD$ ist rechtwinklig. Über den Satz des Pythagoras berechnet man:

$$(u + 1 - w)^2 = w^2 + 1^2, \quad \text{woraus folgt} \quad w = \frac{u^2 + 2u}{2u + 2} \qquad (1)\,.$$

Außerdem ist zu erkennen, dass die Dreiecke $\triangle\overline{P}_1 AD$ und $\triangle\overline{P}_2 C\overline{P}_1$ ähnlich sind und demzufolge zwischen den Dreiecksseiten folgende Verhältnisse bestehen:

$$\frac{\left|\overline{AD}\right|}{\left|\overline{D\overline{P}_1}\right|} = \frac{\left|\overline{\overline{P}_1 C}\right|}{\left|\overline{\overline{P}_1\overline{P}_2}\right|}, \quad \text{woraus folgt} \quad \frac{w}{u + 1 - w} = \frac{u - \dfrac{u+1}{3}}{\dfrac{u+1}{3}} = \frac{2u - 1}{u + 1}. \qquad (2)$$

Zusammen mit Formel (1) leitet man aus (2) nach einigen Umformungen $u^3 = 2$ und damit $u = \sqrt[3]{2}$ ab.

Beliebt ist auch die Faltung regelmäßiger kreisförmiger Gebilde, z.B. mehrzackige Sterne, oder allgemeiner, regelmäßig polygonal angeordnete Faltungen. Im Satz 7.12 haben wir eine notwendige und hinreichende Bedingung angegeben, unter der die Konstruktion regelmäßiger $n-$Ecke mit Zirkel und Lineal möglich ist. Eine ähnliche, aber weiterreichende Bedingung gibt es für die Faltung regelmäßiger Polygone:

Satz 8.6 (*Faltung regelmäßiger $n-$Ecke*)
Ein regelmäßiges $n-$Eck ist genau dann faltbar, wenn
$$n = 2^k 3^l p_1 ... p_i ... p_r \qquad (k, l \in \mathbb{N}_0),$$
wobei die p_i $(i = 1, ..., r)$ untereinander verschiedene Primzahlen der Form
$$p_i = 2^u 3^v + 1 \qquad (u \in \mathbb{N}, \ v \in \mathbb{N}_0)$$
sind.

Bewiesen werden kann diese Aussage fast analog zum Beweis von Satz 7.12. Primzahlen der angegebenen Form nennt man Pierpont-Primzahlen. Diese treten ziemlich häufig auf (möglicherweise gibt es sogar unendlich viele), weshalb wesentlich mehr regelmäßige Polygone faltbar sind, als mit Zirkel und Lineal konstruierbare. Z.B. sind die Polygone mit $7 = 2 \cdot 3 + 1$ und $9 = 3^2$ Ecken faltbar. Nicht faltbar ist das regelmäßige $11-$Eck. Benutzt man neben den Zeichenwerkzeugen Zirkel und Lineal noch ein Gerät zur Dreiteilung eines Winkels (einen Winkeldreiteiler), so ist die Menge der damit konstruierbaren regelmäßigen Vielecke gleich der Menge faltbarer regelmäßiger Vielecke. Dieses überraschende Ergebnis folgt aus dem Zusammenhang von Winkeldreiteilung und den Lösungen irreduzibler kubischer Gleichungen. Genaueres findet man in [Stew], Abschn. 21.9, insbesondere einen detaillierten Beweis der Aussage von Satz 8.6.

Literaturverzeichnis

[Artin] Artin,E.: Galoissche Theorie, B. G . Teubner Verlagsgesellschaft Leipzig, 1959

[Bewe] Bewersdorff,J.: Algebra für Einsteiger, 6. Auflage, Springer Spektrum, 2019

[Boem] Böhm,J.: Grundlagen der Algebra und Zahlentheorie; Springer Spektrum, 2016

[Bosch] Bosch,S.: Algebra, 10. Auflage, Springer Spektrum, 2023

[Bron] Bronstein,I. M., Semendjajew,K. A.,...: Teubner Taschenbuch der Mathematik; B. G. Teubner Stuttgart Leipzig 1964

[Brze] Brzezinski,J.: Galois Theory Through Exercises, Springer Nature 2018

[Howi] Howie,J. M.: Fields and Galois Theory, Springer-Verlag, 2006

[Hull] Hull,T.: Project Origami, 2nd Edition, CRC Press, 2013

[Jaco] Jacobson,N.: Lectures in Abstract Algebra, III. Theory of Fields and Galois Theory; Springer Verlag 1964, Graduate Texts in Mathematics 32,

[Karp] Karpfinger,Ch.: Algebra (Gruppen-Ringe-Körper) 6. Auflage, Springer Spektrum 2024

[Lee] Lee,H. Y.: Origami-constructible Numbers, Thesis at University of Georgia, 2017, https://getd.libs.uga.edu/pdfs/lee_hwa-young_201712_ma.pdf

[Lore] Lorenz,F.: Algebra Vol. I: Fields and Galois Theory, Springer Verlag 2006

[Modl] Modler,F., Kreh, M.: Tutorium Algebra, 3. Auflage, Springer Spektrum 2019

[Niep] Nieper-Wißkirchen,M.: Elementare Galois-Theorie (ein konstruktiver Zugang), Springer Spektrum, 2020

[Riga] Rigatelli,L.T.: Evariste Galois, Vita Mathematica, Vol. II, Birkhäuser Verlag Basel-Bosten-Berlin, 1996

[Rotm] Rotman,J.: Galois Theory, Springer-Verlag, 1990

[Stew] Stewart,I.: Galois Theorie, 4. Auflage, Tayler & Francis Group, 2015

[Stoer] Stoer,J.: Numerische Mathematik Bd. 1, Springer-Verlag, 2005

[Wein] Weintraub,St., H.: Galois Theory, Second Edition, Springer-Verlag, 2009

[Wohl] Wohlgemuth, M.: Mathematisch für fortgeschrittene Anfänger, Springer Spektrum, 2010

[Wues] Wüstholz, G,, Fuchs,C.: Algebra, 3. Auflage, Springer Spektrum 2020

Symbol- und Stichwortverzeichnis

© Der/die Herausgeber bzw. der/die Autor(en), exklusiv lizenziert an
Springer-Verlag GmbH, DE, ein Teil von Springer Nature 2026
H. Gründemann, *Algebraisch Rechnen – Geometrisch Konstruieren*,
https://doi.org/10.1007/978-3-662-73075-1